普通高等教育规划教材

建筑CAD

第三版

孙海粟　主编　布　欣　胡云杰　副主编

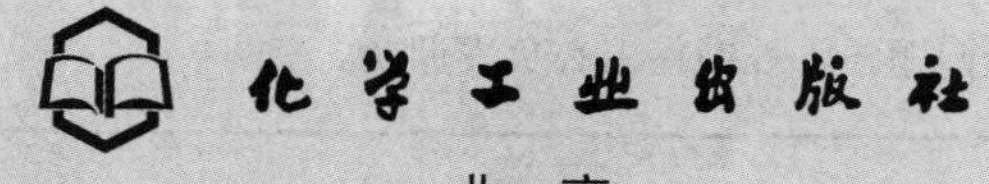

·北　京·

本教材的编写本着“基础、实用、专业”的思想进行结构设计，分为三个单元：第一单元的第1～8章为AutoCAD基础教学，第二单元的第9～12章为AutoCAD实用案例教学，第三单元的第13～14章为专业软件教学。通过三个单元循序渐进的学习，初学者在学习了AutoCAD基本命令后，以8个精心设计的案例和有针对性的课后练习题达到初步掌握命令操作的目标。然后进行一个真实建筑案例的平面图、立面图、三维建模的全过程实训，使学习者对一个建筑物的设计有了深入的理解，达到熟练掌握工程应用流程和命令操作的目标。最后，学习以AutoCAD为平台的建筑专业软件天正建筑，介绍了AutoCAD操作的结构专业软件PKPM，完成AutoCAD的专业覆盖。

本书内容丰富、理论简要、案例实用。专业性强、简单易学是本书的最大特点。本书配套教学素材中配备了Flash演示多媒体教学课件，记录了所有实例教学操作的全过程，供读者反复观摩学习，方便自学和练习。

本书是高等学校本科、高等职业教育及专科土木工程、房屋建筑工程、建筑工程技术等专业的教材，也可作为建筑工程专业技术人员的参考书。

图书在版编目（CIP）数据

建筑CAD/孙海粟主编. —3版. —北京：化学工业出版社，2018.3（2022.8重印）
普通高等教育规划教材
ISBN 978-7-122-31500-7

Ⅰ. ①建… Ⅱ. ①孙… Ⅲ. ①建筑设计-计算机辅助设计-AutoCAD软件-高等学校-教材 Ⅳ. ①TU201.4

中国版本图书馆CIP数据核字（2018）第025826号

责任编辑：王文峡　　装帧设计：张　辉
责任校对：宋　夏

出版发行：化学工业出版社（北京市东城区青年湖南街13号　邮政编码100011）
印　　刷：三河市航远印刷有限公司
装　　订：三河市宇新装订厂
787mm×1092mm　1/16　印张20　字数543千字　2022年8月北京第3版第7次印刷

购书咨询：010-64518888　　售后服务：010-64518899
网　　址：http://www.cip.com.cn
凡购买本书，如有缺损质量问题，本社销售中心负责调换。

定　　价：49.00元

版权所有　违者必究

前　言

本书是为高等学校本科、专科、高职的土木工程、房屋建筑工程、建筑工程技术等专业编写的 AutoCAD 教材。教材的编写本着“基础、实用、专业”的思想进行结构设计，分为三个单元：第一单元的第 1～8 章为 AutoCAD 基础教学，第二单元的第 9～12 章为 AutoCAD 实用案例教学，第三单元的第 13～14 章为专业软件教学。通过三个单元循序渐进的学习，初学者在学习了 AutoCAD 基本命令后，以 8 个精心设计的案例和有针对性的课后练习题达到初步掌握命令操作的目标。然后进行一个真实建筑案例的平面图、立面图、三维建模的全过程实训，使学习者对一个建筑物的设计有了深入的理解，达到熟练掌握工程应用流程和命令操作的目标。最后，学习以 AutoCAD 为平台的建筑专业软件天正建筑，介绍了 AutoCAD 操作的结构专业软件 PKPM，完成 AutoCAD 的专业覆盖。

本教材第二版出版至今已有多年，Autodesk 公司以每年一个版本的速度继续更新着 AutoCAD。为体现版本更新，更好的服务于教学，满足教学需要，及时更新教学内容，进行第三版的修订和编写。

第一单元 AutoCAD 基础分为平面绘图和三维建模两个阶段。平面绘图阶段是以绘图、修改、标注三个命令集为核心，辅助图层、图块、样式等工具管理类命令，进行平面二维图形的创建、编辑和管理。此核心在 AutoCAD 2000－2017 的版本中，各命令的核心操作保持稳定，没有根本性的变化。三维建模阶段，AutoCAD 自 2007 版做了部分改进和增强，主要表现在以下几个方面。

1．增强了拉伸 Extrude 的功能，可将非开放二维对象拉伸为面对象。

2．新增多段体命令，可将二维直线和曲线对象快速的转换为三维多段体。

3．增强了绘图窗口区域内的视口、视图、视觉样式快捷操作工具接口。

4．增强了三维动态的观察的方式。

5．改进了三维对象的视觉样式形式。

6．改进了渲染操作设置。

自 2015 版起 AutoCAD 不再提供“AutoCAD 经典界面”，本着承前启后的目的，本书选择 AutoCAD 2014 作为模板进行修订和编写。按照 AutoCAD 2014 的功能对第一、二单元进行修订，根据天正建筑 TArc 和结构 PKPM 的升级，修订了第三单元的相关内容。

本书配备了 Flash 演示多媒体学习素材，全面记录了所有实例教学操作的全过程，供读者反复观摩学习，方便自学和练习。读者可登录化学工业出版社教学资源网www.cipedu.com.cn，选择课件下载项，注册后查询本书即可免费下载学习素材。

结合编者的操作技巧和教学经验，为突出要点，便于读者学习，本书使用特殊符号如下。

“专家建议符”。为读者提供一些操作技巧与建议。

“警告提示符”。提醒初学者注意，初学者由于概念理解不正确，容易出现操作错误。或者需进行与本命令相关的系统参数设置调整。

“教学演示符”。提醒读者本部分有教学演示。

↙“回车符”。本符号出现在命令操作详解中，表示“按一次回车键”。

本书由洛阳理工学院孙海粟担任主编，洛阳理工学院布欣、胡云杰担任副主编。其中第 1～11 章由孙海粟编写，第 12、14 章由布欣编写，第 13 章由胡云杰编写。由于编者水平有限，加之时间仓促，书中不足与疏漏之处在所难免，恳请广大读者批评指正，在此表示衷心的感谢！

编　者
2018 年 1 月

第一版前言

随着计算机技术在各个领域的应用，AutoCAD 绘图软件在土木工程、机械、电子、航天、地质、气象、服装设计等设计领域得到迅速的推广和普及，成为当前应用最广泛的图形设计平台。

根据 AutoCAD 软件的特点，本书分为理论和实例操作两大部分，全面系统地讲述了软件各项操作命令的功能，以及如何使用各命令进行图形的绘制和设计。

本教材共分 12 章，具体内容如下。

第 1～8 章为理论部分。其中第 1～6 章分别讲述 AutoCAD 的入门知识，以及二维平面图形的绘制、编辑、尺寸标注、文字注释等命令的操作使用方法。第 7 章讲述三维图形的绘制命令和操作方法。第 8 章简述图形打印输出的操作方法。

第 9～12 章为实例操作部分。其中第 9 章介绍简单图形的绘制方法，以加深二维平面图形的绘制、编辑两类命令的理解。第 10～12 章以一个建筑工程为实例，系统地讲解了建筑平面图、建筑立面图、三维建筑模型的绘制流程，使读者了解并掌握 AutoCAD 在建筑设计中的使用方法及绘制技巧。

为了便于读者学习，本书在命令讲解中注释了详细的操作步骤。遇到需要特别注意或容易操作出错的地方，书中会加以提醒。另外，根据作者的操作经验，提供了一些命令的操作技巧。本书中使用到的特殊符号说明如下。

💣：“警告提醒符”。

提醒读者注意，初学者在此处由于概念理解不正确，容易出现操作错误。或者需进行与本命令相关的系统参数的设置调整。

🗣：“专家建议符”。

为读者提供一些操作使用技巧及参考方法。

↙：“回车符”。

本符号出现在命令操作过程中，表示“按一次回车键”。

本书结构清晰、由简入繁，理论内容简明、清晰，实例与工程实际紧密结合，适合作为 AutoCAD 初学者的入门学习教材，同时也可作为有一定绘图基础的中级人员的参考书。

本书由孙海粟主编，张彦任副主编。第 1～9 章由孙海粟编写，第 10～12 章由张彦编写。

由于编者水平有限，加之时间仓促，书中不足与疏漏之处在所难免，恳请广大读者批评指正，在此表示衷心的感谢。

编　者

2004 年 4 月

第二版前言

AutoCAD 是计算机辅助设计的通用平台，从 2000 版起按 dwg 图形格式核心可以分为三代图形格式：R15（2000/2001/2002）、R16（2004/2005/2006）、R17（2007/2008）。本教材的第一版采用第一代 AutoCAD2002 为模板编写。为体现技术的进步，更好地服务于教学，满足教学需要，及时更新教学内容，进行了第二版的编写。

1．AutoCAD 的核心内容可概括为绘图、编辑、文字标注三大功能。从 2000 至 2008 各版本的三大核心功能保持相对的稳定，版本间的差异微乎其微。AutoCAD 升级时程序的界面有所更新，第二代的 2004 版与第一代的 2002 版的命令对话框基本一致，而第二代的 2006 版与第三代的 2008 版的命令对话框基本一致。

2．工程实践中专业设计人员均采用以 AutoCAD 为平台而开发的专业设计软件，如天正建筑 TArch、探索者结构 TSSD 等。各专业软件针对 AutoCAD 平台的升级版本存在时间差，如天正针对第三代 R17（2008 版）的版本要在 2010 年正式上市。以第二代为平台的专业软件，技术成熟、程序兼容性好、操作稳定，是目前和今后几年各设计院的主流设计平台。

既要满足基本教学需要，又要与工程实践相结合。基于以上两点，本书选择 AutoCAD 2006 作为模板进行编写。作为第二代的 2006 版较第一代的 2002 版，新增或增强了以下几个突出方面的内容。

1．新增了表格绘制。

2．新增了动态输入功能。以鼠标指针为中心提供更多的实时信息，方便操作。

3．增强了“特性”选项板，可方便快速查看选定对象的特性。

4．增强了文字输入和编辑。引入了在位文字编辑器，使操作更直观。

5．增强了部分编辑命令，如复制、旋转、修剪等，使操作流程更加便捷和高效。

6．增强了选择模式的视觉效果，使操作更直观。

本教材共 14 章，分为两大单元：第 1～12 章是第一单元 AutoCAD 教学，第 13～14 章是第二单元专业软件教学。

第一单元可分两个部分，其中第 1～8 章是基础知识教学，第 9～12 章为实例教学。第 1～6 章讲述了 AutoCAD 的入门知识，以及 AutoCAD 的三大核心操作，即绘制、编辑、尺寸标注和文字注释等命令的操作使用方法；第 7 章讲述了三维图形的绘制；第 8 章简述了图形打印输出的操作方法。第 9 章是本书 2、3 两章绘制、编辑两类基本命令的操作案例，使读者掌握基本的图形绘制，加深对二维图形命令的理解。第 10～12 章讲述了建筑平面图、建筑立面图、建筑三维模型图的绘制流程，使读者了解、掌握 AutoCAD 在建筑绘图中的使用方法。

第二单元分两章介绍了目前建筑工程设计领域最有影响的两个专业软件：建筑设计软件天正建筑 TArch、结构设计软件 PKPM。第 13 章精要讲解了使用天正建筑 TArch 进行平、立、剖建筑施工图绘制的全流程。第 14 章简要介绍了 PKPM 系列软件的组成和功能，实例讲解了 PMCAD 和 PK 两大结构设计模块的操作流程。

本书较第一版有两大特色。一是教学内容的专业性。本书增加了天正建筑 TArch 和结构 PKPM 专业软件的内容，使读者对本专业的应用软件有更加深刻的了解。二是教学内容的实用性，本书配备了 FLASH 演示多媒体教学课件，全面记录了所有实例教学操作的全过程，供读者反复观摩学习，方便自学和练习。

结合编者的操作技巧和教学经验，为突出要点，便于读者学习，本书使用特殊符号如下。

：“专家建议符”。为读者提供一些操作技巧与建议。

：“警告提示符”。提醒初学者注意，初学者由于概念理解不正确，容易出现操作错误。或者需进行与本命令相关的系统参数设置调整。

：“教学演示符”。提醒读者本部分有教学演示。

↙：“回车符”。本符号出现在命令操作详解中，表示“按一次回车键”。

本书是针对土木工程和房屋建筑工程专业，高等职业教育和大学本、专科学生编写的AutoCAD实训教材。本书结构清晰、由简入繁，理论内容简明、清晰，实例与工程实际紧密结合，适合作为AutoCAD初学习者的入门学习教材，同时也可作为有一定绘图基础的中级技术人员的参考书。

本书由洛阳理工学院孙海粟担任主编，洛阳理工学院胡云杰、北京城建设计研究院张彦担任副主编。其中第1～9章、14章由孙海粟编写，第10～12章由张彦编写，第13章由胡云杰编写。吴大炜、苏炜、张保善、蔡丽朋、何世玲、汪菁、周建郑、汪绯、程绪楷、胡义红、吕宣照等在本书的编写中也参与了部分工作。

由于编者水平有限，书中不足之处在所难免，恳请广大读者批评指正，在此表示衷心的感谢。

编　者

2010年4月

目 录

第 1 章　AutoCAD 入门知识

AutoCAD 是美国 Autodesk 公司的软件产品，是目前微型计算机上最流行的计算机绘图软件之一。该软件具有易学易用、使用方便、功能完善、结构开放等特点，广泛应用于建筑、土木工程、机械、电子、航天、地质、气象、服装等设计领域，深受广大工程技术人员喜爱。

本章主要介绍 AutoCAD2014（中文版）的启动、操作界面、AutoCAD 坐标系、鼠标和键盘操作规则、对象选择方法、AutoCAD 常用快捷键和功能键。

1.1 启动 AutoCAD 2014

1.1.1 AutoCAD2014 的启动方式

AutoCAD2014 的启动方式有以下四种。

① 桌面快捷方式启动。双击 AutoCAD 2014 安装后在 Windows 桌面上生成的 AutoCAD 2014 快捷图标。

② DWG 文件关联启动。AutoCAD 的图形文件扩展名为“DWG”，文件图标是，直接双击扩展名为“DWG”的文件，可以启动 AutoCAD。

③ 程序菜单启动。选择 开始 菜单的【程序】/【Autodesk】/【AutoCAD 2014-Simplified Chinese】/【AutoCAD 2014】。

④ 执行运行程序文件启动。在 AutoCAD 2014 的安装目录，双击文件 acad.exe。

1.1.2 AutoCAD 2014 的启动界面操作

双击 Windows 桌面上 AutoCAD 2014 快捷图标，启动 AutoCAD 2014 后，显示如图 1-1 所示启动窗口。

图 1-1　AutoCAD 启动之【欢迎】窗口

屏幕中间是【欢迎】窗口，包含工作、学习、扩展三个区域。

（1）工作区

工作区是进入 AutoCAD 2014 的通道。有新建、打开、打开样例文件三种操作。“最近使用的文件”区显示最近操作过的文件，方便用户快速查找最近操作过的文件。单击“新建”，会弹出如图 1-2 所示【选择样板】窗口。对于英制图形，单位是英寸，请使用 acad.dwt；对于公制单位，单位是毫米请使用 acadiso.dwt。单击 打开(O) 进入到 AutoCAD 工作空间界面，如图 1-3 所示。

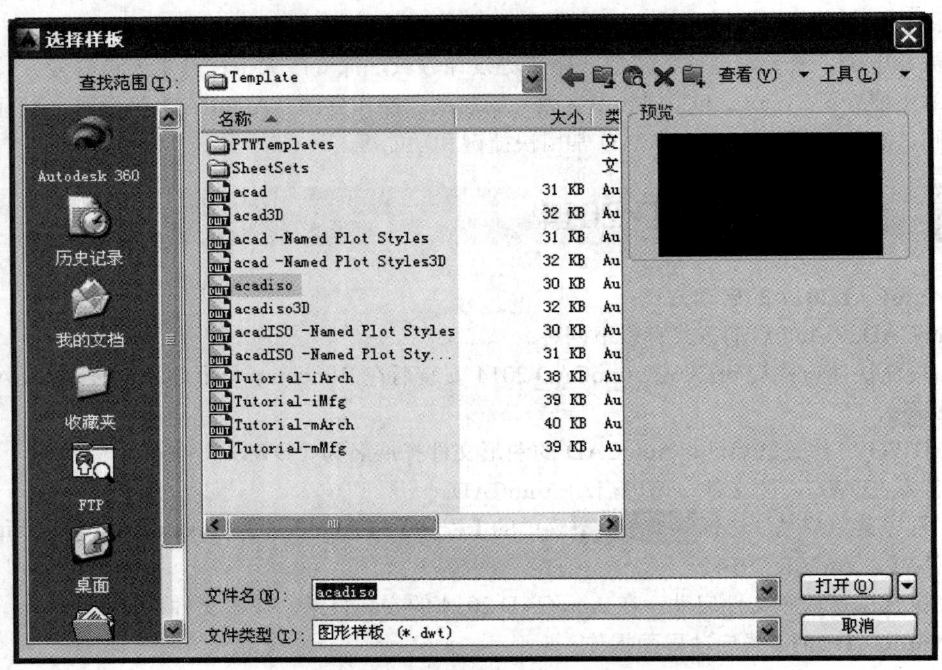

图 1-2 【选择样板】窗口

（2）学习区

学习区提供了 AutoCAD 的学习资源，用户通过“2014 中的新增内容”视频可了解 AutoCAD2014 的新增功能的简介，通过“快速入门视频”可学习 AutoCAD 常规操作。

（3）扩展区

扩展区提供三种扩展服务。Autodesk Exchange Apps 是一个联机资源，用户可以在其中浏览和购买应用程序（包括产品特有的内容，如模型、培训材料和电子书籍）。用户可以免费下载部分项目，但某些项目则需要购买。Autodesk 360 是一组安全的联机服务器，用来存储、检索、组织和共享图形和其他文档。AutoCAD 产品中心提供了 Autodesk 公司官网的链接，方便用户了解 AutoCAD 的产品。

1.2 AutoCAD 2014 工作空间

AutoCAD2014 提供了草图与注释、三维基础、三维建模、AutoCAD 经典四种工作空间界面。图 1-3 所示的【草图与注释】工作空间界面是程序默认的工作空间界面，图 1-4 是【AutoCAD 经典】工作空间界面。它们主要由标题栏、菜单栏、绘图窗口、命令窗口、状态栏、工具栏（或功能选项板）、模型/布局选项卡等几部分组成。

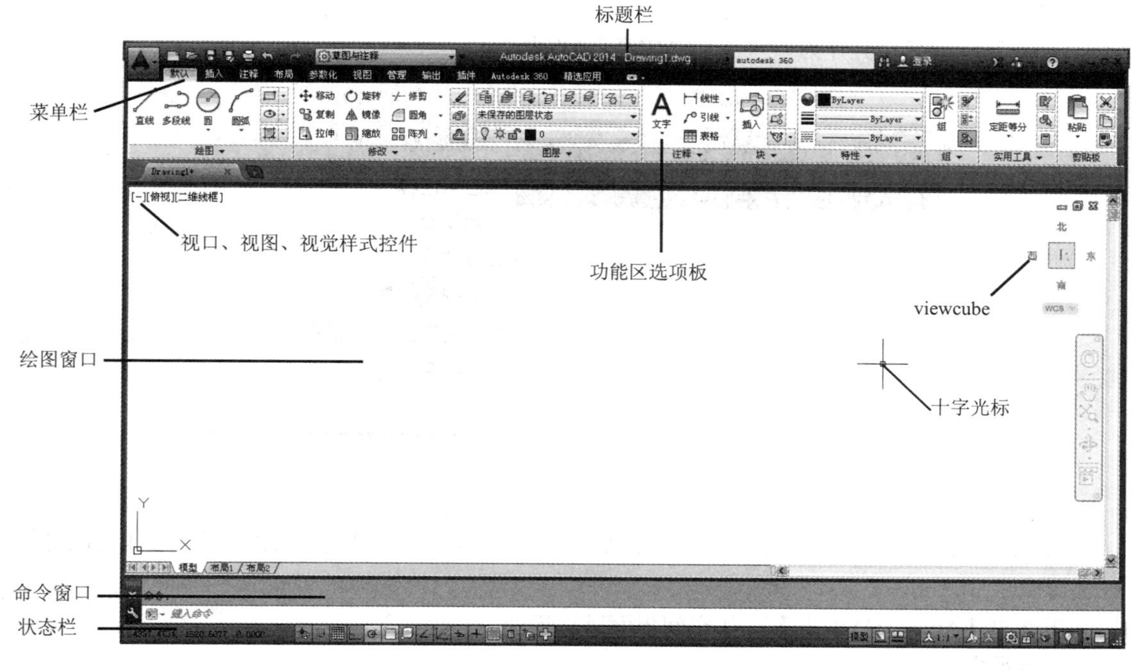

图 1-3 【草图与注释】工作空间界面

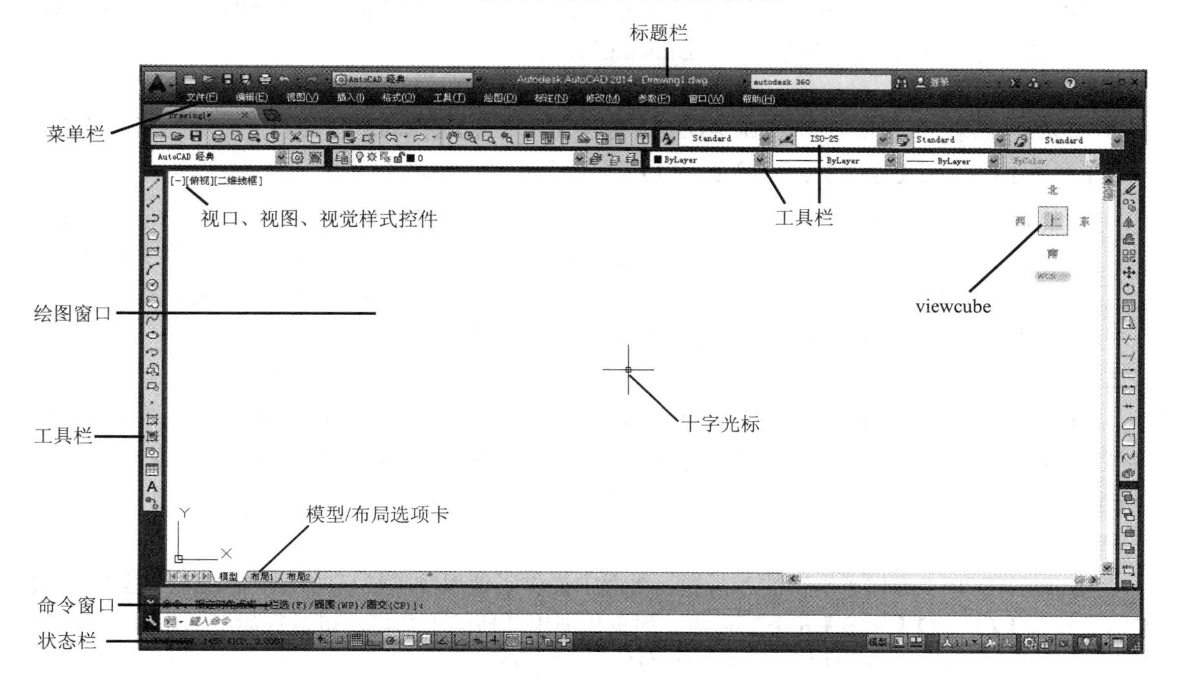

图 1-4 【AutoCAD 经典】工作空间界面

通过对比可以发现，【草图与注释】与【AutoCAD 经典】工作空间界面相比，取消了 AutoCAD 经典界面中的“工具栏”设置，按照工作流程和功能划分，将原有的多个工具栏集中为“功能区选项板”。例如“默认”选项板就将常用的“绘图、修改、图层、注释、块”等工具栏集中到功能区中。

如图 1-5 所示，在工作空间界面顶端的是“快速访问”工具栏，它包括熟悉的命令，如“新建”“打开”“保存”“另存为”“打印”“放弃”“重做”。

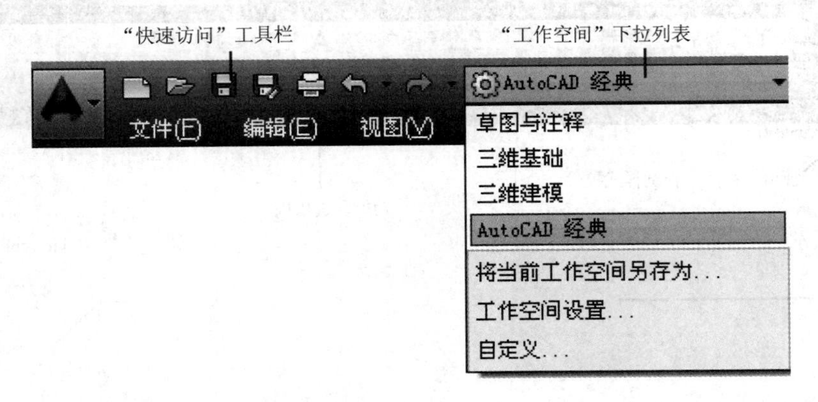

图 1-5 “快速访问”工具栏和“工作空间”下拉列表

“快速访问”工具栏的右侧是“工作空间”下拉列表，用户可以快速地在四个工作空间之间进行切换。

下面对【AutoCAD 经典】工作空间界面进行说明。

1.2.1 标题栏

如同所有标准的 Windows 应用程序界面一样，标题栏显示当前图形文件的名称。AutoCAD 程序启动后，新图形文件暂时命名为“Drawing1.dwg”。

1.2.2 菜单栏

菜单栏在窗口的第 2 行，AutoCAD2014 提供了【文件】【编辑】【视图】【插入】【格式】【工具】【绘图】【标注】【修改】【参数】【窗口】【帮助】12 个一级下拉菜单。

将鼠标指针移动到要操作的菜单项，单击鼠标左键，弹出相应的下拉菜单列表。

（1）下拉菜单列表中，菜单项后有小三角“▸”符号，说明该菜单项还有下一级子菜单。

（2）下拉菜单列表中，菜单项后有“…”符号，执行该菜单项后将弹出一个对话框。

（3）没有任何标记的菜单项对应着一个 AutoCAD 命令。

1.2.3 工具栏

工具栏由若干个直观的工具图标按钮组成，每个按钮代表一个命令。用鼠标单击图标按钮就可以执行对应的命令操作。如果将鼠标移动到某个图标按钮上方停留片刻，在该图标右下方出现短注释，告知该按钮的名称，如图 1-6（a）；如果停留时间再长一些，会弹出更加详细的长注释，如图 1-6（b）。

AutoCAD2014 提供了丰富的工具栏，界面中提供了使用频率较高的【标准】【样式】【图层】【对象特性】【绘制】【修改】6 个工具栏。如果想调用其他的工具栏，可进行如下操作。

① 将鼠标指针移动到任意一个已有工具按钮上，单击鼠标右键，弹出图 1-7 所示工具栏选项“快捷菜单”。菜单项左边有“√”标记，表示此工具栏处于“活动”状态；没有“√”标记表示处于“关闭”状态。

② 移动鼠标到要调用的工具栏名称上，单击该菜单项，调出对应工具栏（见图 1-8）。

③ 弹出的工具栏处于“浮动”状态。将鼠标指针移动到工具栏的标题栏上，拖动工具栏到绘图窗口的上、下、左、右四个边缘的任意一处。当工具栏轮廓出现在要固定的区域时，释放鼠

标左键，即可将该工具栏固定到指定区域。

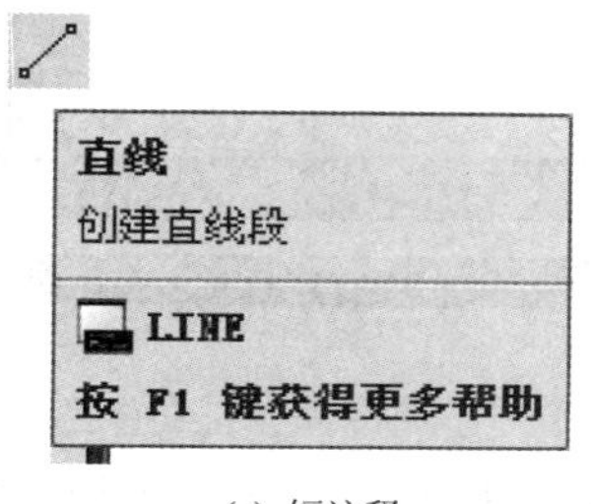

(a) 短注释

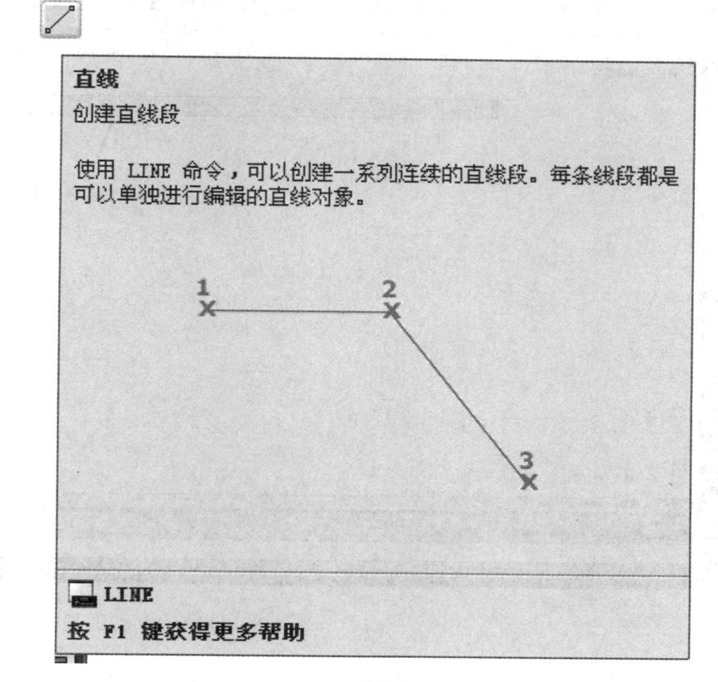

(b) 长注释

图 1-6　直线 LINE 工具按钮注释提示

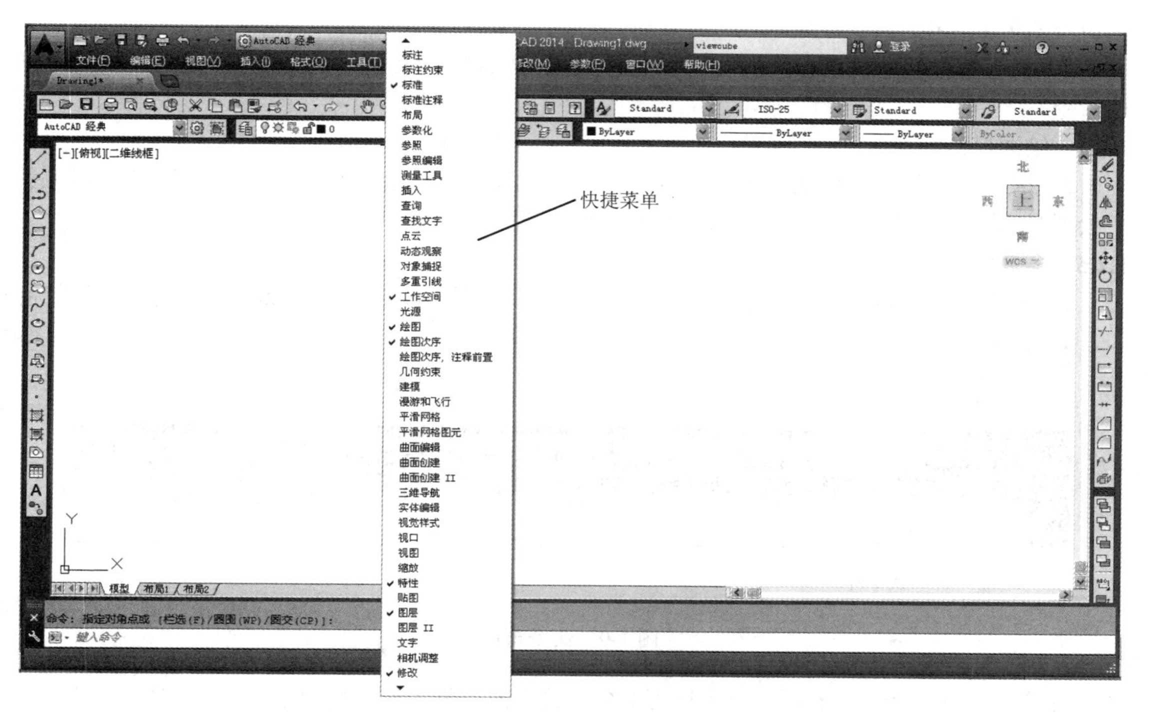

图 1-7　调出工具栏选项“快捷菜单”

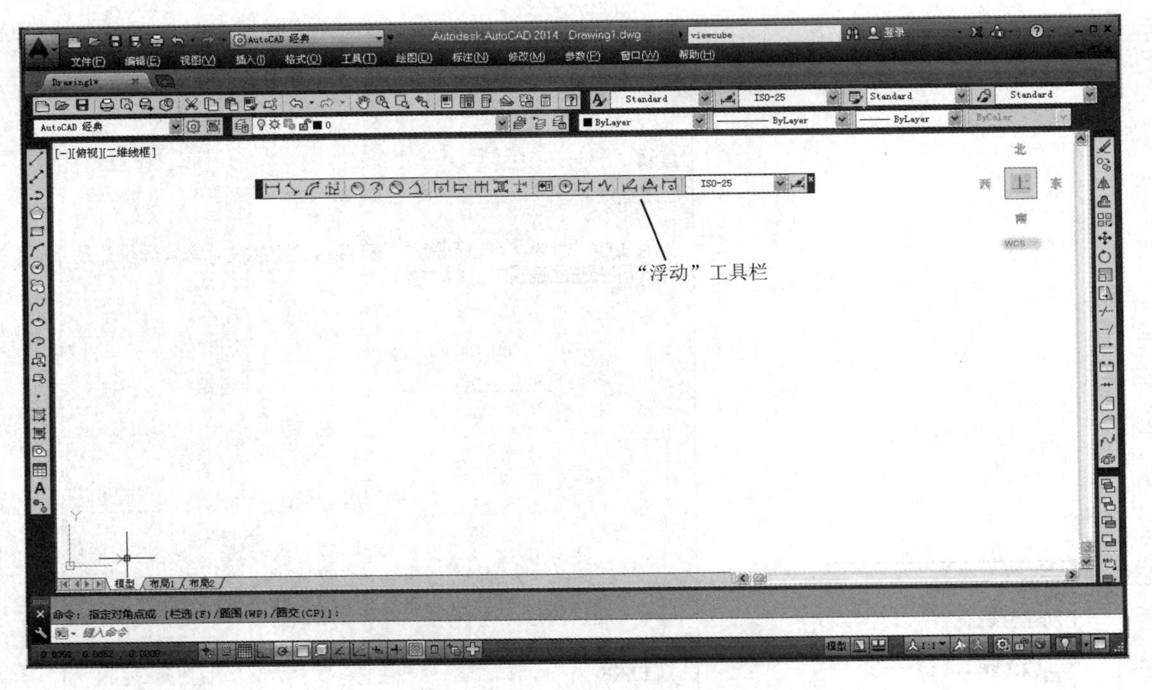

图 1-8 调出的浮动工具栏

有些图标按钮右下角带有“▸”符号，说明此工具图标包含一系列相近的命令。如【标准】工具栏中的【窗口缩放】命令按钮。操作方法如下。

① 将鼠标指针停留在“▸”工具图标上，单击鼠标左键后按住不放，将弹出包含一系列相关命令的子工具栏。

② 仍保持按住左键状态，拖动鼠标标到相应的工具按钮上松开，就可执行该工具按钮对应的命令。

1.2.4 绘图窗口

AutoCAD 界面上最大的区域就是绘图窗口。绘图窗口用于绘制图形和显示图形，它类似于手工绘图时的图纸，用户只能在此窗口区域内进行绘图工作。

1.2.5 命令窗口

命令窗口是 AutoCAD 的核心部分，位于绘图窗口的下端，是用户与 AutoCAD 进行对话的窗口，如图 1-9 所示。

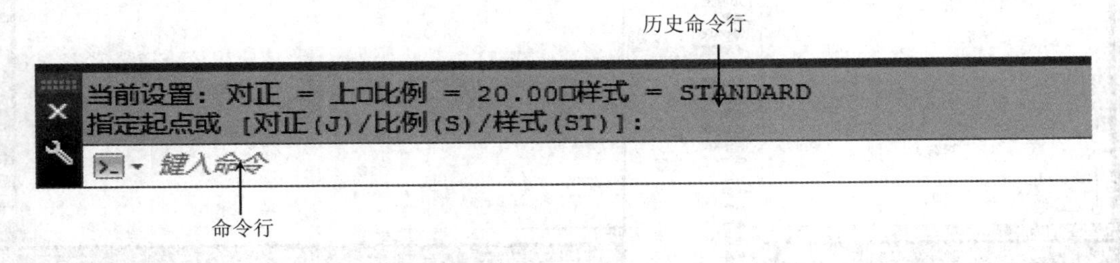

图 1-9 命令窗口

命令窗口分为命令行和历史命令行两部分。最下面白色底色的是命令行，没有输入命令时，命令行的最左端显示“键入命令:”。命令行上部呈现灰色底色的是历史命令行，显示所执行命令的参数和相关提示信息，以及已执行过的命令。

AutoCAD的许多命令包含几个子功能，而且每一个子功能又可分为几步操作才能完成。初学者应随时注意命令窗口中的提示信息，进行对应的操作。图1-9所示命令窗口显示的是“多线mline”命令的参数信息。

1.2.6 状态栏

状态栏位于AutoCAD程序窗口的最下端，如图1-10所示。该栏可分为三个区域：坐标区、绘图工具功能区、绘图环境功能区。

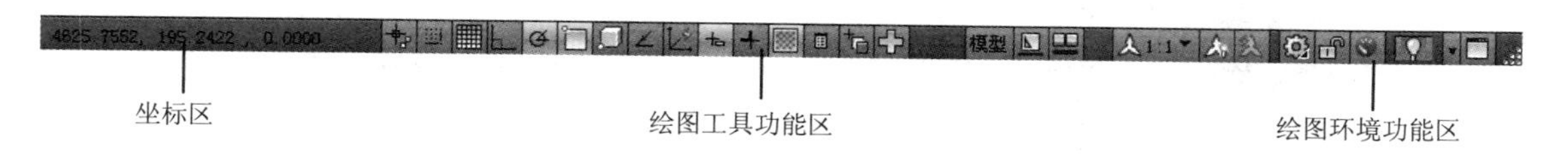

图1-10 状态栏

坐标区位于状态栏最左侧，栏中显示有数字，显示十字光标在绘图窗口中X、Y、Z坐标值。

坐标区的右侧是绘图工具功能区，由15个绘图工具控制按钮组成。单击鼠标左键可使按钮呈现“亮”“暗”两种颜色。如果按钮呈现“亮”色，表示该功能处于“激活”状态。本区域有两种显示方式：图标方式和文字方式，如图1-11所示。右击鼠标，在弹出的快捷菜单中勾选“使用图标”项，可在两种显示模式间切换。

绘图环境功能区位于状态栏的最右侧，主要包含注释比例、注释监视等功能。

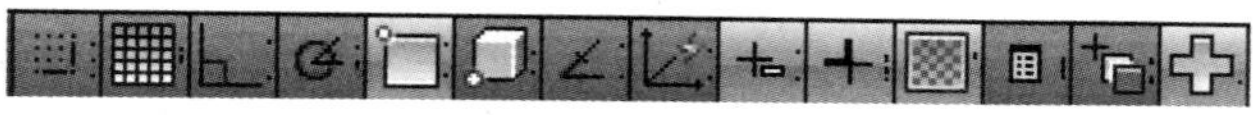

（a）图标方式

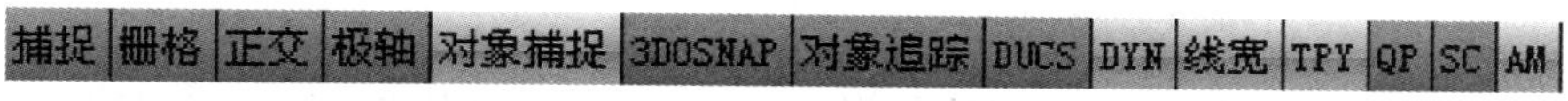

捕捉 | 栅格 | 正交 | 极轴 | 对象捕捉 | 3DOSNAP | 对象追踪 | DUCS | DYN | 线宽 | TPY | QP | SC | AM

（b）文字方式

图1-11 绘图工具功能区显示方式

1.2.7 模型/布局选项卡

模型/布局选项卡位于绘图窗口底部。【模型】和【布局】分别对应AutoCAD中的“模型空间”和“图纸空间”，单击【模型/布局】选项卡可快速地在模型空间和图纸空间之间进行切换。

AutoCAD图形的绘制和编辑操作在“模型空间”内完成，“图纸空间”只用于创建打印布局。

1.3 文件操作

1.3.1 保存文件

保存文件的方式主要有以下三种。

- 下拉菜单：【文件】/【保存】。
- 工具按钮：【标准】/![]。 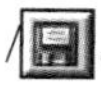
- 快捷方式：Ctrl+S。

如果是新建文件（即暂命名为Drawing-数字），命令执行后弹出图1-12所示【图形另存为】

对话框。在文件名文本框中输入文件名称，单击 保存(S) 按钮完成新文件的命名保存。

图 1-12 【图形另存为】对话框

如果是已命名文件，命令执行后不会弹出【图形另存为】对话框，直接实现保存功能。

如果将现有命名文件重命名保存，应执行下拉菜单命令：【文件】/【另存为】，在弹出的【图形另存为】对话框中指定新的文件名。

AutoCAD2014 图形文件以 2013 图形格式保存，若在低版本（2004~2006 版）打开图形文件，用户应使用【图形另存为】方法保存，并单击“文件类型”右侧的下拉按钮，在弹出的如图 1-13 所示“文件类型”下拉列表，选择“AutoCAD 2004/LT2004 图形（*.dwg）”。

AutoCAD 2013 图形 (*.dwg)
AutoCAD 2010/LT2010 图形 (*.dwg)
AutoCAD 2007/LT2007 图形 (*.dwg)
AutoCAD 2004/LT2004 图形 (*.dwg)
AutoCAD 2000/LT2000 图形 (*.dwg)
AutoCAD R14/LT98/LT97 图形 (*.dwg)
AutoCAD 图形标准 (*.dws)
AutoCAD 图形样板 (*.dwt)
AutoCAD 2013 DXF (*.dxf)
AutoCAD 2010/LT2010 DXF (*.dxf)
AutoCAD 2007/LT2007 DXF (*.dxf)
AutoCAD 2004/LT2004 DXF (*.dxf)
AutoCAD 2000/LT2000 DXF (*.dxf)
AutoCAD R12/LT2 DXF (*.dxf)

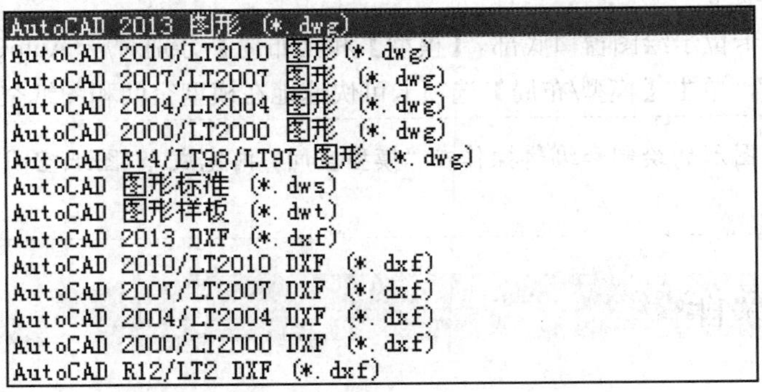

图 1-13 “文件类型”下拉列表

AutoCAD 的文件格式有四种。

- dwg 格式：图形文件格式，是 AutoCAD 默认的文件格式。
- dxf 格式：图形交换格式，是文本或二进制文件，包含可由其他 CAD 程序读取的图形信息，一般用于在不同应用程序间转换。

- dws 格式：图形标准信息格式，文件中包含“图层特性、标注样式、线型和文字样式”等格式信息。
- dwt 格式：图形样板格式，包含“单位类型和精度、标题栏、边框和徽标、图层名、捕捉、栅格和正交设置、栅格界限、标注样式、文字样式、线型”等特性。

1.3.2 新建文件

新建文件的方式主要有三种。

- 下拉菜单：【文件】/【新建】。
- 工具按钮：【标准】/。
- 快捷方式：**Ctrl+N**。

命令执行后，会弹出图如图 1-2 所示【选择样板】窗口。公制单位请使用 acadiso.dwt 。

1.3.3 退出 AutoCAD

退出 AutoCAD 的方式主要有三种。

（1）关闭程序窗口方式

AutoCAD 是一个标准的 Windows 程序，在程序窗口顶端标题栏右侧有三个按钮，单击最右侧的关闭按钮，就可关闭程序退出 AutoCAD。

（2）下拉菜单方式

选择下拉菜单【文件】/【退出】菜单项。

（3）命令方式

在命令行中输入“EXIT”或“QUIT”命令后，按回车键。

如果对图形文件进行了任何操作，但没有存盘，程序退出时会弹出图 1-14 所示的警告窗口。警告提示行中的“Drawing1.dwg”或“C:\sun\结构设计总说明.dwg”是当前绘图文件名，此名称根据实际操作文件名称会有不同的提示。

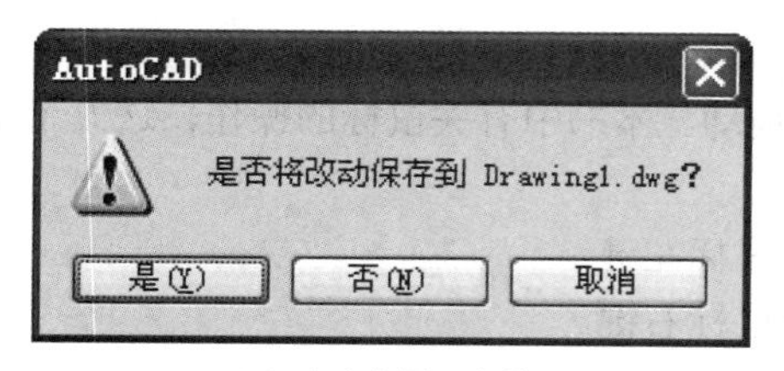

（a）未命名图形文件

（b）已命名图形文件

图 1-14 退出警告窗口

单击 取消 按钮，不退出程序，重新返回到程序中。

单击 否(N) 按钮，将不保存已经对图形文件的修改，直接退出程序。

单击 是(Y) 按钮，将对图形文件已做的修改进行保存后再退出程序。但对于图 1-14 中的两种情况，操作时会有一些区别。

图 1-14（a）情况，表示当前文件是一个新建立的图形文件（即暂命名文件），而且还没有被保存过。当单击 是(Y) 按钮，将弹出图 1-12 所示【图形另存为】对话框。要求用户先给当前图形文件命名。指定图形文件保存的路径、文件名、文件类型等项目后，单击 保存(S) 按钮，将关闭对话框并退出 AutoCAD 程序。

图 1-14（b）情况，表示当前文件是一个已命名的图形文件，当单击 是(Y) 按钮后，程序直接将已做的修改保存到图形文件中，并退出 AutoCAD 程序，不再弹出【图形另存为】对话框。

1.4 鼠标和键盘操作

AutoCAD 使用的输入设备主要有鼠标、键盘和数字化仪，其中鼠标和键盘是计算机的标准配置。下面介绍鼠标和键盘在 AutoCAD 中的一些操作用法和规定。

1.4.1 鼠标操作

鼠标是 AutoCAD 绘图、编辑所必不可少的工具，熟练地掌握鼠标的操作，对于加快绘图速度，提高绘图质量有着至关重要的作用。

（1）鼠标指针

鼠标在 AutoCAD 界面的不同区域，或命令的不同执行阶段，将呈现出不同形式的鼠标指针形状，常见的各种鼠标指针形状及含义列于表 1-1。

表 1-1 各种鼠标形状的含义

鼠标指针形状	含 义	出 现 区 域
	选择命令	菜单栏、工具栏
	处于待命状态	绘图窗口
	绘制图形	绘图窗口
	（命令执行过程中）选择对象	绘图窗口
	动态实时缩放	绘图窗口
	动态实时平移	绘图窗口
	输入文本符号	命令窗口、文本框

（2）鼠标操作方式

鼠标的操作方式主要有单击、右击、双击、移动、拖动。本书中有关鼠标的操作，这五个术语的功能意义如下。

- 单击：移动鼠标指针指向指定的目标后，按一下鼠标左键。
- 右击：移动鼠标指针指向指定的目标后，按一下鼠标右键。
- 双击：移动鼠标指针指向指定的目标后，快速按两下鼠标左键。
- 移动：不按鼠标的任何键，上、下、左、右地移动鼠标。
- 拖动：按下鼠标的左键不放，上、下、左、右地移动鼠标。

1.4.2 键盘操作

键盘是输入数字和文字的工具，也是 AutoCAD 不可缺少的绘图设备。AutoCAD 的所有命令均可通过键盘输入到命令窗口中的命令行。

为了方便用户操作，提高绘图效率，避免过长命令的输入，AutoCAD 为一些常用命令定义了缩写名称——“命令别名”。命令别名用命令全名中的几个字母组成，例如绘直线命令的全名为“LINE”，其命令别名为“L”；修剪命令的全名为“TRIM”，其命令别名为“TR”。不论是全名还是别名，键入字母的大小写不影响命令的执行效果。

AutoCAD 绘图操作时，键盘上有三个键被赋予了特殊的含义，分别介绍如下。

（1）Esc 键

Esc 键的功能是终止当前任何操作。如果某个命令在执行过程中出现错误操作，可以按 Esc 键终止本次操作。

（2）Enter 键（回车键）

回车键的主要功能是确认，本书中用 Enter 表示回车键，其具体作用如下。

① 确认操作。在命令行中键入命令名称或参数选项字母后按 Enter 键，AutoCAD 将执行该命令或切换到相应参数状态。

② 结束对象选择操作。某些命令允许连续选择对象，在“选择对象”提示后按 Enter 键，结束当前“选择对象”状态，执行该命令的后续操作。

（3）空格键

AutoCAD 将空格键赋予了新的功能，在多数情况下空格键等同于 Enter 键，表示确认操作。这样的重新规定，使右手鼠标左手键盘的用户在绘图操作中更加方便，工作效率大大提高。

AutoCAD 在一个命令运行结束后，直接按下回车键或空格键，程序会自动执行刚结束的命令，这是一项很有用的操作。

1.5 AutoCAD 坐标

1.5.1 坐标系

AutoCAD 采用三维笛卡尔直角坐标系统来确定点的位置。坐标系统可分为世界坐标系（WCS）和用户坐标系（UCS）。

（1）世界坐标系

世界坐标系（World Coordinate System，简称 WCS）又称通用坐标系，是 AutoCAD 的缺省设置，坐标符号如图 1-15(a)所示。本图标是一个平面坐标系统，水平方向代表 X 坐标轴，竖直方向代表 Y 坐标轴。

（2）用户坐标系

用户坐标系（User Coordinate System，简称 UCS）是由用户定义的坐标系统，坐标符号如图 1-15(b)所示。对于一些复杂的图形，用户可自定义坐标系原点位置和坐标轴方向，创建一个适合当前图形绘制的 UCS 坐标系，使操作更加方便。

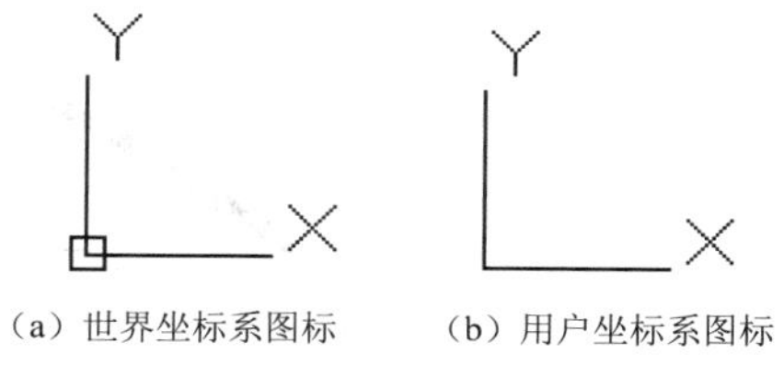

（a）世界坐标系图标　（b）用户坐标系图标

图 1-15　坐标系图标

世界坐标系和用户坐标系图标的区别如图 1-15 所示，图标中 X、Y 坐标轴的交点处有一个小方格“□”的是世界坐标系，没有小方格的是用户坐标系。

用户坐标系 UCS 在三维图形的绘制中会被广泛使用，本书将在第 7 章加以介绍，下面主要介绍世界坐标系。

1.5.2 坐标表达

任何简单或复杂的图形，都是由不同位置的点，以及点与点之间的连接线（直线或弧线）组合而成的。所以确定图形中各点的位置，是首选要学习的内容。

AutoCAD 确定点的位置一般可采用以下三种方法。

① 在绘图窗口中单击鼠标确定点的位置。

② 在目标捕捉方式下，捕捉一些已有图形的特征点，如端点、中点、圆心等。

③ 用键盘输入点的坐标，确定点的位置。

本节主要讲述第三种方法，用键盘输入点的坐标，精确定点。

在坐标系中确定点的位置的坐标表达方式主要有直角坐标、极坐标、柱面坐标和球面坐标四种方式。其中直角坐标、极坐标主要适用于绘制二维平面图形，而柱面坐标和球面坐标适用于绘制三维图形。

四种坐标表达方式在实际操作中分为绝对坐标、相对坐标两种表达形式。

绝对坐标是以当前坐标系的原点（0，0，0）为基准点，定位所有的点。图形中的任意一个点的绝对坐标值只有一个，对于较复杂的图形，本方法操作很不方便。

相对坐标是将图形中的某一特定点作为原点，用两点间的相对位置确定点的位置。相对坐标是绘图中定点的主要形式。相对坐标与绝对坐标的区别就是，相对坐标在坐标值的前面加上“@”符号。

（1）直角坐标

直角坐标用三维坐标（X，Y，Z）定义一个点，坐标值之间用逗号隔开。当绘制二维平面图时，只要输入X、Y坐标即可。输入格式如下。

- 绝对坐标：X，Y　（二维点）　X，Y，Z　（三维点）
- 相对坐标：@△X，△Y　（二维点）　@△X，△Y，△Z　（三维点）

其中△X，△Y，△Z分别表示前后两点在X，Y，Z方向的坐标差值。可以为正值也可为负值。

如图1-16所示线段AB，已知点A和点B的绝对坐标值分别为（12，20）、(20，25)，绘制线段AB时，若采用输入绝对坐标值“12，20”确定A点位置，然后可以有两种方式确定B点的位置。

- 绝对坐标方式：输入“20，25”确定B点位置。
- 相对坐标方式：输入“@8，5”确定B点位置。

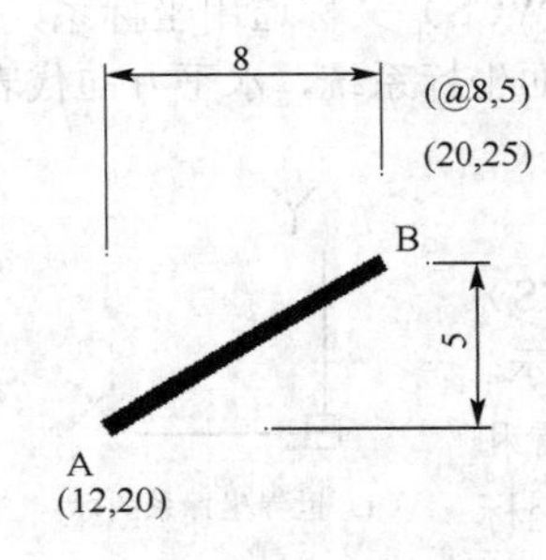

图1-16　直角坐标

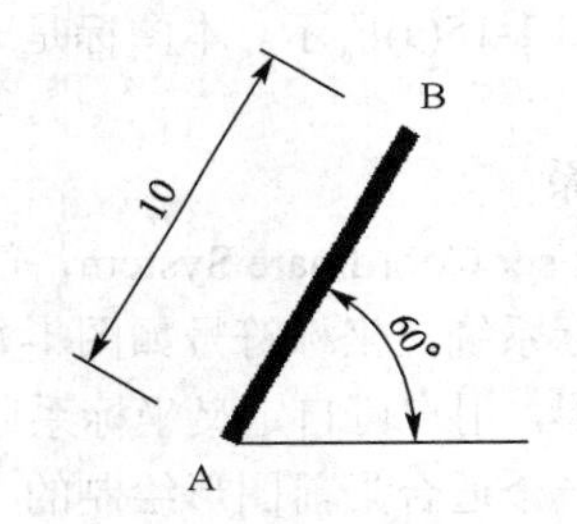

图1-17　极坐标

（2）极坐标

极坐标使用距离和角度定义一个点。输入格式为：

D<Angle

其中，D是该点到参考点的距离；Angle是该点和参考点之间连线与X轴正方向的夹角（逆时针为正，顺时针为负）。距离和角度之间用“<”符号分开。

如图1-17所示，绘制线段AB。已知点B距参考点A的距离是10，AB点连线与X轴正方向的夹角为60°。则A点确定点B时，采用极坐标表示形式为“@10<60”。其中“@”表示采用的是相对极坐标形式。

（3）柱面坐标

柱面坐标是极坐标在三维空间的推广。输入格式为：

D<Angle，Z

其中，D是柱面的半径，即该点在XOY平面上的投影与原点之间的距离；Angle是该点与原点连线在 XOY 平面上的投影与 X 轴正方向的夹角；Z 是该点的 Z 坐标。

（4）球面坐标

球面坐标是极坐标在三维空间的另一推广。输入格式为：

D＜Angle1＜Angle2

其中，D 是该点与原点之间的距离；Angle1 是该点与原点连线在 XOY 平面上的投影与 X 轴正方向的夹角；Angle2 是该点与原点连线与 XOY 平面的夹角。

相对坐标在 AutoCAD 操作中十分有用，初学者应关键掌握相对直角坐标和相对极坐标的表达。

1.6 AutoCAD 常用基本操作

1.6.1　AutoCAD 命令的启动方法

AutoCAD 命令的启动方法主要有三种。

- 下拉菜单法。
- 工具按钮法。
- 命令法。

（1）下拉菜单法

单击下拉菜单，在弹出的菜单中选择相应命令的菜单项。书中表示格式为：

【一级菜单】/【二级菜单】/【命令菜单项】。

（2）工具按钮法

单击工具栏中的命令按钮，可以直接执行相应的命令。书中表示格式为：

【工具栏名称】/图标按钮图形。

（3）命令法

在命令窗口中命令行的“键入命令：”提示后，通过键盘直接键入命令的全名或命令别名。书中表示格式为：“命令全名（命令别名）”。

命令全名用加粗的小写字母表示，命令别名用加粗的大写字母表示，并且命令别名用括号圈住。操作时，输入的命令全名或命令别名无论采用大写形式还是采用小写形式，执行效果是一致的，不影响操作的结果。

例如，绘制直线的 Line 命令，各种方法的表示格式如下。

- 下拉菜单：【绘图】/【直线】。
- 工具按钮：【绘图】/ 。
- 命 令 行：**line**（**L**）。

1.6.2　命令提示操作

AutoCAD 命令运行后，在命令行中显示执行状态或给出执行命令需要的进一步操作选项，待选选项显示在方括号中，如图 1-18 所示。如要选择某选项，可在命令行中键入该选项后括号内的字母，然后按 Enter 键。键入的字母无论大写或小写，不影响执行效果。

```
MLINE
当前设置：对正 = 上，比例 = 20.00，样式 = STANDARD
指定起点或 [对正(J)/比例(S)/样式(ST)]:
```

图 1-18　命令提示行格式

1.6.3 对象选择

AutoCAD 绘制图形过程中，经常要选择图形或图形的一部分执行编辑操作，如删除、移动或复制。正确、快捷地选择目标对象是进行图形编辑的基础。

AutoCAD 对象选择方式可以分为两种基本类型，即单选方式和窗口方式。

（1）单选（Single）方式

单选方式是用鼠标直接单击要选择的对象。对象被选择后呈现“虚线高亮”显示状态。

AutoCAD 中允许用户先选择对象再执行命令，也可以先执行命令再选择对象，但这两种方式的被选择对象的显示方式有所区别。

① 先选择对象再执行命令方式

按本方式选择对象时，鼠标为“十字光标”形式。选中的对象不仅按虚线高亮显示，而且在被选图形上会出现夹点（蓝色的小方框），如图 1-19（a）所示。夹点显示出被选图形可以编辑的特征点的位置。有关夹点知识请参阅第 3.4 节。

② 先执行命令再选择对象方式

命令执行后，在命令行中出现“选择对象：”的提示，鼠标变为方形的“拾取框”，选中的对象仅按“虚线高亮”方式显示，如图 1-19（b）所示。如果命令行中继续出现“选择对象：”提示，表示该命令允许用户连续选择对象（AutoCAD 有些命令允许）。按 Enter 键可退出选择状态，转入后续的编辑操作。

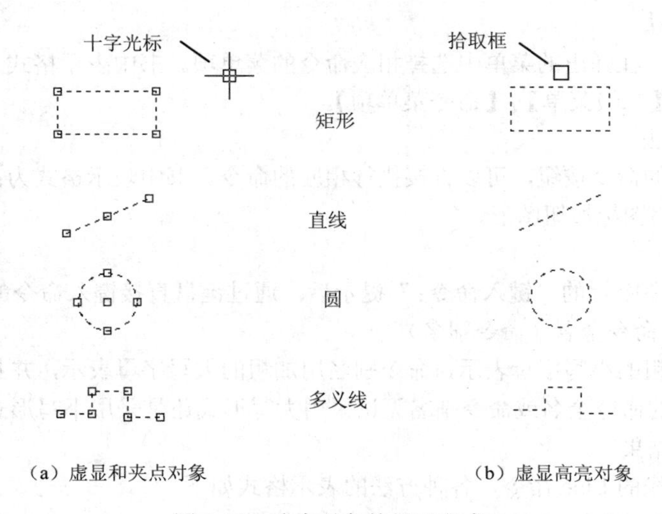

图 1-19 选中对象的显示方式

（2）窗选方式

AutoCAD 缺省状态下用一个矩形选择框同时选择多个对象。矩形窗选方式分为“窗口（Window）”和“窗交（Crossing）”两种模式，区别有两点：一是定义窗口的方式不同；二是选择效果不同。

① 窗口模式（Window）

窗口模式要求“从左到右”定义矩形选择框的两个对角点，而且窗口的外框线显示为实线。窗口模式只选择全部窗口框线以内的所有对象，窗口框线外的对象以及与窗口框线相交的对象不能被选中（见图 1-20）。

② 窗交模式（Crossing）

窗交模式要求“从右到左”定义矩形选择框的两个对角点，而且窗口的外框线显示为虚线。

窗交模式选择在窗口框线内以及与窗口线相交的对象，框线外的对象不能选中（见图1-21）。

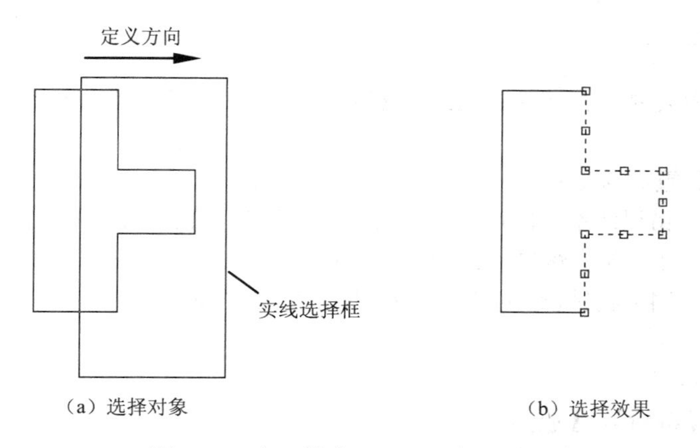

图1-20　窗口模式Window选择效果

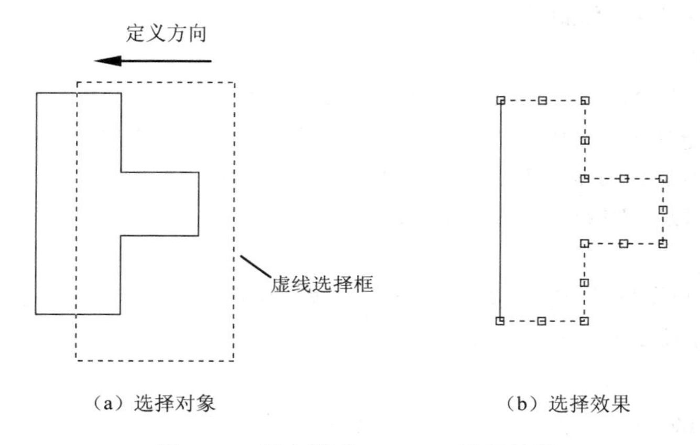

图1-21　窗交模式Crossing选择效果

矩形窗选模式是AutoCAD的默认窗选方式。如果要切换到多边形窗口选择模式，在选择状态下，在命令行分别键入“WP”或“CP”后按Enter键，就可切换到相应选择状态。WP对应圈围模式，CP对应圈交模式。

在选择多个对象时，用户如果错误地选择了某个对象，要取消该对象的选择状态，可以按住键盘上的Shift键不放，用鼠标单击该对象即可。注意单击时应该避开已选对象的“夹点”，否则无法选择对象。

1.6.4　删除对象

删除是绘图工作中最常用的操作之一。删除对象的命令执行方法有以下三种。

- 下拉菜单：【修改】/【删除】。
- 工具按钮：【修改】/。
- 命 令 行：erase（E）。

删除命令的操作分为两步，即执行命令和选择对象。执行步骤的顺序不同，操作过程有所区别。

① 先执行命令后选择对象方式　按本方式操作，用户选择对象后，被选对象并不立即删除。只有当按Enter键结束命令后，被选对象才被删除。

② 先选择对象后执行命令方式　按本方式操作，一旦执行命令，删除命令就立即执行，而不会出现任何提示。

用户先选择对象，然后按键盘上的【Delete】键，也可实现删除对象。

1.6.5　放弃 Undo 和重做 Redo

在绘图操作中，错误或不慎操作是不可避免的。例如，在执行删除操作时，错误地删除了不该删除的对象，那么还有机会恢复到删除操作之前的状态吗？答案是肯定的。

AutoCAD 提供了取消已执行操作的命令：U 命令和 Undo 命令。

（1）Undo 命令

其操作方法有四种。

- 下拉菜单：【编辑】/【放弃】。
- 工具按钮：【标准】/。
- 命 令 行："U"和"undo"。
- 热键：Ctrl+Z

从命令行直接输入"U"和"undo"，其执行效果是不同的。

"U"命令的功能是一次只能取消最后一次所进行的操作。如果想取消前面的 N 次操作，就必须执行 N 次 U 命令。U 命令是 Undo 命令的单个使用方式，没有命令选项。

"Undo"命令可以一次取消已进行的一个或多个操作。在"命令:"后输入"undo"回车后，出现提示行：

"输入要放弃的操作数目或[自动(A)/控制(C)/开始(BE)/结束(E)/标记(M)/后退(B)] <1>:"。

由于命令行操作较复杂，使用不便，建议单击工具栏按钮，执行"U"命令。

（2）Redo 命令

Redo 命令是 Undo 命令反操作，它起到恢复刚由"U"命令取消的操作。其操作方法有三种。

- 下拉菜单：【编辑】/【重做】。
- 工具按钮：【标准】/。
- 命令行：redo。

【注意】执行"重做 Redo"命令，必须是在"放弃 U"命令执行结束后立即执行。

1.6.6　视图缩放 Zoom 和平移 Pan

在计算机上绘图时，由于图形窗口大小的限制，当所绘图形较为复杂时，可能会遇到图形的线条、文字等显示较密，无法清楚观察对象的情况（图 1-21）。AutoCAD 为用户提供了强大的视图显示和控制功能，使用户可以方便地调整图形在窗口中的位置，观察图形的全貌或局部，准确地捕捉目标对象，绘制出精确的图形。

Zoom 和 Pan 命令就是最典型的两个命令，也是使用频率很高的命令。

（1）视图缩放 Zoom

视图缩放 Zoom 命令的执行方法如下。

- 命 令 行：Zoom（Z）
- 工具按钮：【标准】/。

在命令行中输入"z"　或"zoom"并按回车后，命令行中出现如下提示信息：

指定窗口的角点，输入比例因子 (nX 或 nXP)，或者

[全部(A)/中心(C)/动态(D)/范围(E)/上一个(P)/比例(S)/窗口(W)/对象(O)]<实时>:

可以看出，AutoCAD为用户提供了多种参数选择，下面主要讲述使用较多的四个参数。

◆ 窗口（Window）

本选项是Zoom命令的缺省选项。此时光标由⌖变成十形状，移动光标在绘图区拾取两个对角点指定一个矩形窗口区域（图1-22），矩形区域代表缩放后的视图范围。命令执行后，显示效果如图1-23所示。

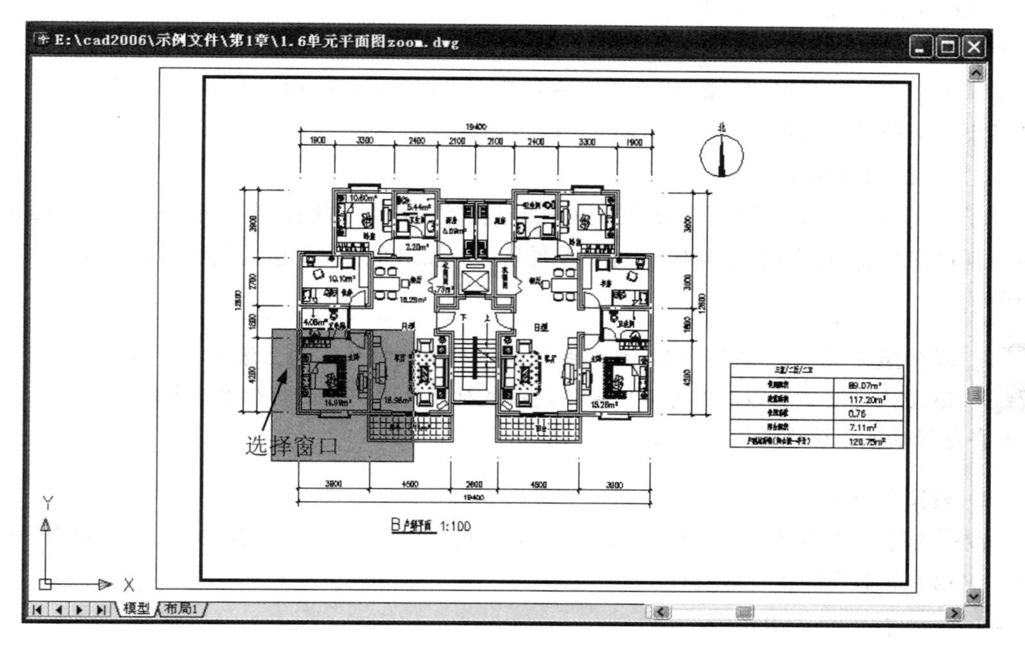

图1-22 图形缩放前的原图（指定显示窗口）

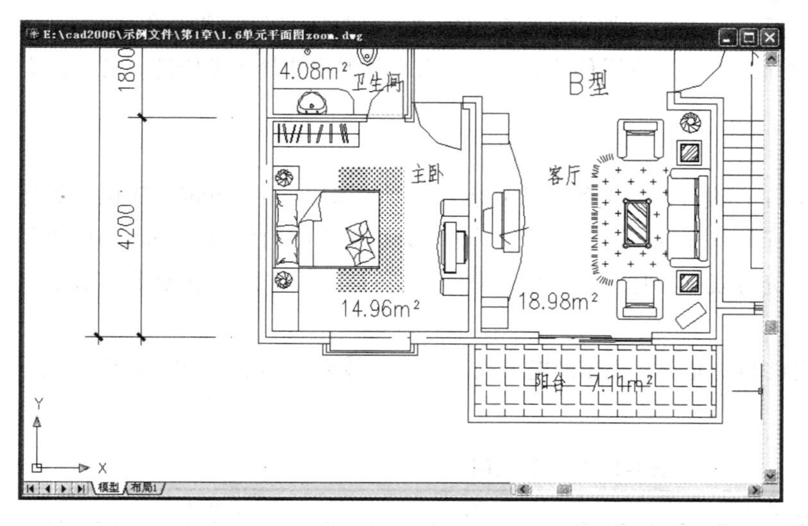

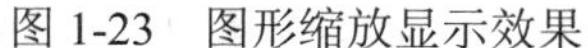
图1-23 图形缩放显示效果

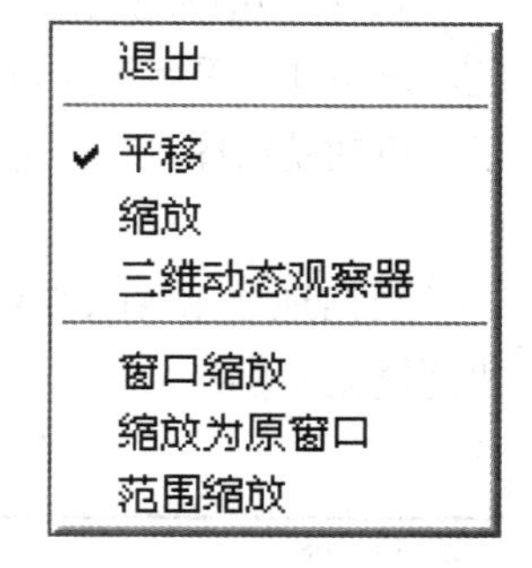

图1-24 缩放快捷菜单

◆ 全部（All）

在命令提示行后，输入“A”后按Enter键。本选项是将当前图形的全部信息都显示在图形窗口屏幕内。在图1-23显示效果下，执行本操作，显示结果如图1-22。

当执行滚轮缩小操作时，视图可能会出现不能继续缩小的情况时，执行本操作可解决。

◆ 实时（Real time）

命令栏出现选项提示行后，按 Enter 键即可转入实时选项状态。鼠标的光标变为一个放大镜形状 ，通过"拖动鼠标"实施操作。拖动的方向会影响缩放的效果，操作规则和效果如下。

✧ 由上向下拖动，缩小图形。

✧ 由下向上拖动，放大图形。

调整到理想的视图窗口后，直接用键盘按 Enter 键，完成操作。

如果右击鼠标将弹出图 1-24 所示的快捷菜单，移动鼠标到不同选项，可切换到其他几种视图缩放效果，选择【退出】选项，将结束本次操作。

◆ 上一个（Previous）

本选项可从当前视图窗口，以最快的方式回到最近的一个视图，或前几个视图中。AutoCAD 为每一视窗保存前 10 次显示的视图。对于需要在二个视图间反复快速切换的用户来说，这是一个不错的选择。

操作滚轮鼠标的滚轮是实现视图缩放的一种快捷操作：向上滚动执行放大功能，向下滚动执行缩小功能。因为滚轮操作是以鼠标指针为中心进行缩放，所以操作滚轮前，一定要先将鼠标指针移动到要缩放区域的中心。

（2）视图平移 Pan

如果想察看当前视图窗口附近的图形，又要保持当前的视图的比例，可以使用视图平移 Pan 命令。平移 Pan 命令的执行方法有：

◆ 命 令 行：pan（P）。

◆ 工具按钮：【标准】/ 。

命令执行后，鼠标变为"手"形光标。按住鼠标左键拖动，可前后左右平移视图。

用户可以按 Esc 键或按 Enter 键，结束平移状态。也可右击从弹出快捷菜单中选择【退出】选项，结束操作。

1.6.7 辅助绘图工具

快速、精确地绘制出满足工程设计、制造所需的复杂且精密的图形，是 AutoCAD 的一大特色，如果过多采用键盘输入坐标来精确定点的操作方式，必定会影响绘图的效率。AutoCAD 提供了一组辅助绘图工具，它可以充分发挥鼠标灵活易用、操作方便的特点，同时又能达到精确定点的目的。

灵活地使用 AutoCAD 提供的功能键和快捷键能大大提高绘图效率。其常用功能键见表 1-2，快捷键见表 1-3。

表 1-2 功能键说明

功 能 键	功 能 说 明	功 能 键	功 能 说 明
F1	显示 AutoCAD 帮助	F7	启用和关闭"栅格"功能
F2	启用和关闭 AutoCAD 文本窗口	F8	启用和关闭"正交"功能
F3	启用和关闭"对象捕捉"功能	F9	启用和关闭"捕捉"功能
F4	启用和关闭"三维对象捕捉"功能	F10	启用和关闭"极轴"功能
F5	循环选择三个等轴测平面	F11	启用和关闭"对象追踪"功能
F6	启用和关闭"动态 UCS"功能	F12	启用和关闭"动态输入"功能

表 1-3 快捷键说明

功能键	功能说明	功能键	功能说明
Ctrl+0	切换“清除屏幕”	Ctrl+N	创建新图形
Ctrl+1	切换“特性”选项板	Ctrl+O	打开现有图形
Ctrl+2	切换“设计中心”	Ctrl+S	保存当前图形
Ctrl+3	切换“工具选项板”窗口	Ctrl+C	将对象复制到剪贴板
Ctrl+4	切换“图纸集管理器”	Ctrl+X	将对象剪切到剪贴板
Ctrl+5	切换“信息选项板”	Ctrl+V	粘贴剪贴板中的数据
Ctrl+6	切换“数据库连接管理器”	Ctrl+P	打印当前图形
Ctrl+7	切换“标记集管理器”	Ctrl+R	在布局视口之间循环
Ctrl+8	切换“快速计算”计算器	Ctrl+Y	取消前面的“放弃”动作
Ctrl+9	切换命令窗口	Ctrl+Z	撤销上一个操作

对象捕捉、栅格、正交、捕捉、极轴、对象追踪就是AutoCAD提供的辅助绘图工具，其中正交（F8）、对象捕捉（F3）是建筑绘图中使用频率最高的两种工具，本节就介绍这两种辅助绘图功能（工具），以及AutoCAD2014新增加功能“动态输入”。

（1）正交

按键盘上的“F8”功能键，可以开启和关闭“正交”功能。

正交功能处于“激活”状态，绘制的直线或移动的对象等操作只能沿X轴或Y轴，即操作被强行限制在两个方向。在正交功能下绘制的直线，彼此互相平行或垂直。建筑图形中，房屋等大部分图形对象具有横平竖直的特点，灵活运用“正交”功能，可大大提高绘图效率。

以绘制直线AB为例，点A为直线的起点，用户在确定A点后，只要将鼠标随意的向点A的右侧和下侧移动，尽管当前鼠标指针并不在线段的终点B点处，结果却绘制水平或垂直的线段AB，结果如图1-25所示。

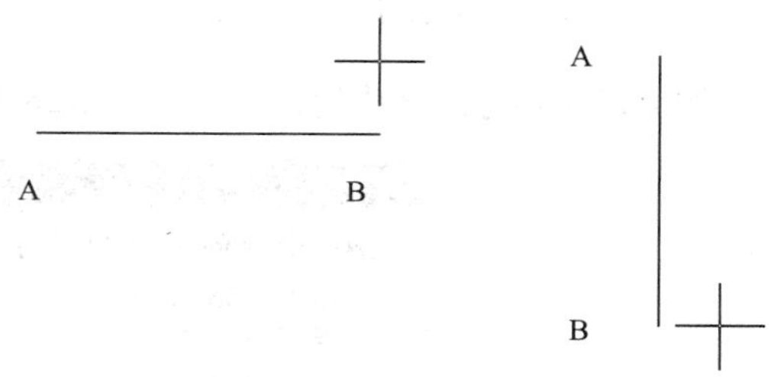

图1-25 使用正交功能绘制直线

AutoCAD中【正交】和【极轴】两个功能不能同时激活。在正交功能激活状态下，光标距离参考点的X和Y的坐标值距离差值△X和△Y，决定了直线的方向是水平还是竖直。当△X>△Y时，将绘制水平线，当△X<△Y将绘制垂直线。

（2）对象捕捉

对象捕捉功能（OSnap）被激活后，AutoCAD可以自动寻找并捕捉住光标附近已绘制图形对象上的特殊位置点（如端点、交点、中点、垂点、切点等），从而快速、准确地定点。

① 对象捕捉的操作方式 激活和关闭对象捕捉功能的操作方法有2种。

- 键盘方式：按键盘上的F3功能键。
- 鼠标方式：单击状态栏上的对象捕捉或按钮。

② 自定义对象捕捉模式 通过提前设置对象捕捉特征点，可达到优化捕捉操作的效果，提高绘图效率。

通过以下两种方法可调出【对象捕捉】选项卡。

- 在绘图窗口的空白位置进行“Shift+右击”操作，调出【对象捕捉】快捷菜单（图1-26），单击 对象捕捉设置(O)... 选项。
- 右击状态栏对象捕捉按钮，弹出如图1-27所示快捷菜单，单击“设置”选项。

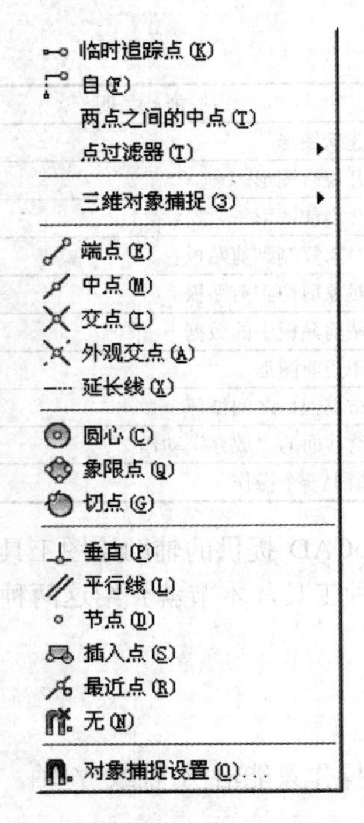

图 1-26 【对象捕捉】快捷菜单

图 1-27 调用【对象捕捉】设置快捷菜单

按上述两种方法操作后，弹出如图 1-28 所示【对象捕捉】选项卡。

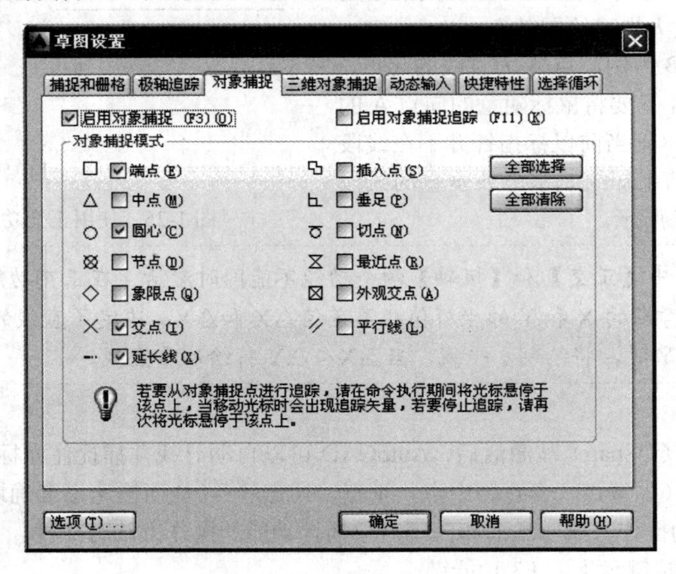

图 1-28 【对象捕捉】选项卡

复选框前的符号，表示各特征点的“显示符”。例如，被捕捉点为“端点”时，显示符为“□”；被捕捉点为“中点”时，显示符为“△”。命令执行过程中，系统自动捕捉离鼠标最近的特征点，并显示被捕捉点的“显示符”提示供用户判别。

用户自定义 5~6 种特征点即可，设置过多反而会增加捕捉选择的难度，降低绘图效率。建筑绘图中“端点、中点、圆心、交点、垂点”使用频率较高，建议勾选。

（3）动态输入

动态输入包含指针输入、标注输入、动态提示三个组件。按键盘的“F12”键，或单击状态栏上的DYN按钮可控制动态输入的“打开”和“关闭”状态。右击DYN按钮，在弹出的快捷菜单中单击“设置”选项，弹出图1-29所示【动态输入】选项卡。

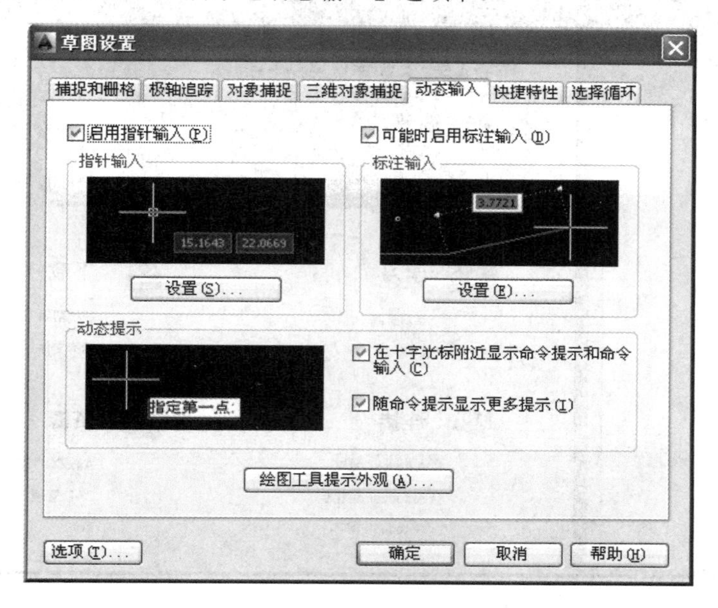

图1-29 【动态输入】选项卡

启用动态输入功能，操作时将在光标附近显示相应提示信息，提示信息会随着光标移动而动态更新，以帮助用户更专注于绘图区域。图1-30所示为一连续绘制直线操作时的动态提示信息。空心信息提示区“70.2369”为可输入状态，操作者可由键盘直接输入指定精确距离，完成“指定下一点”的定点操作。

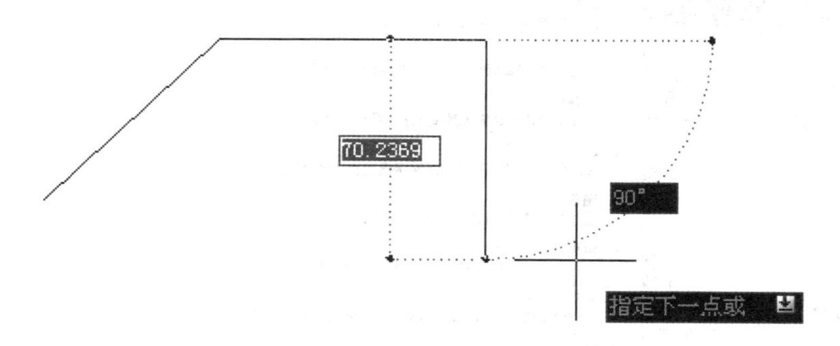

图1-30 “动态输入”状态下绘图操作时动态信息显示

1.6.8 帮助

AutoCAD提供了内容齐全、使用方便、功能强大的帮助系统，用户碰到疑难问题时，可以随时从帮助系统中获得帮助信息，这对AutoCAD的新用户十分有用。

按下功能键“F1”，弹出图1-31所示【AutoCAD2014 帮助】窗口。

初学者，单击右侧“资源”项下的“AutoCAD 基础知识漫游手册”，弹出如图1-32所示窗口，用户可以学习AutoCAD提供的12大类内容。

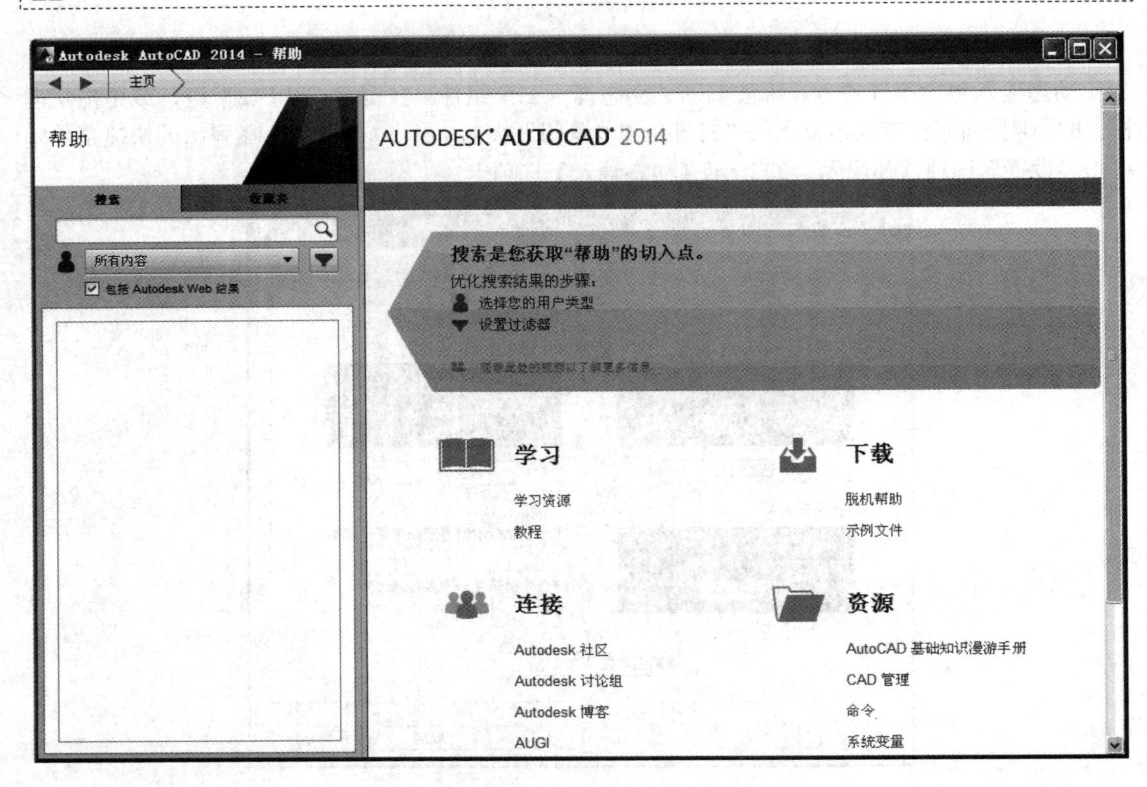

图 1-31 【AutoCAD 2014 帮助】窗口

图 1-32 【AutoCAD 基础知识漫游手册】窗口

练 习 题

1. 填空题

（1）AutoCAD 2014操作界面主要由____、____、____、____、____、____、____7部分组成。

（2）按____键可启用和关闭正交功能，按____键可启用和关闭对象捕捉功能。

（3）窗选方式分为____和____两种模式。其中____要求“从左到右”定义选择窗口的两个对角点，____要求“从右到左”定义窗口的两个对角点。

（4）AutoCAD坐标表达方式主要有____、____、____、____4种方式。

2. 选择题

（1）AutoCAD图形文件的后缀名是（　　）。

A. *.dxf　　B. *.dwg　　C. *.dws　　D. *.dwt

（2）下列坐标表达方式中，属于直角坐标的是（　　），属于极坐标的是（　　），属于相对坐标表达的是（　　），属于绝对坐标表达的是（　　）。

A. 10，20　　B. 10＜20　　C. @10＜20　　D. @10，20

3. 连线题（请正确连接左右两侧命令）

F3	退出AutoCAD
F8	终止相关命令和操作
F12	启用和关闭“正交”功能
Esc	启用和关闭“对象捕捉”功能
Erase	启用和关闭“动态输入”功能
Ctrl+Z	撤销上次操作
Quit	视图缩放
Pan	视图平移
Zoom	删除对象

4. 判断题

（1）缩放视图显示过程中，不会改变任何对象在绘图区中的实际位置。（　　）

（2）平移视图是指不改变视图的显示大小，只移动视图的显示范围。（　　）

（3）按Esc键和Enter键结束正在执行的命令，执行结果没有区别。（　　）

5. 上机实习

（1）熟悉AutoCAD操作界面，调用【标注】【视图】【建模】等工具条。

（2）选择对象练习。

（3）视图平移Pan和视图缩放Zoom练习。

第 2 章　基本绘图命令

AutoCAD 最基本的功能是绘制各种图形。本章主要介绍 AutoCAD 的二维绘图命令，使初学者了解并掌握各命令的功能，能够运用命令绘制简单的图形。

AutoCAD 的基本绘图命令，从功能形式上可分为三类，即直线、曲线、规则图形。

2.1 直线的绘制

AutoCAD 提供了五种绘制直线的命令，即直线（Line）、射线（Ray）、构造线（Xline）、多段线（Pline）、多线（Mline）。

2.1.1 直线（Line）命令

（1）执行方式

- 下拉菜单：【绘图】/【直线】。
- 工具按钮：【绘图】/ 。
- 命令行：line（L）。

（2）操作说明

Line 命令用于绘制指定长度的一条直线段或若干连续的直线段，但绘制成的连续直线段中的每条直线段实际上是一个单独的对象。

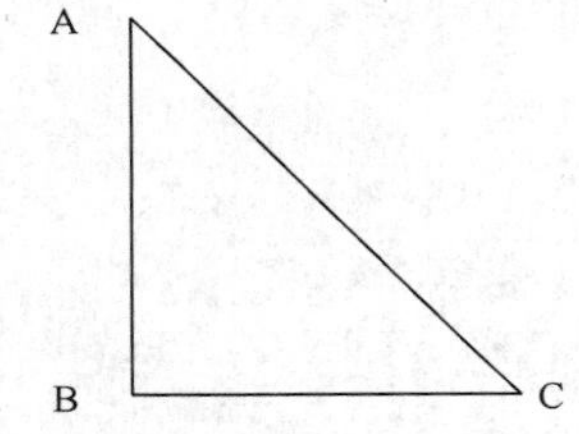

图 2-1　绘制三角形

图 2-1 所示为等腰直角三角形 ABC，直角边长为 100，下面以此为例，说明 Line 命令的使用。

【方法一】采用输入相对坐标的方法绘制 AB、BC 线段。用相对坐标法绘制操作步骤如下。

命令操作过程	操作说明
① 命令: L↙	启动命令
② LINE 指定第一点:（用鼠标任意单击一点）	用鼠标任意单击指定 A 点
③ 指定下一点或 [放弃(U)]: @0，−100 ↙	绘制 AB 线段
④ 指定下一点或 [放弃(U)]: @100，0↙	绘制 BC 线段
⑤ 指定下一点或 [闭合(C)/放弃(U)]: C ↙	选择“闭合”功能，连接 CA

【方法二】采用“正交+长度值”法。本方法的操作要点如下。

- 移动鼠标指定直线绘制的方向（从已确定的端点指向鼠标指针）。
- 键盘输入“直线的长度值”后按 Enter 键。

具体操作步骤如下。

命令操作过程	操作说明
① 命令: L ↙	启动命令
② LINE 指定第一点:（用鼠标任意单击一点）	用鼠标任意单击指定 A 点
③ 指定下一点或 [放弃(U)]:<正交 开> 100↙	按 F8 键打开正交功能，鼠标移动至 A 点下方指示方向，输入 AB 长度
④ 指定下一点或 [放弃(U)]: 100 ↙	鼠标移至 B 点右方指示方向，输入 BC 长度
⑤ 指定下一点或 [闭合(C)/放弃(U)]: C ↙	选择“闭合”功能，连接 CA

建筑图形中的线段较多的是正交直线（即横平竖直），采用“正交+长度值”法可减少烦琐的键盘输入过程，加快绘图速度。

直线命令有以下两个参数。

- 闭合（U）：以第一条线段的起始点作为最后一条线段的端点，形成一个闭合的线段环。在绘制了一系列线段（两条或两条以上）之后，可以使用“闭合”选项。
- 放弃（U）：删除直线序列中最近绘制的线段。

本部分操作，请参考学习素材中的教学演示文件“教学演示/第2章/2.1.1 直线演示”。

2.1.2 射线（Ray）命令

（1）执行方式

- 下拉菜单：【绘图】/【射线】。
- 命令行：ray。

（2）操作说明

Ray 命令创建单向无限长的直线，一般用作绘图时的辅助线。

操作用鼠标完成，步骤主要有两步：第一步指定射线的“起点”；第二步指定射线的“通过点”。最后按 Enter 键结束操作，绘制效果如图 2-2 所示。

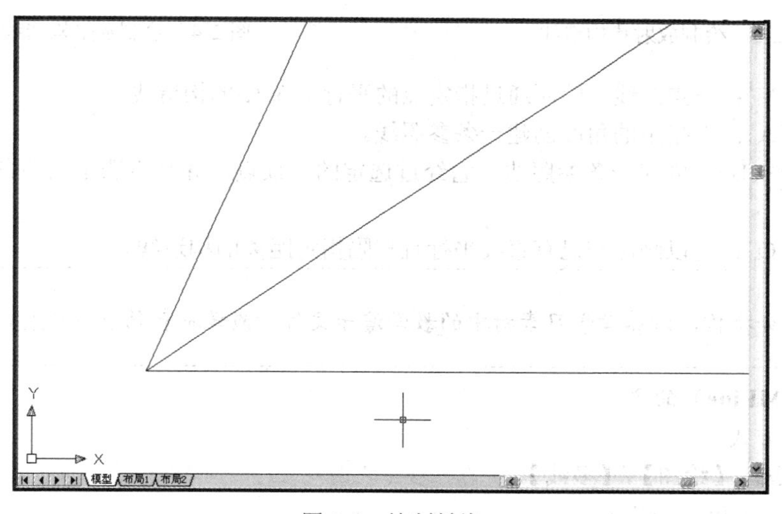

图 2-2 绘制射线

本部分操作，请参考学习素材中的教学演示文件“教学演示/第2章/2.1.2 射线演示”。

2.1.3 构造线（XLine）命令

（1）执行方式

- 下拉菜单：【绘图】/【构造线】。
- 工具按钮：【绘图】/ 。
- 命令行：xline（XL）。

（2）操作说明

XLine 命令创建双向无限长的直线，一般用作绘图时的辅助线。

本命令操作步骤主要有两步：第一步指定构造线的“起点”；第二步指定构造线的“通过点”。下面一行为命令执行时的提示内容。

指定点或 [水平(H)/垂直(V)/角度(A)/二等分(B)/偏移(O)]:

本命令参数的功能意义如下。

◆ 指定点：使用两个通过点指定无限长线的位置。如图2-3所示，先用鼠标确定第一点，然后在“指定通过点:”的提示下，不断指定“通过点”，可以绘制出多条以第一点为中心呈放射状的构造线。

◆ 水平（H）：一点定线。绘制通过指定点的平行于X轴的构造线（见图2-4）。

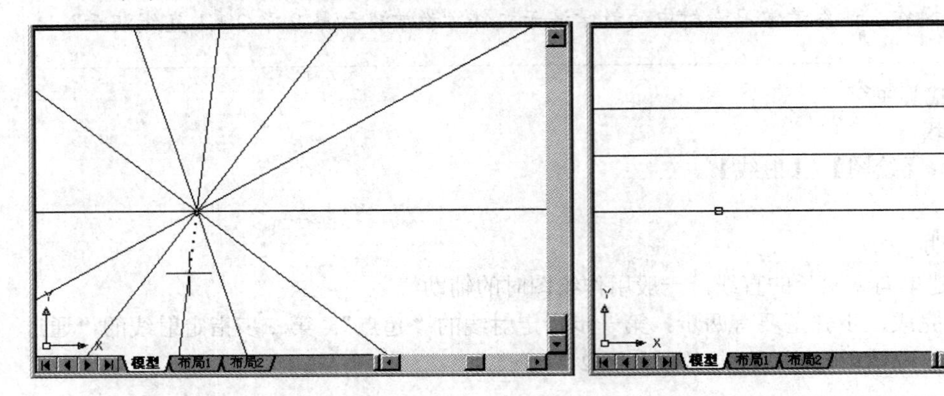

图2-3 绘制放射状构造线 图2-4 绘制水平构造线

◆ 垂直（V）：一点定线。绘制通过指定点的平行于Y轴的构造线。

◆ 角度（A）：以指定的角度创建一条参照线。

◆ 二等分（B）：创建一条参照线，它经过选定的角顶点，并且将选定的两条线之间的夹角平分。

◆ 偏移（O）：可以画出与已有直线平行且相隔指定距离的构造线。

本部分操作，请参考学习素材中的教学演示文件“教学演示/第2章/2.1.3 构造线演示”。

2.1.4 多线（MLine）命令

（1）执行方式

◆ 下拉菜单：【绘图】/【多线】。

◆ 命令行：mline（ML）。

（2）操作说明

多线是AutoCAD提供的一种比较特殊的图形对象，一条多线中可由1～16条平行线段组成。多线在建筑绘图中有广泛的用途，主要用于绘制墙线、平面窗户等图形。

多线命令执行后，命令窗口将显示以下信息。

当前设置: 对正 = 上，比例 = 20.00，样式 = STANDARD

指定起点或 [对正(J)/比例(S)/样式(ST)]:

“对正、比例、样式”是多线的三个参数选项，第一行显示了这三个参数的当前值。这三个参数的功能意义如下。

① 对正（J） 对正参数用于确定多线的绘制方式，即多线与绘制时的光标点之间的关系。选择对正选项后，命令行中显示以下信息。

输入对正类型 [上(T)/无(Z)/下(B)] <上>:

✧ 上（T）参数，当从左向右绘制多线时，光标点在多线的上端线上。

✧ 无（Z）参数，当从左向右绘制多线时，光标点在多线的中心位置。

✧ 下（B）参数，当从左向右绘制多线时，光标点在多线的下端线上。

各参数效果如图 2-5 所示，图中的小方框表示绘制时鼠标光标的位置。

② 比例（S）　本选项用于确定绘制多线的宽度。图 2-6 是本参数分别为“20”和“50”的对比效果。

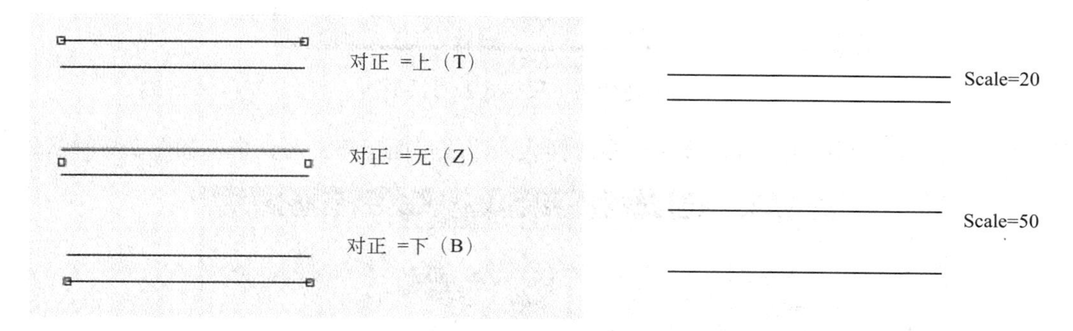

图 2-5 “对正”参数的效果　　图 2-6 “比例”参数的效果

③ 样式（ST）　本选项用于选择已定义过的多线样式。默认时为“STANDARD”样式，即双平行线样式。如果选择新样式，需要先定义新的多线样式。

（3）创建多线样式

AutoCAD 中只提供“STANDARD”一种样式，用户可以根据需要自行创建新的多线样式。下面就以“平面窗户”为例，说明多线的创建过程。

① 选择主菜单【格式】/【多线样式】命令，弹出【多线样式】对话框，如图 2-7 所示。

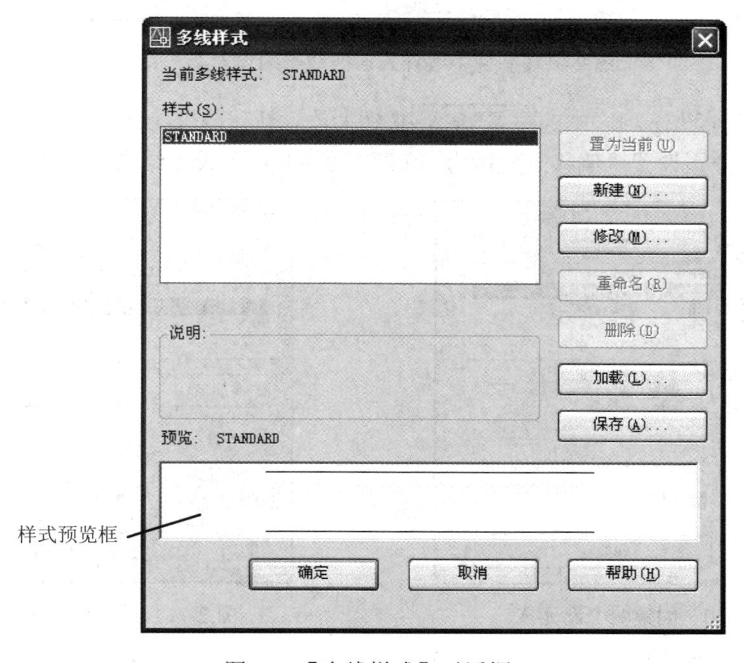

图 2-7 【多线样式】对话框

② 单击 新建(N)... 按钮，弹出【创建新的多线样式】对话框，如图 2-8 所示。在“新样式名”文本框中输入“四线平面窗户”， 继续 按钮被激活。

图 2-8 【创建新的多线样式】对话框

③ 单击 继续 按钮，弹出【新建多线样式：四线平面窗户】对话框，如图 2-9 所示。

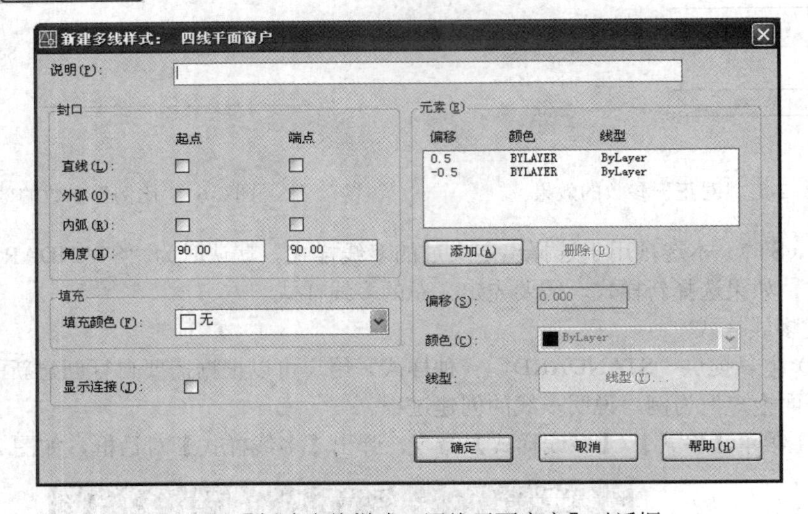

图 2-9 【新建多线样式：四线平面窗户】对话框

④ 单击“元素”选项区中的 添加(A) 按钮两次，新建两个元素，参数设置如图 2-10 所示。选中新建元素，分别设置“偏移”变量为“0.1”和“–0.1”，设定结果如图 2-11 所示。

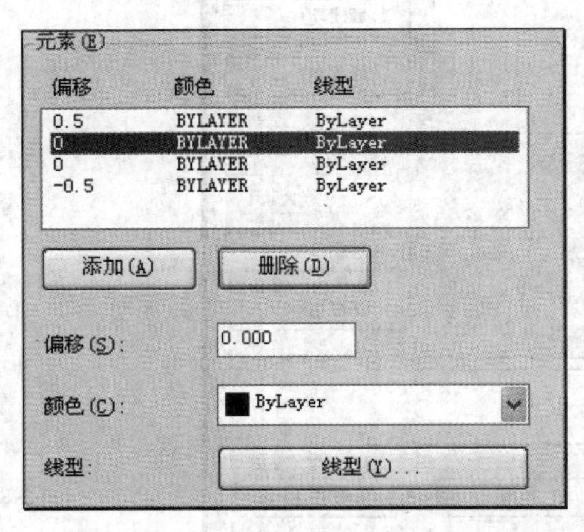

图 2-10 创建两个新元素

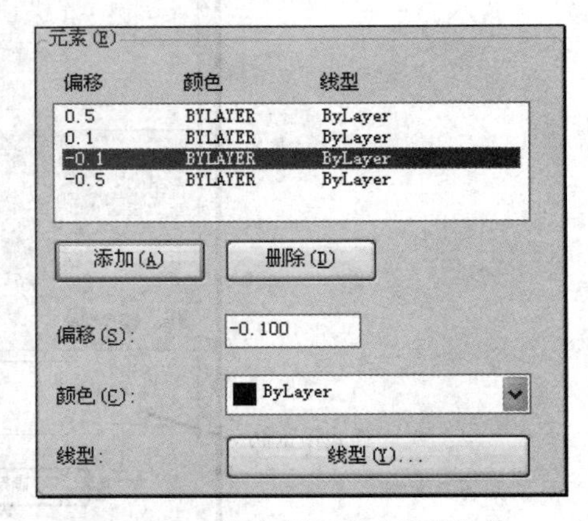

图 2-11 设定新元素“偏移”值

⑤ 单击 确定 按钮，返回【多线样式】对话框。如图 2-12 所示，样式预览框中显示出新多线样式“四线平面窗户”的效果。

图 2-12 【多线样式】对话框

⑥ 单击 保存(A)... 按钮，弹出【保存多线样式】对话框（图 2-13），单击 保存(S) 按钮完成保存多线样式设置，返回【多线样式】对话框。

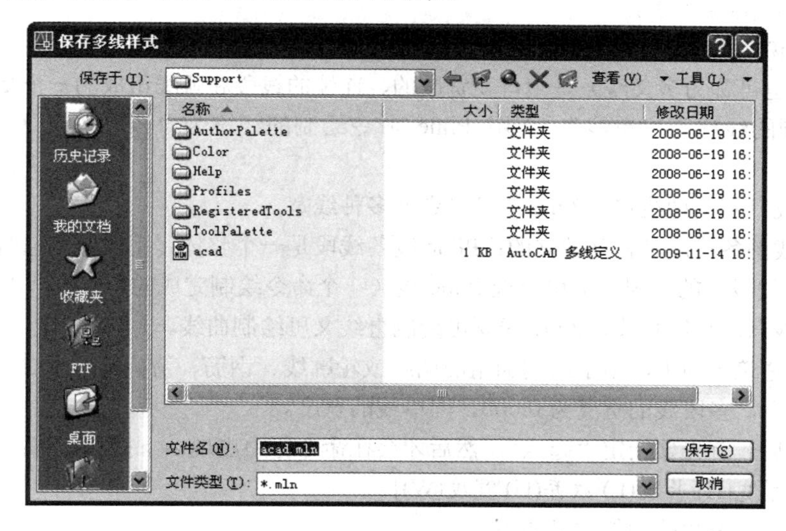

图 2-13 【保存多线样式】对话框

⑦ 单击 置为当前(U) 按钮，将“四线平面窗户”多线样式设置为默认项。单击 确定 按钮完成设置操作。本步操作起到设置当前多线样式的作用。

第⑥步将新建多线样式保存到 AutoCAD 的多线样式库（acad.mln），是一个良好的操作习惯。如果不进行此步操作，本次新建多线样式只能在当前绘图文件中调用，即使是当前程序打开的其他文件也不能调用。而且下次打开新文件需重新创建，影响工作效率。在新文件中调用多线样式需要进行“加载”操作，即在【多线样式】对话框单击 加载(L)... 按钮，在弹出的【加载多线样式】对话框中选择所需样式的名称即可加载新样式到系统中。

多线可控制样式丰富，可在【新建多线样式】对话框中对“封口”和“填充”区域的参数进行设置。图 2-14（a）是对本次新建样式加设“外弧、直线”封口的设置效果，图 2-14（b）是“外弧、直线”封口及“填充”的设置效果。

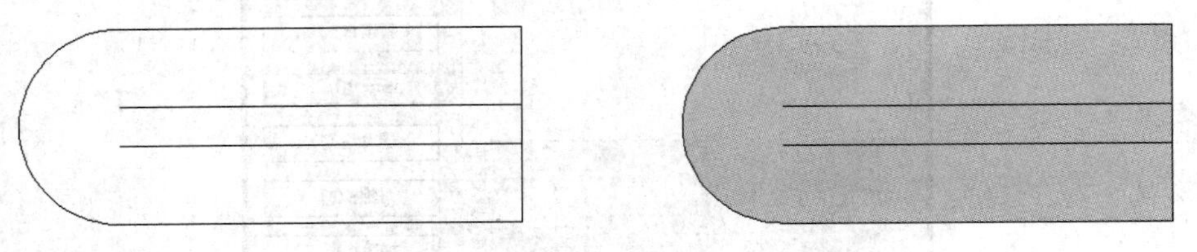

（a）“外弧、直线”封口设置　　（b）“封口＋填充”设置

图 2-14 “封口”和“填充”设置的多线样式

本部分操作，请参考学习素材中的教学演示文件“教学演示/第 2 章/2.1.1 直线演示”。

2.1.5 多段线（PLine）命令

（1）执行方式

- 下拉菜单：【绘图】/【多段线】。
- 工具按钮：【绘图】/ 。
- 命令行：pline（PL）。

（2）操作说明

多段线（也可称为多义线）是由可变宽度的、连续的线段和弧线组成的一个复合实体。使用 Line 命令绘制的线称为“单线”，而用 Pline 命令绘制的线称为“多段线”，两者有以下几个区别。

① Line 线只有一种线宽；Pline 线可以定义多种线宽。

② Line 线的各线段是相互独立的；Pline 线各线段是一个整体。用鼠标点选时，一次只能选择一系列 Line 线段中的一根，但可全选 Pline 线（一个命令绘制完成的）。

③ Line 线只能绘制直线，Pline 线既可绘制直线又可绘制曲线。

多段线在建筑绘图中，用于绘制加粗的墙线或轮廓线、钢筋、箭头等对象。

默认情况下，多段线的宽度为 0.000，同单线的宽度。

命令执行后，首先要指定“起点”，然后才会在命令行中出现以下提示信息：

[圆弧(A)/半宽(H)/长度(L)/放弃(U)/宽度(W)]:

多段线的几个参数的功能意义如下。

- 圆弧（A）　本参数是控制由绘制直线状态切换到绘制曲线状态的。
- 半宽（H）、宽度（W）　这两个参数用来定义多段线的宽度，如果定义半宽值为 5，则多段线的宽度值为 10。选择本参数后，操作者需要分别设定“起点”和“端点”两个位置的宽度数值。
- 长度（L）在与前一线段相同的角度方向上绘制指定长度的直线段。如果前一线段是圆弧，那么 AutoCAD 绘制与该圆弧相切的新线段。
- 放弃（U）　删除最近一次添加到多段线上的线段。

现举例说明图 2-15 中箭头和钢筋的绘制方法。

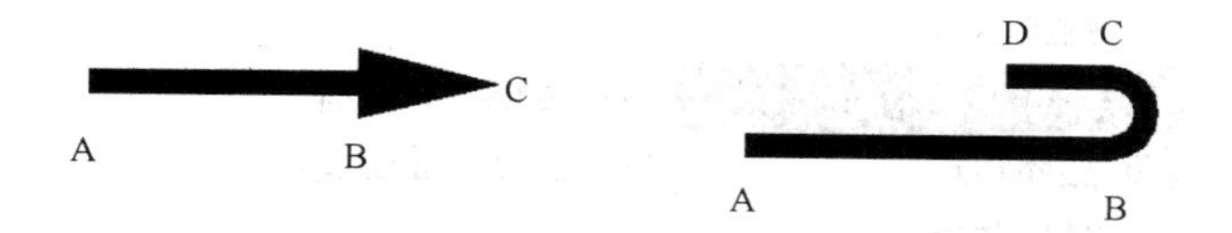

图2-15 多段线绘制的箭头、钢筋

箭头绘制步骤如下。

命令操作过程	操作说明
① 命令: PL ↙	启动命令
② 指定起点:	鼠标单击确定A点
③ 当前线宽为 0.0000 指定下一个点或[圆弧(A)/半宽(H)/长度(L)/放弃(U)/宽度(W)]:W↙	选择线宽参数
④ 指定起点宽度 <0.0000>: 10↙	设置AB段线宽
⑤ 指定端点宽度 <10.0000>:10↙	
⑥ 指定下一个点或[圆弧(A)/半宽(H)/长度(L)/放弃(U)/宽度(W)]:	鼠标单击确定B点
⑦ 指定下一点或[圆弧(A)/闭合(C)/半宽(H)/长度(L)/放弃(U)/宽度(W)]: W↙	输入 W，设置 BC 段线宽
⑧ 指定起点宽度 <10.0000>: 30↙	输入30
⑨ 指定端点宽度 <30.0000>: 0↙	输入0
⑩ 指定下一点或[圆弧(A)/闭合(C)/半宽(H)/长度(L)/放弃(U)/宽度(W)]:	鼠标单击确定C点
⑪ 指定下一点或[圆弧(A)/闭合(C)/半宽(H)/长度(L)/放弃(U)/宽度(W)]:↙	按Enter键结束命令

钢筋绘制步骤如下。

① 在绘图区内用鼠标任意指定A点。

② 输入"W↙"选择"宽度"参数，定义"起点"和"端点"的宽度值均为10。

③ 按F8键打开正交功能，向右移动鼠标，单击鼠标确定B点。

④ 输入"A↙"选择"圆弧"参数，切换到绘制曲线状态，向上移动鼠标，单击鼠标确定C点。

⑤ 输入"L↙"选择"直线"参数，切换到绘制直线状态，向左移动鼠标，单击鼠标确定D点。

⑥ 按Enter键结束操作。

本部分操作，请参考学习素材中的教学演示文件"教学演示/第2章/2.1.5 多段线演示"。

2.2 曲线的绘制

AutoCAD 提供了五种绘制曲线的命令，即圆（Circle）、圆弧（Arc）、圆环（Donut）、椭圆（Ellipse）、样条曲线（Spline）。

2.2.1 圆（Circle）

（1）执行方式

◆ 下拉菜单：【绘图】/【圆】/【圆的子菜单】（见图2-16）。

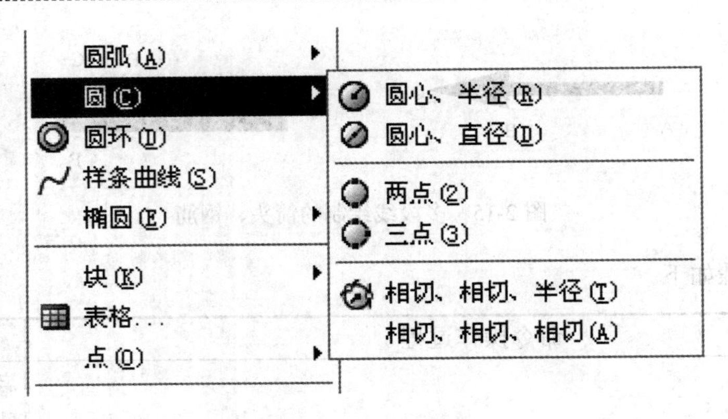

图 2-16 圆的子菜单

◆ 工具按钮：【绘图】/ 。

◆ 命令行：circle（C）。

（2）操作说明

圆是常用的基本图形，建筑图形中的圆柱、轴线编号外圈等就是用 Circle 命令绘制的。如图 2-17 所示，AutoCAD 提供了六种绘制圆的方法，以满足不同条件绘制圆的要求。

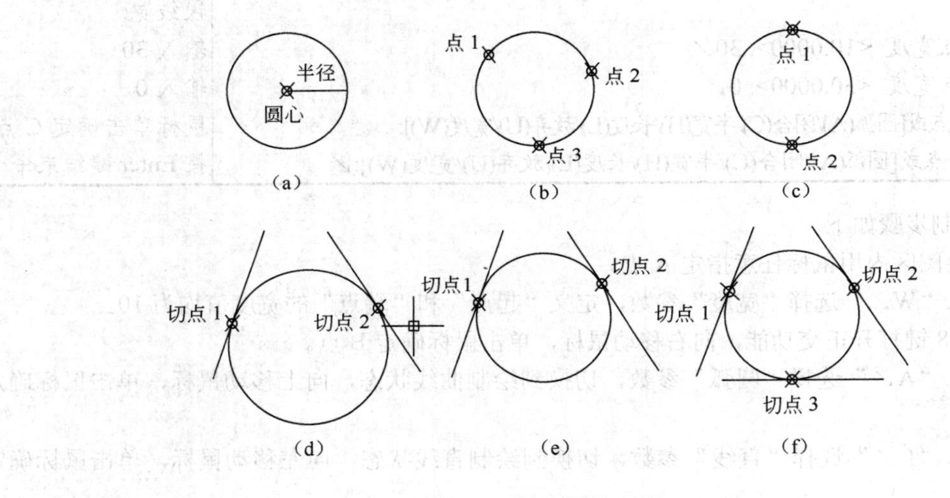

图 2-17 绘制圆的方法

① 圆心、半径 如图 2-17（a）所示，基于圆心和半径绘制圆。本方法为默认设置。当确定圆心后，可直接拖动鼠标确定半径，或通过键盘输入半径值。

② 圆心、直径 基于圆心和直径绘制圆。采用命令或工具按钮启动命令时，确定圆心后，需输入“D”切换到输入直径状态。

③ 三点 如图 2-17（b）所示，基于圆周上的三点绘制圆。

④ 两点 如图 2-17（c）所示，基于圆直径上的两个端点（1、2）绘制圆。

⑤ 相切、相切、半径 如图 2-17（d）、（e）所示，两图中的两条直线是完全相同的。采用本方法绘制圆时，按提示移动鼠标到左直线上（会自动出现“切点捕捉”标记），在直线 1 上任意位置单击鼠标左键指定切点 1；同理，在右直线上指定切点 2。程序会自动计算并在命令行提示出一个圆的半径值，用户如认可该值则按 Enter 键结束命令，结果如图 2-17（d）所示。如输入一个比提示值小的半径值，程序计算后，绘制结果如图 2-17（e）所示。

⑥ 相切、相切、相切　如图 2-17（f）所示，三条直线为已知条件，用本方法分别在各直线上指定一个切点，程序自动计算后绘制出圆。

以绘制圆命令为主体，结合圆弧和填充命令可绘制“太极图形”，具体操作见第 9.3 节。

本部分操作，请参考学习素材中的教学演示文件“教学演示/第 2 章/2.2.1 绘制圆演示”。

2.2.2　圆弧（Arc）

（1）执行方式

- 下拉菜单：【绘图】/【圆弧】/【圆弧子菜单】（见图 2-18）。
- 工具按钮：【绘图】/ 。
- 命令行：arc（A）。

（2）操作说明

弧形墙体或门扇（见图 2-19）是建筑绘图中常见的圆弧形图形。AutoCAD 提供了丰富的绘制圆弧图形的方法。当采用下拉菜单命令时，用户可根据绘图条件选择图 2-18 中相应子命令。默认设置为“三点”绘制圆弧模式。

与绘制圆的命令不同，圆弧不是一个封闭的图形，绘制时涉及起点和终点，所以有顺时针和逆时针方向的区别。在输入参数（圆心）角度、（弦）长度、半径时，有以下规则。

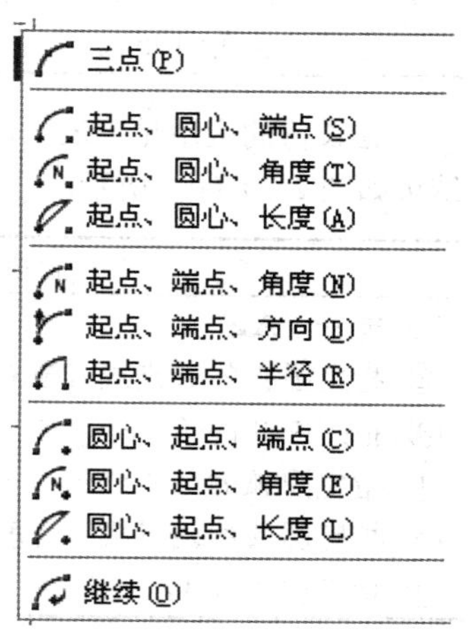

图 2-18　圆弧子菜单

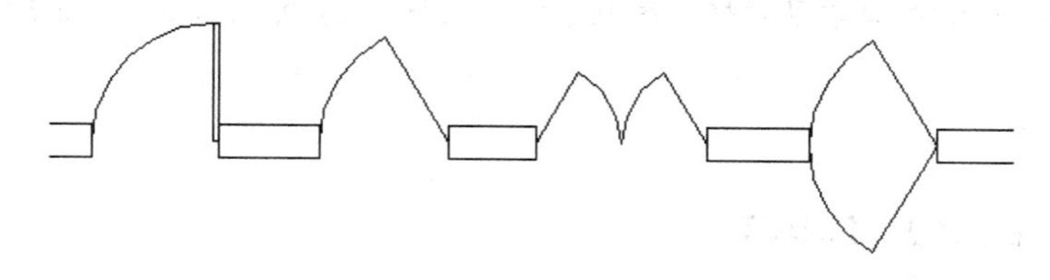

图 2-19　平面门

① 输入圆心角时，以逆时针方向为正，顺时针方向为负。

② 输入弦长值时，弦长值不能大于直径，按逆时针方向绘制，弦长值为正值画小弧，弦长值为负值画大弧。

③ 输入半径值时，按逆时针方向，半径值为正值画小弧，半径值为负值画大弧。

举例说明如下。

角度值的应用见下表。命令完成后，结果如图 2-20（a）所示。如输入圆心角值为“−135”，结果如图 2-20（b）所示。

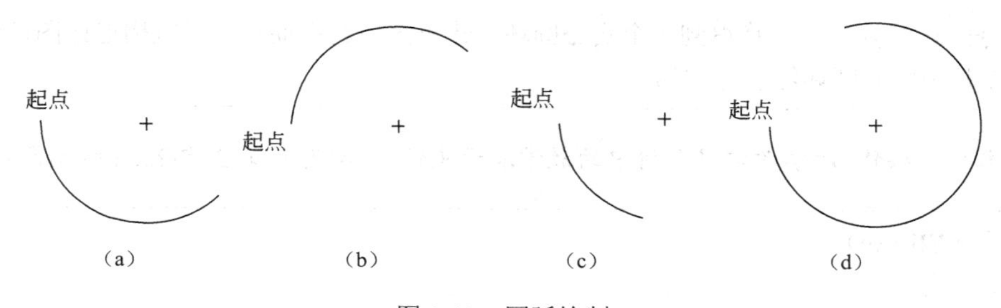

图 2-20　圆弧绘制

命令操作过程	操作说明
① 命令：A↙	启动命令
② 指定圆弧的起点或 [圆心(C)]:（用鼠标单击）	确定起点
③ 指定圆弧的第二个点或 [圆心(C)/端点(E)]: C ↙	切换到指定圆心状态
④ 指定圆弧的圆心: 50↙	输入起点与圆心距离
⑤ 指定圆弧的端点或 [角度(A)/弦长(L)]: A↙	切换到输入圆心角状态
⑥ 指定包含角: 135↙	输入圆心角值

弦长值的应用见下表。命令完成后，结果如图 2-20（c）所示。如输入的弦长值为“–60”，结果如图 2-20（d）所示。

命令操作过程	操作说明
① 命令：A↙	启动命令
② 指定圆弧的起点或 [圆心(C)]:（用鼠标单击）	确定起点
③ 指定圆弧的第二个点或 [圆心(C)/端点(E)]: C ↙	切换到指定圆心状态
④ 指定圆弧的圆心: 50↙	输入起点与圆心距离
⑤ 指定圆弧的端点或 [角度(A)/弦长(L)]: L↙	切换到输入弦长状态
⑥ 指定弦长: 60↙	输入弦值

本部分操作，请参考学习素材中的教学演示文件“教学演示/第 2 章/2.2.2 绘制圆弧演示”。

2.2.3 圆环（Donut）

（1）执行方式

- 下拉菜单：【绘图】/【圆环】。
- 命令行：donut（DO）。

（2）操作说明

命令启动后，操作者首先根据命令行提示，通过键盘分别输入圆环的内径、外径数值；然后，用鼠标确定圆环的位置（见图 2-21）。

（a）内径＝30，外径＝50

（b）内径＝0，外径＝50

图 2-21 圆环

如果令圆环的内径=0，将得到一个实心圆环。建筑图中的钢筋点、建筑构造详图做法的引出线端点，就是用实心圆环绘制完成的。

本部分操作，请参考学习素材中的教学演示文件“教学演示/第 2 章/2.2.2 绘制圆环演示”。

2.2.4 椭圆（Ellipse）

（1）执行方式

- 下拉菜单：【绘图】/【椭圆】。

◆ 工具按钮：【绘图】/ 。
◆ 命令行：ellipse（EL）。

（2）操作说明

AutoCAD提供了两种绘制椭圆的方法，同时提供了一种绘制椭圆曲线的方法。

绘制椭圆时，用鼠标或键盘指定长半轴、短半轴的长度，即可完成操作[见图2-22（a）]。

绘制椭圆曲线时，首先要绘制一个椭圆，然后按命令行提示，指定椭圆曲线的起始角、终止角，程序自动保留指定角度间的椭圆弧线，形成如图2-22（b）所示的椭圆曲线，具体操作步骤如下。

① 指定第一条轴的端点1 和 2。
② 指定距离以定义第二条轴的半长3。
③ 指定起始角度4。
④ 指定终止角度5。

椭圆弧从起点到端点按逆时针方向绘制。

本部分操作，请参考学习素材中的教学演示文件“教学演示/第2章/2.2.4绘制椭圆演示”。

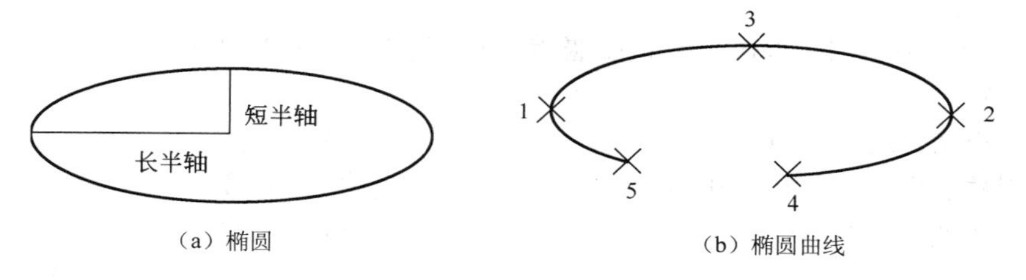

（a）椭圆　（b）椭圆曲线

图2-22　椭圆图形

2.2.5　样条曲线（Spline）

（1）执行方式

◆ 下拉菜单：【绘图】/【样条曲线】。
◆ 工具按钮：【绘图】/ 。
◆ 命令行：spline（SPL）。

（2）操作说明

本命令绘制“非均匀有理B样条曲线（NURBS）”。NURBS曲线在控制点之间产生一条光滑的曲线，它可用于创建形状不规则的曲线，如应用于地理信息系统（GIS）或汽车轮廓线的设计绘制。在建筑图形中，主要用来绘制曲线型的家具模型，如花瓶、花型栏杆等。

图2-23所示的样条曲线的操作步骤如下。

① 启动命令。
② 指定样条曲线的起点1。
③ 指定点2～点5创建样条曲线，并按Enter键。
④ 指定起点1切线和端点5的切线点（6、7）。

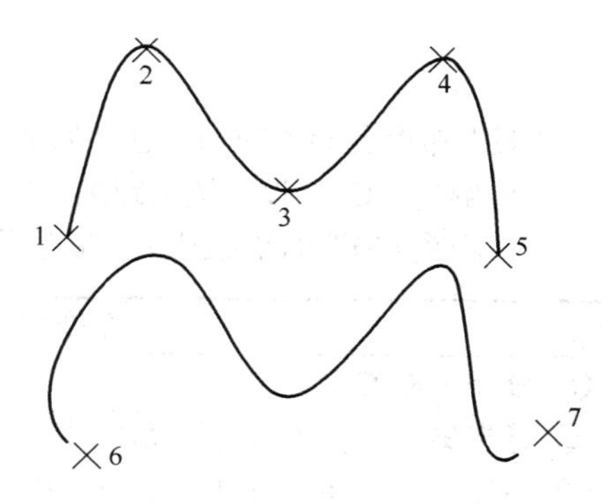

图2-23　样条曲线图形

本部分操作，请参考学习素材中的教学演示文件“教学演示/第 2 章/2.2.5 绘制样条曲线演示”。

2.3 规则图形的绘制

AutoCAD 提供了四种简单规则图形：圆（Circle）、椭圆（Ellipse）、矩形（Rectang）、正多边形（Polygon）。前两种图形的绘制方法上一节已讲述过，本节介绍后两种图形的绘制。

2.3.1 矩形（Rectang）

（1）执行方式

- 下拉菜单：【绘图】/【矩形】。
- 工具按钮：【绘图】/ 。
- 命令行：rectang（REC）。

（2）操作说明

绘制矩形需要指定矩形的两个对角点的坐标。例如，绘制一个长度 200、宽度 100 的矩形，操作步骤如下。

命令操作过程	操作说明
① 命令：REC↙	启动命令
② 指定第一个角点或 [倒角(C)/标高(E)/圆角(F)/厚度(T)/宽度(W)]:	单击鼠标确定矩形的左下角
③ 指定另一个角点或 [尺寸(D)]: D ↙	切换到尺寸输入状态
④ 指定矩形的长度 <0.0000>: 200 ↙	输入长度值
⑤ 指定矩形的宽度 <0.0000>: 100 ↙	输入宽度值
⑥ 指定另一个角点或 [尺寸(D)]:	移动鼠标至另一角点，确定矩形位置

上例采用的是“两参数法”。用户也可采用“相对坐标法”，执行到第③步操作，直接输入右上角的相对坐标“@200,100”。结果如图 2-24（a）所示。

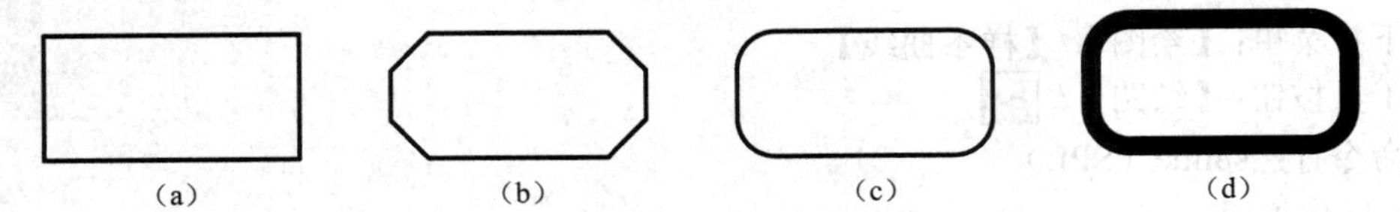

图 2-24 矩形图形

矩形命令各参数的功能意义如下。

- 倒角（C） 设置倒角距离。默认倒角距离为“0”，即不倒角。图 2-24（b）是设置“倒角距离=30”的绘制结果，其操作步骤如下。

命令操作过程	操作说明
① 命令：REC↙	启动命令
② 指定第一个角点或 [倒角(C)/标高(E)/圆角(F)/厚度(T)/宽度(W)]: C↙	切换到倒直角状态
③ 指定另一个角点或 [尺寸(D)]: D ↙	切换到尺寸输入状态
④ 指定矩形的第一个倒角距离 <0.0000>: 30 ↙	输入倒角距离

续表

命令操作过程	操作说明
⑤ 指定矩形的第二个倒角距离 <30.0000>: 30 ↙	输入倒角距离
⑥ 指定第一个角点或[倒角(C)/标高(E)/圆角(F)/厚度(T)/宽度(W)]:（鼠标任意单击）	确定矩形的左下角
⑦ 指定另一个角点或 [尺寸(D)]: @200,100↙	确定矩形的右上角

- 圆角（F）：设置倒圆角半径。图 2-24（c）是设置“圆角半径=30”的绘制结果。
- 宽度（W）：设置多段线的线宽。矩形是多段线的一种特殊形式，图 2-24（d）是设置“线宽=10”的绘制结果。
- 标高（E）：设置矩形的 Z 坐标高度。默认时“Z 坐标=0.000”，即所绘制的矩形在 XY 平面内。本选项在三维绘图时有较大用处。

本部分操作，请参考学习素材中的教学演示文件“教学演示/第 2 章/2.3.1 绘制矩形演示”。

2.3.2　正多边形（Polygon）

（1）执行方式

- 下拉菜单：【绘图】/【正多边形】。
- 工具按钮：【绘图】/ 。
- 命令行：polygon（POL）。

（2）操作说明

正多边形是由最少三条，至多 1024 条长度相等的边组成的封闭多段线。绘制正多边形的方式有以下三种。

① 绘制内接多边形　内接正多边形的中心到多边形的各角点间的距离相等。因此，整个多边形包含在或内接于一个指定半径的圆，如图 2-25（a）所示。

② 绘制外接多边形　外切正多边形的中心到多边形的各边的中点的距离相等。因此，整个正多边形外切于一个指定半径的圆，如图 2-25（b）所示。

③ 绘制指定边长的多边形　该法是指定正多边形的一条边的边长来确定多边形。

绘制一个正六边形，操作步骤如下。

命令操作过程	操作说明
① 命令: pol↙	启动命令
② POLYGON 输入侧面数 <4>: 6↙	指定正多边形的边数
③ 指定正多边形的中心点或 [边(E)]:（鼠标任意单击）	确定圆心
④ 输入选项 [内接于圆(I)/外切于圆(C)] <C>: I↙	切换内接多边形绘制状态
⑤ 指定圆的半径: 100↙	输入内接圆半径，结束操作

上述操作第③步，输入“E”切换到边长绘制状态。

上述操作第④步，输入“C”切换到外切多边形绘制状态，半径=100，结果如图 2-25（b）所示。

本部分操作，请参考学习素材中的教学演示文件“教学演示/第 2 章/2.3.2 绘制正多边形演示”。

运用本命令绘制正五边形，并结合直线（Line）命令和 3.2.1 节的修剪（Trim）命令组合操作，可绘制出五角星。具体操作见 9.1 节。

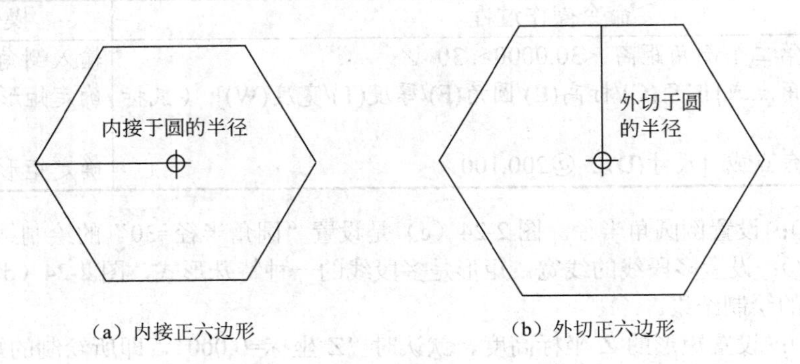

（a）内接正六边形　　（b）外切正六边形

图 2-25　正六边形图形

2.4 图案填充和渐变填充

2.4.1 图案填充（BHatch）

在绘制建筑详图时，需要绘制图例来表示出剖切对象的材质（如混凝土或砖）。AutoCAD 的图案填充（BHatch）命令提供了多达 69 种的填充图案，使原本繁琐的操作变得十分便捷。

（1）执行方式

- 下拉菜单：【绘图】/【图案填充】。
- 工具按钮：【绘图】/ 。
- 命令行：Bhatch（H / BH）。

（2）操作说明

按上述方法执行命令后，弹出如图 2-26 所示的【图案填充和渐变色】对话框“图案填充”选项卡。在此对话框中进行以下三步的操作。

图 2-26　【图案填充和渐变色】对话框之“图案填充”选项卡

① 选择填充图案。单击“图案”下拉列表框右侧的[...]按钮，弹出如图 2-27 所示的【填充图案选项板】对话框，选择【其它预定义】选项卡中的“AR-BRSTD”图案样式。单击[确定]按钮，返回【图案填充和渐变色】对话框。

② 指定填充边界。单击“边界”选项区中“添加：拾取点”按钮[图]，对话框暂时隐藏并切换到【绘图窗口】。移动鼠标到如图 2-28（a）所示图形的内部任意位置单击鼠标，图形边界上显示出“蚂蚁线”。右击鼠标返回【图案填充和渐变色】对话框。

此时[预览]按钮生效，预览功能被激活。单击[预览]按钮两次，会暂时隐藏对话框切换到【绘图窗口】，可以观察到填充效果，右击鼠标重新返回【图案填充和渐变色】对话框。

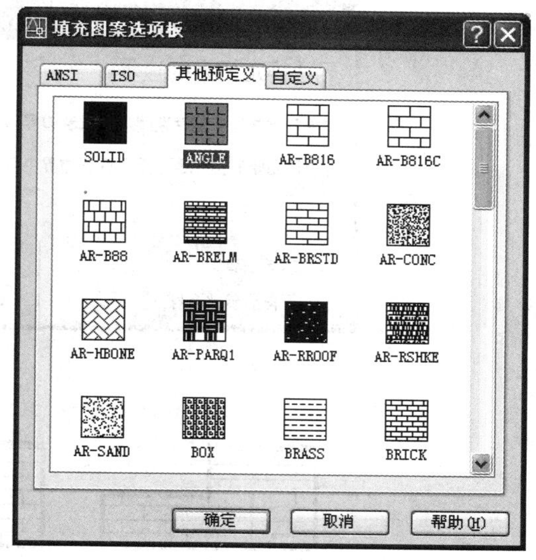

图 2-27　【填充图案选项板】对话框

③ 设置“比例”参数。结合预览功能，调整“比例”输入框的参数值至合适的数值。

最后单击[确定]按钮，退出【图案填充和渐变色】对话框，命令操作结束。填充效果如图 2-28（b）所示。

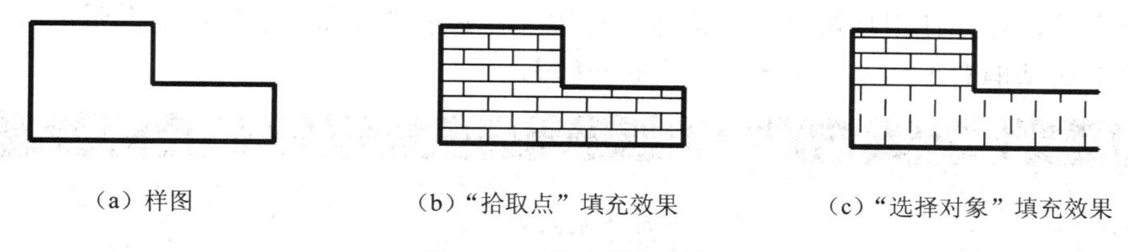

（a）样图　　（b）“拾取点”填充效果　　（c）“选择对象”填充效果

图 2-28　图案填充效果

AutoCAD 提供了两种确定填充边界的方法：拾取点和选择对象。上述操作过程是利用了“拾取点”法。“拾取点”法是通过鼠标单击封闭的填充区域内的任意位置，由程序自动寻找填充边界。“选择对象”法是直接选择填充边界的实体对象。

相比较而言，“拾取点”法操作较方便。

用“拾取点”法确定填充边界，要求填充边界所围成的区域必须是“闭合”的。否则会弹出如图 2-29 所示的【边界定义错误】警告对话框，程序无法寻找到填充边界。虽然可以使用“选择对象”法选择边界，但填充结果会不理想。例如，图 2-28（c）所示图形，其右下侧没有竖线，使用“选择对象”法选择其余的 5 条边作为边界，图案填充后的效果如图 2-28（c）所示。由于填充边界的下部区域的右侧不闭合，使填充图案中的水平线在此区域内无法填充，形成缺水平线的现象。

在【图案填充和渐变色】对话框的“选项”区域有“关联”和“创建独立的图案填充”两个选项。默认设置为勾选“关联”，它使填充图案与填充边界构成关联的关系，当填充边界发生变化时，填充图案自动适应新的边界。如上例的填充图形[见图 2-30（a）]，当使用拉伸命令将右下部分进行拉伸操作后，其内部的填充图案自动进行了调整，结果如图 2-30（b）所示，而不需再执行图案填充命令。

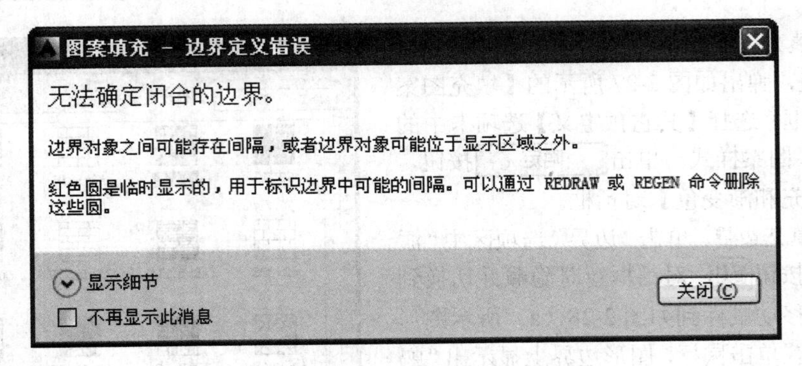

图 2-29 警告对话框

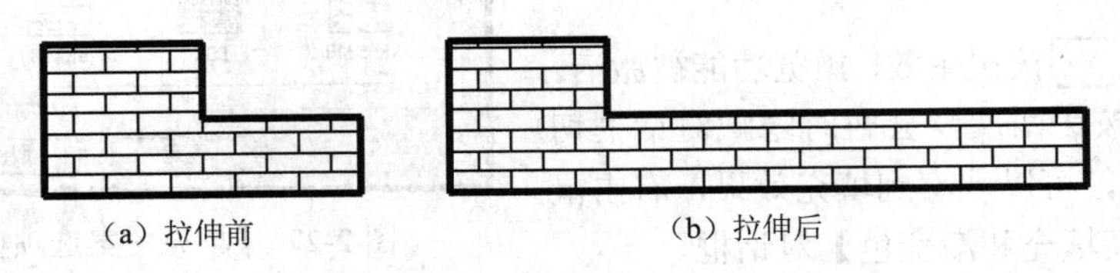

（a）拉伸前 （b）拉伸后

图 2-30 图案填充修改效果

（3）图案填充的高级设置

对于有多层嵌套关系的图形，使用【图案填充和渐变色】对话框的“孤岛”选项区（见图 2-31）提供的高级选项，可以使用户得到一些特殊填充效果。显示“孤岛”选项区，需要单击【图案填充和渐变色】对话框右下角的“更多选项”按钮。

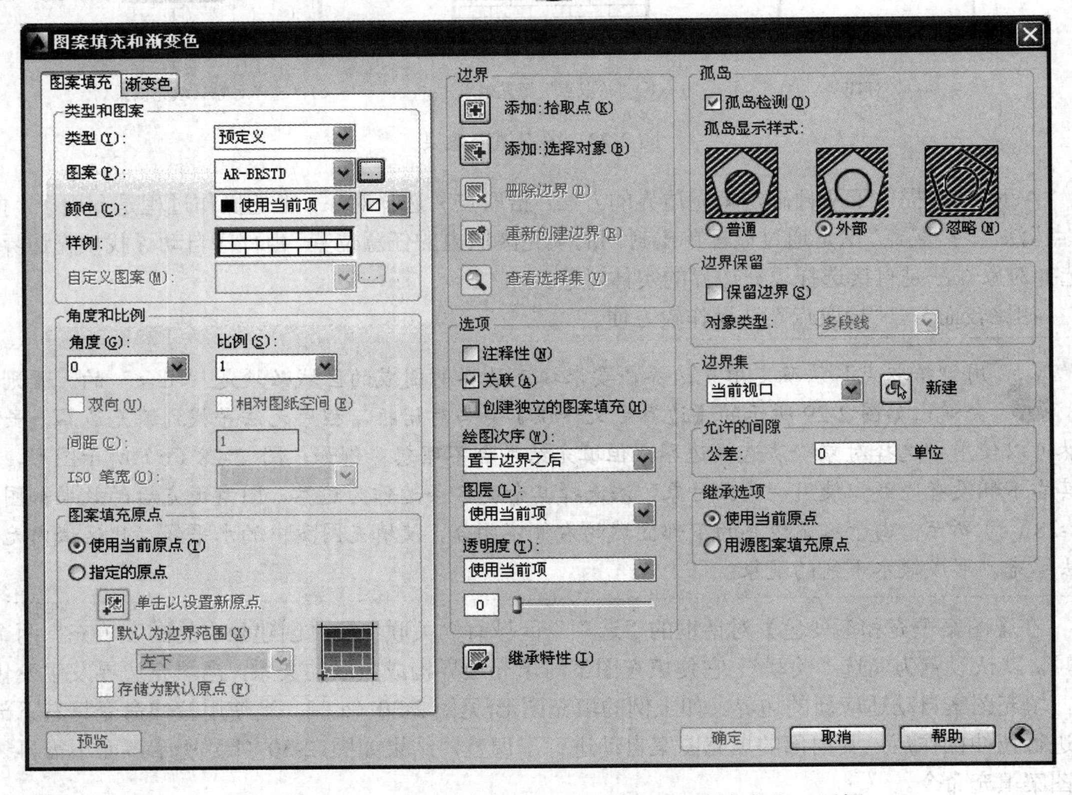

图 2-31 显示“孤岛”选项区的【图案填充和渐变色】对话框

首先要了解一个概念——孤岛。所谓孤岛，就是指填充区域内的封闭区域。当存在多层嵌套的填充边界时，每一层封闭的填充边界就是一个孤岛。通过设置“孤岛显示样式”所列出的三种方式，可取得一些特殊的填充效果。这三种“孤岛显示样式”的功能意义如下。

① 普通　本样式是从外部边界向内隔层填充，即填充一、三、五等奇数层[见图2-32（a）]。

② 外部　本样式只填充最外一层区域，即最外边界与其相邻之间的区域[见图2-32（b）]。

③ 忽略　本样式将忽略所有的内部边界，填充所有的区域[见图2-32（c）]。

需要说明的是，“拾取点”的位置会影响填充效果。图2-32所示的三个例图的“拾取点”均落在外矩形与圆之间的区域。在“普通”样式情况下，如果“拾取点”分别落在两个圆区域内时，填充效果如图2-33（a）所示。如果“拾取点”只落在小矩形的区域内时，填充效果如图2-33（b）所示。如果“拾取点”同图2-32，但单击“删除边界”按钮，选择“左侧的圆”为被删除的孤岛，其填充效果如图2-33（c）所示。

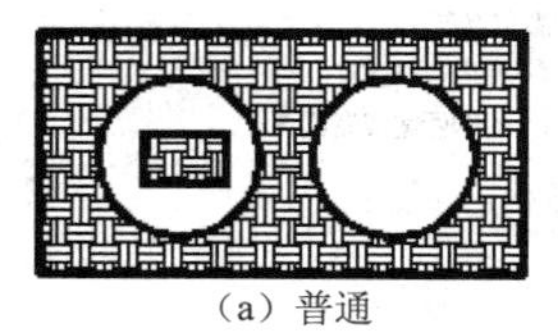
（a）普通

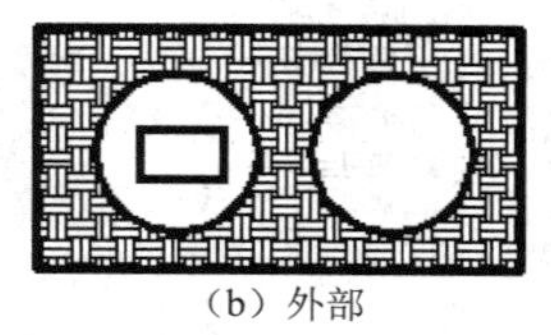
（b）外部

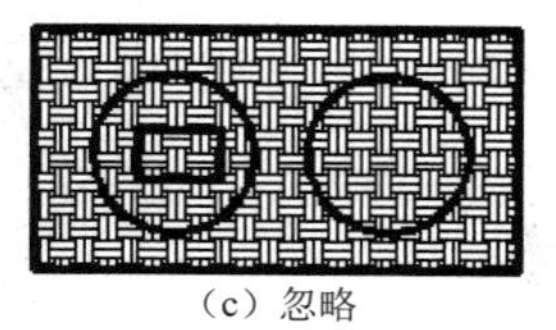
（c）忽略

图2-32　“孤岛显示样式”图案填充效果（一）

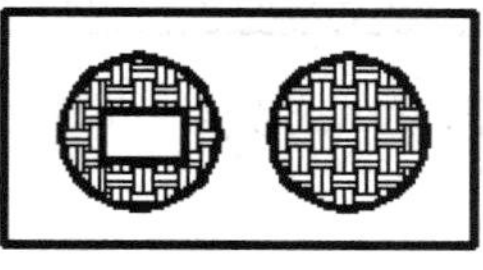

（a）

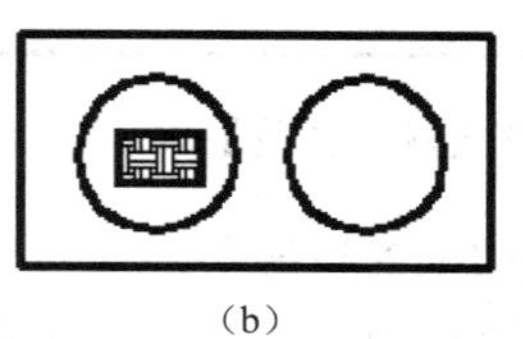
（b）

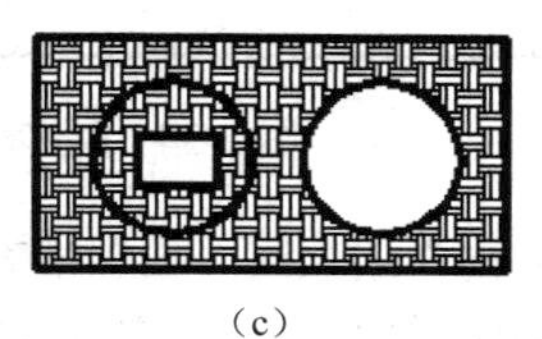
（c）

图2-33　“孤岛显示样式”图案填充效果（二）

本部分操作，请参考学习素材中的教学演示文件“教学演示/第2章/2.4.1图案填充演示”。

2.4.2　渐变填充（Gradient）

渐变填充是从AutoCAD2004增加的命令，是对图案填充命令的增强。渐变能产生光的效果，将渐变填充应用到实体填充图案中，可以增强演示图形的效果。

（1）执行方式

- 下拉菜单：【绘图】/【渐变色】。
- 工具按钮：【绘图】/ 。
- 命令行：gradient。

（2）操作说明

命令执行后弹出如图2-34所示的【图案填充和渐变色】对话框“渐变色”选项卡。“边界”和“孤岛”选项区域参数与图案填充一致。

① “颜色”选项区　该选项区包含两个单选按钮：“单色”和“双色”，以及九种固定渐变填充方案。

- “单色”单选按钮　选中该单选按钮，可以使用由一种颜色产生的渐变色来进行图案填充。单击其下的按钮，在弹出的对话框中选择需要的颜色，以及调整渐变色的渐变程度。
- “双色”单选按钮　选中该单选按钮，可以使用由两种颜色产生的渐变色来进行图案填充。

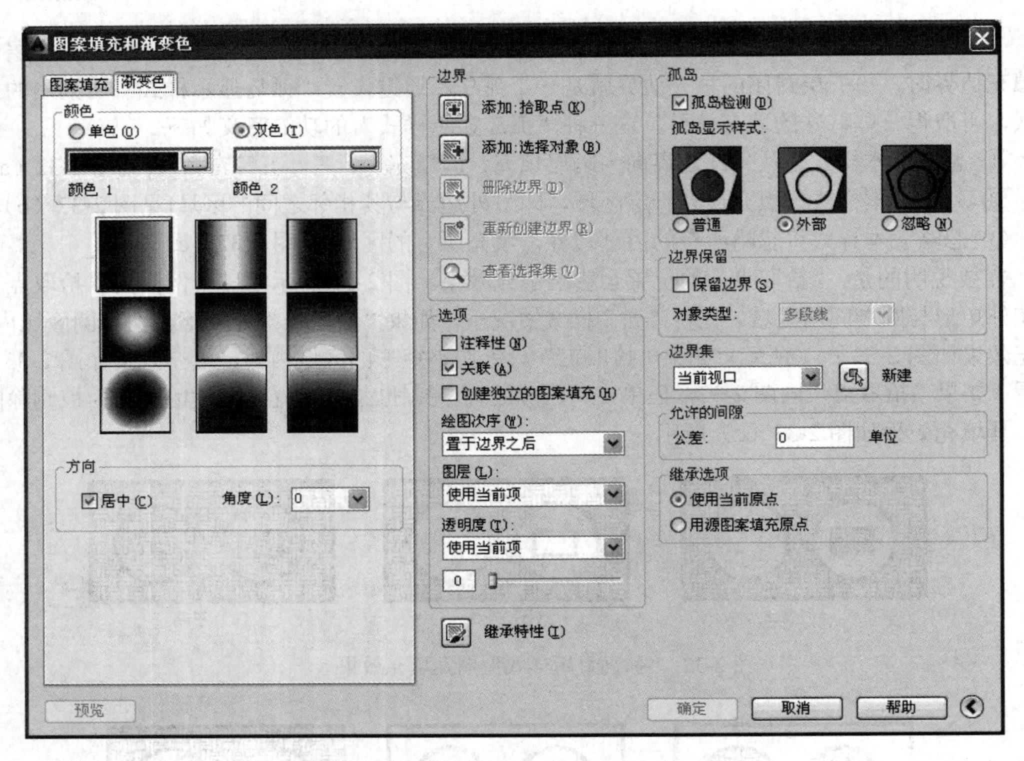

图 2-34 【图案填充和渐变色】对话框之“渐变色”选项卡

② “方向”选项区 设置填充的位置和角度。

◆ “居中”复选框 指定对称的渐变配置。如果没有选定此选项，渐变填充将朝左上方变化，创建光源在对象左边的图案。

◆ “角度”下拉列表框 指定渐变填充的角度。

单色状态下不同填充图案渐变填充效果如图 2-35 所示。

图 2-35 渐变填充效果

本部分操作，请参考学习素材中的教学演示文件“教学演示/第 2 章/2.4.2 渐变填充演示”。

练 习 题

1. 填空题

（1）直线的命令名是________；多段线的命令名是_______。

（2）用户可以使用_______命令绘制正多边形，利用正多边形命令可以绘制由________条边组成的正多边形。

（3）在 AutoCAD 中提供了_________种绘制圆的方法。

2．选择题

（1）在 AutoCAD 中，（　　）不是多线命令的对正方式。

A．上　　B．中　　C．下　　D．无

（2）以下绘制线的命令中，可绘制带宽度线的命令是（　　），可同时绘制多条直线的命令是（　　）。

A．直线　　B．多线　　C．多段线　　D．样条曲线

3．连线题（请正确连接左右两侧各命令的中英文名称，并在右侧括号内填写各命令的命令别名）

直线	line	（　　）
多线	pline	（　　）
多段线	mline	（　　）
圆	donut	（　　）
圆弧	circle	（　　）
圆环	arc	（　　）

4．上机练习题

（1）使用直线（Line）或多段线（PLine）命令绘制题图 2-1 所示图形。

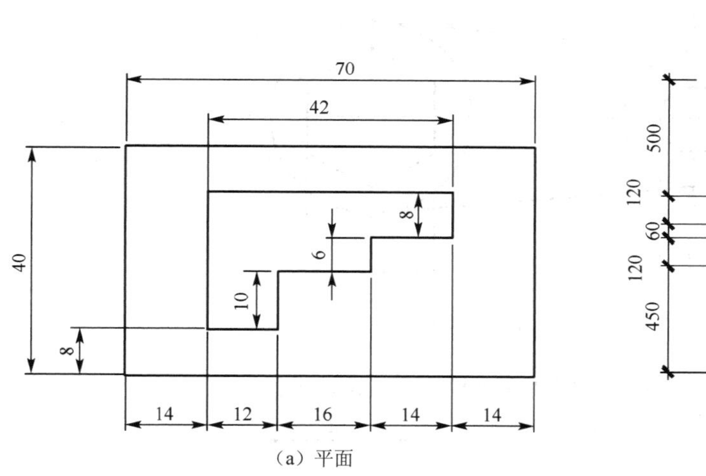

（a）平面

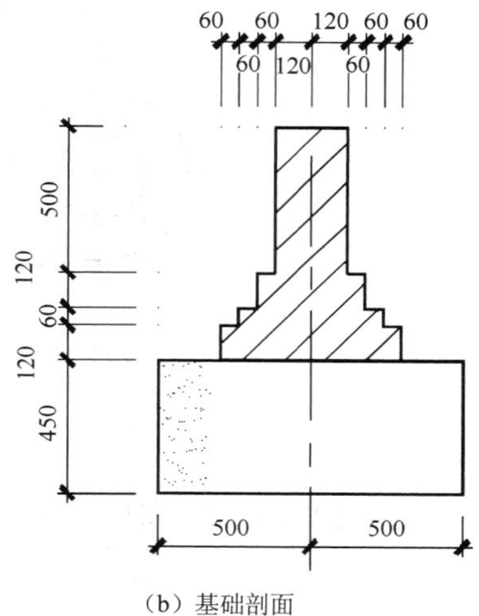

（b）基础剖面

题图 2-1　直线练习

（2）使用矩形和圆命令绘制题图 2-2 所示家具立面图形。

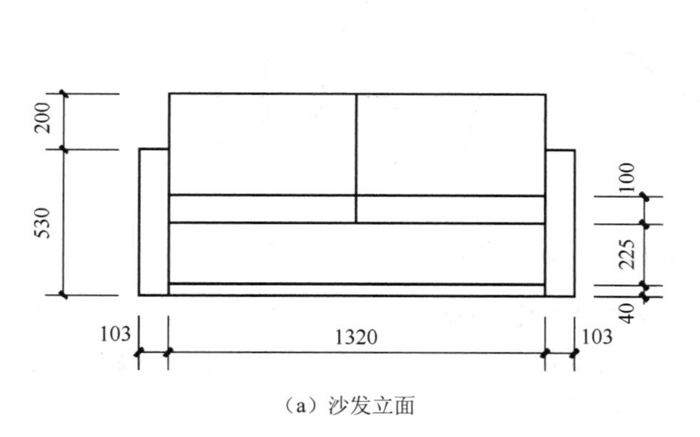

（a）沙发立面

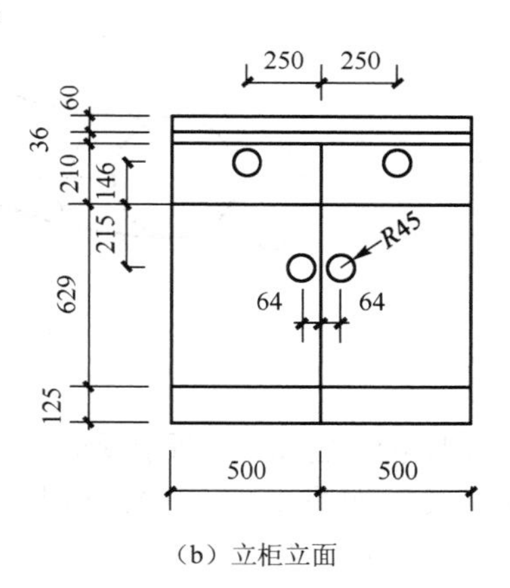

（b）立柜立面

题图 2-2　矩形和圆命令练习

（3）绘制题图 2-3 所示梁截面图（提示：图案“AR-CONC”，比例为 0.5）。

（4）绘制题图 2-4 所示梁结构断面图。（提示：箍筋用多段线绘制，线宽为 10；纵筋点用圆环绘制，内径为 0，外径为 20）

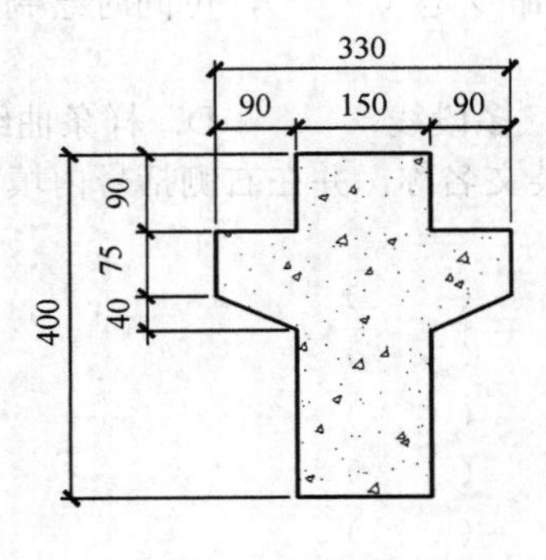

题图 2-3 梁截面图

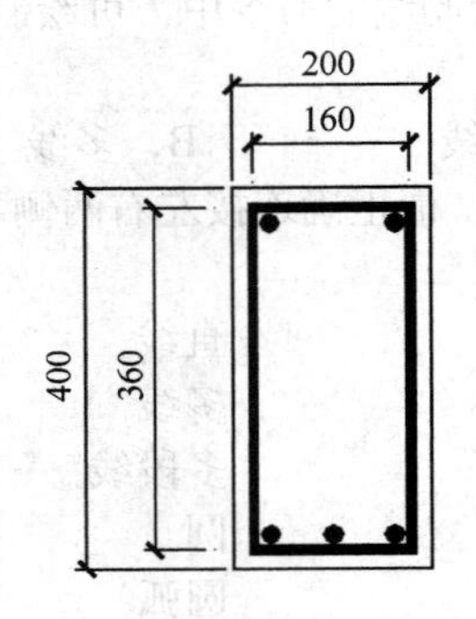

题图 2-4 梁结构断面图

（5）绘制题图 2-5 所示零件图。（提示：多边形采用外切）

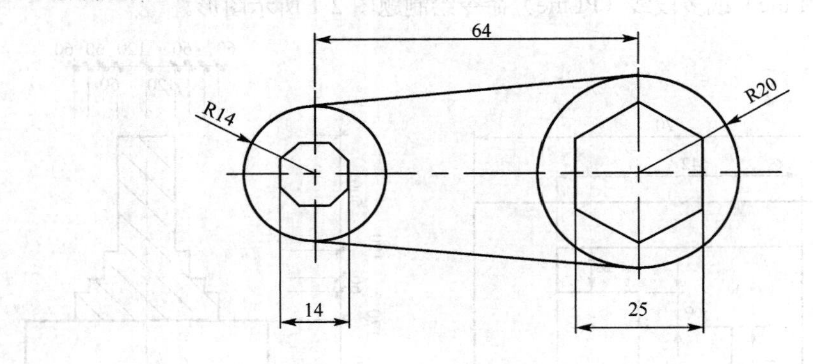

题图 2-5 零件图

（6）绘制题图 2-6 所示图形。（提示：圆命令“相切、相切、半径”）

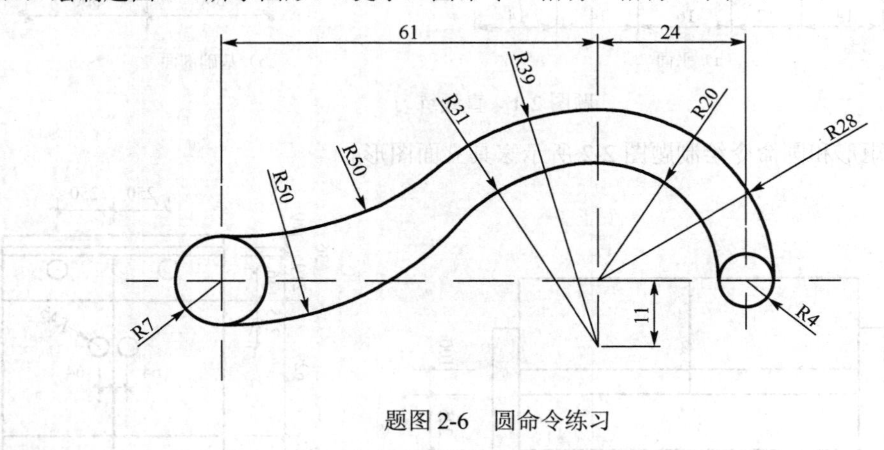

题图 2-6 圆命令练习

（7）绘制题图 2-7 所示图形。（提示：题图 2-7（a）绘制六边形后连接对角点，然后用“三点”圆弧命令。题图 2-7（b）绘制顶圆弧先利用圆弧命令“起点、端点、半径”做一个辅助圆弧，然后再用“圆心、起点、端点”可绘制出顶圆弧。）

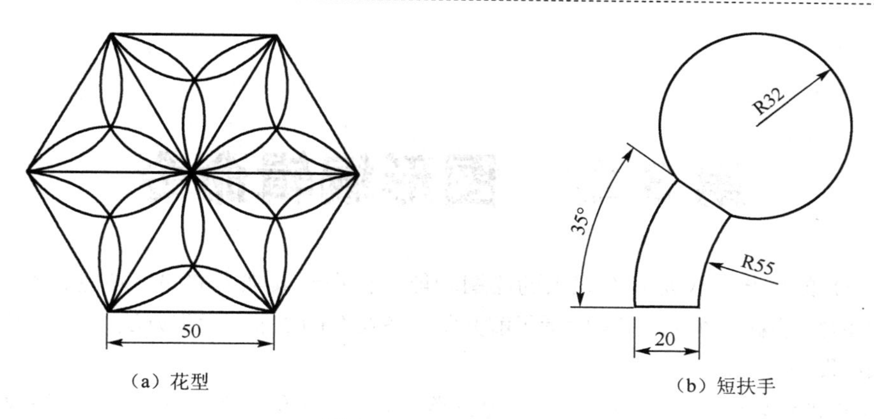

（a）花型　（b）短扶手

题图2-7　圆弧命令练习

第 3 章　图形编辑命令

AutoCAD 的优势不仅是具有强大的绘图功能，更在于其强大的编辑功能。本章主要介绍 AutoCAD 中的图形编辑命令，使初学者了解并掌握各命令的功能、操作方法，结合绘制命令，绘制出较复杂的图形。

AutoCAD 的编辑命令，从功能上可分为三类，即复制对象、修剪对象、旋转缩放对象。

编辑命令均需选择已存在的对象，有关选择对象的操作知识见 1.6.3 节。

3.1 复制对象类编辑命令

AutoCAD 提供了五种复制对象的命令，即复制（Copy）、镜像（Mirror）、偏移（Offset）、阵列（Array）、移动（Move）。

3.1.1 复制（Copy）命令

（1）执行方式

- 下拉菜单：【修改】/【复制】。
- 工具按钮：【修改】/ 。
- 命令行：copy（CO、CP）。

（2）操作说明

复制命令操作分以下两个步骤。

① 选择被复制的对象。

② 指定复制路径（即方向与距离）。

复制命令执行过程中，允许连续选择对象，如果选择完毕，必须按 Enter 键结束选择状态，切换到第二阶段。

以复制图 3-1（a）所示的矩形为例，说明复制命令的操作过程。具体操作步骤如下。

命令操作过程	操作说明
① 命令: copy ↙	启动命令
② 选择对象:	选择被复制对象矩形
③ 选择对象: ↙	按 Enter 键结束选择状态
④ 当前设置: 复制模式=多个	
指定基点或 [位移(D)/模式(O)] <位移>:	单击鼠标确定基点
⑤ 指定第二个点或 <使用第一个点作为位移>:	移动鼠标并单击，复制到位置 1
⑥ 指定第二个点或 [退出(E)/放弃(U)] <退出>:	移动鼠标并单击，复制到位置 2
⑦ 指定第二个点或 [退出(E)/放弃(U)] <退出>:	移动鼠标并单击，复制到位置 3
⑧ 指定第二个点或 [退出(E)/放弃(U)] <退出>:	移动鼠标并单击，复制到位置 4
⑨ 指定第二个点或 [退出(E)/放弃(U)] <退出>:↙	按 Enter 键结束复制操作

操作后的结果如图 3-1（b）所示。

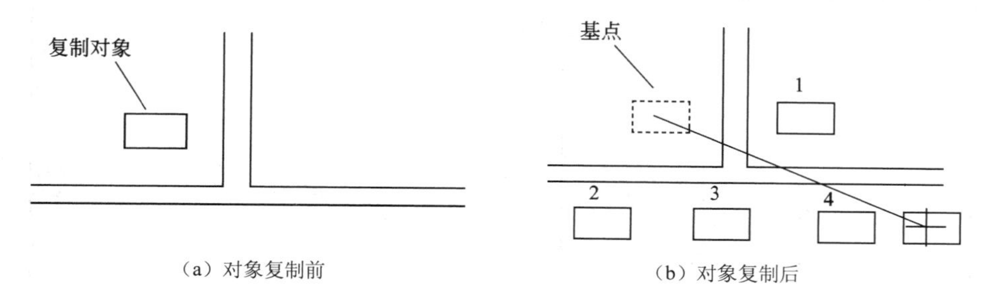

（a）对象复制前　　（b）对象复制后

图 3-1　复制对象

在“指定第二个点…”的提示信息下，可以选择两种方式指定复制路径：两点定距和相对坐标指定距离。

两点定距就是用鼠标指定“基点”和“第二点”确定复制距离和方向。

相对坐标指定距离是在指定“基点”后，使用相对距离复制对象。即操作者输入一个“距离”数值，方向则由基点和当前鼠标指针的连线确定。如果输入的是完整相对极坐标格式“@距离<角度”，将按输入角度值确定复制方向。

3.1.2　镜像（Mirror）命令

（1）执行方式

- 下拉菜单：【修改】/【镜像】。
- 工具按钮：【修改】/ 。
- 命令行：mirror（MI）。

（2）操作说明

镜像命令也称为对称复制命令，可创建对象的轴对称映像。本命令对于绘制具有对称特征的图形非常适用，只需快速地绘制半个对象，然后创建镜像，而不必绘制整个对象。

镜像（Mirror）命令的操作分以下三个步骤。

① 选择要镜像的对象。

② 定义镜像轴线。

③ 选择“是否删除源对象”。默认为“否（N）”，不删除源对象。如果删除源对象就输入“Y”。结果如图 3-2 所示。

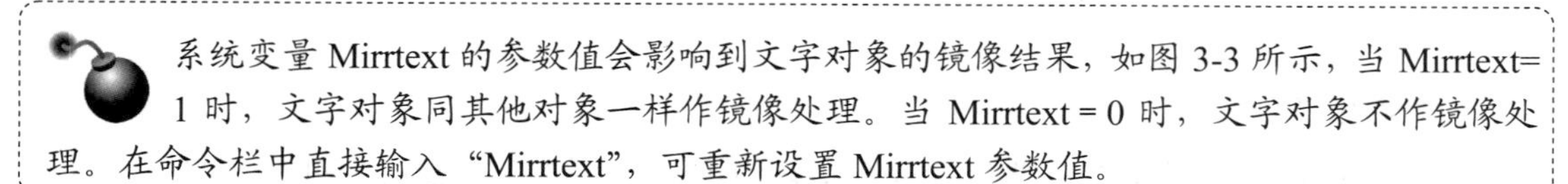
系统变量 Mirrtext 的参数值会影响到文字对象的镜像结果，如图 3-3 所示，当 Mirrtext=1 时，文字对象同其他对象一样作镜像处理。当 Mirrtext = 0 时，文字对象不作镜像处理。在命令栏中直接输入“Mirrtext”，可重新设置 Mirrtext 参数值。

在建筑绘图中，镜像命令是一个非常有用的命令。一般只绘制一个户型平面图，然后执行镜像命令，形成单元平面图，再多次镜像形成全部楼层平面图。

3.1.3　偏移（Offset）命令

（1）执行方式

- 下拉菜单：【修改】/【偏移】。

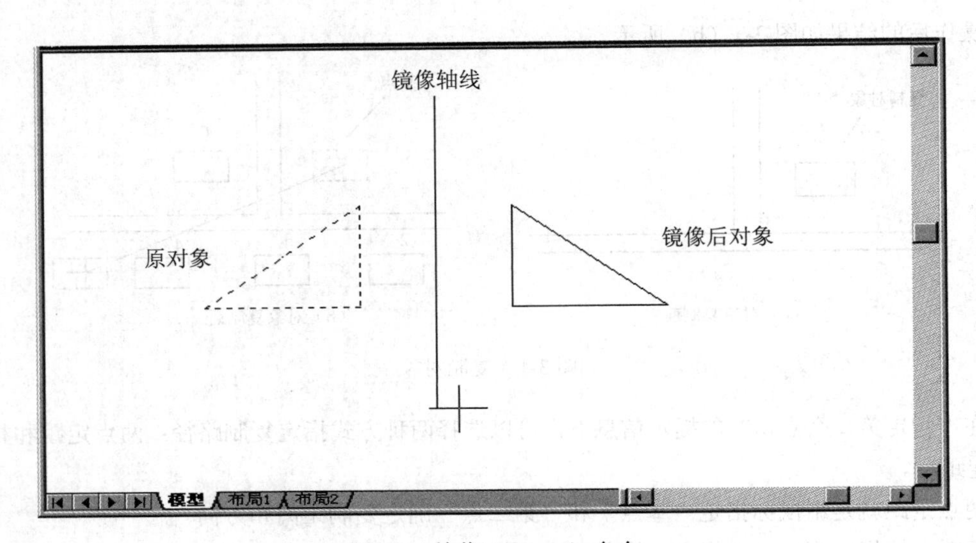

图 3-2 镜像（Mirror）命令

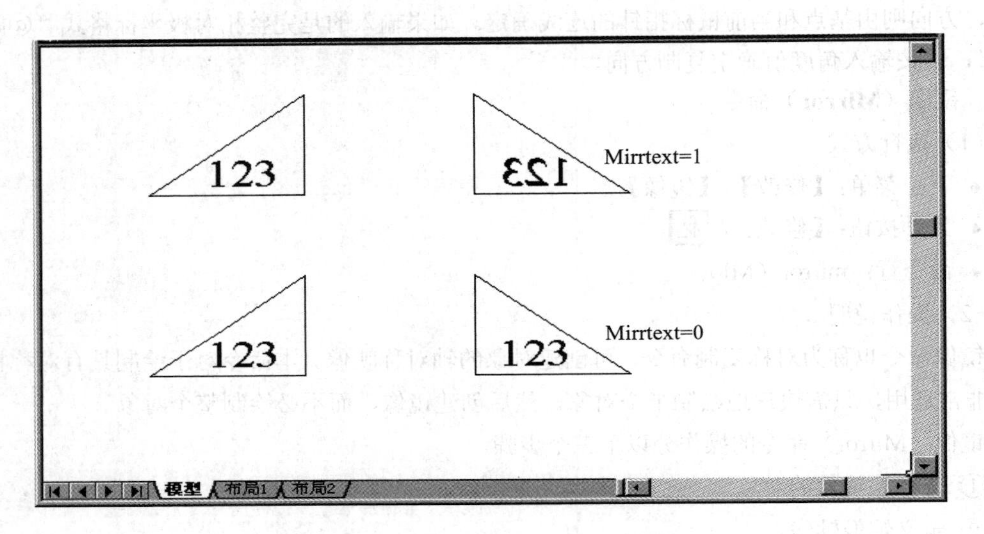

图 3-3 系统变量 Mirrtext 的镜像效果

◆ 工具按钮：【修改】/ 。

◆ 命令行：offset（O）。

（2）操作说明

偏移也称为平行复制，它是将选定对象按指定距离平行的复制。建筑绘图中，轴线、栏杆、楼梯投影线等图形绘制时，较多使用本命令。

偏移（Offset）命令的操作分为以下三个步骤。

① 指定偏移距离。

② 选择偏移对象（只能单选）。

③ 用鼠标指定偏移的方向。

首先用矩形命令绘制一个矩形[见图 3-4（a）]，然后执行偏移命令，具体操作步骤如下。

命令操作过程	操作说明
① 命令: Offset ↙	启动命令
② 当前设置:删除源 = 否，图层 = 源，OFFSETGAPTYPE = 0 指定偏移距离或 [通过(T)/删除(E)/图层(L)] <通过>:20↙	输入偏移距离 “20”
③ 选择要偏移的对象或 [退出(E)/放弃(U)]:	点选要偏移的对象
④ 指定要偏移的那一侧上的点，或 [退出(E)/多个(M)/放弃(U)] <退出>:	移动鼠标到矩形内任意点单击
⑤ 选择要偏移的对象，或 [退出(E)/放弃(U)] <退出>: ↙	按 Enter 键结束命令

操作执行后，结果如图 3-4（b）所示。

在上述操作中，第③、④步是可以重复操作的。即第⑤步不按 Enter 键，而是选择刚偏移生成的对象为新的偏移源对象，继续向内偏移，就可得到图 3-4（c）所示的图形，各矩形之间的距离均为“20”。

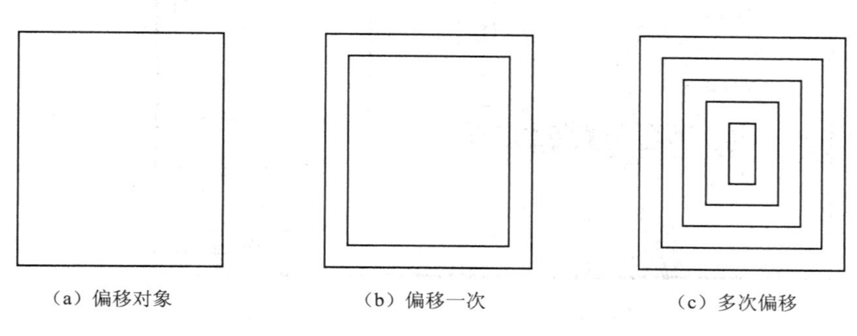

（a）偏移对象　（b）偏移一次　（c）多次偏移

图 3-4　偏移（Offset）命令

偏移命令主要四个选项的说明。

- 通过：创建通过指定点的对象。如果图中没有明确的“通过点”时，直接输入偏移的距离数值。
- 删除：偏移源对象后将其删除。
- 图层：确定将偏移对象创建在当前图层上还是源对象所在的图层上。
- 多个：对偏移源对象按偏移距离连续创建。在上述案例操作中，如果在第④步选择参数“多个（M）”，可连续进行偏移操作，不需重复选择偏移对象。

3.1.4　阵列（Array）命令

（1）执行方式

- 下拉菜单：【修改】/【阵列】。
- 工具按钮：【修改】/ 。
- 命令行：array（AR）或 arrayclassic。

（2）操作说明

AutoCAD 2010 版改进了阵列（Array）命令的操作，以命令行的形式引导操作，个人认为比较复杂，建议执行阵列命令的经典方式，执行 arrayclassic 命令。用户在命令行中，输入“ar”，在弹出的提示菜单中用鼠标选择“ARRAYCLASSIC”，命令执行后弹出如图 3-5 所示【阵列】对话框。

经典阵列（arrayclassic）命令的操作分三个步骤。

① 选择阵列方式。

② 选择阵列对象。

③ 设置阵列参数。

阵列是一个多重复制对象的方法，它的复制方式分为矩形阵列和环形阵列两类。下面分别举例介绍其操作方法。

Ⅰ. 矩形阵列

命令执行后，弹出如图3-5所示的【阵列】对话框，默认情况下为“矩形阵列”方式。对话框分为五个部分，即阵列方式选择区、阵列参数区、选择对象按钮、预览窗口、命令按钮区。

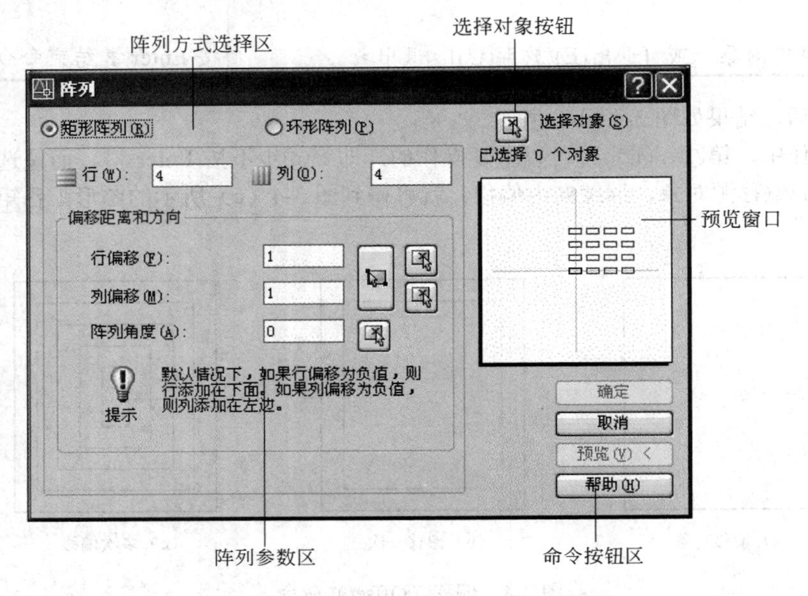

图3-5 【阵列】对话框——矩形阵列

如图3-6（a）所示样图，执行矩形阵列命令，具体步骤如下。

① 启动命令，弹出【阵列】对话框。

② 单击“选择对象”按钮，暂时隐藏【阵列】对话框，切换到绘图窗口。

③ 选择“凳子（小矩形）”为阵列对象，右击返回【阵列】对话框。

④ 设置阵列参数如下。

参数	行	列	行偏移	列偏移	阵列角度
参数值	2	5	160	80	0

单击 确定 按钮，退出【阵列】对话框，结束命令。阵列结果如图3-6（b）所示。

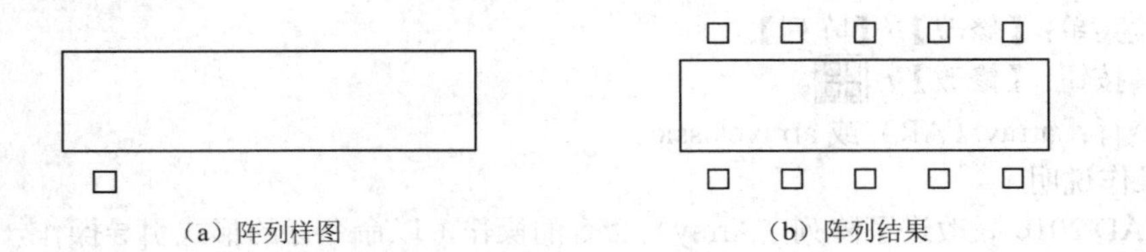

（a）阵列样图　　（b）阵列结果

图3-6 “矩形阵列”操作

行偏移和列偏移距离为正值，对象分别向上和向右阵列；行偏移和列偏移距离为负值，对象分别向下和向左阵列。

Ⅱ. 环形阵列

选中“环形阵列”单选按钮就切换到“环形阵列”方式（见图 3-7）。

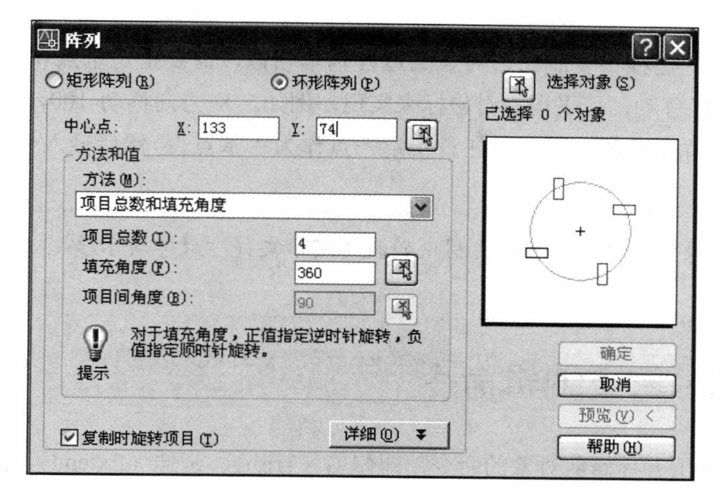

图 3-7 【阵列】对话框——环形阵列

如图 3-8（a）所示样图，执行环形阵列命令，具体步骤如下。

① 启动命令，弹出【阵列】对话框，切换到“环形阵列”方式。

② 单击“选择对象”按钮，暂时隐藏【阵列】对话框，切换到绘图窗口。

③ 选择“圆凳”为阵列对象，右击返回【阵列】对话框。

④ 设置阵列参数如下。

参数	方法	项目总数	填充角度
参数值	项目总数和填充角度	7	360

⑤ 单击“中心点”右侧的按钮，退出【阵列】对话框，返回到绘图窗口。

⑥ 先按 F3 键打开“对象捕捉”开关；然后按“Shift+鼠标右键”弹出快捷菜单，从中选择圆心；再移动鼠标到大圆上，捕捉圆心 A；最后右击返回【阵列】对话框。

⑦ 单击 确定 按钮，退出【阵列】对话框，结束命令。阵列结果如图 3-8（b）所示。

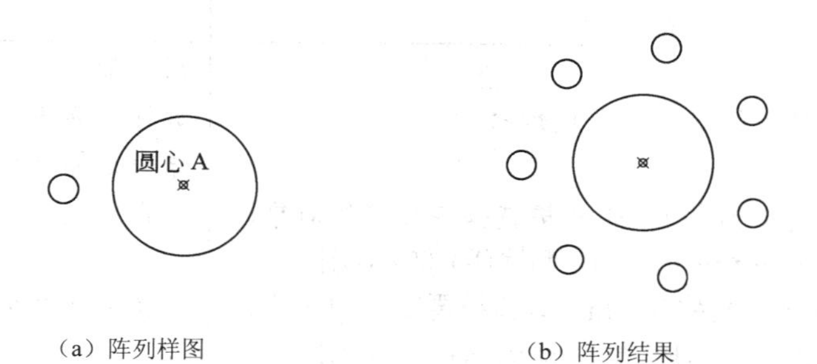

（a）阵列样图　（b）阵列结果

图 3-8 环形阵列操作

3.1.5 移动（Move）命令

（1）执行方式

- 下拉菜单：【修改】/【移动】。

- 工具按钮：【修改】/ [按钮]。
- 命令行：move（M）。

（2）操作说明

移动图形对象的过程与复制图形对象的过程基本相似，需要指定基点和第二位移点确定移动路径。如果要精确移动，可采用相对坐标来实现。例如，X 方向移动 100，Y 方向移动 400，操作步骤分两步：首先在图形窗口中任意指定一点作为“基点”；然后输入相对坐标“@100，400”。

本节教学操作，请参考学习素材中的教学演示文件“教学演示/第 3 章/3.1 复制类编辑命令演示”。

3.2 修剪对象类编辑命令

AutoCAD 提供了五种修剪对象的命令，即修剪（Trim）、延伸（Extend）、倒角（Chamfer）、圆角（Fillet）、打断（Break）。

3.2.1 修剪（Trim）命令

（1）执行方式

- 下拉菜单：【修改】/【修剪】。
- 工具按钮：【修改】/ [按钮]。
- 命令行：trim（TR）。

（2）操作说明

修剪（Trim）命令的操作分以下两个步骤。

① 选择修剪的边界。

② 点选被修剪的对象。

“先选边界，再选修剪对象”是本命令执行的关键之一。单选“要修剪对象”时，选择点的位置，会影响到修剪的结果。

对图 3-9（a）所示图形对象执行修剪命令，具体操作步骤如下。

命令操作过程	操作说明
① 命令: tr ↙	启动命令
② 选择剪切边...选择对象或 <全部选择>:	选择“界线 1、2”
③ 选择对象: ↙	结束边界选择，切换到修剪状态
④ 选择要修剪的对象，或按住 Shift 键选择要延伸的对象，或[栏选(F)/窗交(C)/投影(P)/边(E)/删除(R)/放弃(U)]:	点选竖线 1 的下段
⑤ 选择要修剪的对象，或按住 Shift 键选择要延伸的对象，或[栏选(F)/窗交(C)/投影(P)/边(E)/删除(R)/放弃(U)]:	点选竖线 2 的中段
⑥ 选择要修剪的对象，或按住 Shift 键选择要延伸的对象，或[栏选(F)/窗交(C)/投影(P)/边(E)/删除(R)/放弃(U)]:	点选竖线 3 的上段
⑦ 选择要修剪的对象，或按住 Shift 键选择要延伸的对象，或[栏选(F)/窗交(C)/投影(P)/边(E)/删除(R)/放弃(U)]: ↙	结束命令，结果如图 3-9（b）所示

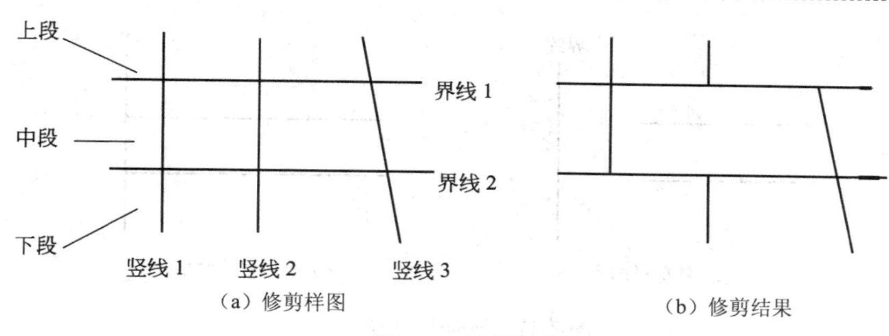

（a）修剪样图　　（b）修剪结果

图 3-9　修剪操作

早期 AutoCAD 版本“选择要修剪的对象”只能采用单选方式，从 2006 版开始增加了“栏选(F)/窗交(C)”两种方式，加快了选择速度和范围，提高了操作效率。

修剪命令缺省时，“边（E）”参数为“不延伸”，即只能修剪“边界线和修剪对象彼此相交”的对象。如果两者不相交[见图 3-10（a）]，则修剪无法实现。此种情况，操作者需设置“边（E）”参数为“延伸”，就可对不相交图形执行修剪操作。具体操作步骤如下。

命令操作过程	操作说明
① 命令: tr ↙	启动命令
② 选择剪切边...选择对象:	选择“界线 1、2”
③ 选择对象: ↙	切换到修剪状态
④ 选择要修剪的对象,或按住 Shift 键选择要延伸的对象,或[栏选(F)/窗交(C)/投影(P)/边(E)/删除(R)/放弃(U)]:E ↙	切换到“延伸模式设置”
⑤ 输入隐含边延伸模式 [延伸(E)/不延伸(N)] <不延伸>: E ↙	选择“延伸”模式
⑥ 选择要修剪的对象,或按住 Shift 键选择要延伸的对象,或[栏选(F)/窗交(C)/投影(P)/边(E)/删除(R)/放弃(U)]:	点选竖线 1 的上段
⑦ 选择要修剪的对象,或按住 Shift 键选择要延伸的对象,或[栏选(F)/窗交(C)/投影(P)/边(E)/删除(R)/放弃(U)]:	点选竖线 1 的下段
⑧ 选择要修剪的对象,或按住 Shift 键选择要延伸的对象,或[栏选(F)/窗交(C)/投影(P)/边(E)/删除(R)/放弃(U)]: ↙	结束命令，结果如图 3-10（b）所示

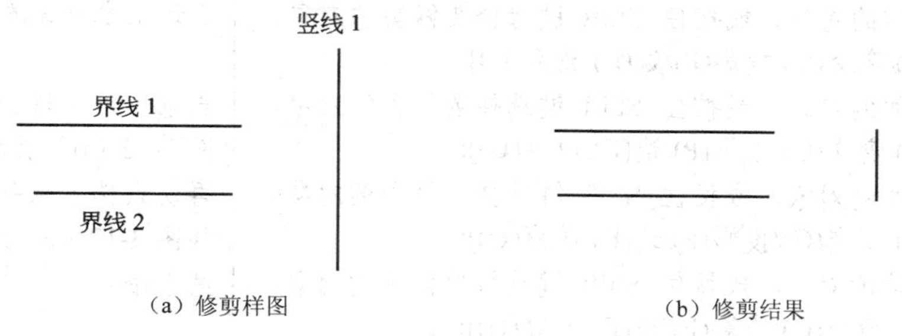

（a）修剪样图　　（b）修剪结果

图 3-10　不相交对象的修剪操作

上面的两个例子，被修剪的对象均执行的是“裁剪效果”。AutoCAD 允许用户使用修剪命令实现“延伸效果”。如图 3-11 所示，操作过程分为以下两大步。

① 选择图中的“界线”作为修剪边界，按 Enter 键切换到修剪状态。

② 按下 Shift 键不放，同时用鼠标分别点选两条水平线的右端区域。

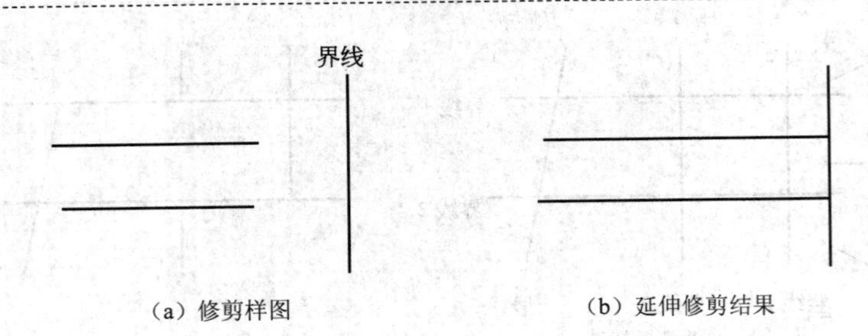

（a）修剪样图　　（b）延伸修剪结果

图 3-11　延伸修剪操作

3.2.2　延伸（Extend）命令

（1）执行方式

- 下拉菜单：【修改】/【延伸】。
- 工具按钮：【修改】/ 。
- 命令行：extend（EX）。

（2）操作说明

延伸（Extend）命令的操作分以下两个步骤。

① 选择延伸的边界。

② 点选被延伸的对象。

“先选边界，再选延伸对象”是本命令执行的关键之一。

缺省时，边界模式被设置为“不延伸”状态，只能处理“被延伸线段能够延伸到指定边界上”的情况。如果边界模式设置为“延伸”状态，只要延伸线段和边界（或其延长线）能够相交，延伸命令就可执行。

在延伸状态下，按下 Shift 键不放，可切换到修剪状态。

对图 3-12（a）所示图形对象执行延伸命令，具体操作步骤如下。

命令操作过程	操作说明
① 命令: EX ↙	启动命令
② 当前设置:投影=UCS，边=无，选择边界的边... 选择对象或 <全部选择>:	选择“圆”作为延伸界线
③ 选择对象: ↙	切换到延伸对象选择状态
④ 选择要延伸的对象，或按住 Shift 键选择要修剪的对象，或[栏选(F)/窗交(C)/投影(P)/边(E)/放弃(U)]:	点选上水平线的右端
⑤ 选择要延伸的对象，或按住 Shift 键选择要修剪的对象，或[栏选(F)/窗交(C)/投影(P)/边(E)/放弃(U)]:	点选下水平线的右端，结果如图 3-12（b）所示
⑥ 选择要延伸的对象，或按住 Shift 键选择要修剪的对象，或[栏选(F)/窗交(C)/投影(P)/边(E)/放弃(U)]:	再次点选下水平线右端，结果如图 3-12（c）所示
⑦ 选择要延伸的对象，或按住 Shift 键选择要修剪的对象，或[栏选(F)/窗交(C)/投影(P)/边(E)/放弃(U)]: ↙	结束命令

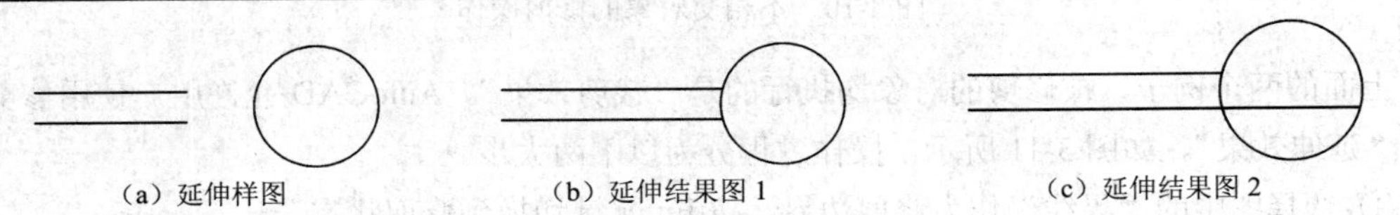

（a）延伸样图　　（b）延伸结果图 1　　（c）延伸结果图 2

图 3-12　延伸操作

3.2.3 倒角（Chamfer）命令

（1）执行方式

- 下拉菜单：【修改】/【倒角】。
- 工具按钮：【修改】/ 。
- 命令行：chamfer（CHA）。

（2）操作说明

倒角（Chamfer）命令是在两条非平行线之间快速创建直线，它的操作分以下两个步骤。

① 设置倒角参数。

② 点选倒角对象。

倒角命令的实现有两种方法：两距离法和距离角度法。

① 两距离法。本方法由两个 “倒角距离” 参数控制。倒角距离是指从两条非平行线的“交点到倒角点”之间的距离。对于没有直接相交的两线段，交点是指它们延长线的交点。

图 3-13 所示样图 1 和样图 2 分别属于“有交点”和“无交点”两种情况，但按“两距离法”操作，它们的效果是一样的，具体操作步骤如下。

命令操作过程	操作说明
① 命令: CHA ↙	启动命令
② (“修剪” 模式) 当前倒角距离 1=0.0000，距离 2=0.0000 选择第一条直线或[放弃(U)/多段线(P)/距离(D)/角度(A)/修剪(T)/方式(E)/多个(M)]: D ↙	切换到“距离设置”状态
③ 指定第一个倒角距离 <0.0000>: 20↙	设定“距离 1 = 20”
④ 指定第二个倒角距离 <20.0000>: 40↙	设定“距离 2 = 40”
⑤ 选择第一条直线或[放弃(U)/多段线(P)/距离(D)/角度(A)/修剪(T)/方式(E)/多个(M)]:	用鼠标单击水平线
⑥ 选择第二条直线，或按住 Shift 键选择要应用角点的直线:	用鼠标单击垂直线

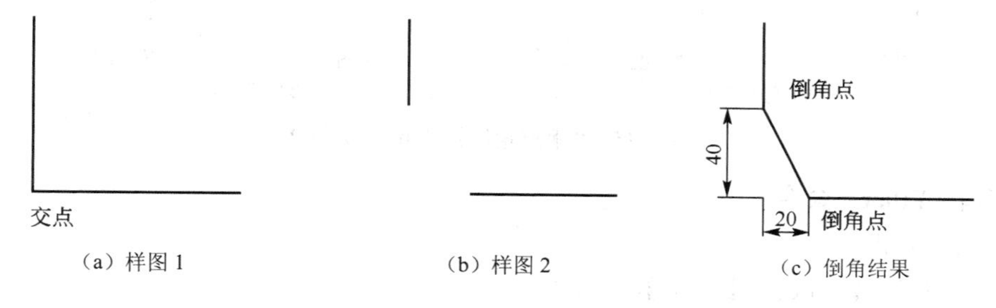

图 3-13 “两距离法”倒角操作

② 距离角度法。本方法由“倒角距离和倒角角度”两个参数控制。倒角距离从交点到倒角点之间的距离。倒角角度是指“第一条直线”与“倒角线”之间的夹角。

在操作过程中，第一条直线的选择会影响操作后的效果。对于图 3-14（a），若选择“垂直线”为“第一条直线”，结果如图 3-14（b）所示；若选择“水平线”为“第一条直线”，结果如图 3-14（c）所示。

图 3-14（b）所示结果的具体操作步骤如下。

命令操作过程	操作说明
① 命令: CHA ↙	启动命令
② (“修剪”模式) 当前倒角距离 1 = 20.0000，距离 2 = 40.0000	命令提示
选择第一条直线或 [多段线(P)/距离(D)/角度(A)/修剪(T)/方法(M)]: A↙	切换到“角度设置”状态
③ 指定第一条直线的倒角长度 <20.0000>: 30↙	设定“距离 = 30”
④ 指定第一条直线的倒角角度 <0>: 60↙	设定“角度 = 60”
⑤ 选择第一条直线或 [多段线(P)/距离(D)/角度(A)/修剪(T)/方法(M)]:	用鼠标单击垂直线
⑥ 选择第二条直线:	用鼠标单击水平线

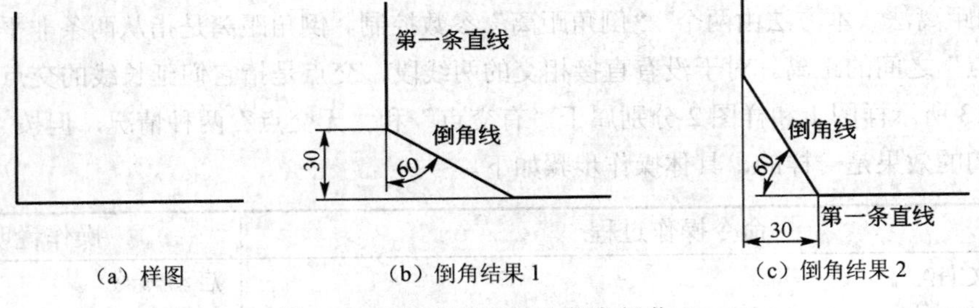

图 3-14 “距离角度法”倒角操作 1

如果设置“两距离法”的两个倒角距离参数值均等于 0，或“距离角度法”的两个参数“倒角距离 = 0、倒角角度 = 0”，倒角命令可以实现修剪[见图 3-15（a）]和延伸[见图 3-15（b）]的效果。本例中选取点落在两直线交点的下段和右段区域。

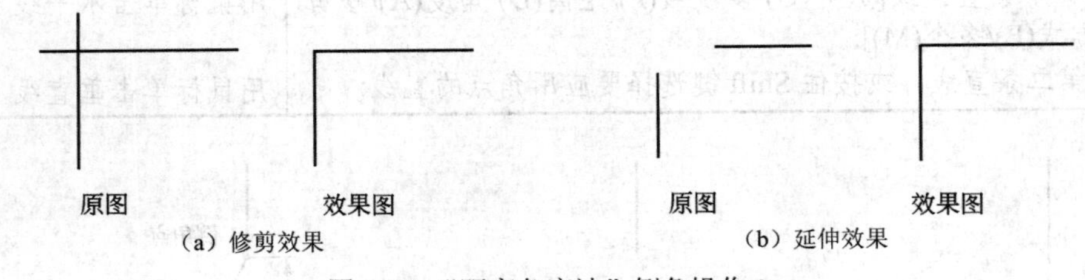

图 3-15 “距离角度法”倒角操作 2

3.2.4 圆角（Fillet）命令

（1）执行方式

- 下拉菜单:【修改】/【圆角】。
- 工具按钮:【修改】/ 。
- 命令行：fillet（F）。

（2）操作说明

圆角（Fillet）命令是在两条非平行线之间快速创建圆弧，也就是通过一个指定半径的圆弧来光滑地连接两个对象，它的操作分两个步骤。

① 设置倒圆角的半径。

② 点选倒圆角对象。

图 3-16（a）所示矩形执行倒圆角命令，具体操作步骤如下。

命令操作过程	操作说明
① 命令: F ↙	启动命令
② 当前模式: 模式 = 修剪，半径 = 10.0000 选择第一个对象或[多段线(P)/半径(R)/修剪(T)]: R ↙	命令提示信息 切换到“输入圆角半径”状态
③ 指定圆角半径 <10.0000>: 60↙	设定“圆角半径 = 60”
④ 选择第一个对象或 [多段线(P)/半径(R)/修剪(T)]:	用鼠标单击线 1
⑤ 选择第二个对象:	用鼠标单击线 2

在第④步，如果输入“P ↙”选择多段线倒圆角状态；然后出现“选择二维多段线:”提示信息，再点选矩形的任意边。倒圆角命令执行后结果如图 3-16（c）所示。

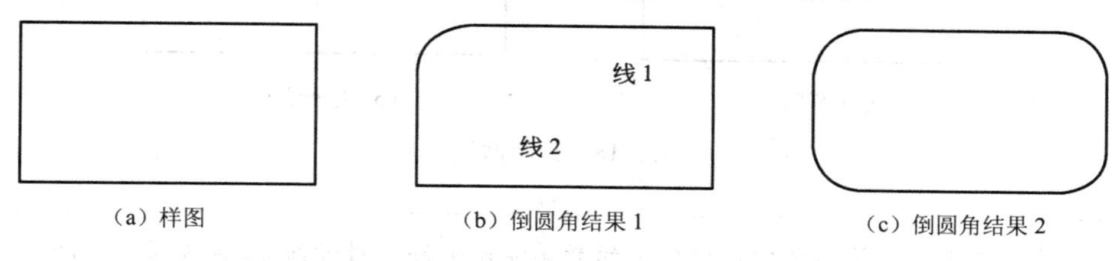

（a）样图　（b）倒圆角结果 1　（c）倒圆角结果 2

图 3-16　倒圆角操作

与倒角（Chamfer）命令不同，圆角（Fillet）命令不仅适用于直线型对象，也可以对圆弧等对象倒圆角。如图 3-17（a）所示图形，首先设置“半径=100”；然后按点 1、点 2 位置选择第一、第二对象，结果如图 3-17（b）所示；如果按点 1、点 3 位置选择第一、第二对象，结果如图 3-17（c）所示。

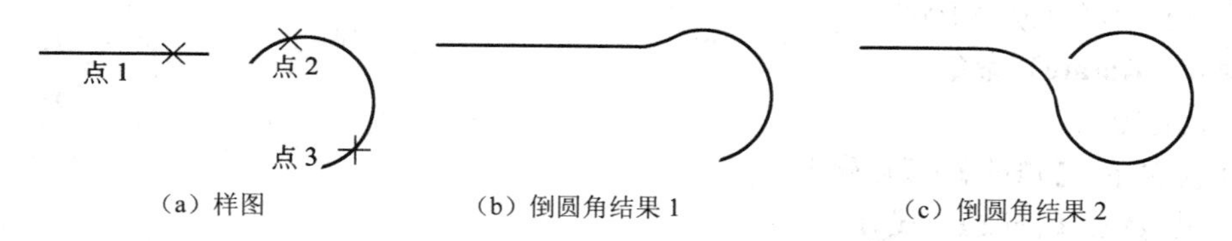

（a）样图　（b）倒圆角结果 1　（c）倒圆角结果 2

图 3-17　直线与圆弧的倒圆角操作

3.2.5　打断（Break）命令

（1）执行方式

- 下拉菜单:【修改】/【打断】。
- 工具按钮:【修改】/ ▢ 或 ▢。
- 命令行: break（BR）。

（2）操作说明

打断（Break）命令可把已存在的实体切割成两部分▢或删除该实体的一部分▢。本命令的操作分两个步骤。

① 选择要打断的对象。

② 确定要打断的第一、第二点。

当选择打断对象时，AutoCAD 自动将选择点作为“第一个打断点”。如果重新指定打断点，需输入“F↙”，重新指定第一打断点。命令执行后，将第一、第二打断点之间的部分删除。若第一、二打断点重合于一点，命令执行后，将对象切割成两部分。

对图 3-18（a）所示矩形执行打断命令，具体操作步骤如下。

命令操作过程	操作说明
① 命令: BR ↙	启动命令
② 选择对象:	选择上水平线
③ 指定第二个打断点或 [第一点(F)]: F ↙	重新指定打断的第一点
④ 指定第一个打断点:	单击选择 A 点
⑤ 指定第二个打断点:	单击选择 B 点

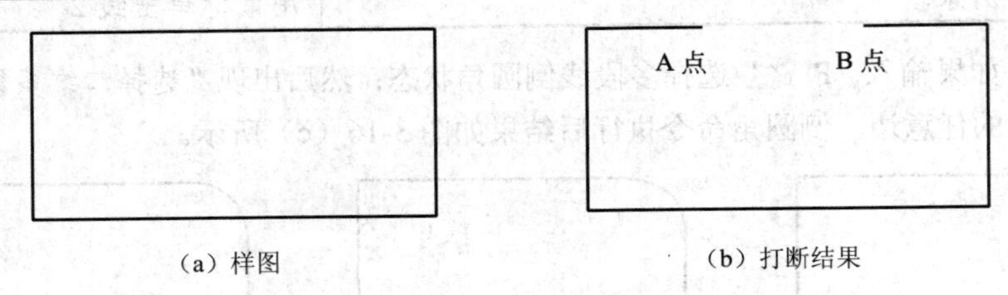

（a）样图　（b）打断结果

图 3-18　打断操作

本节教学操作，请参考学习素材中的教学演示文件“教学演示/第 3 章/3.2 修剪类编辑命令演示”。

3.3 旋转缩放对象类编辑命令

AutoCAD 提供了旋转（Rotate）、缩放（Scale）、拉伸（Stretch）、拉长（Lengthen）四个命令，来快捷地改变图形对象的形状。

3.3.1 旋转（Rotate）命令

（1）执行方式

- 下拉菜单：【修改】/【旋转】。
- 工具按钮：【修改】/ 。
- 命令行：rotate（RO）。

（2）操作说明

旋转（Rotate）命令用于旋转已有实体，它的操作分三个步骤。

① 选择旋转的对象。

② 指定旋转的基点。

③ 输入旋转的角度（逆时针方向为正，顺时针方向为负）。结果如图 3-19（c）所示。

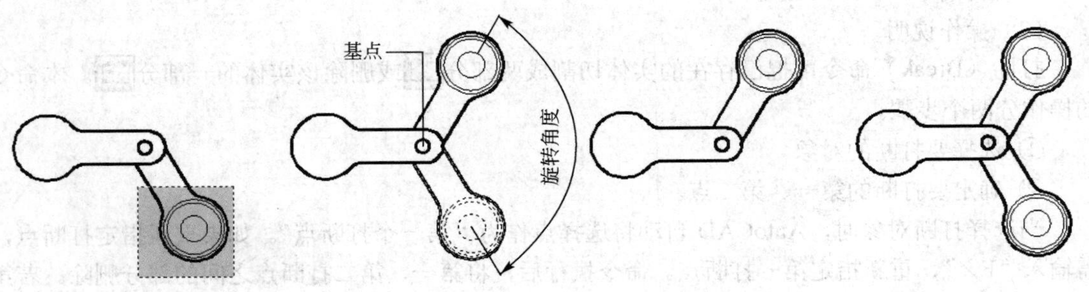

（a）样图　（b）指定基点和旋转角度　（c）旋转结果　（d）复制旋转结果

图 3-19　旋转操作

在第③步提示"指定旋转角度，或[复制(C)/参照(R)]"时输入"C↙"后再指定旋转角度，旋转结果如图 3-19（d）所示。

3.3.2　缩放（Scale）命令

（1）执行方式

- 下拉菜单：【修改】/【缩放】。
- 工具按钮：【修改】/ ▢。
- 命令行：scale（SC）。

（2）操作说明

缩放（Scale）命令的操作分三个步骤。

① 选择缩放对象。

② 指定缩放的基点。

③ 输入缩放的比例因子。结果如图 3-20（b）所示。

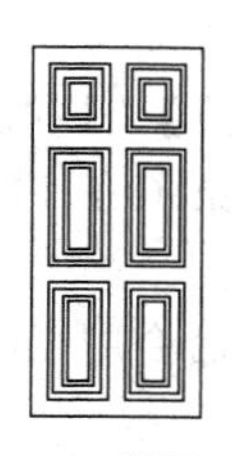

（a）样图

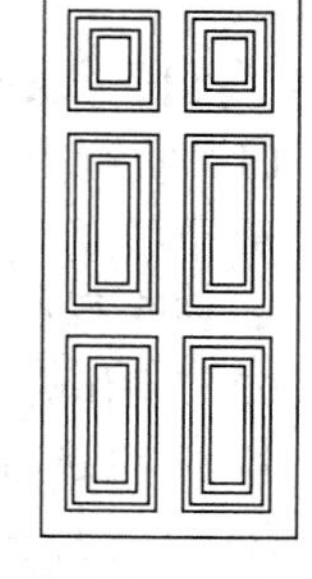

（b）缩放结果

图 3-20　缩放操作

比例因子大于 1 时，图形放大；比例因子小于 1 时，图形缩小。

3.3.3　拉伸（Stretch）命令

（1）执行方式

- 下拉菜单：【修改】/【拉伸】。
- 工具按钮：【修改】/ ▢。
- 命令行：stretch（S）。

（2）操作说明

拉伸（Stretch）命令的操作分两个步骤。

① 用交叉窗口选择方式选择拉伸对象。

② 指定拉伸路径。

图 3-21 所示图形的拉伸操作步骤如下。

命令操作过程	操作说明
① 命令: S ↙	启动命令
② 以交叉窗口或交叉多边形选择要拉伸的对象...	提示信息
选择对象:	由 1 到 2 用窗交窗口选择对象
③ 选择对象: ↙	切换到指定拉伸路径状态
④ 指定基点或位移:	单击确定 3 点
⑤ 指定位移的第二个点或 <用第一个点作位移>:	单击确定 4 点

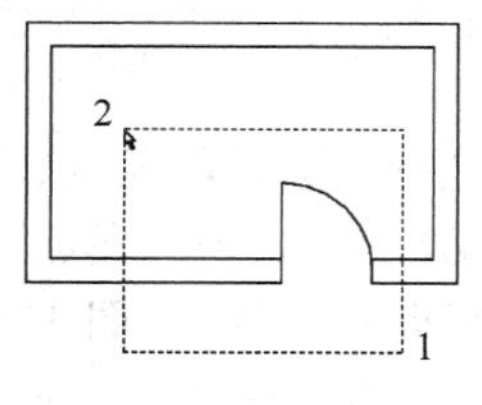

（a）窗交选择

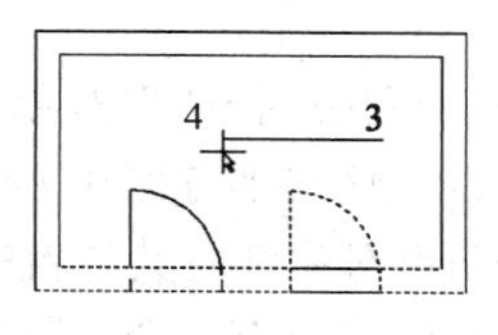

（b）确定拉伸路径

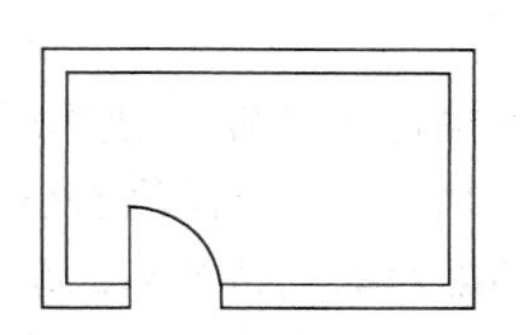

（c）拉伸结果

图 3-21　拉伸操作

拉伸命令执行时必须采用“窗交（Crossing）”选择对象。而且本命令具有“拉伸”及“移动”两种执行效果：对于全部处于窗口内的对象执行“移动”操作；对于部分在窗口内的对象，则执行“拉伸”操作，即对窗口以内的端点移动而窗口以外的端点保持不动。

3.3.4 拉长（Lengthen）命令

（1）执行方式

- 下拉菜单：【修改】/【拉长】。
- 命令行：lengthen（LEN）。

（2）操作说明

拉长（Lengthen）命令用于改变直线或曲线的长度，它的操作分两个步骤。

① 选择拉长方式。

② 选择被拉长的对象。

本命令包含四个参数，对应四种拉长方式，各参数的功能意义如下。

- 增量　本方式以指定的增量修改对象的长度。增量从距离选择点最近的端点处开始测量。如图 3-22（a）所示的水平线，若设置增量为“20”，点取水平线右段，拉长结果如图 3-22（b）所示。
- 百分数　按照对象总长度的指定百分数设置对象长度，如图 3-22（c）所示。
- 全部　拉长后对象的长度等于指定的总长度值。
- 动态　通过拖动选定对象的端点之一来改变其长度，其他端点保持不变。

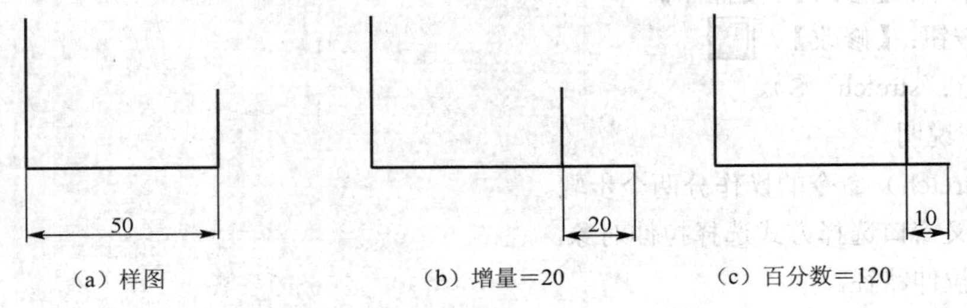

图 3-22　拉长操作

拉长（Lengthen）命令与下节讲述的“夹点编辑”相比，有点鸡肋的感觉，夹点操作不仅可以达到同样目的，而且操作更简便，建议操作者重点掌握。

本节教学操作，请参考学习素材中的教学演示文件“教学演示/第 3 章/3.3 旋转缩放类编辑命令演示”。

3.4 夹点编辑

用户在不执行任何命令的情况下，直接选择图形对象，所选择对象呈现虚线显示状态，而且在被选择对象上出现若干蓝色的小方框，这些小方框在 AutoCAD 中称之为“夹点”　。

夹点是图形对象的特征点。每种图形对象都有其各自的特征点——夹点，图 3-23 列出了常见图形对象的夹点位置。例如，直线对象的夹点有三个，即两个端点和一个中点；多段线的夹点是每段的两个端点；尺寸标注的夹点有五个，左右尺寸界线各两个夹点，标注文字处有一个夹点。

夹点具有两种状态：温点和热点。操作者可以通过夹点的形状和颜色来判断。首次选择对象时，夹点显示为“蓝色空心”小方框，此时为“温点”状态；再次点选呈现温点状态的夹点，夹点被激活并显示为“红色实心”小方框，此时为“热点”状态。

夹点处于“热点”状态时才能进行编辑。夹点编辑包括移动、镜像、旋转、缩放、拉伸五种编辑操作。在热夹点处右击，将弹出如图 3-24 所示的快捷菜单。

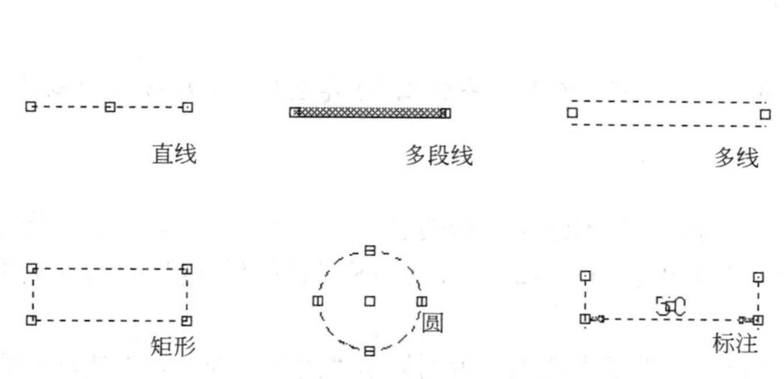

图 3-23 选择对象的夹点

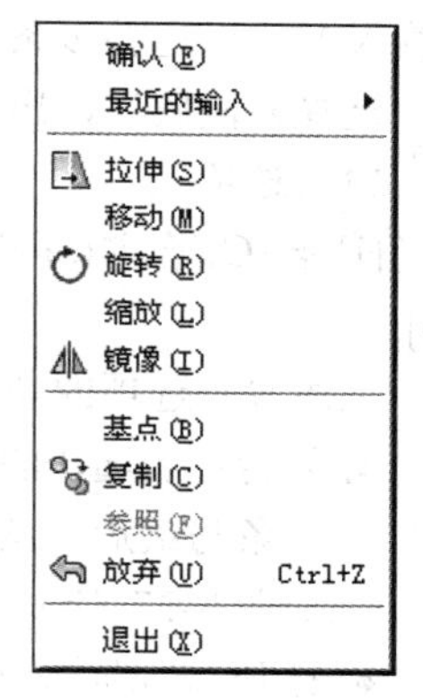

图 3-24 快捷菜单

夹点被激活后，默认情况下首先处于“拉伸”编辑状态。在“拉伸”编辑状态，选择同一对象不同位置的夹点，其操作的结果会有所不同。例如，图 3-25（a）所示直线，当选择中点时执行移动操作[见图 3-25（b）]；当选择端点时执行拉长操作[见图 3-25（c）]。

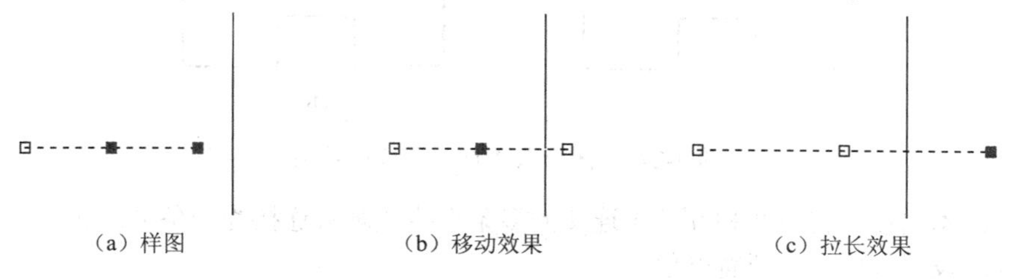

（a）样图　（b）移动效果　（c）拉长效果

图 3-25 直线的夹点拉伸操作

本节教学操作，请参考学习素材中的教学演示文件“教学演示/第 3 章/3.4 夹点编辑演示”。

3.5 专用编辑命令

对于多段线、多线、填充图案这三个图形对象，AutoCAD 提供了专门的编辑命令来编辑它们。为了操作方便，用户可以用 1.2.3 节介绍的调用工具栏的操作方法，调用如图 3-26 所示的【修改II】工具栏。

图 3-26 【修改II】工具栏

3.5.1 编辑多段线（Pedit）命令

（1）执行方式

◆ 下拉菜单：【修改】/【对象】/【多段线】。

◆ 工具按钮：【修改Ⅱ】/ [icon]。

◆ 命令行：pedit（PE）。

（2）操作说明

按上述方法执行命令后，在“选择多段线或 [多条(M)]:”提示下，点选要编辑的多段线。如果输入 M，可选择多条多段线同时编辑，这是 AutoCAD2006 新增功能。

选择多段线后，出现以下提示：

输入选项

[闭合(C)/合并(J)/宽度(W)/编辑顶点(E)/拟合(F)/样条曲线(S)/非曲线化(D)/线型生成(L)/放弃(U)]:

上述参数选项的功能意义如下。

◆ 闭合：当选择的多段线不闭合时，出现本选项，否则显示“打开”选项。本选项将连接第一条与最后一条线段，使多段线闭合。图 3-27（a）所示的执行“闭合”参数的编辑效果如图 3-27（b）所示。

◆ 打开：当选择的多段线是闭合的，出现本选项，否则显示“闭合”选项。本选项将删除多段线的闭合线段，使多段线不闭合。图 3-27（b）所示的执行“打开”参数的编辑效果如图 3-27（a）所示。

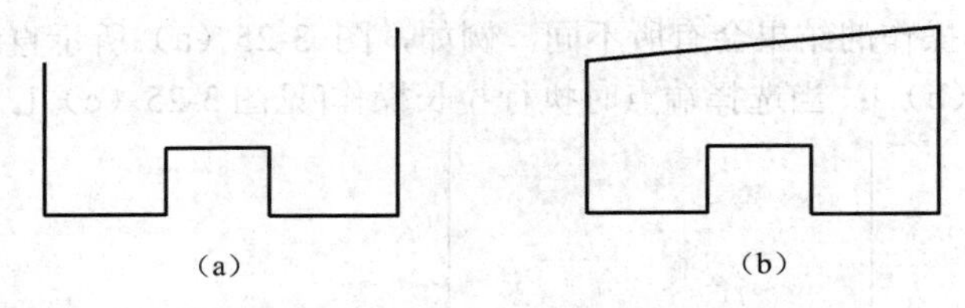

（a）　　（b）

图 3-27 “闭合”、“打开”选项效果

◆ 合并：本选项可将彼此相互首尾连接的多条直线或圆弧连接为一条多段线。

◆ 宽度：设置多段线的新宽度值。

◆ 编辑顶点：本选项用于编辑多段线的端点和相邻边，包含“打断、插入、移动”等功能。

◆ 拟合：创建圆弧拟合多段线（由圆弧连接每对顶点的平滑曲线）。该曲线通过多段线的所有顶点并使用指定的切线方向，如图 3-28（b）所示。

◆ 样条曲线：使用选定多段线的顶点作为逼近 B 样条曲线的曲线控制点或控制框架。与“拟合”选项不同，本选项生成的样条曲线拟合多段线将通过原多段线的第一个和最后一个控制点，如图 3-28（c）所示。

◆ 非曲线化：本选项可将经“拟合”、“样条曲线”选项编辑的多段线拉直。图 3-28（b）、（c）执行本选项后，编辑效果如图 3-28（a）所示。

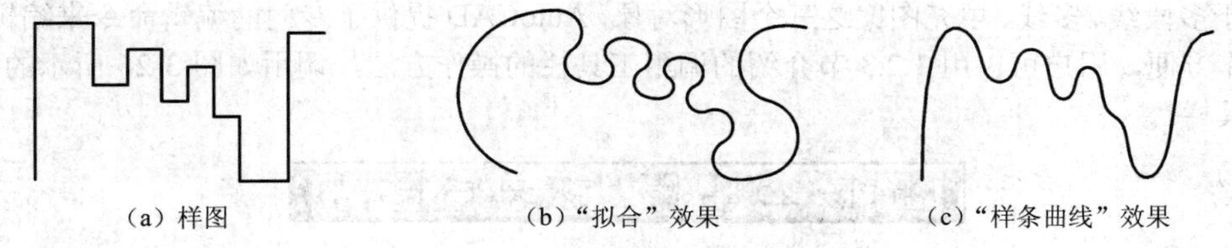

（a）样图　　（b）“拟合”效果　　（c）“样条曲线”效果

图 3-28 “拟合”、“样条曲线”选项效果

◆ 线型生成：本选项主要控制除实线以外的其他线型的显示样式。它有“开、关”两个选项。默认是“关”状态，它将在每个顶点处以点画线开始和结束。两者区别如图 3-29 所示。本选项不能用于带变宽线段的多段线。

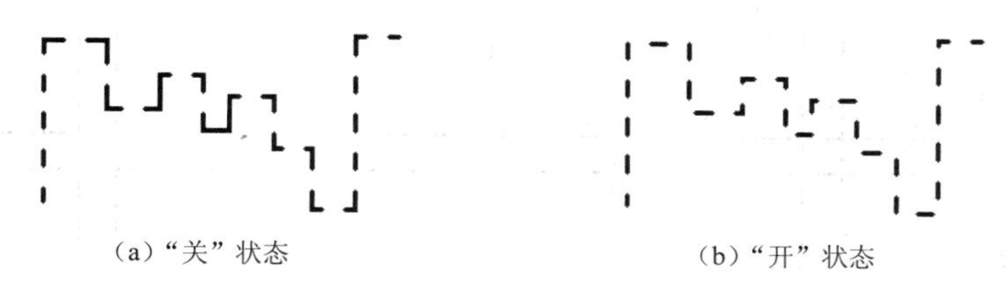

（a）“关”状态　　（b）“开”状态

图 3-29 “线型生成”选项效果

◆ 放弃：逐步取消前一步的操作。

如果选定的对象是直线或圆弧，则 AutoCAD 提示：

选定的对象不是多段线。

是否将其转换为多段线?<Y>:

如果输入“Y”，程序将所选直线和圆弧转换为多段线。

3.5.2 编辑多线（MLedit）命令

（1）执行方式

◆ 下拉菜单：【修改】/【对象】/【多线】。

◆ 命令行：mledit。

◆ 快捷方式：双击多线对象。

（2）操作说明

按上述方法执行命令后，弹出如图 3-30 所示的【多线编辑工具】对话框。该对话框中提供了四大类 12 种编辑方式，以四列显示样例图像。第一列控制“交叉”的多线，第二列控制“T 形相交”的多线，第三列控制“角点结合和顶点”，第四列控制“多线中的打断”。单击各项图标，退出该对话框切换到绘图窗口，按提示选择要编辑的多线。

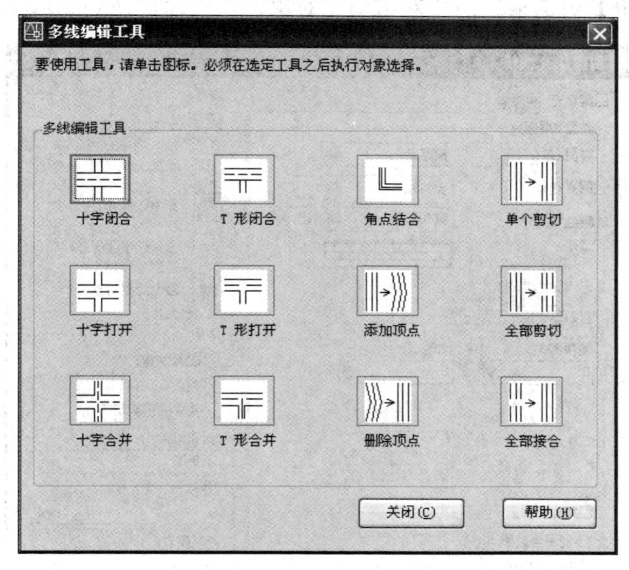

图 3-30 【多线编辑工具】对话框

进行“十字”和“T 形”两大类型编辑时，“第一条多线”和“第二条多线”的选择将决定编辑效果，其效果规律是：第二条多线贯通并截断第一条多线。按图 3-31（a）所示选择第一、第二条多线，编辑效果如图 3-31（b）～（f）所示。由于样图所采用的多线是“双平行线”样式，所以“十字打开”和“十字合并”、“T 形打开”和“T 形合并”的编辑效果是相同的。对于“三平行线以上”多线样式，两者编辑效果是不同的。

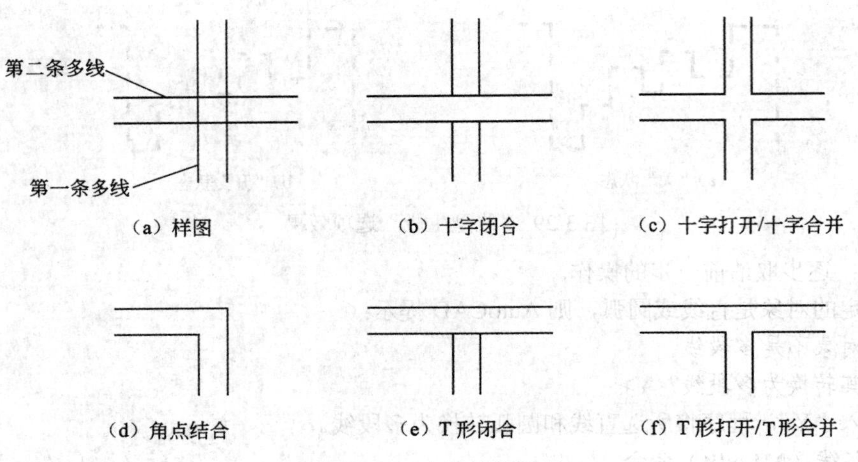

图3-31 多线编辑效果

3.5.3 编辑填充图案（Hatchedit）命令

（1）执行方式

- 下拉菜单：【修改】/【对象】/【图案填充】。
- 工具按钮：【修改Ⅱ】/ 。
- 命令行：hatchedit（HE）。
- 快捷方式：双击图案填充对象。

（2）操作说明

按上述方法执行命令后，根据“选择关联填充对象:”提示，选择填充图案后弹出如图3-32所示的【图案填充编辑】对话框。用户双击填充对象，可快速切换到编辑状态。

图3-32 【图案填充编辑】对话框

改变该对话框中的相应参数，就可编辑已填充图案。如图 3-33（a）所示样图，其填充比例为“1”。执行本命令后，修改比例值为“0.5”，结果如图 3-33（b）所示。

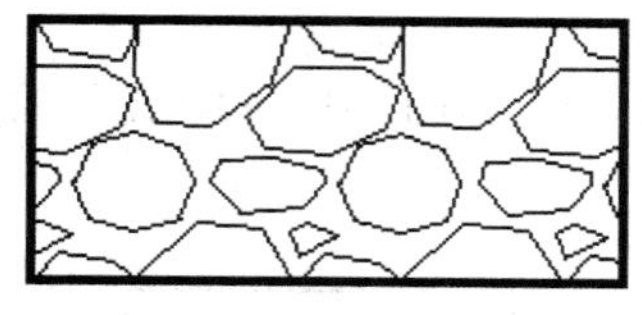

（a）样图

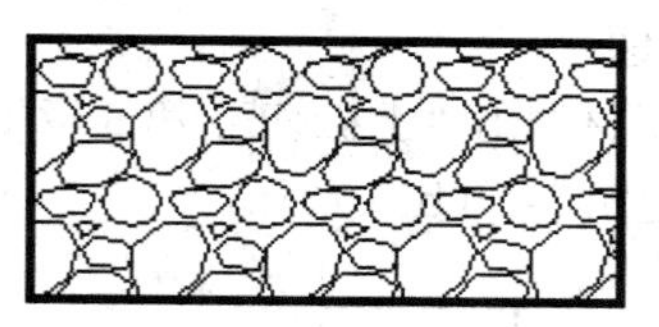

（b）修改比例后效果

图 3-33　图案填充效果

本节教学操作，请参考学习素材中的教学演示文件“教学演示/第 3 章/3.5 专用编辑命令演示”。

练　习　题

1．填空题

（1）控制镜像文字复制结果的系统变量是______，变量值为______时文字不作镜像处理。

（2）直接选择对象时，被选择对象出现若干小方框，称之为______。它有______和______两种状态，当处于______状态时可被编辑。

（3）阵列命令的复制方式分为______和______两类。

（4）多线 MLine 对象编辑对话框提供了______大类______种编辑方法。

（5）拉伸 Stretch 命令执行时必须采用______窗选方式选择对象。对于全部处于窗口内的对象执行______操作。

（6）执行 Trim 命令修剪对象时，若要实现“延伸效果”，在按下键盘的______键不放的同时单击要延伸的线段。

2．选择题

（1）一条直线 Line 和多段线 PLine 的夹点数分别是（　　）。

A．1，2　　B．2，1　　C．2，3　　D．3，2

（2）复制对象时可能改变复制对象大小的命令是（　　），只能复制一次被选对象的复制命令是（　　）。

A．复制　　B．阵列　　C．镜像　　D．偏移

（3）不能作为偏移命令偏移对象的是（　　）。

A．正多边形　　B．圆　　C．多线　　D．多段线

3．连线题（请正确连接左右两侧各命令的中英文名称，并在右侧括号内填写各命令的别名）

复制	Array	（　　）
阵列	Chamfer	（　　）
镜像	Copy	（　　）
偏移	Extend	（　　）
移动	Fillet	（　　）
修剪	Mirror	（　　）
延伸	Move	（　　）
倒角	Offset	（　　）

圆角　　　　Pedit　　（　）

编辑多段线　Trim　　（　）

4．上机练习题

（1）从学习素材调出“上机练习/第3章/镜像练习”题图3-1（a），先补绘两个圆，再进行镜像命令，结果如题图3-1（b）所示。

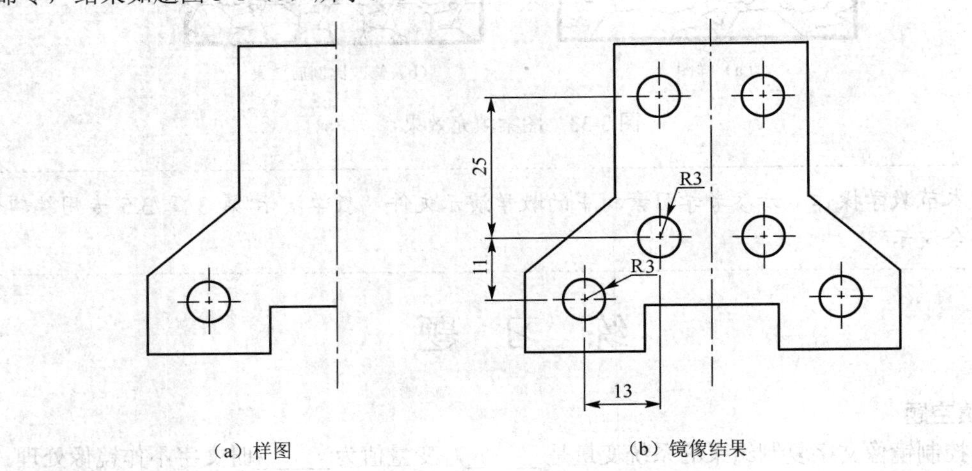

（a）样图　　　　（b）镜像结果

题图3-1　镜像练习

（2）从学习素材调出“上机练习/第3章/移动练习”题图3-2（a），移动阴影部分到题图3-2（b）所示位置。

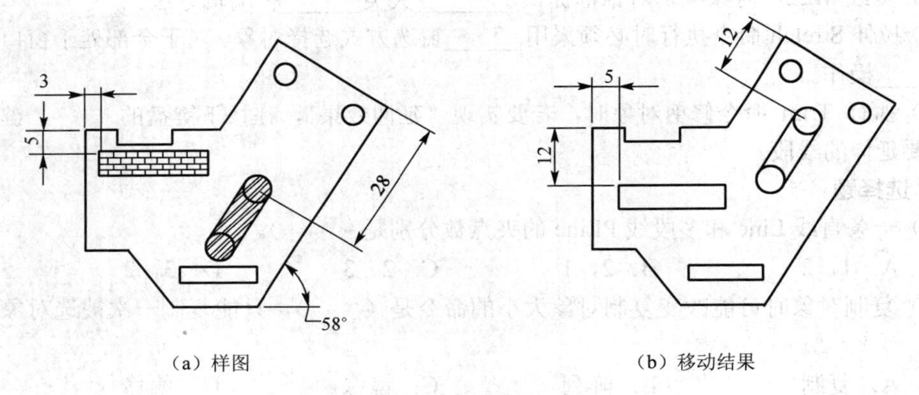

（a）样图　　　　（b）移动结果

题图3-2　移动练习

（3）从学习素材调出“上机练习/第3章/打断练习”题图3-3（a），按题图3-3（b）所示打断相应直线，并改变直线的线型。

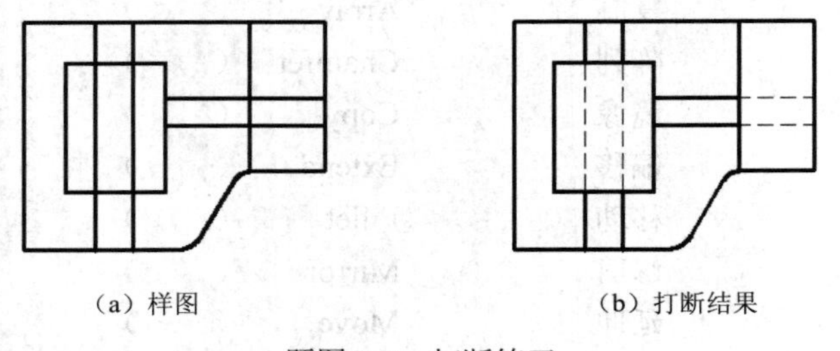

（a）样图　　　　（b）打断结果

题图3-3　打断练习

（4）绘制题图 3-4 所示图形。（提示：先用矩形和圆绘制，再用修剪命令）

（5）绘制题图 3-5 所示图形。（提示：先用直线命令绘制基本图形，最后用倒角命令处理斜边）

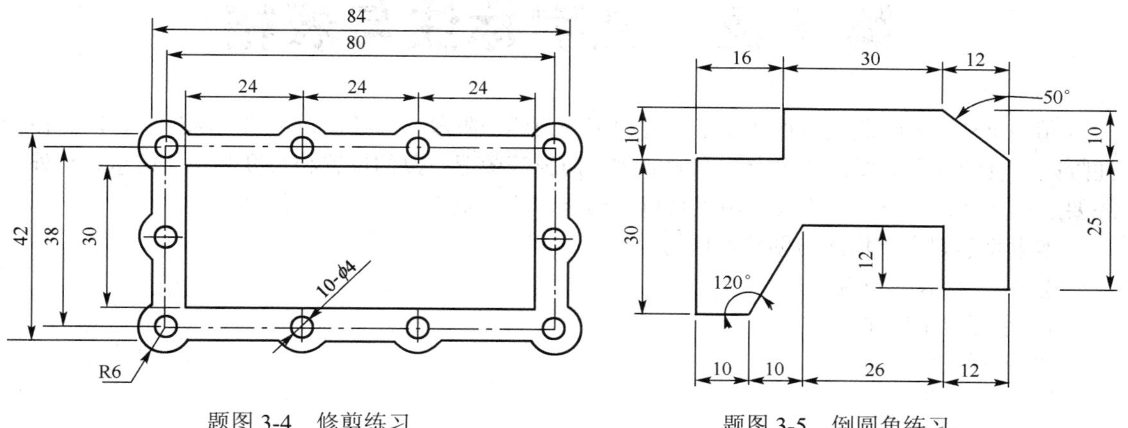

题图 3-4　修剪练习　　　　题图 3-5　倒圆角练习

（6）绘制题图 3-6 所示图形。（提示：先用圆绘制基本图形；然后完成一个上部边环，其中圆角命令倒出“R=3”；最后用旋转复制命令或环形阵列复制其他边环）

（7）绘制题图 3-7 所示图形。（提示：绘制一条通过圆心的并超出大圆的垂直线作为辅助线，对这条辅助线进行环形阵列，利用圆命令的“相切、相切、相切”可绘制外围的小圆。）

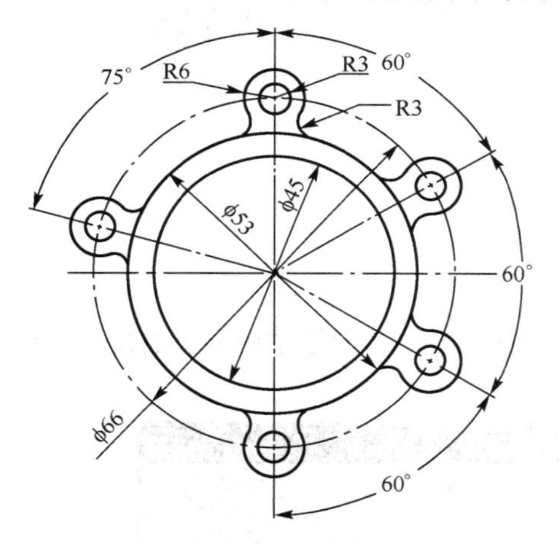

题图 3-6　旋转和圆角练习

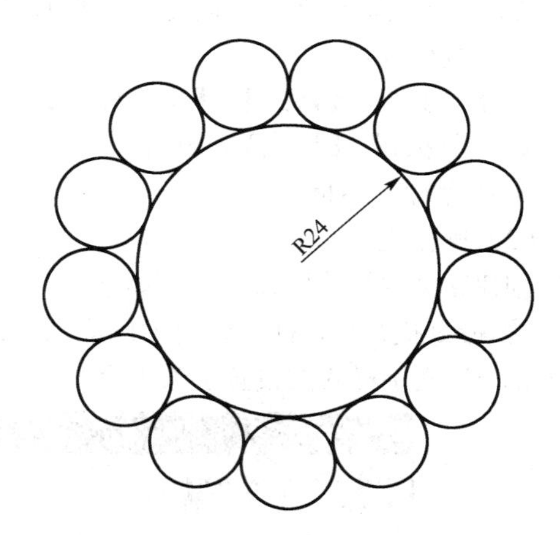

题图 3-7　环形阵列命令练习

第 4 章　文字标注与表格

用 AutoCAD 绘制建筑设计图纸的过程可分为四个阶段，即绘图、编辑、标注、打印。在标注阶段，设计人员需要标注出所绘制的墙体、门窗等图形对象的位置和长度等尺寸信息。另外，还要添加文字说明或表格来表达施工材料、构造作法、施工要求等设计信息。

本章将学习文字标注与创建表格的内容。

① 文字样式的设置。

② 单行文字标注。

③ 多行文字标注。

④ 文字编辑。

⑤ 创建表格。

4.1 文字样式的设置

AutoCAD 运行后，系统自动提供了一个名称为“Standard”的文字样式。标注文本之前，用户需要按规定的制图要求，创建符合要求的文字样式。创建和设定文字样式的方法如下。

（1）执行方式

- 下拉菜单：【格式】/【文字样式】。
- 工具按钮：【样式】/ 。
- 命令行：style/（ST）。

（2）操作说明

创建新文字样式的操作步骤如下。

① 命令执行后，打开如图 4-1 所示的【文字样式】对话框。该对话框中显示的是当前唯一的“Standard”文字样式的设置参数内容。

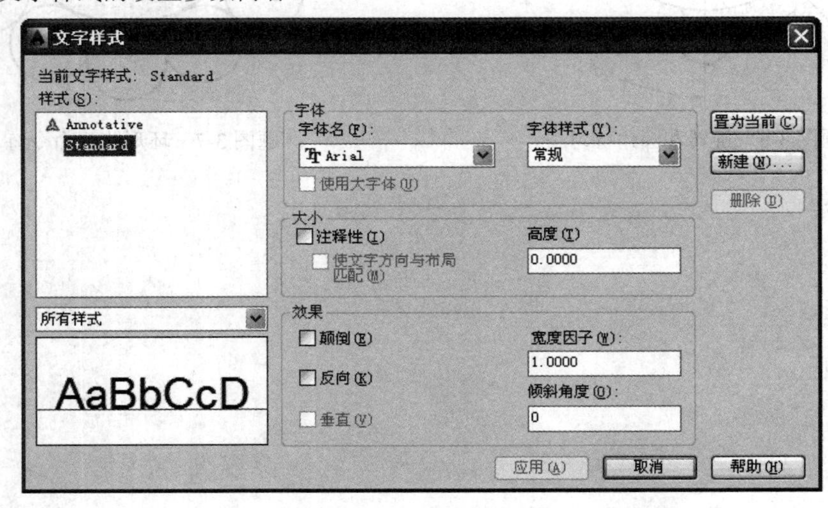

图 4-1 【文字样式】对话框

② 设置新样式名称。单击 新建(N)... 按钮，弹出如图 4-2 所示的【新建文字样式】对话框。默认样式名为“样式 1”，这里输入新文字样式名“仿宋”，如图 4-3 所示。

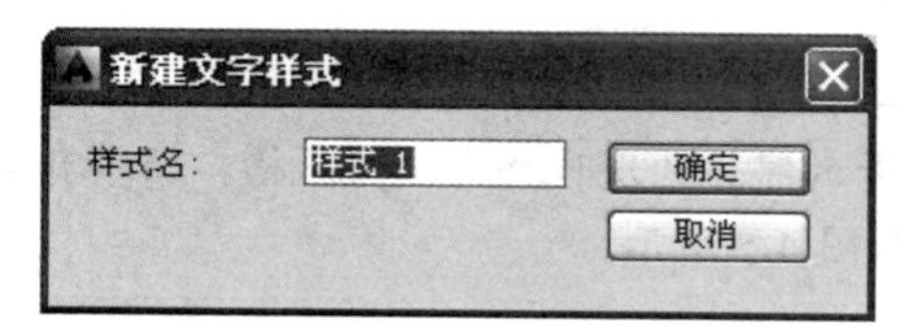

图 4-2 【新建文字样式】对话框

图 4-3 输入新文字样式名称

单击 确定 按钮，退出【新建文字样式】对话框，重新返回【文字样式】对话框。

③ 选择新样式的字体名。单击“字体名”下拉列表框右侧的下拉箭头，在弹出的下拉列表框中选择“仿宋_GB2312”字体（见图 4-4）。再单击 应用(A) 按钮，使新建的“仿宋”文字样式生效。最后单击 关闭(C) 按钮，退出【文字样式】对话框，完成全部设置操作。

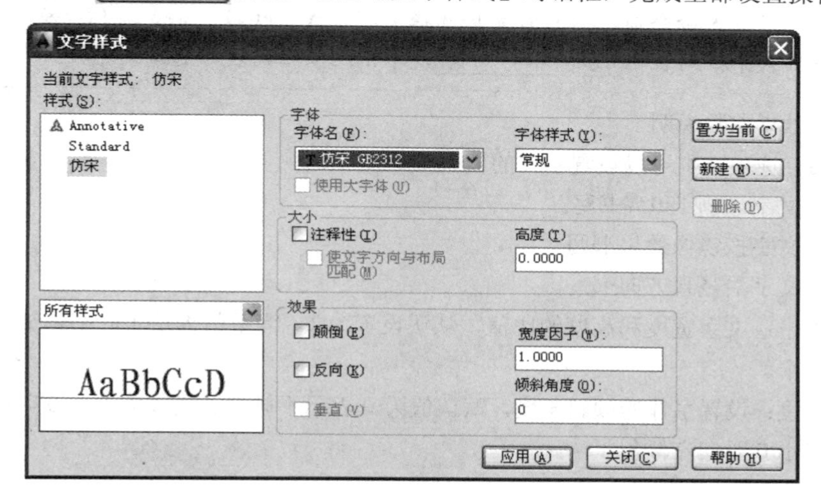

图 4-4 新建的“仿宋”样式名【文字样式】对话框

AutoCAD 可以调用的字体分为两大类：一类是 Windows 系统的 TrueType 字体，另一类是 AutoCAD 系统的编译形 shx 字体。当 使用大字体(U) 处于勾选状态时，“字体名”下拉列表框中只显示 shx 字体。

AutoCAD 系统附带以下大字体。

- @extfont2.shx 与 SHX 字体一起使用以获得垂直写入的日语字体（一些字符将旋转以在垂直文字中正常工作）。
- bigfont.shx 日语字体。
- chineset.shx 繁体中文字体。
- extfont.shx 日语字体。
- extfont2.shx 日语字体。
- gbcbig.shx 简体中文字体。
- whgdtxt.shx 朝鲜语字体。
- whgtxt.shx 朝鲜语字体。
- whtgtxt.shx 朝鲜语字体。
- whtmtxt.shx 朝鲜语字体。

用户可以重复上述②、③步创建多个新的文字样式。退出【文字样式】对话框时，样式名下拉列表框中所显示的文字样式，将成为当前文字样式。如上例中“仿宋”样式成为当前默认文字样式。

Windows 中文字体分为两类，不带有@符号的字体为现代横向书写风格，而带有@符号的字体则为古典竖向书写风格，其区别如图 4-5 所示。

（a）“@仿宋_GB2312”字体　　（b）“仿宋_GB2312”字体

图 4-5　字体区别

执行文字输入命令前，用户首先应选择文字样式。快捷方法是操作“样式”工具中的文字样式下拉列表框 Standard ，单击此下拉列表，选择文字样式。

（3）文字效果参数说明

在【效果】选项区中可以设置字体的效果（见图 4-6）。

- 颠倒：文字颠倒 180° 书写。
- 反向：文字按镜像效果书写。
- 垂直：文字沿竖直方向书写。
- 宽度因子：文字宽度和高度的比值，默认设置为 1。当数值大于 1 时字体加宽，小于 1 时字体变窄。
- 倾斜角度：设置字体的倾斜角度，默认值为 0 表示不倾斜。当数值大于 0 时向右倾斜，当数值小于 0 时向左倾斜。

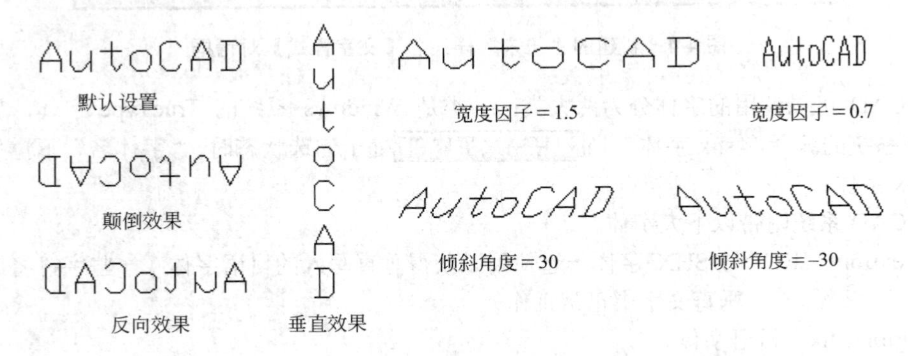

图 4-6　文字效果

4.2 单行文字标注

在 AutoCAD 中标注文字可以分为两种类型：单行文字和多行文字。单行文字并不是说此命令一次只能标注一行文字，实际上每一次命令能够标注多行文字，主要是指生成的每一行文字都是一个单独的对象。但多行文字标注后的所有行文字均为一个对象。

（1）执行方式

- 下拉菜单：【绘图】/【文字】/【单行文字】。
- 命令行：text/dtext（DT）。

（2）操作说明

单行文字（Dtext）命令操作分为以下四个步骤。

① 设置字体参数。

② 指定插入点。

③ 设置字体高度和旋转角度。

④ 输入文字。

单行文字（Dtext）命令操作步骤如下。

命令操作过程	操作说明
① 命令: DT ↙	启动命令
② 当前文字样式:仿宋　当前文字高度:　0.000	（当前设置文字样式信息）
指定文字的起点或 [对正(J)/样式(S)]: ↙	单击鼠标确定文字输入位置
③ 指定高度 <2.5000>:　5 ↙	设置字高 = 5
④ 指定文字的旋转角度 <0>:↙	旋转角度 = 0
⑤ 12345 ↙	输入第一行文字
⑥ 标准层平面图↙	输入第二行文字
⑦ %%p0.000↙	输入第三行文字
⑧ %%UAutoCAD ↙	输入第四行文字
⑨ ↙	按 Enter 键结束命令

命令执行后的结果如图 4-7 所示。第⑤~⑧步操作中的回车操作，起到换行作用。其中⑦、⑧两步操作输入的第三、四行文字使用了 AutoCAD 特殊符号，常见特殊符号见表 4-1。

表 4-1　特殊符号输入格式

输入格式	符　号
%%D	角度符号（°）
%%C	圆直径标注符号（φ）
%%%	百分号（%）
%%P	正/负符号（±）
%%O	控制是否加“上划线”
%%U	控制是否加“下划线”

图 4-7　单行文字命令执行后的结果

如第②步操作的提示信息所示，AutoCAD 允许操作者选择“对正”“样式”两项设置。

- 对正：设置文字对齐方式，即插入基点相对文字的位置。AutoCAD 提供了 15 种相对文字位置，初学者一般可直接按默认设置（即基点在文字的左下角点）使用。如要调整文字位置，使用“移动（Move）”命令较为方便。
- 样式：设置文字样式。命令运行后要注意信息栏中“当前文字样式：XX”的提示。文字样式的设置最好在命令运行前先行设定，否则用户需要按提示输入变更文字样式名。设定文字样式操作见上一节。

每输完一行文字按 Enter 键可转入下一行继续输入。如果要返回已输入完成的文字行或图形中的其他位置，可直接用鼠标单击该处，当出现闪烁的“I”形光标，就可继续输入。文字输入完成后，连续按两次 Enter 键结束单行文字命令。

4.3 多行文字标注

当输入的文字较多时，采用多行文字标注命令更加方便，而且其编辑功能更强大且直观。

（1）执行方式

◆ 下拉菜单：【绘图】/【文字】/【多行文字】。
◆ 工具按钮：【绘图】/ A。
◆ 命令行：mtext（T/MT）。

（2）操作说明

多行文字（Dtext）命令操作分以下两个阶段。

① 指定标注文字的“文本框”位置和范围。

② 使用“在位文字编辑器”输入和编辑文字。

命令执行后，按提示用鼠标框定一个“文本框”范围后会弹出如图 4-8 所示的【在位文字编辑器】界面（即多行文字编辑器）。编辑器界面由上部的“文字格式”工具栏和下部的“文本框”两部分组成。

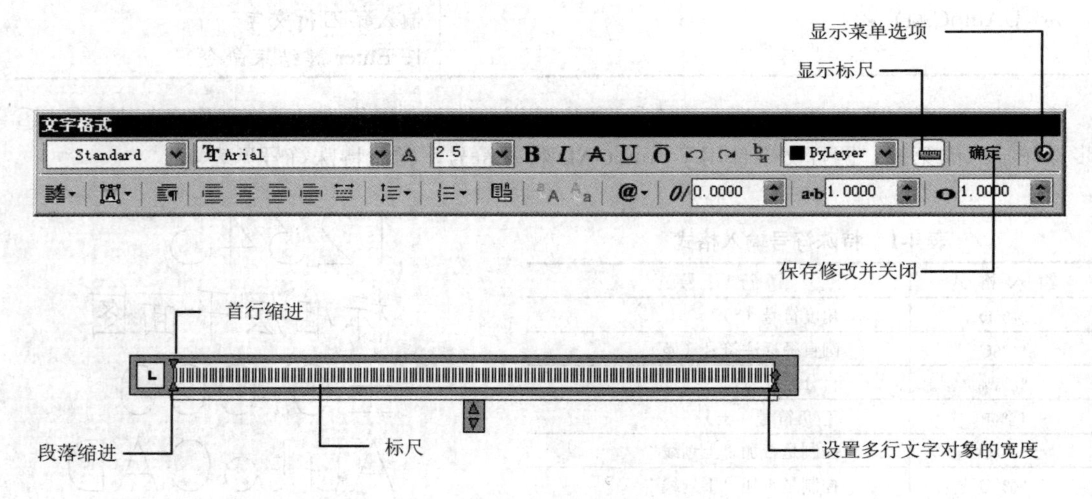

图 4-8 【在位文字编辑器】界面

（3）“文字格式”工具栏的功能说明

“文字格式”工具栏提供了丰富的格式设置功能，各功能说明如下。

①“样式”下拉列表框 Standard 。设定文字的字体样式。

②“字体”下拉列表框 Arial 。选择字体的样式。该下拉列表框中提供所有的 TrueType 和 shx 字体。

③“字体高度”下拉列表框 2.5 。设置文本高度，默认高度为 2.5，用户可直接输入高度值。设置后的高度值自动存储，单击下拉按钮调用。

④ 粗体按钮 B 、斜体按钮 I 。为新建文字或选定文字打开和关闭“粗体”、“斜体”格式。

本选项仅适用于使用 TrueType 字体的字符，对 shx 字体该按钮无效。

⑤ 下划线按钮U、上划线按钮O。为新建文字或选定文字打开和关闭下划线、上划线。

⑥ 放弃、重做按钮。放弃也可以按 Ctrl+Z 组合键。重做也可以按 Ctrl+Y 组合键。

⑦ “堆叠”按钮。创建堆叠文字。堆叠文字的样式有三种，即公差、水平分数、斜分数。激活按钮，需要按堆叠格式书写，即选定文字中需要包含“堆叠字符”。

- 公差。第一个数字堆叠到第二个数字的上方，数字之间没有直线。指定堆叠字符是插入符“^”，书写格式：2 ^ 3。
- 水平分数。第一个数字堆叠到第二个数字的上方，中间用水平线隔开。指定堆叠字符是正向斜杠“/”，书写格式：2/3。
- 斜分数。第一个数字堆叠到第二个数字的上面，数字之间用斜线隔开。指定堆叠字符是磅符号“#”，书写格式：2#3。

堆叠效果如图 4-9 所示。当按指定堆叠格式书写后直接按“空格”键和 Enter 键会自动弹出如图 4-10 所示的【自动堆叠特性】对话框，勾选“启用自动堆叠”选项，程序将按堆叠原则转换。如果不进行堆叠转换，则不勾选。

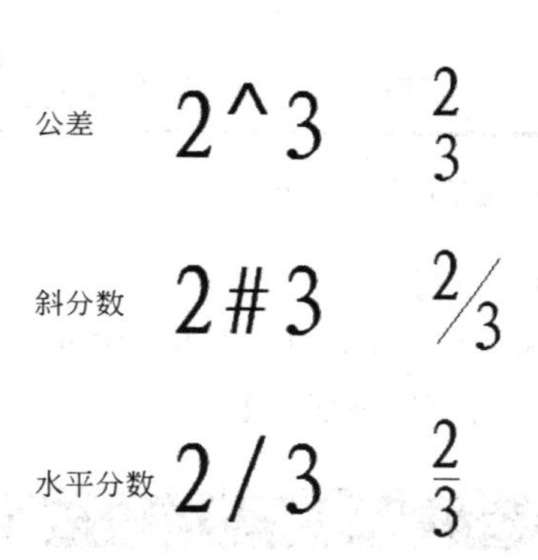

图 4-9 堆叠效果

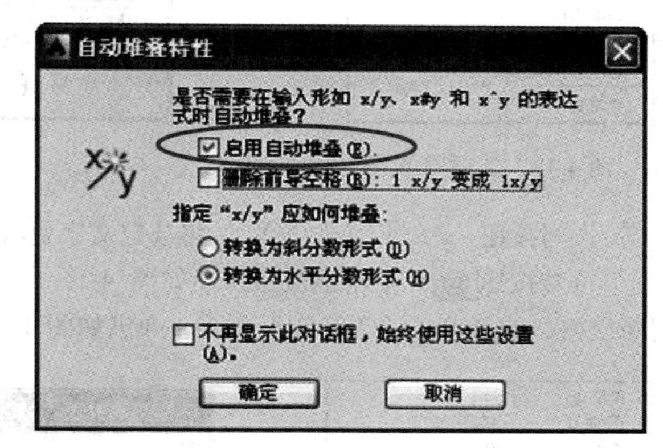

图 4-10 【自动堆叠特性】对话框

用户选择堆叠文字后单击鼠标右键，在弹出的快捷菜单中选择“堆叠特性”命令，弹出如图 4-11 所示的【堆叠特性】对话框，可调整堆叠文字的格式等特性。

⑧ “颜色”下拉列表框。为新输入的文字指定颜色或修改选定文字的颜色。

⑨“标尺”按钮。控制文本框顶部标尺的“显示”与“关闭”。拖动标尺末尾的箭头可更改多行文字对象的宽度。

⑩“确定”按钮确定。关闭编辑器并保存所做的任何修改。替代方法：在编辑器外部的图形中按 Ctrl+Enter 组合键。要关闭“在位文字编辑器”而不保存修改，请按 Esc 键。

⑪“选项”按钮。单击则显示如图 4-12 所示的“选项菜单”。

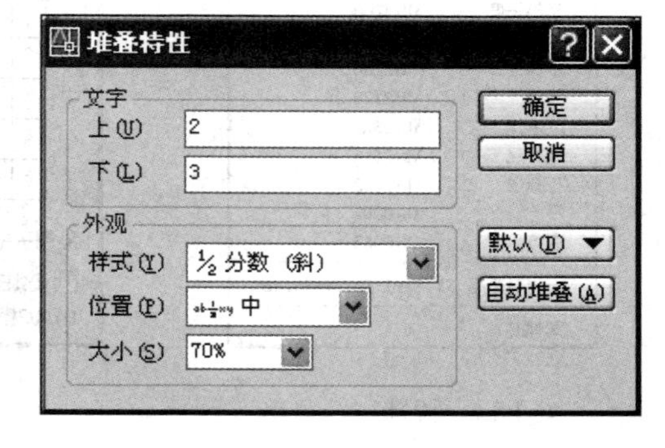

图 4-11 【堆叠特性】对话框

⑫ 左对齐按钮、居中对齐按钮、右对齐按钮。设置左右文字边界的对正和对齐。

⑬ 行距按钮。设置多行文字的行距。

⑭ 编号按钮。设置多行文字的编号形式。

⑮ 插入字段按钮。单击该按钮弹出如图 4-13 所示的【字段】对话框。

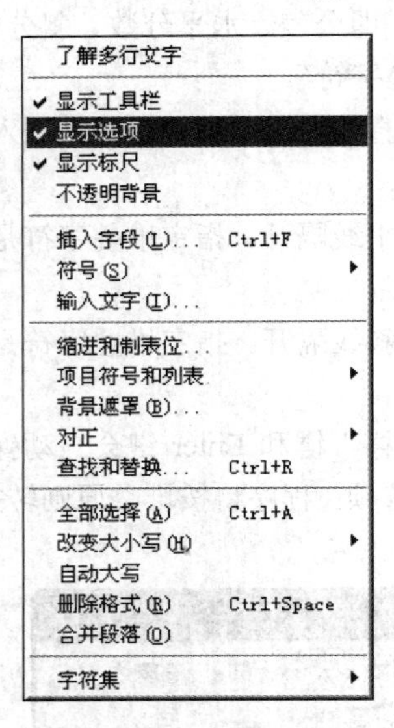

图 4-12 选项菜单

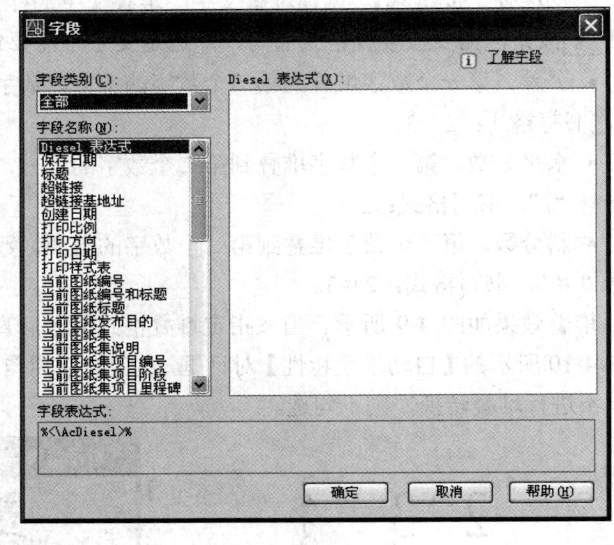

图 4-13 【字段】对话框

⑯ 大写按钮、小写按钮。将选定文字更改为大写、小写。

⑰ 符号按钮。单击该按钮弹出如图 4-14 所示的特殊字符菜单，在光标位置插入符号或不间断空格。选择菜单的“其它”命令，弹出如图 4-15 所示的【字符映射表】对话框。

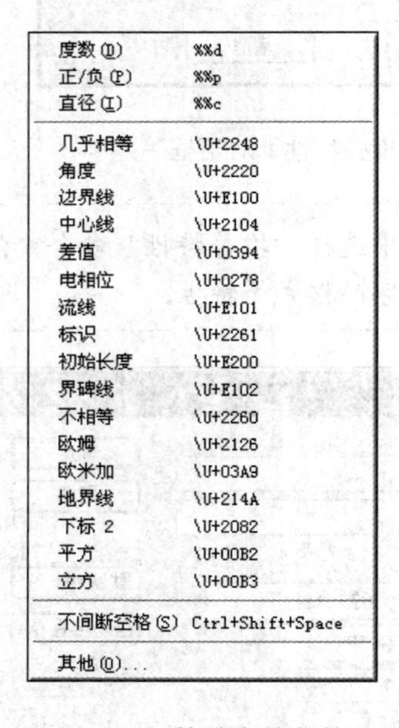

图 4-14 特殊字符菜单

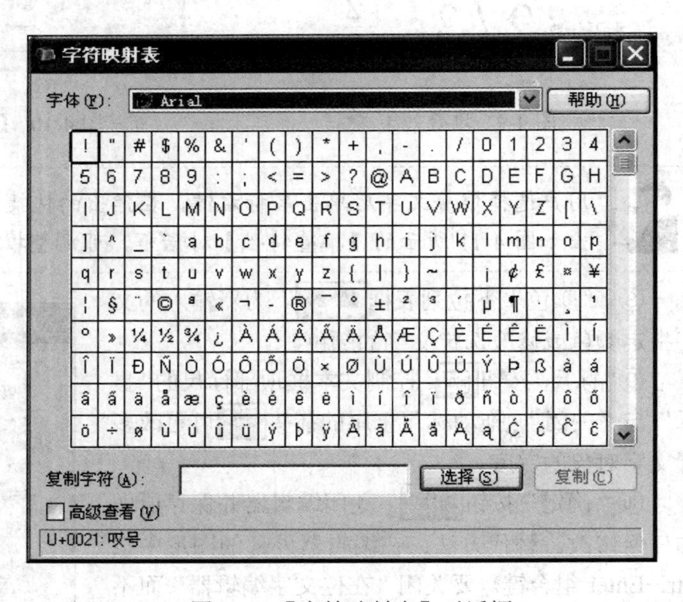

图 4-15 【字符映射表】对话框

⑱ 倾斜角度微调框。确定文字是向前倾斜还是向后倾斜。倾斜角度表示的是相对于 90°角方向的偏移角度。输入一个–85～85 之间的数值使文字倾斜。倾斜角度的值为正时文字

向右倾斜，倾斜角度的值为负时文字向左倾斜。

⑲ 追踪微调框 a•b 1.0000。增大或减小选定字符之间的空间。设置值大于 1.0 可增大间距，设置值小于 1.0 可减小间距。

⑳ 宽度因子微调框 1.0000。扩展或收缩选定字符。例如，宽度因子=2 使宽度加倍，宽度因子=0.5 将使宽度减半。

用户在文本框进行文字输入和编辑。当输入文字较多而无法显示所输入文字时，可以用鼠标拖动对话框的边框，调整对话框的大小。

多行文字对象的长度取决于文字数量，而不是文本框的长度，如果输入的文字溢出了定义的边框，将用虚线来表示出定义的宽度和高度。用户通过按 Enter 键控制每行文字数量。

4.4 文字编辑

（1）执行方式

- 下拉菜单：【修改】/【对象】/【文字】/【编辑】。
- 工具按钮：【文字】/ A。
- 命令行：ddedit（ED）。
- 快捷方式：双击文字对象。

建议采用快捷方式。

（2）操作说明

执行本命令时，根据文字对象是单行文字还是多行多字，会出现以下两种情况。

① 编辑单行文字　如果编辑的文字对象是单行文字，如图 4-16（a）所示，双击文字后会自动切换到编辑状态，文字处于一个动态的文本框中，如图 4-16（b）所示。此时可直接修改文字内容，在文本框外围任意位置单击，结束编辑状态。

一层建筑平面图 1:100

（a）未编辑状态

一层建筑平面图 1:100

（b）编辑状态

图 4-16　编辑单行文字 1

需要说明的是，单行文字在这种快捷编辑状态下，只能编辑文字的内容，不能编辑文字的样式和高度。编辑文字的样式和高度需要调用“对象特性”命令。编辑步骤如下。

- 点选要编辑的单行文字对象。
- 单击【标准】工具栏中的“对象特性”按钮，调出“特性”选项板，如图 4-17 所示。在“文字”选项区中调整文字的样式、高度等参数。
- 按 Esc 键结束编辑。

② 编辑多行文字　如果编辑的文字对象是多行文字，双击文字后则会自动切换到【在位文字编辑器】对话框，如图 4-18 所示。直接编辑文本框中的文字内容，在文本框外围任意位置单击，结束编辑状态。

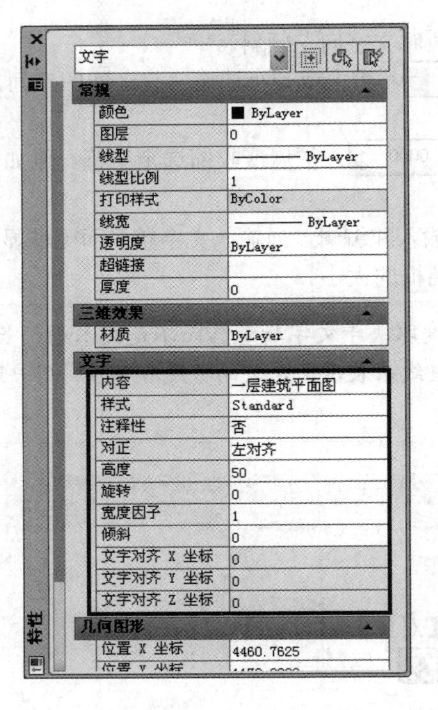

图 4-17　编辑单行文字 2

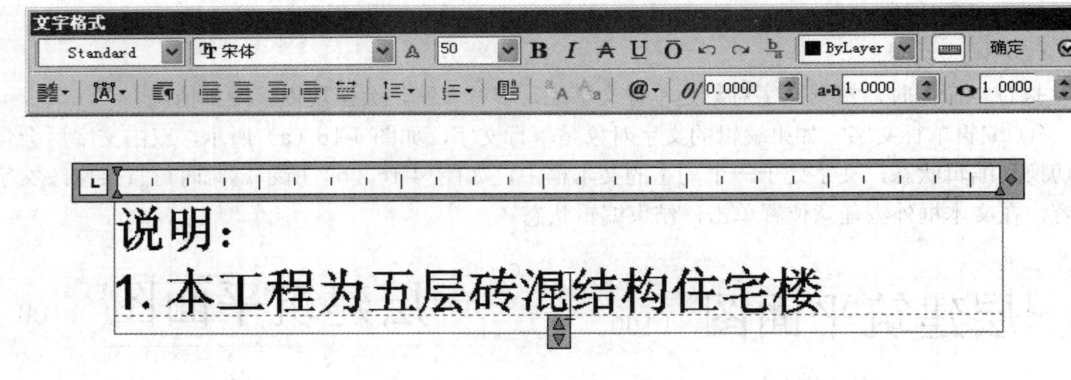

图 4-18　【在位文字编辑器】对话框

4.5 表格

创建表格是从 AutoCAD2005 版新增命令。门窗表、材料表是建筑施工图纸中的关键要素，本节学习表格的创建和编辑。

4.5.1　创建表格

创建表格对象，首先创建一个空白表格，然后在表格的单元中添加内容。

（1）执行方式

- 下拉菜单：【绘图】/【表格】。
- 工具按钮：【绘图】/ ▦。
- 命令行：table。

（2）操作说明

① 插入空白表格。命令执行后弹出如图4-19所示的【插入表格】对话框。该对话框中有“表格样式”“插入选项”“插入方式”“列和行设置”“设置单元样式”五个选项区，其含义如下。

- ◆ 表格样式：指定表格样式。默认样式为Standard。单击“表格样式名称”下拉列表框右侧的[...]按钮，将切换到【表格样式】对话框（具体说明见4.5.3节）。
- ◆ 插入选项：指定插入表格的方式。

“从空表格开始”创建可以手动填充数据的空表格。

“从数据链接开始”从外部电子表格中的数据创建表格。

“从数据提取开始”启动“数据提取”向导，在AutoCAD LT中不可用。

- ◆ 插入方式：有“指定插入点”和“指定窗口”两个单选按钮。

“指定插入点”单选按钮在绘图区中插入固定大小的表格。插入点是表格的左上角点。

“指定窗口”单选按钮在绘图区中插入一个“行数和列宽”根据窗口的大小自动调整的表格，表格的列数和行高固定。

- ◆ 列和行设置：设置列和行的数目和大小。
- ◆ 设置单元样式：对于那些不包含起始表格的表格样式，指定新表格中行的单元格式。

“第一行单元样式”指定表格中第一行的单元样式。默认情况下，使用标题单元样式。

“第二行单元样式”指定表格中第二行的单元样式。默认情况下，使用表头单元样式。

“所有其他行单元样式”指定表格中所有其他行的单元样式。默认情况下，使用数据单元样式。

按图4-19所示设置参数后单击[确定]按钮，切换至绘图窗口鼠标指针处有一虚表格图形，在指定位置单击鼠标，插入的空白表格如图4-20所示。

需要说明的是，表格的总行数＝1标题行＋1表头（列标题行）＋n数据行，所以图中显示7行。

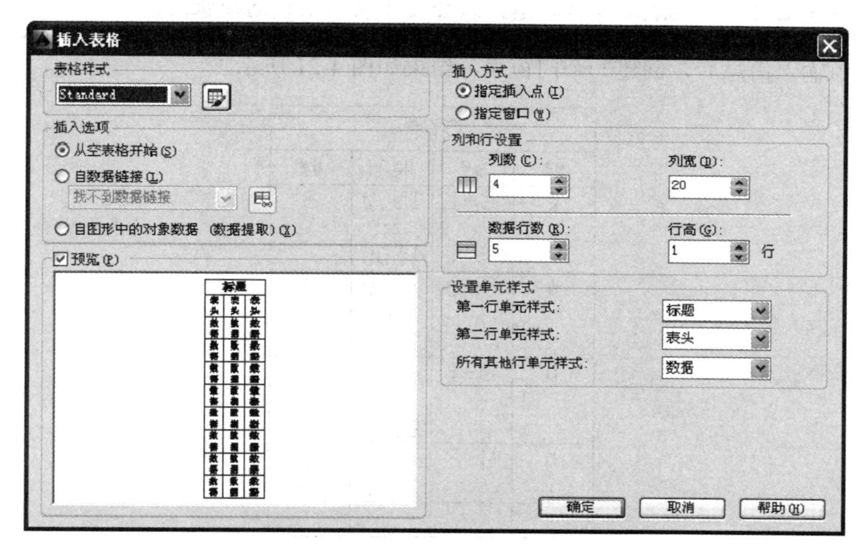

图4-19　【插入表格】对话框

② 输入表格信息。空白表格插入后，自动处于编辑状态，此时操作区域有两个激活部分：在位文字编辑器和电子表格。在激活单元格外的任意位置单击鼠标将退出编辑状态。

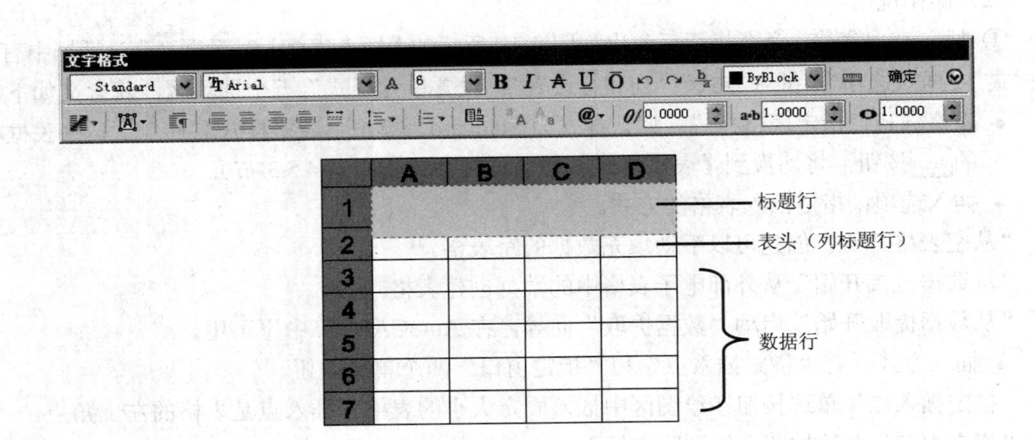

图 4-20　插入空白表格

- 电子表格：其样式与 Office 的 Excel 程序的电子表格相似。虚亮边框的单元格为可编辑单元格，可直接输入文字和数字，并且可以进行简单的运算。
- 在位文字编辑器：实时定义输入文字的样式和高度。当定义文字高度大于行宽值或文字数超过列宽值时，程序自动加宽表格的行高以适应输入内容，但不会加宽表格列宽值。

单击选择任意一个单元格后，直接输入文字可立即激活编辑状态。表格处于编辑状态时，只能使用键盘的方向键才能连续地切换单元格。若使用鼠标单击来切换，将退出编辑状态。此时需要用鼠标双击要编辑的单元格才可重新返回编辑状态。

双击操作时鼠标的击点很关键。击点在单元格内时，将切换到文字编辑状态。击点在表格线上时，不能激活编辑状态，只会处于表格框线选择状态。

在表格内输入信息后，创建一个门窗表，结果如图 4-21 所示。

门窗表			
类型	编号	洞口尺寸	数量
窗	C-1	1500×1500	3
窗	C-2	1800×1500	4
门	M-1	1000×2100	1
门	M-2	900×2100	5

图 4-21　插入的门窗表

4.5.2　编辑表格

表格由框线和内容两大部分构成，下面分别介绍如何进行编辑。

（1）表格框线编辑

编辑表格的线框尺寸要使用“夹点”编辑操作。操作步骤分为两步：第一步选择单元格，第二步移动夹点调整行高和列宽。以图 4-21 所示的门窗表为例调整列宽和行高，具体操作步骤如下。

① 调整列宽。首先单击选择要调整列宽中的任意一个单元格，如图 4-22（a）所示。然后单击选择左右夹点中的任意一个，向左右任意拉宽，调整结果如图 4-22（b）所示。

② 调整行高。与调整列宽方法相似，调整单元格上下两夹点位置，可调整行高。本方法一次只能调整一行，效率太低。下面介绍一种更有效的方式。

首先单击任意一根表格线，使表格整体处于选择状态，如图 4-23（a）所示。然后单击选择表格最底边的两个夹点中的任意一个，向上移动鼠标到第一数据行（表格第三行）以上区域任意一点单击，调整结果如图 4-23（b）所示。

批量调整行高时的操作技艺是夹点移动幅度一定要大。当行高调整幅度大于表中数据空间时，程序自行启动平均分配功能，行高将被平均分配。若移动幅度过小，则自动调整功能无效，只会调整下面几行的行高。建议落点在第一数据行（即表格第三行）以上区域。

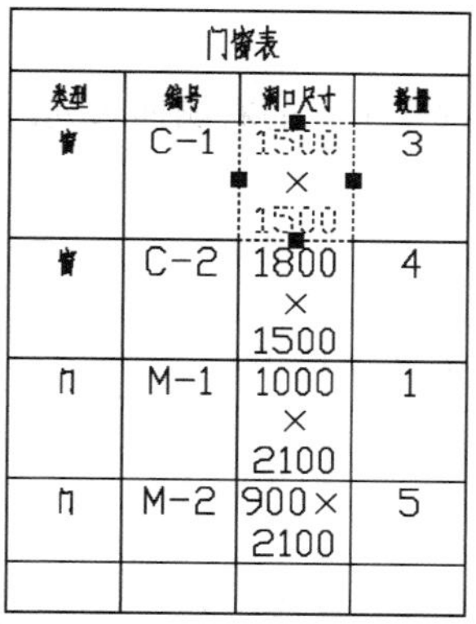

门窗表

类型	编号	洞口尺寸	数量
窗	C-1	1500 × 1500	3
窗	C-2	1800 × 1500	4
门	M-1	1000 × 2100	1
门	M-2	900× 2100	5

（a）选择单元格夹点显示

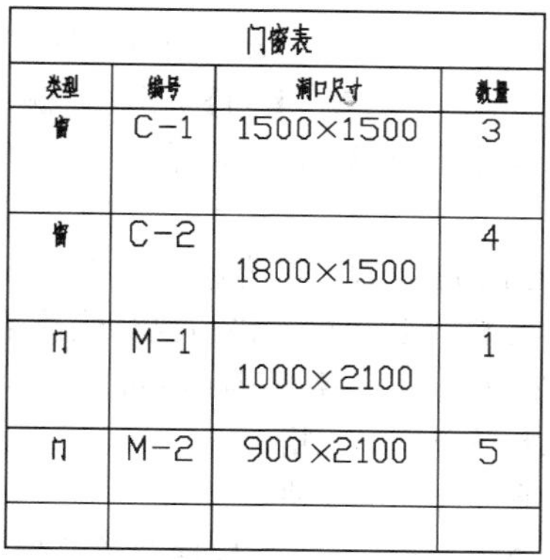

门窗表

类型	编号	洞口尺寸	数量
窗	C-1	1500×1500	3
窗	C-2	1800×1500	4
门	M-1	1000×2100	1
门	M-2	900×2100	5

（b）调整列宽结果

图 4-22　调整列宽

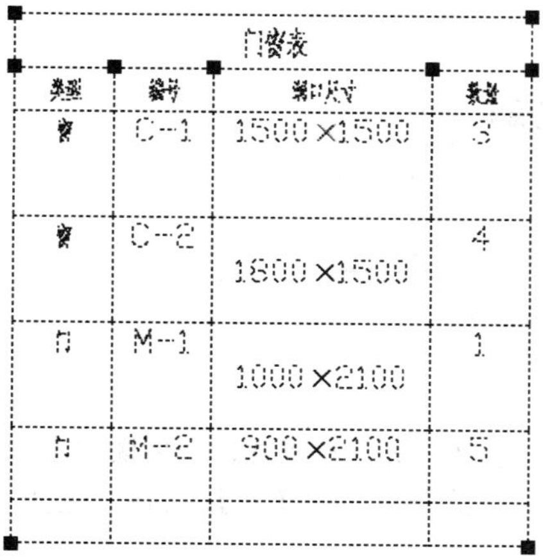

门窗表

类型	编号	洞口尺寸	数量
窗	C-1	1500×1500	3
窗	C-2	1800×1500	4
门	M-1	1000×2100	1
门	M-2	900×2100	5

（a）整体选择表格后的夹点显示效果

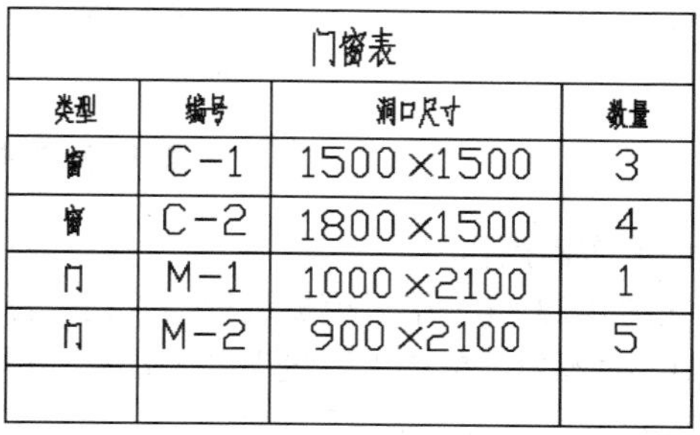

门窗表

类型	编号	洞口尺寸	数量
窗	C-1	1500×1500	3
窗	C-2	1800×1500	4
门	M-1	1000×2100	1
门	M-2	900×2100	5

（b）调整行高结果

图 4-23　调整行高

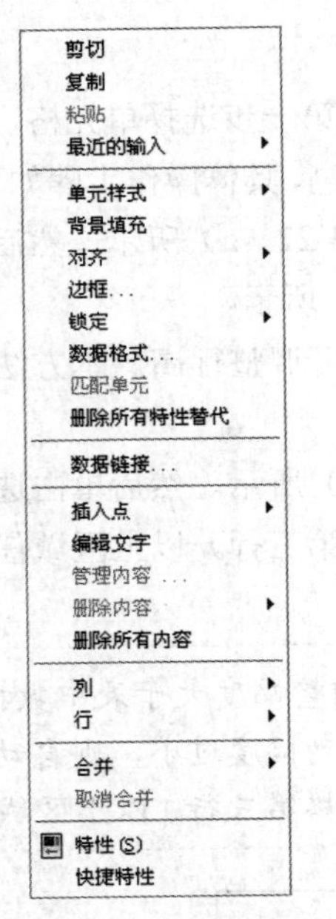

图 4-24 表格快捷菜单

（2）单元格编辑

单元格的操作需要使用“表格快捷菜单”。单元格在选中状态下，单击鼠标右键可调出表格快捷菜单，如图 4-24 所示。

单元格选择后，用户可以对单元格进行编辑，主要功能包括单元格的复制、剪切、单元对齐、单元边框处理、匹配单元处理、对行和列进行插入或者删除、插入块、插入公式、编辑单元文字及合并。下面介绍几个有特点的操作。

① 单元格选择。单元格的选择方式有以下三种。

◆ 单选：单击单元格。

◆ 多选：方法一，选择一个单元格，然后按住 Shift 键并在另一个单元格内单击，可以同时选中这两个单元格及其之间的所有单元格。方法二，在选定单元格内单击，拖动到要选择的单元格，然后释放鼠标。

◆ 全选：单击任意一条外围表格线。

按 Esc 键可以取消选择。

② 添加和删除行和列。

【列】/【在右侧插入】。在选定单元的右侧插入列。

【列】/【在左侧插入】。在选定单元的左侧插入列。

【行】/【在上方插入】。在选定单元的上方插入行。

【行】/【在下方插入】。在选定单元的下方插入行。

③ 合并单元格。多选单元格后执行快捷菜单【合并】/3 个选项。

◆ 全部：将多选单元格，跨行和列合并为一个。

◆ 按行：水平合并单元格。

◆ 按列：垂直合并单元格。

④ 插入公式。“插入公式”快捷菜单选项如图 4-25 所示。包含求和、均值、计数、单元、方程式等功能。

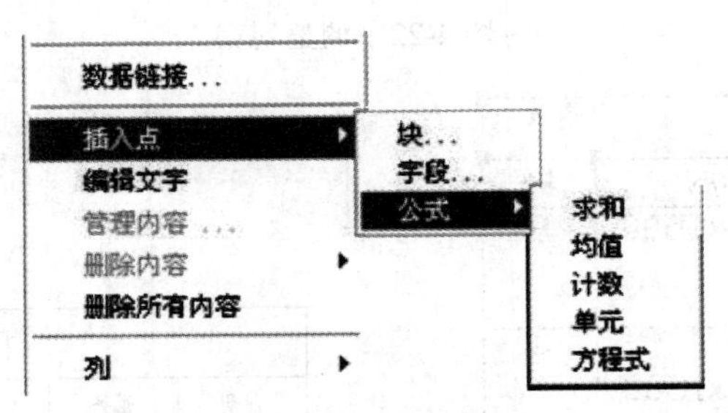

图 4-25 “插入公式”快捷菜单

（3）实例操作

在图 4-23（b）中对模板进行插入列、合并单元格、求和计算三种操作，具体操作步骤如下。

① 插入列。单选“数量”列中任意一单元格，执行快捷菜单中的【列】/【在右侧插入】命令。在表头行输入“备注”文字。

② 合并单元格。多选底部一行左侧三个单元格，执行快捷菜单中的【合并】/【按行】或【全部】命令。

③ 求和计算。单选“数量”列最底部单元格，执行快捷菜单中的【插入点】/【公式】/【求

和】命令。命令行出现提示：

选择表单元范围的第一个角点：

窗选本列上部四个单元格，弹出如图 4-26（a）所示的对话框。在本单元格外任意位置单击或按 Enter 键结束命令。

全部编辑完成，结果如图 4-26（b）所示。

	A	B	C	D	E
1	门窗表				
2	类型	编号	洞口尺寸	数量	备注
5	门	M-1	1000×2100	1	
6	门	M-2	900×2100	5	
7	小计			=Sum(D3:D6)QI	

（a）求和公式编辑状态

门窗表				
类型	编号	洞口尺寸	数量	备注
窗	C-1	1500×1500	3	
窗	C-2	1800×1500	4	
门	M-1	1000×2100	1	
门	M-2	900×2100	5	
小计			13	

（b）最终结果

图 4-26　表格编辑

4.5.3　表格样式

表格的外观由表格样式控制。AutoCAD 只提供了一个默认样式 STANDARD。在 STANDARD 表格样式中，第一行是标题行，由文字居中的合并单元行组成。第二行是表头行，其他行都是数据行。用户可以使用默认表格样式，创建自己的表格样式。

（1）执行方式

- 下拉菜单：【格式】/【表格样式】。
- 工具按钮：【样式】/ 。
- 命令行：tablestyle。

（2）操作说明

执行命令后，弹出如图 4-27 所示的【表格样式】对话框。单击 新建(N)... 按钮，弹出如图 4-28 所示的【创建新的表格样式】对话框。填写新样式名后，单击 继续 按钮，进入如图 4-29 所示的【新建表格样式】对话框。

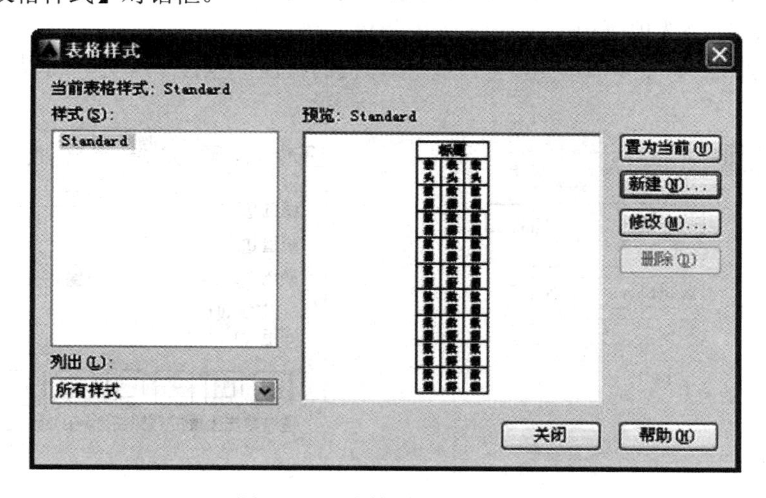

图 4-27　【表格样式】对话框

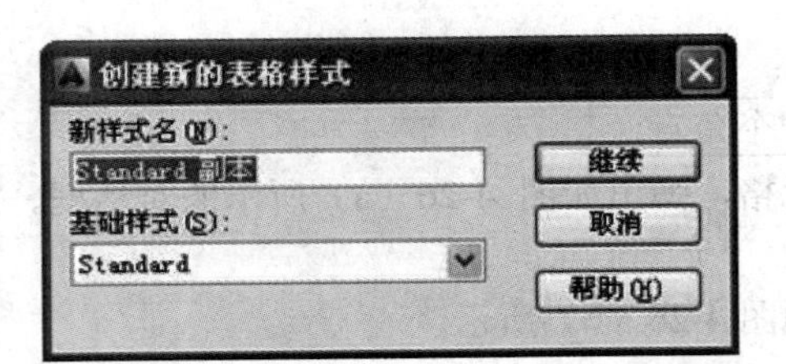

图 4-28 【创建新的表格样式】对话框

单击"单元样式" 数据 下拉列表，可选择"标题"、"表头"、"数据"三个选项。下拉列表下方是对应的"常规、文字、边框"3 个参数选项卡。

"常规"选项卡：如图 4-29 所示，其中的"特性"项主要设置表格中文字与表格边框的对齐关系。"页边距"设置文字与表格边框的距离。

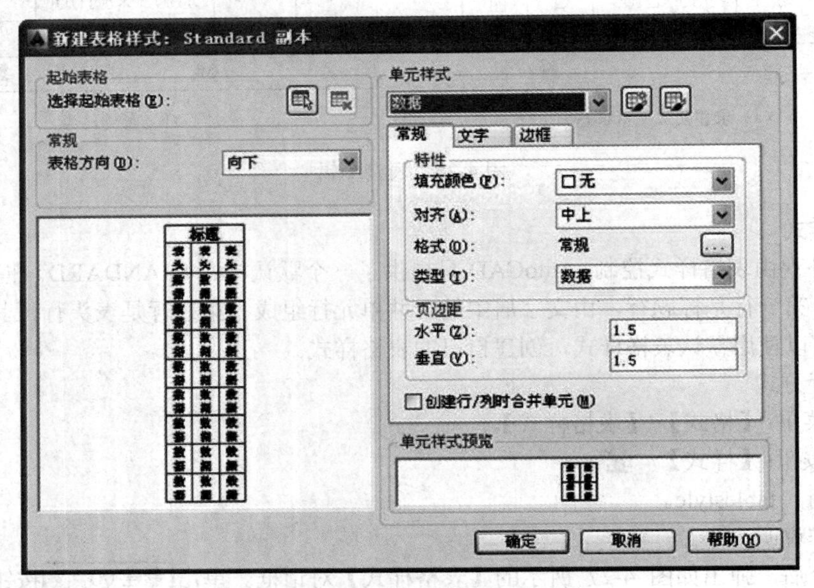

图 4-29 【新建表格样式】对话框

"文字"选项卡：如图 4-30 所示，设置表格中文字的特性，有"文字样式、文字高度、文字颜色、文字角度"四个选项。

"边框"选项卡：如图 4-31 所示，设置表格边框的特性，包含"线宽、线型、颜色、双线、边框设定按钮"。

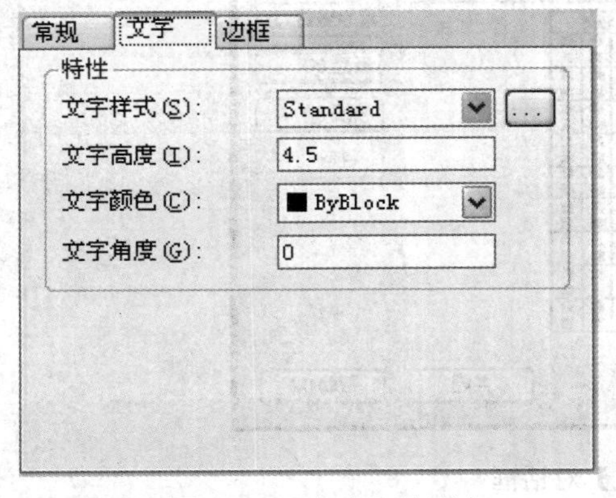

图 4-30 "文字"选项卡

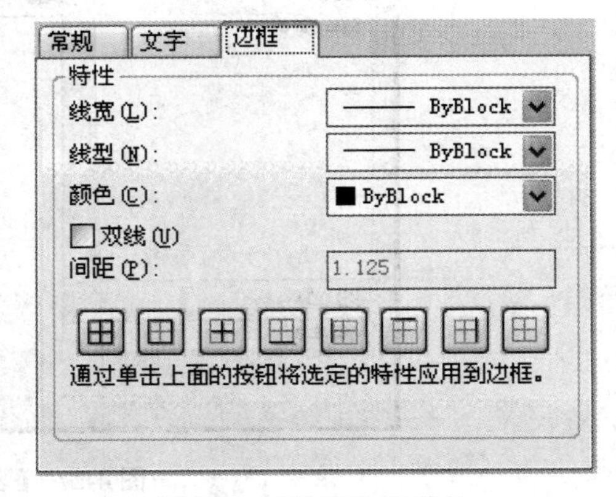

图 4-31 "边框"选项卡

练 习 题

1．填空题

（1）文字标注方式分为_____和_____两种类型。

（2）Text 命令创建_____，命令别名是_____；MText 命令创建_____，命令别名是_____。

（3）创建表格的命令是_____。表格的行结构由_____、_____、_____三部分组成。

2．连线题（请将左右两侧输入格式和文字特殊符号正确连接）

%%C　　角度符号（°）

%%D　　圆直径标注符号（Ø）

%%%　　正/负符号（±）

%%P　　百分号（%）

3．上机练习题

（1）文字标注练习，分两阶段完成。

① 创建文字样式。样式参数：样式名为“建筑说明”，字体名为“仿宋”，字高为“300”，高宽比为“1.0”。

② 文字标注。按题图 4-1 所示内容标注建筑设计说明。

建筑设计说明：

1. 本工程平面位置详见总平面图。
2. 本工程地面标高±0.000，相当于绝对标高15.750。
3. 卫生间、盥洗室地面标高比其他部分低30。
4. 除卫生间隔墙外，墙体均为240厚砖墙，门垛250。
5. 外窗均设纱扇，幕墙为蓝灰色镀膜玻璃隐框玻璃幕墙，适当部位开设上悬通风窗。
6. 建筑做法说明：

题图 4-1　建筑设计说明

（2）表格练习，分两阶段完成。

① 创建“建筑做法”表格样式。样式参数：文字样式“建筑说明”；文字高度、数据和表头行为“300”，标题行为“500”；对齐方式，数据和表头行为“左中”，标题行为“正中”；页边距为“150”。

② 创建表格。按题图 4-2 所示内容，创建“建筑做法说明”表格。

建筑做法说明					
项目	做　法	标准图集	编号	页次	适用范围及备注
散　水	混凝土水泥散水	L96J002	散　2	6	详见一层平面图，宽1200
地　面	铺地砖地面	L96J002	地　25	15	用于房间
	磨光花岗石地面	L96J002	地　28	16	用于门厅、走廊
楼　面	铺地砖楼面	L96J002	楼　16	33	用于房间
	磨光花岗石楼面	L96J002	楼　33	38	用于门厅、走廊
屋　面	铺地缸砖保护层上人屋面	L96J002	屋　46	112	用于六层屋顶平台
	卷材防水膨胀珍珠岩保温屋面	L96J002	屋　25	103	用于六层以上屋面

题图 4-2　“建筑做法说明”表

第5章 尺 寸 标 注

尺寸标注是向图形中添加测量注释的过程。尺寸是工程图纸的重要组成部分，是无声的语言桥梁，它向生产人员传达了产品的各种尺寸设计信息。AutoCAD 提供了丰富和完善的尺寸标注功能，主要有四种基本尺寸标注类型，即线型、角度型、径向型、引线型，其中线型尺寸标注类型又有水平、垂直、对齐、连续、基线等标注样式，如图 5-1 所示。

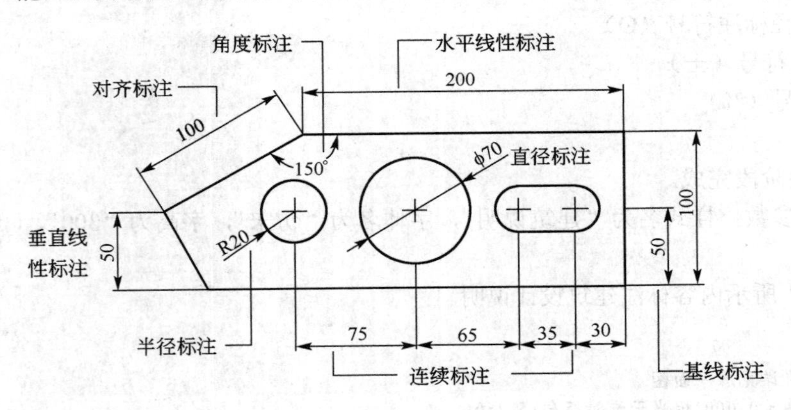

图 5-1　常见尺寸标注样式

本章的主要内容如下。

① 尺寸标注基本术语；
② 设置尺寸标注样式；
③ 线型标注；
④ 角度型标注；
⑤ 径向型标注；
⑥ 引线型标注；
⑦ 快速标注；
⑧ 编辑尺寸标注。

5.1 尺寸标注基本术语

一个完整的尺寸标注由四个标注元素组成，即标注文字、尺寸线、尺寸界线、箭头，如图 5-2（a）所示。

（1）标注文字

标注文字是一个字符串，可以是数字、符号和文字。默认时尺寸文字是数字，它表明实际测量的距离和角度值。如果尺寸线内标注文字放不下，AutoCAD 会自动将标注文字放到外部，如图 5-2（a）中的标注文字“87”所示。

（2）尺寸线

尺寸线表明标注的方向和范围。尺寸线的末端通常有箭头，指出尺寸线的起点和端点。标注文字沿尺寸线放置。AutoCAD 通常将尺寸线放置在测量区域中。如果空间不足，AutoCAD 将尺寸线或文字移到测量区域的外部，如图 5-2（b）所示。线型标注的尺寸线是直线；角度型标注的尺寸线是弧线图，如图 5-2（c）所示。

（3）尺寸界线

尺寸界线也称为投影线，它是从被标注的对象测量点引出的延伸线，两个尺寸界线之间为尺寸线的范围。通常尺寸界线用于线型和角度型的标注样式。

（4）箭头

箭头显示在尺寸线的末端，用于指出测量的开始和结束位置。AutoCAD 默认使用闭合的填充箭头符号。同时，AutoCAD 还提供了多种符号可供选择，包括建筑标记、小斜线箭头、点和斜杠。

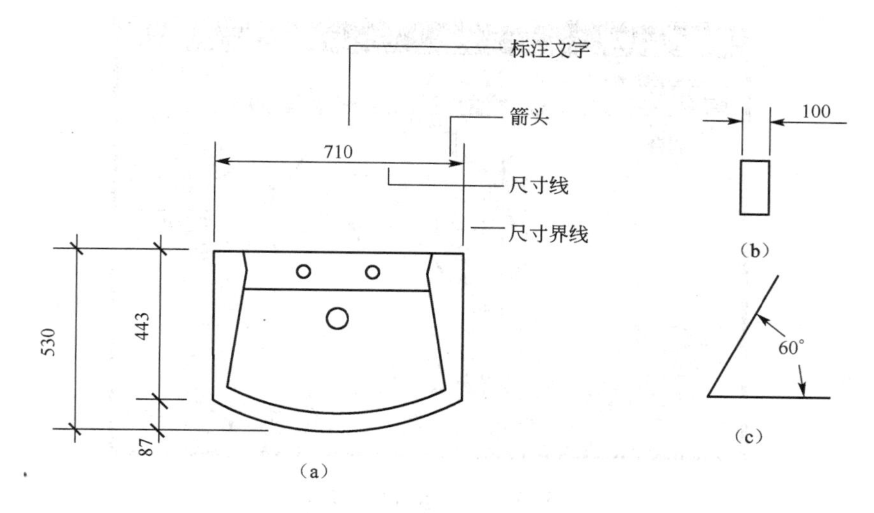

图 5-2 尺寸标注组成

根据建筑制图标准，应选择“建筑标记”样式作为线型尺寸标注的箭头样式。如图 5-2（a）中竖向标注尺寸“530”所示。

AutoCAD 尺寸标注的四个元素不是单独的实体，而是作为一个整体图块处理。如果移动尺寸界线，标注文字自动发生相应的改变，这就是尺寸的关联性。

5.2 设置尺寸标注样式

各行业都有相应的制图标准，规定了尺寸标注的标准样式，在使用尺寸标注之前应按要求设置好尺寸标注的样式。本节以创建名称为“建筑”的尺寸标注样式为例，说明如何设置新的尺寸标注样式。

（1）执行方式

- 下拉菜单：【格式】/【标注样式】，或【标注】/【标注样式】。
- 工具按钮：【标注】/ 。
- 命令行：dimstyle（D）。

（2）标注样式管理器

执行命令后，弹出如图 5-3 所示的【标注样式管理器】对话框。通过本对话框用户可以完成预览标注样式、建立新的标注样式、修改已有标注样式等操作。

本对话框各设置选项的作用见表 5-1。

表 5-1 【标注样式管理器】对话框设置选项的功能作用

设置项	作用
当前标注样式	显示当前标注样式。本例为“ISO-25”
样式	显示可以使用的所有标注样式，当前标注样式被亮显
置为当前	将从“样式”列表中选定的标注样式设置为当前标注样式
新建	显示【创建标注样式】对话框，定义新的标注样式
修改	显示【修改标注样式】对话框，修改在“样式”栏选择的标注样式的参数
替代	显示【替代当前样式】对话框，设置标注样式的临时替代值
比较	显示【比较标注样式】对话框，比较两种标注样式的特性或列出一种样式的所有特性
预览	在预览窗口中实时地显示标注样式的格式

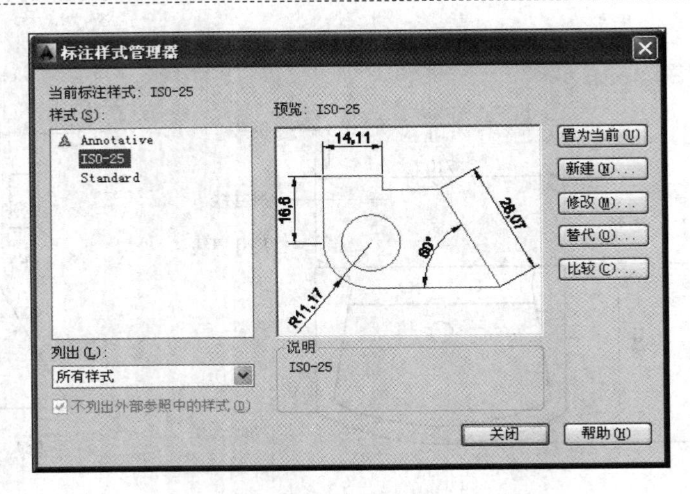

图 5-3 【标注样式管理器】对话框

在进行尺寸标注设置时，单击 新建(N)... 、 修改(M)... 、 替代(O)... 三个按钮都将弹出相应的对话框，虽然弹出的对话框具有各自功能作用，但它们的参数内容都是一样的。

单击 修改(M)... 按钮，弹出如图 5-4 所示的【修改标注样式】对话框。该对话框共有七个选项卡，各选项卡的功能如下。

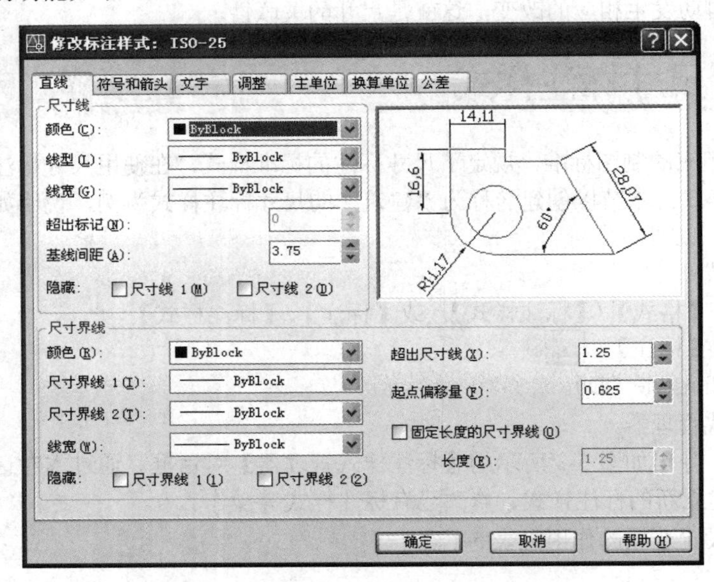

图 5-4 【修改标注样式】对话框之【直线】选项卡

①【直线】选项卡　本选项卡如图 5-4 所示，用于设置“尺寸线、尺寸界线”两个标注元素的格式和特征参数。各参数说明见表 5-2。

表 5-2 【直线】选项卡的参数说明

参 数 名 称	参 数 说 明
颜色	设置尺寸线（尺寸界线）的颜色
线宽	设置尺寸线（尺寸界线）的线宽
超出标记	指定尺寸线超过尺寸界线的距离。当箭头样式为“倾斜、建筑标记、小标记、积分和无标记”时本选项方能生效，如图 5-5（a）和图 5-5（b）所示

续表

参数名称	参数说明
基线间距	设定用基线方式标注尺寸时，各尺寸线间的距离
隐藏	不显示尺寸线或尺寸界线，如图 5-5（c）和图 5-5（d）所示
超出尺寸线	控制尺寸界线伸出尺寸线的长度，如图 5-5（e）所示
起点偏移量	控制尺寸界线起始点与实际标注点之间的偏移距离，如图 5-5（f）所示

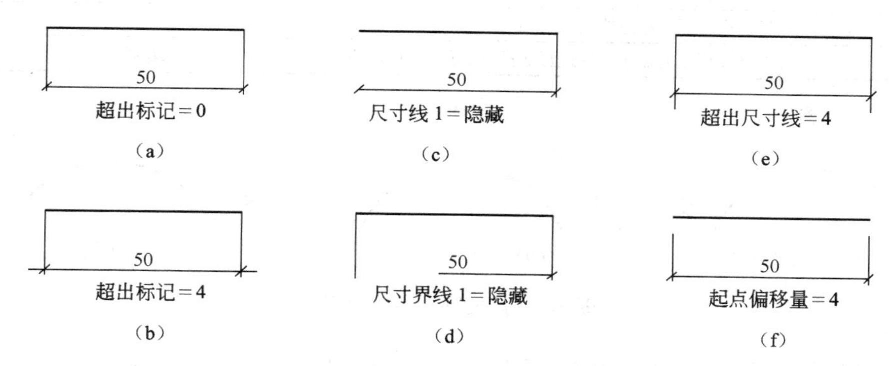

图 5-5 【直线】选项卡主要参数的效果

②【符号和箭头】选项卡 本选项卡如图 5-6 所示，用于设置箭头、圆心标记、弧长符号和半径标注折弯的格式和位置。各选项说明见表 5-3。

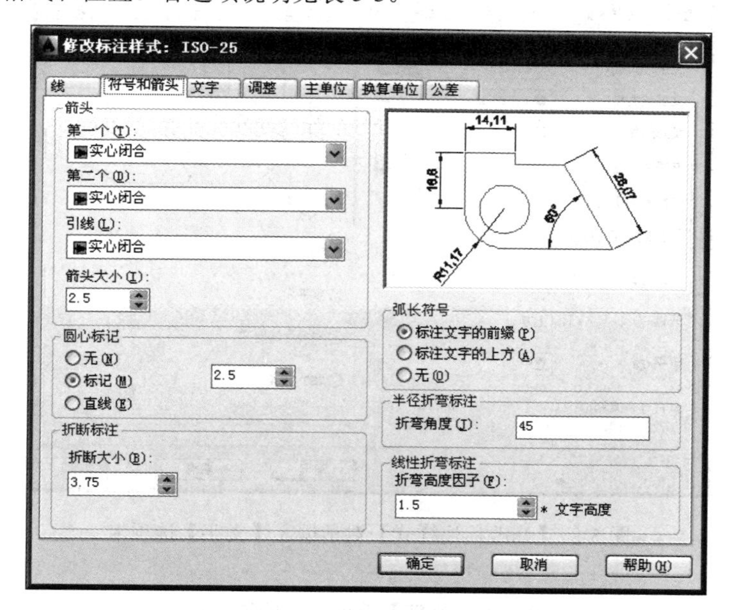

图 5-6 【修改标注样式】对话框之【符号和箭头】选项卡

表 5-3 【符号和箭头】选项卡的参数说明

参数名称	参数说明
第一项/第二个	设置第一、二条尺寸线的箭头。当改变第一个箭头的类型时，第二个箭头将自动更新为第一个箭头的类型
引线	设置引线箭头的类型
箭头大小	设置箭头的大小
圆心标记	控制圆和圆弧的圆心标注样式

续表

参数名称	参数说明
弧长符号	有三个选项 标注文字的前缀：将弧长符号放在标注文字的前面，如图 5-7（a）所示 标注文字的上方：将弧长符号放在标注文字的上方，如图 5-7（b）所示 无：不显示弧长符号，如图 5-7（c）所示
半径标注折弯	控制折弯（Z 字形）半径标注的显示
折断标注	显示和设定用于折断标注的间隙大小
线性折弯标注	控制线性标注折弯的显示。通过形成折弯的角度的两个顶点之间的距离确定折弯高度

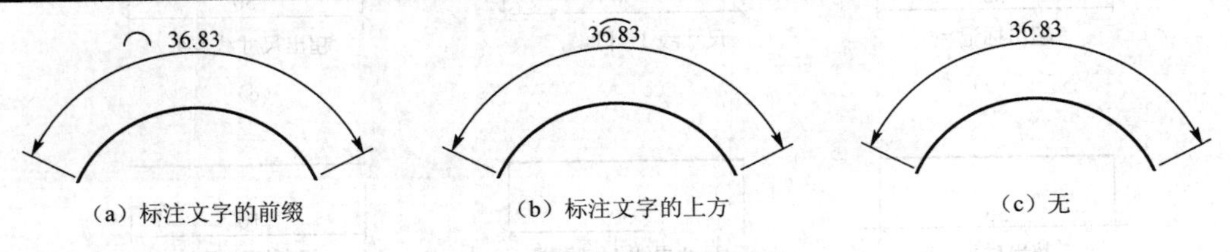

图 5-7　弧长符号参数示例

③【文字】选项卡　本选项卡如图 5-8 所示，用于控制“标注文字”的格式、位置和对齐方式。各选项说明见表 5-4。

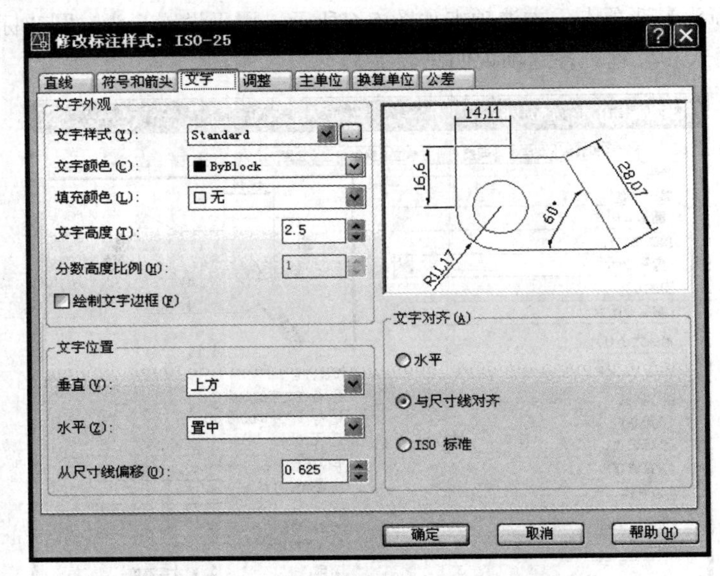

图 5-8 【修改标注样式】对话框之【文字】选项卡

表 5-4 【文字】选项卡的参数说明

参数名称	参数说明
文字样式	从列表框中选择一种已有文字样式作为标注文字的字型。如果没有合适的文字样式，单击右侧的“文字样式”按钮[...]可以实时创建新的文字样式
文字颜色	设置标注文字的颜色
填充颜色	设置标注中文字背景的颜色
文字高度	设置标注文字样式的高度
分数高度比例	设置相对于标注文字的分数比例。只有在【主单位】选项卡中选择“分数”作为“单位格式”时，此选项才可用

续表

参数名称	参数说明
绘制文字边框	在标注文字的周围绘制一个边框
垂直	控制标注文字相对尺寸线的垂直位置[见图 5-9（a）]
水平	控制标注文字相对于尺寸线和尺寸界线的水平位置[见图 5-9（b）]
从尺寸线偏移	当标注文字“垂直＝置中”时，控制当前文字间距。文字间距是指当尺寸线断开以容纳标注文字时标注文字周围的距离（见图 5-10）
文字对齐	控制标注文字放在尺寸线外边或里边时的方向是保持水平还是与尺寸线平行（见图 5-11）

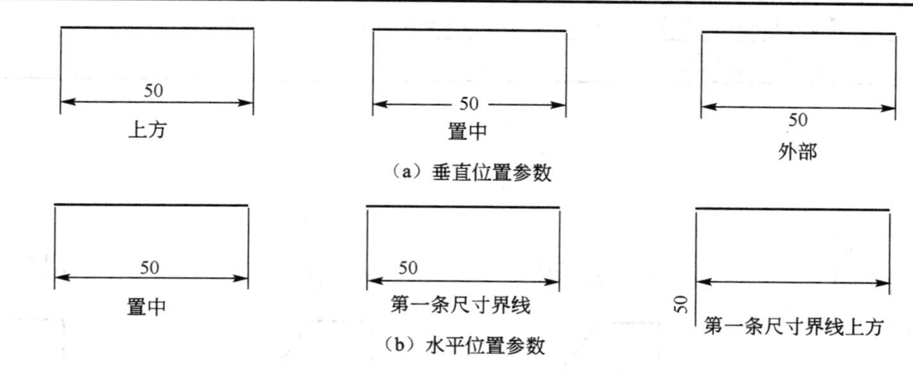

（a）垂直位置参数

（b）水平位置参数

图 5-9　标注文字的“垂直”、“水平”位置效果

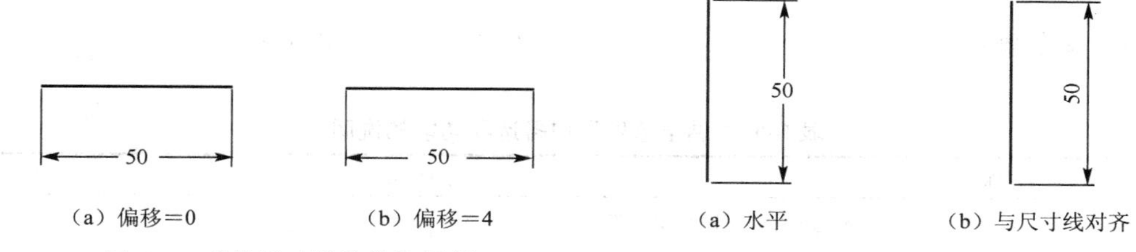

（a）偏移＝0　（b）偏移＝4

图 5-10　“从尺寸线偏移”效果

（a）水平　（b）与尺寸线对齐

图 5-11　“文字对齐”效果

④【调整】选项卡　本选项卡如图 5-12 所示，用于控制标注文字、箭头、引线和尺寸线的相对位置关系。各选项说明见表 5-5。

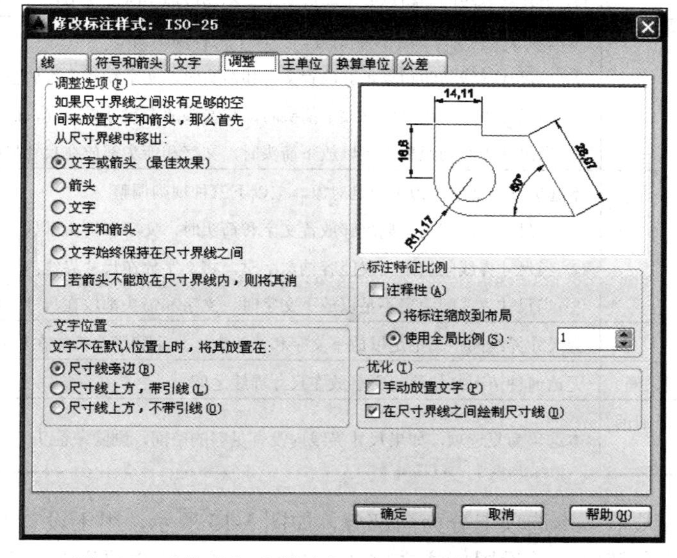

图 5-12【修改标注样式】对话框之【调整】选项卡

表 5-5 【调整】选项卡的参数说明

参数名称	参数说明
调整选项	控制基于尺寸界线之间可用空间的文字和箭头的位置。其各选项的功能见表 5-6。建议使用默认选项“文字或箭头（最佳效果）”，效果如图 5-13 所示
文字位置	设置当标注文字不在默认位置（由标注样式定义的位置）时，如何确定标注文字的位置。有三个选项供选择，其效果如图 5-14 所示
标注特征比例	通过比例数值控制尺寸标注四个元素的实际尺寸，即各元素实际大小＝设置的数值×比例数值。例如，在【文字】选项卡中设置的文字高度为 2.5，若设置“全局比例＝2”，则实际文字高度等于 5
优化	设置其他调整选项

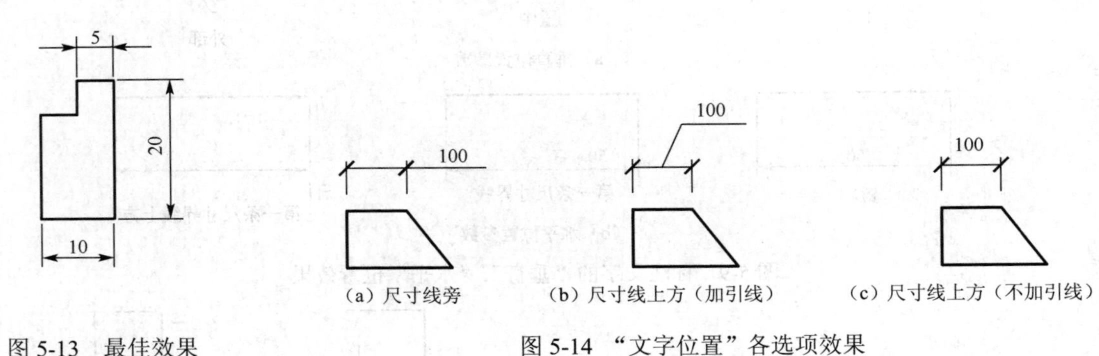

图 5-13 最佳效果

图 5-14 “文字位置”各选项效果

表 5-6 “调整选项”中各选项功能的说明

选项名称	功能说明
文字或箭头（最佳效果）	本选项按以下四种规则调整 ① 当尺寸界线间的距离足够放置文字和箭头时，文字和箭头都放在尺寸界线内 ② 当尺寸界线间的距离仅够容纳文字时，将文字放在尺寸界线内，而箭头放在尺寸界线外 ③ 当尺寸界线间的距离仅够容纳箭头时，将箭头放在尺寸界线内，而文字放在尺寸界线外 ④ 当尺寸界线间的距离既不够放文字又不够放箭头时，文字和箭头都放在尺寸界线外
箭头	本选项以“箭头”为主控制对象，按以下三种规则调整 ① 当尺寸界线间的距离足够放置文字和箭头时，文字和箭头都放在尺寸界线内 ② 当尺寸界线间距离仅够放下箭头时，将箭头放在尺寸界线内，而文字放在尺寸界线外 ③ 当尺寸界线间距离不足以放下箭头时，文字和箭头都放在尺寸界线外
文字	本选项以“文字”为主控制对象，按以下三种规则调整 ① 当尺寸界线间的距离足够放置文字和箭头时，文字和箭头都放在尺寸界线内 ② 当尺寸界线间的距离仅能容纳文字时，将文字放在尺寸界线内，而箭头放在尺寸界线外 ③ 当尺寸界线间距离不足以放下文字时，文字和箭头都放在尺寸界线外
文字和箭头	当尺寸界线间距离不足以放下文字和箭头时，文字和箭头都放在尺寸界线外
文字始终保持在尺寸界线之间	无论何种情况，始终将文字放在尺寸界线之间
若不能放在尺寸界线内，则消除箭头	本选项为复选项，如果尺寸界线内没有足够的空间，则隐藏箭头

⑤【主单位】选项卡 本选项卡分为两部分，如图 5-15 所示，用于设置“线性标注”及“角度标注”的单位格式和精度，并设置标注文字的前缀和后缀。各选项说明见表 5-7。

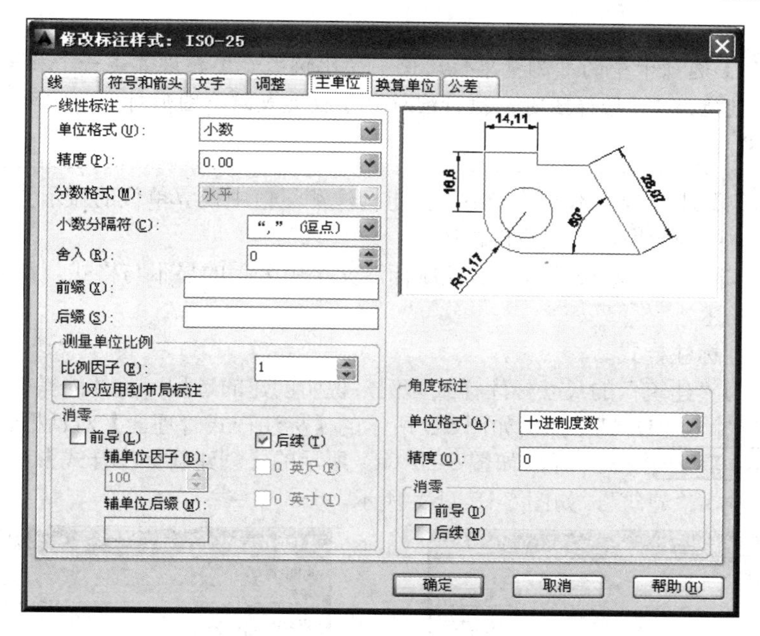

图 5-15 【修改标注样式】对话框之【主单位】选项卡

表 5-7 【主单位】选项卡的参数说明

参数名称	参数说明
单位格式	设置标注文字的数字（或角度）的表示类型
精度	设置标注文字中的小数位数
分数格式	只有当“单位格式＝分数”时，本选项才有效
小数分隔符	设置十进制格式的分隔符
舍入	为除“角度”之外的所有标注类型设置标注测量值的舍入规则
前缀	给标注文字指示一个前缀，如在标注文字中输入“%%C”的结果，如图 5-16 所示
后缀	给标注文字指示一个后缀，如在标注文字中输入“mm”的结果，如图 5-16 所示
测量单位比例	设置线性标注测量值的比例因子。AutoCAD 按公式“标注值＝测量值×比例因子”进行标注。例如，标注对象的实际测量长度值为 20，当设置“比例因子”＝2 后，尺寸标注值为 40，如图 5-17 所示
角度标注	显示和设置角度标注的当前角度格式
消零	控制前导或后续的“0”的显示。如选择“前导”，则“0.5”实际显示为“.5”

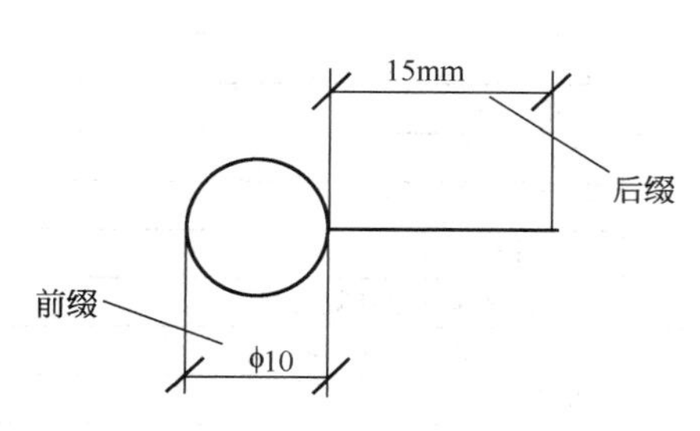

图 5-16 加前缀和后缀的效果

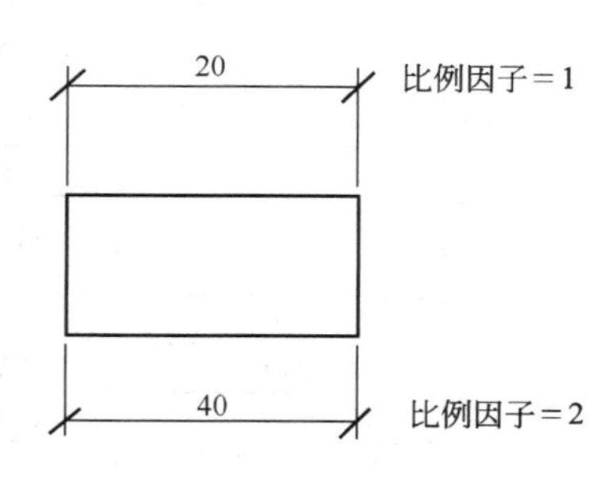

图 5-17 “测量单位比例”设置效果

【主单位】选项卡中的“测量单位比例”的比例因子参数设置是一个相当重要的参数，默认参数值为 1。绘详图时，执行缩放命令放大或缩小图形对象，需要调整此参数值以适应调整结果。

⑥【换算单位】选项卡　本选项卡用于指定标注测量值中换算单位的显示并设置其格式和精度。在建筑绘图中很少应用，在此不再详述。

⑦【公差】选项卡　本选项卡用于控制标注文字中公差的显示与格式。在建筑绘图中很少应用，此处不再详述。

（3）创建尺寸标注样式

以创建名称为“建筑”的尺寸标注样式为例，说明创建的过程，具体的操作步骤如下。

① 在命令行输入“D↙”，弹出如图 5-3 所示的【标注样式管理器】对话框。

② 单击 新建(N)... 按钮，弹出如图 5-18（a）所示的【创建新标注样式】对话框。在“新样式名”文本框中输入“建筑”，如图 5-18（b）所示。

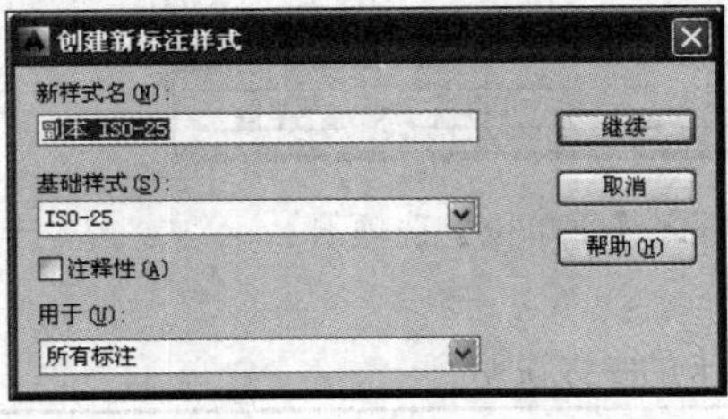

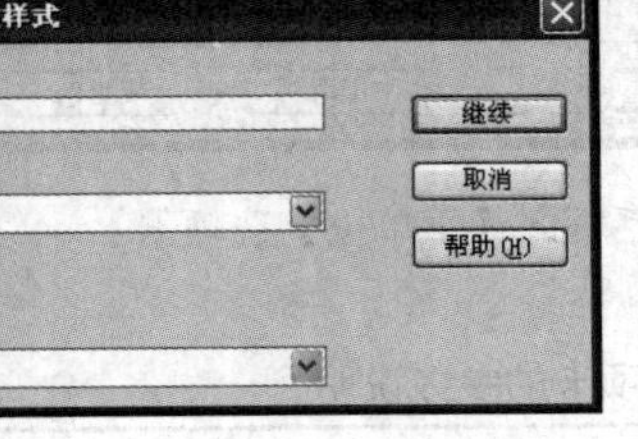

（a）默认样式名

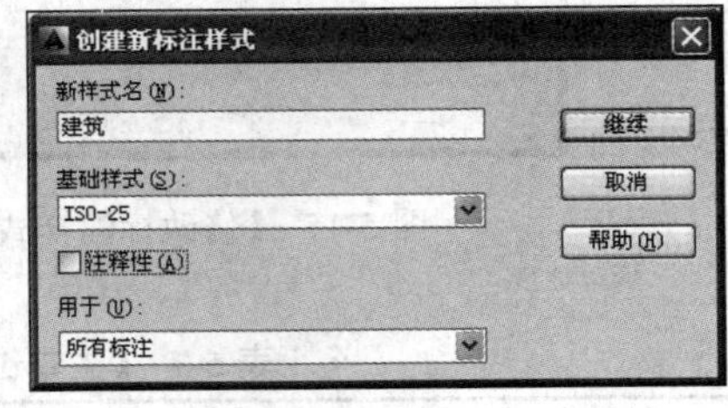

（b）样式名为“建筑”

图 5-18 【创建新标注样式】对话框之指定“新样式名”

③ 单击 继续 按钮，弹出【新建标注样式：建筑】对话框。按表 5-8 所示设置各选项卡相应参数的数值。

④ 单击 确定 按钮，返回【标注样式管理器】对话框。在“样式”文本框中出现“建筑”样式名，选中“建筑”样式名，单击 置为当前(U) 按钮，将“建筑”样式设置为当前标注样式。最后单击 关闭 按钮，完成全部设置。

表 5-8 【建筑】标注样式参数设置

选项卡名称	分选项名称	参数名称	设置值
直线	尺寸线	超出标记	1.5
		基线间距	8
	尺寸界线	起点偏移量	2
符号和箭头	箭头	箭头	建筑标记
		箭头大小	1.5
文字	文字外观	文字样式	新建“数字”文字样式，参数“字体名＝Simplex.shx，宽度比例＝0.7”
		文字高度	3
	文字位置	垂直	上方
		水平	置中
		从尺寸线偏移	1.5
	文字对齐	文字对齐	与尺寸线对齐
调整	调整选项	调整选项	文字或箭头（最佳效果）
	文字位置	文字位置	尺寸线上方，不带引线
	标注特征比例	使用全局比例	100
主单位	线性标注	标注格式	小数
		精度	0

（4）创建尺寸标注样式的分样式

上述操作建立的“建筑”标注样式，是针对线型、角度型等所有的标注类型的。AutoCAD允许用户可在此基础上，进一步定义各标注类型。例如，角度标注时，箭头符号应为“实心闭合箭头”。具体操作步骤如下。

① 进入【标注样式管理器】对话框后，首先选中“样式”文本框中的“建筑”样式，然后单击 新建(N)... 按钮，弹出如图 5-19（a）所示的【创建新标注样式】对话框。从“用于”下拉列表框中选择“角度标注”选项，如图 5-19（b）所示。

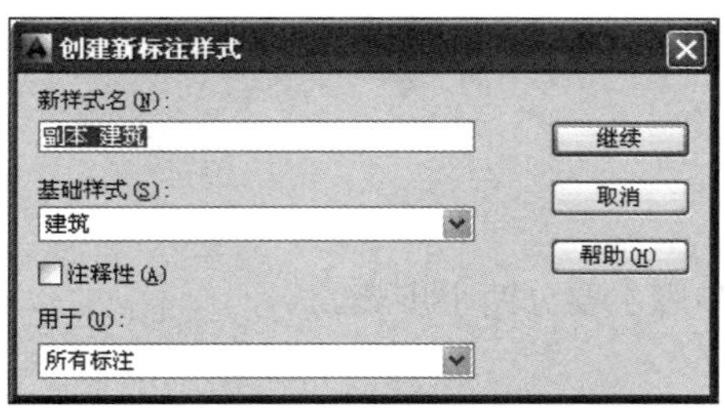

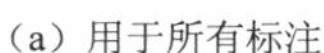
（a）用于所有标注

（b）用于角度标注

图 5-19 【创建新标注样式】对话框之“角度标注”设置

② 单击 继续 按钮，弹出【新建标注样式：建筑：角度】对话框。将【符号和箭头】选项卡中的箭头样式选择为“实心闭合”，定义箭头大小为“2.5”。

③ 单击 确定 按钮，返回【标注样式管理器】对话框，如图 5-20 所示，在“样式”文本框中的“建筑”样式下出现了下一级样式名——“角度”。

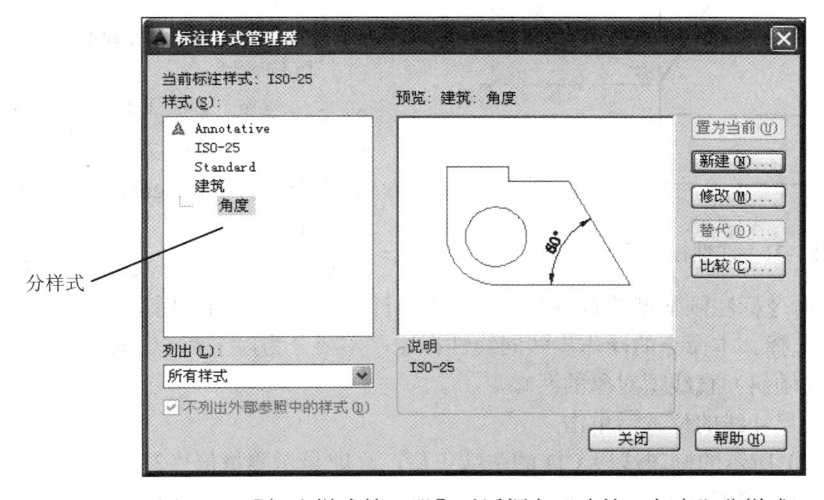

图 5-20 【标注样式管理器】对话框之“建筑：角度”分样式

经上述两个新建标注样式的操作，在使用“建筑”标注样式进行标注时，对于角度型标注其箭头标记为“箭头”符号；对于线型标注形式其箭头标记为“45 度短粗斜线”符号。

每一个标注样式可细化设置“线性”“角度”“半径”“直径”“坐标”“引线和公差”六种分样式。按需要设置分样式是一种高级的操作手法，可避免不必要的“标注样式”切换。

5.3 直线标注

任何复杂的图形均是由直线或曲线型对象构成的，本节介绍直线型对象的标注方法及其对应的标注命令，包括线性标注（dimlinear）、对齐标注（dimaligned）、连续标注（dimcontinue）和基线标注（dimbaseline）。

5.3.1 线性标注（dimlinear）

（1）执行方式

- 下拉菜单：【标注】/【线性】。
- 工具按钮：【标注】/ 。
- 命令行：dimlinear（DLI）。

（2）操作说明

本命令主要用于标注水平或垂直尺寸，其操作步骤主要分两个步骤。

① 分别捕捉直线型对象的两端点。

② 移动鼠标到尺寸线的位置后单击。

在标注如图 5-21 所示的倾斜线段 CD 的水平和垂直尺寸时，捕捉点 C 和 D 后，若鼠标在 CD 段的水平投影范围内移动，将显示水平标注“1200”；若鼠标在 CD 段的垂直投影范围内移动，将显示垂直标注“2000”。

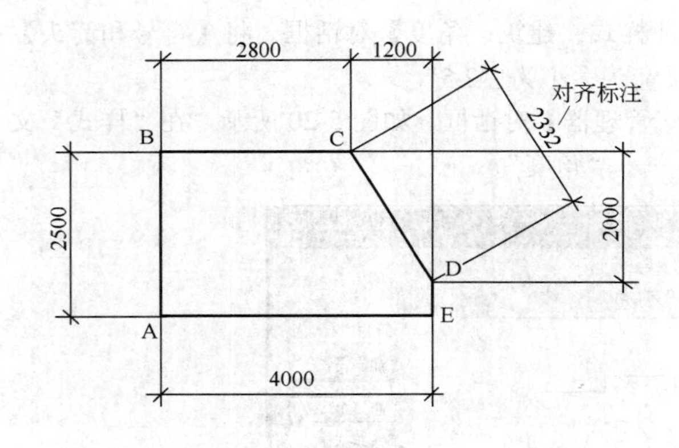

图 5-21 线性标注

对于倾斜型的直线对象采用本命令操作较不方便，采用“对齐标注”命令效果更佳。如标注图 5-21 中的倾斜线段 CD 的直线距离，应采用下面讲述的“对齐标注”命令。

5.3.2 对齐标注（dimaligned）

（1）执行方式

- 下拉菜单：【标注】/【对齐】。
- 工具按钮：【标注】/ 。
- 命令行：dimaligned（DAL）。

（2）操作说明

本命令的特点是，尺寸线与捕捉点的连线平行。故采用本命令标注倾斜型的直线对象较线性标注命令方便。当然用本命令标注水平或垂直尺寸也是不错的选择。本命令的操作步骤同线性标注，主要分为以下两个步骤。

① 分别捕捉（倾斜）直线型对象的两端点。

② 移动鼠标到尺寸线的位置后单击。

分别捕捉图 5-21 所示的倾斜线段 CD 的两端点后，立即显示测量值“2332”，移动鼠标到合适位置单击鼠标，命令结束。

5.3.3 连续标注（dimcontinue）

（1）执行方式

- 下拉菜单：【标注】/【连续】。
- 工具按钮：【标注】/ 。
- 命令行：dimcontinue（DCO）。

（2）操作说明

本命令适合标注彼此首尾相连的多个尺寸。其特点是：以原有标注为基础，继续创建与之相连的新尺寸标注。所以执行本命令的前提是：必须有一个已有的基准尺寸标注。通常情况下，AutoCAD 默认最后一个创建的尺寸标注为连续标注的基准标注对象。如果要选择其他尺寸为基准尺寸，需使用“选择（S）”参数进行切换选择。

本操作步骤主要有以下三个步骤。

① 选择“基准尺寸”的某根尺寸界线作为新标注的基准界线（第一条尺寸界线）。

② 指定第二条尺寸界线点。

③ 连续按 Enter 键两次，结束操作。

如图 5-22 所示，选用“线性标注”命令捕捉点 C 和 D 建立一个尺寸标注。然后使用“连续标注”命令，具体操作步骤如下。

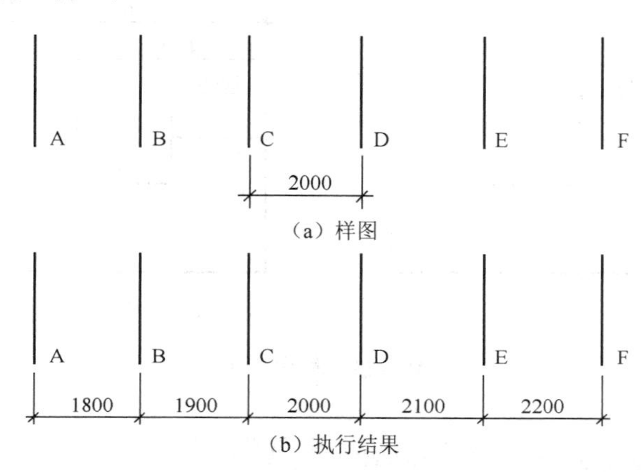

（a）样图

（b）执行结果

图 5-22 连续标注

命令操作过程	操作说明
① 命令: **dimcontinue** ↙	启动命令
② 指定第二条尺寸界线原点或[放弃(U)/选择(S)] <选择>:	（程序自动以 D 点作为第一条尺寸界线点）用鼠标捕捉点 E
标注文字 =2100	（标注执行并显示测量结果 2100）
③ 指定第二条尺寸界线原点或[放弃(U)/选择(S)] <选择>:	用鼠标捕捉点 F
标注文字 =2200	（显示测量结果 2200）
④ 指定第二条尺寸界线原点或 [放弃(U)/选择(S)] <选择>: **S**↙	切换到“选择”状态
⑤ 选择连续标注:	移动鼠标单击标注“2000”的左侧尺寸界线（C 点）作为新的标注基线
⑥ 指定第二条尺寸界线原点或 [放弃(U)/选择(S)] <选择>:	用鼠标捕捉点 B
标注文字 =1900	（显示测量结果 1900）
⑦ 指定第二条尺寸界线原点或 [放弃(U)/选择(S)] <选择>:	用鼠标捕捉点 A
标注文字 =1800	（显示测量结果 1800）
⑧ 指定第二条尺寸界线原点或 [放弃(U)/选择(S)] <选择>: ↙	
⑨ 选择连续标注: ↙	按两次 Enter 键结束命令

5.3.4 基线标注（dimbaseline）

（1）执行方式

- 下拉菜单：【标注】/【基线】。
- 工具按钮：【标注】/ 。
- 命令行：dimbaseline（DBA）。

（2）操作说明

基线标注命令的操作基本与连续标注相同，只是新标注的尺寸线与原标注尺寸线平行，但不在一条直线上，如图 5-23 所示。两条尺寸线间的距离由“基线间距”参数值控制。

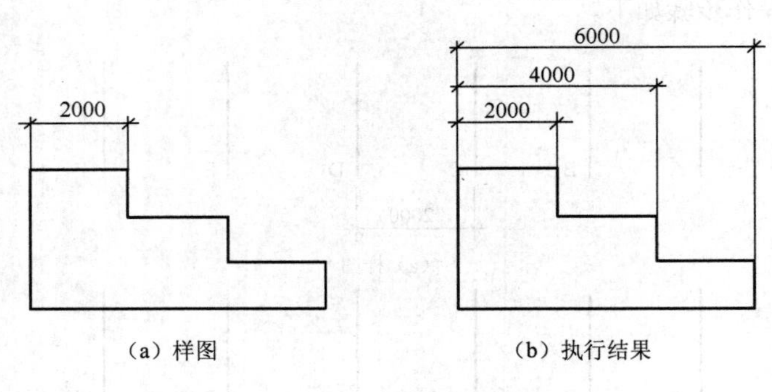

（a）样图　　（b）执行结果

图 5-23　基线标注

5.4 角度型标注

角度型尺寸标注用于标注两条直线间的夹角或圆弧的夹角。AutoCAD 提供了角度标注（dimangular）命令来实现角度的标注。

（1）执行方式

- 下拉菜单：【标注】/【角度】。
- 工具按钮：【标注】/ 。
- 命令行：dimangular（DAN）。

（2）操作说明

本命令操作步骤主要分为以下两个步骤。

① 捕捉夹角的两条直线（对于圆弧对象直接选择该对象即可）。

② 指定尺寸线的位置。

如图 5-24 所示的夹角，当尺寸线位置定在两直线内时，标注结果为“50°”；当尺寸线位置定在两直线外时，标注结果为“130°”。

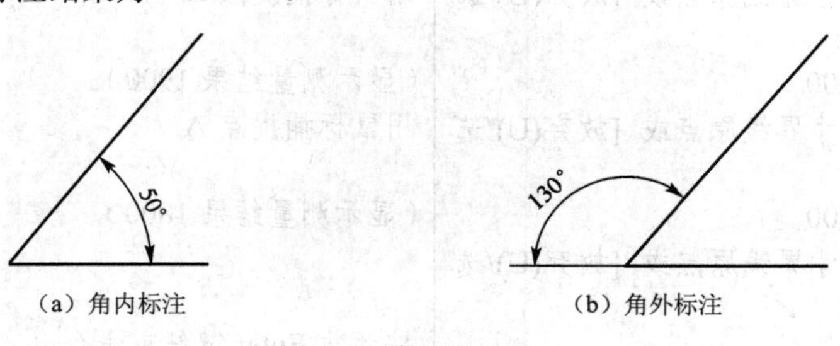

（a）角内标注　　（b）角外标注

图 5-24　角度型标注

5.5 径向型标注

径向型标注用于标注圆或圆弧的半径或直径。AutoCAD 提供了半径标注（dimradius）和直径标注（dimdiameter）两个命令。

（1）执行方式

- ◆ 下拉菜单：【标注】/【半径】或【直径】。
- ◆ 工具按钮：【标注】/ 或 。
- ◆ 命令行：dimradius（DRA）或 dimdiameter（DDI）。

（2）操作说明

本命令操作步骤主要有以下两个步骤。

① 选择要标注的圆或圆弧对象。

② 指定标注文字的位置。

命令执行后，标注结果如图 5-25 所示。

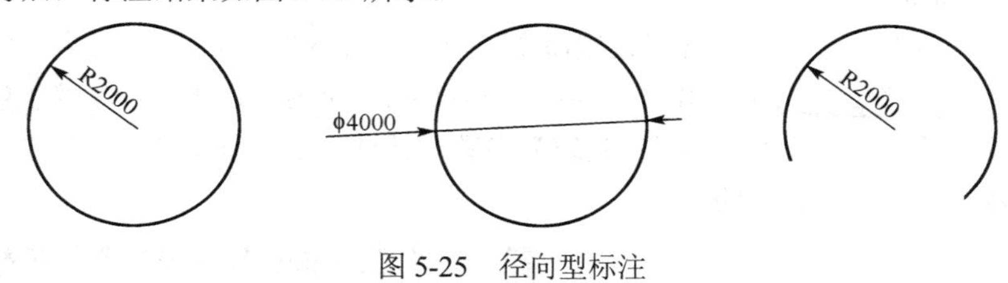

图 5-25 径向型标注

5.6 引线型标注

引线型标注是一种特殊的标注形式，如图 5-26 所示。它由“引线对象”和“多行文字”两部分构成，引线对象是一条直线或样条曲线，其中一端带有箭头，另一端是基线。在建筑制图中主要用于“构造做法说明”的注释。

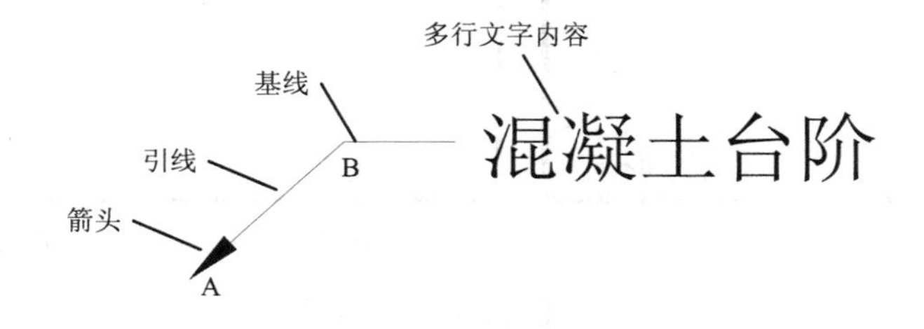

图 5-26 引线型标注

（1）执行方式

- ◆ 下拉菜单：【标注】/【多重引线】。
- ◆ 工具按钮：【多重引线】/ 。
- ◆ 命令行：mleader

（2）操作说明

本命令操作步骤主要有三个步骤。

① 指定引线箭头位置。

② 指定引线基线位置。

③ 在弹出的“在位文字编辑器”中输入文字。

图 5-26 所示引线标注的操作步骤如下。

命令操作过程	操作说明
① 命令: mleader↙	启动命令
② 指定引线箭头的位置或 [引线基线优先(L)/内容优先(C)/选项(O)] <选项>:	指定点 A
③ 指定引线基线的位置:	指定点 B
④ (弹出“在位文字编辑器”): 混凝土台阶	输入“混凝土台阶”
⑤ (单击“在位文字编辑器”的“确定”按钮)	命令结束

（3）多重引线样式设置

◆ 下拉菜单:【格式】/【多重引线样式】。

◆ 工具按钮:【多重引线】/ 。

◆ 命令行：mleaderstyle

按上述三种方法执行多重引线样式设置命令，弹出如图 5-27（a）所示【多重引线设置管理器】对话框。单击 新建(N)... 在弹出的对话框中输入新样式名称“建筑”，按 继续(O) 后弹出如图 5-27（b）所示【修改多重引线样式：建筑】参数对话框，用户通过“引线格式、引线结构、内容”三个选项卡设置引线标注的参数。

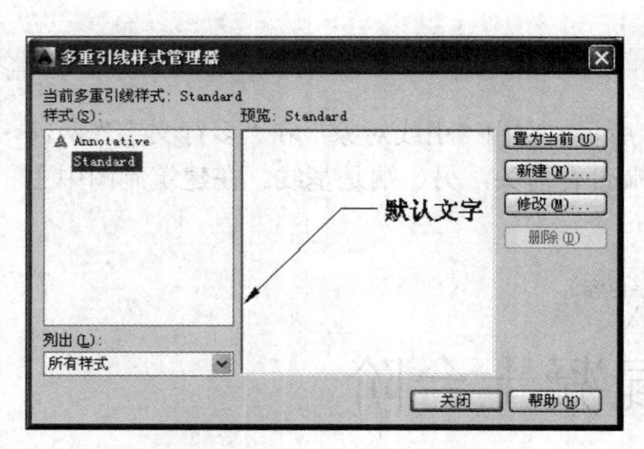

（a）【多重引线设置管理器】对话框

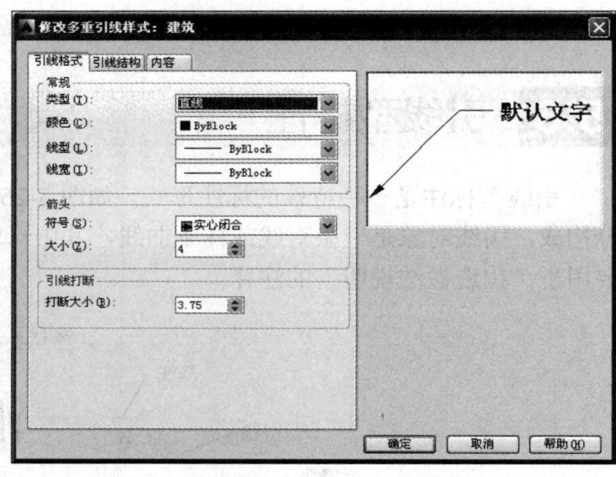

（b）【修改多重引线样式：建筑】参数对话框

图 5-27 【引线设置】对话框

5.7 快速标注

从 AutoCAD2000 开始，新增快速标注（Qdim）命令。它是一个交互式、动态的、自动化的尺寸标注生成器，使用标注工作大大简化。

（1）执行方式

◆ 下拉菜单:【标注】/【快速标注】。

◆ 工具按钮:【标注】/ 。

◆ 命令行：qdim。

（2）操作说明

本命令操作主要有以下三个步骤。

① 选择标注对象。

② 指定标注形式。

③ 指定尺寸线位置。

本命令特别适用于基线型尺寸、连续型尺寸的标注。如图 5-22 所示的六条线段，不需要先标注一个尺寸，只要直接执行本命令，具体操作步骤如下。

命令操作过程	操作说明
① 命令: qdim ↙	启动命令
② 选择要标注的几何图形:	用“窗交”方式选择这六条线段
③ 选择要标注的几何图形: ↙	按 Enter 键结束选择状态
④ 指定尺寸线位置或 [连续(C)/并列(S)/基线(B)/坐标(O)/半径(R)/直径(D)/基准点(P)/编辑(E)] <连续>:	移动鼠标到指定尺寸线位置后单击，命令结束

5.8 编辑尺寸标注

对于已有的标注尺寸，可以通过以下四种方式编辑。

5.8.1 关联性编辑

在进行尺寸标注时，所标注的尺寸与标注对象具有了关联性。当标注对象执行“拉伸”等命令时，对应的标注尺寸将随之变化。如图 5-28 所示，矩形的右上角点 A 向左移动了 1000 到点 B 的位置，程序自动测量，调整为实际测量值“3000”。

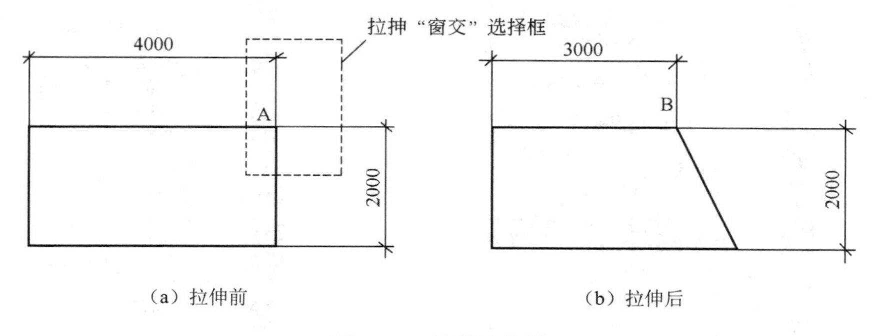

（a）拉伸前　　（b）拉伸后

图 5-28 关联性编辑

执行本操作时，需要同时“拉伸”图形对象和尺寸标注的界线。

5.8.2 利用特性选项板编辑尺寸标注

先单击选择图 5-29（a）中的水平尺寸“4000”，再单击【标准】工具栏的“特性”按钮，弹出图 5-30（a）所示【特性】选项板窗口。

“特性”选项板用于列出选定对象或对象集的特性。对象特性按列表形式显示在窗口中内容区中，内容区的显示内容根据选择对象的类型而有所区别。

♦ 选择多个对象时，“特性”选项板只显示选择集中所有对象的公共特性。

◆ 如果未选择对象，“特性”选项板只显示当前图层的基本特性、图层附着的打印样式表的名称、查看特性及关于 UCS 的信息。

内容区按顺序排列多项列表栏，如图 5-30（a）所示 基本 列表栏。单击列表栏右侧的按钮，可控制列表内容区的显示。列表内容区左侧是参数名称，右侧是参数选项框。选项框分三种类型：限定选项框、数字输入框和文字输入框。

滑动滚动条或滚动鼠标滚轮，调整显示出“文字”列表，如图 5-30（b）所示，“测量单位”栏显示当前实测值为“4000”。在下面的“文字替代”栏中输入“9000”后按 Enter 键，结果如图 5-29（b）所示，尺寸标注中的标注文字由“4000”修改为“9000”。

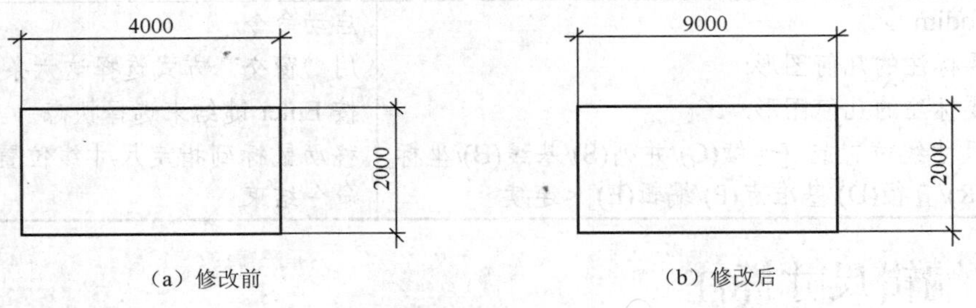

（a）修改前　　（b）修改后

图 5-29　修改标注文字

系统变量“dblclkedit”控制双击编辑模式，默认为“打开”状态。用户双击图形对象后，将自动弹出“特性”选项板。

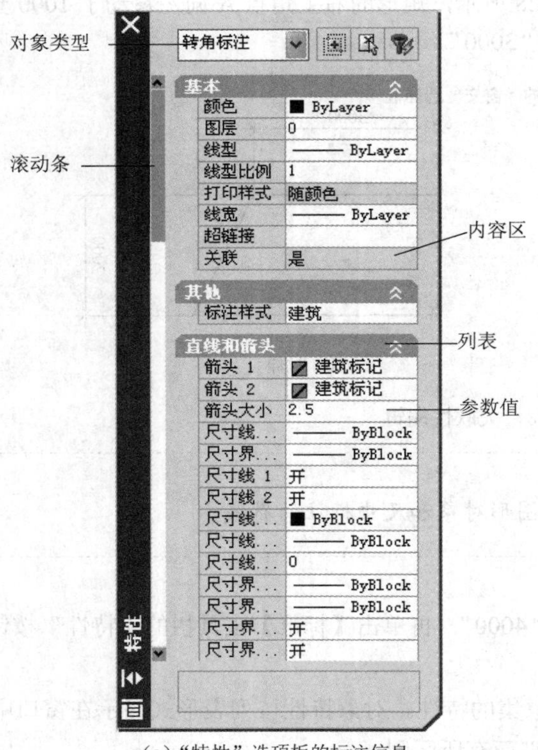

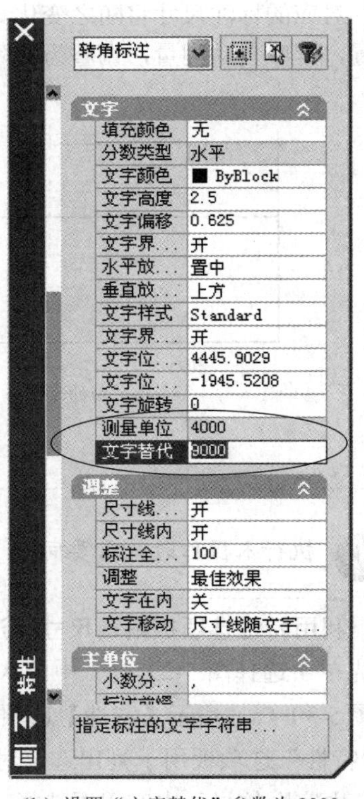

（a）“特性”选项板的标注信息　　（b）设置“文字替代”参数为 9000

图 5-30　“特性”选项板

5.8.3　编辑标注

（1）执行方式

◆ 工具按钮：【标注】/ 。

◆ 命令行：dimedit（DED）。

（2）操作说明

本命令可修改标注文字和尺寸界线。命令执行后出现下列提示：

输入标注编辑类型 [默认(H)/新建(N)/旋转(R)/倾斜(O)] <默认>:

本命令四个参数选项，其意义如下。

◆ 默认　将旋转标注文字移回默认位置。

◆ 新建　使用“在位文字编辑器”更改标注文字。

◆ 旋转　旋转标注文字。

◆ 倾斜　调整线性标注尺寸界线的倾斜角度。

单击“新建”按钮后，弹出【在位文字编辑器】，用户在文本框中输入要修改的数值。然后在文本框外单击，命令行出现“选择对象”提示，选择尺寸对象后按 Enter 键结束命令，修改生效。

5.8.4　编辑标注文字的位置

（1）执行方式

◆ 工具按钮：【标注】/ 。

◆ 命令行：dimtedit。

（2）操作说明

本命令修改标注文字的位置。命令执行后，鼠标指针变成正方形选择框，用鼠标选择要移动的标注文字，然后移动鼠标到新位置单击完成操作。图 5-31 所示是执行本命令的前后效果对比。

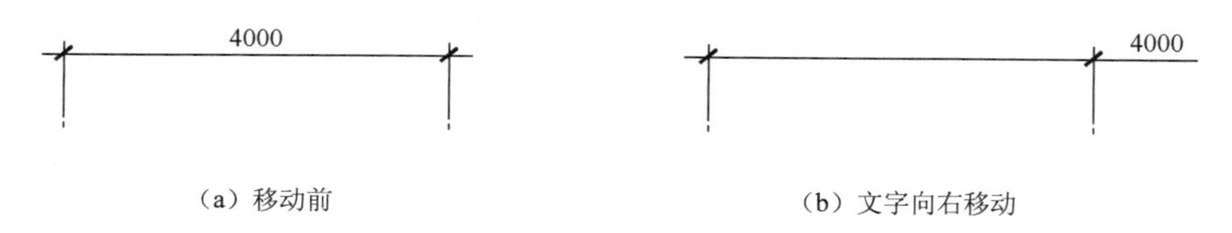

（a）移动前　　（b）文字向右移动

图 5-31　移动标注文字

练　习　题

1．填空题

（1）尺寸标注由________、________、________、________四个标注元素组成。

（2）线性标注（Dimlinear）用于标注________或________方向尺寸。

（3）标注斜线时，使标注尺寸线与斜线平行，应执行________命令。

（4）当同一图形中有不同比例的图形时，应调整标注样式________选项卡的________选项区的________参数值。

2．选择题

（1）下述标注命令中，一次命令可标注多个尺寸的是（　　）。

A．线性标注　B．基线标注　C．连续标注　D．快速标注

（2）下述标注命令中，标注后的尺寸不同处一行的是（　　）。

A．线性标注　B．基线标注　C．连续标注　D．快速标注

3．上机练习题

（1）文字标注练习，分两阶段完成。

① 创建文字样式。样式参数：样式名＝文字，字体名＝宋体，字高300，高宽比为0.8。

② 文字标注。按题图5-1（b）所示标注房间说明。

（2）尺寸标注练习，分两阶段完成。

① 创建标注样式。按表5-8所示创建名称为“建筑”的标注样式。

② 尺寸标注。按题图5-1（b）所示标注轴线、门窗尺寸。

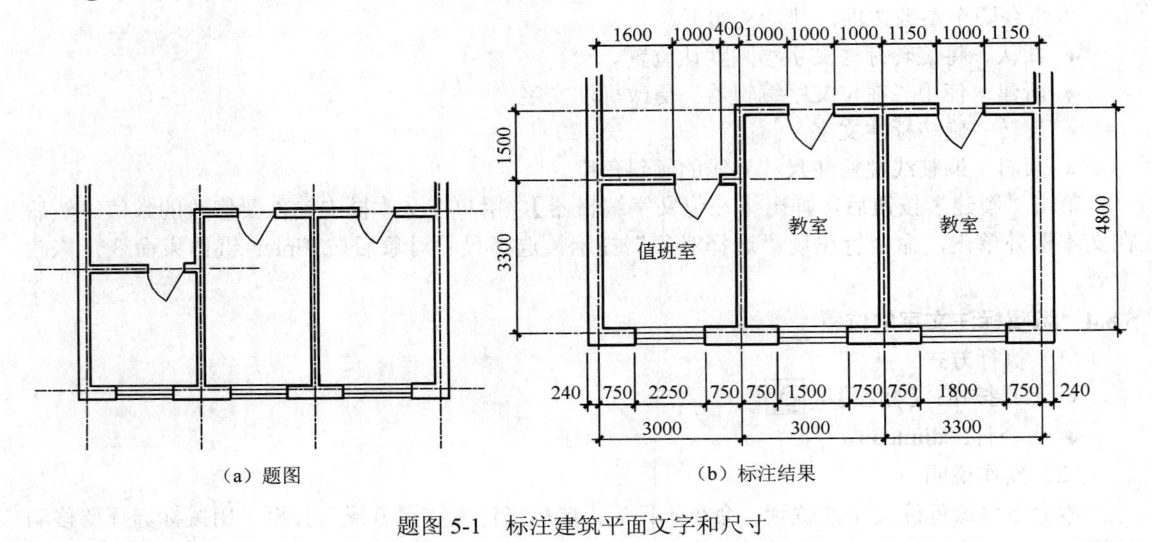

（a）题图　　（b）标注结果

题图5-1　标注建筑平面文字和尺寸

第 6 章　高级绘图技巧

通过前面几章的学习，完全可以胜任绘制一些简单图形的工作。但一张完整的建筑平面图或立面图是由轴线、墙线、门窗等具有相似图形特征的图形元素构成的复杂的图形集合体，绘制和编辑工作异常繁重。如何使绘图操作更加便捷、高效呢？AutoCAD 提供了一些非常巧妙的处理方法，这就是本章要学习的图层、图块、格式刷等操作命令。

本章的主要内容如下。

- 图层的设置和应用。
- 图块的应用。
- 格式刷的应用。
- 量测距离、面积、质量命令。
- 使图形文件“瘦身”——清理（Purge）命令。
- 面域及布尔运算。
- 创建图形样板。

6.1 图层

随着图形复杂程度的提高，绘图窗口中显示的图形对象增多，用户如何快速、准确地区分和寻找图形对象成为一个突出的矛盾。图层是 AutoCAD 组织和管理图形的一种有效方式，它允许用户将类型相似的对象进行分类，各图层相互重叠，构成一个完整的图形。

借助图层的强大功能，用户可对图层进行以下管理。

① 控制图层上对象在视窗中的可见性，暂时隐藏一些图层，可更好地观察和编辑其他图层上的图形。

② 控制图层上的对象是否可以修改，保护指定图层不被修改。

③ 控制图层上的对象是否可以打印。

④ 为图层上的所有对象指定颜色，以区分不同类型的图形对象。

⑤ 为图层上的所有对象指定默认线型和线宽，满足制图标准的要求。

6.1.1 图层设置

（1）执行方式

- 下拉菜单：【格式】/【图层】。
- 工具按钮：【图层】/ 。
- 命令行：layer（LA）。

（2）操作说明

按上述方法执行命令后，弹出如图 6-1 所示的【图层特性管理器】对话框。该对话框中有两个窗口：树状图窗口和列表窗口。

① 树状图窗口：显示图形中图层过滤器的层次结构列表。“所有使用的图层”过滤器是默认过滤器。用户可以按图层名或图层特性（如颜色或可见性）对符合相关条件的图层进行排序、集合，创建新的特性过滤器，便于快速查找和操作。

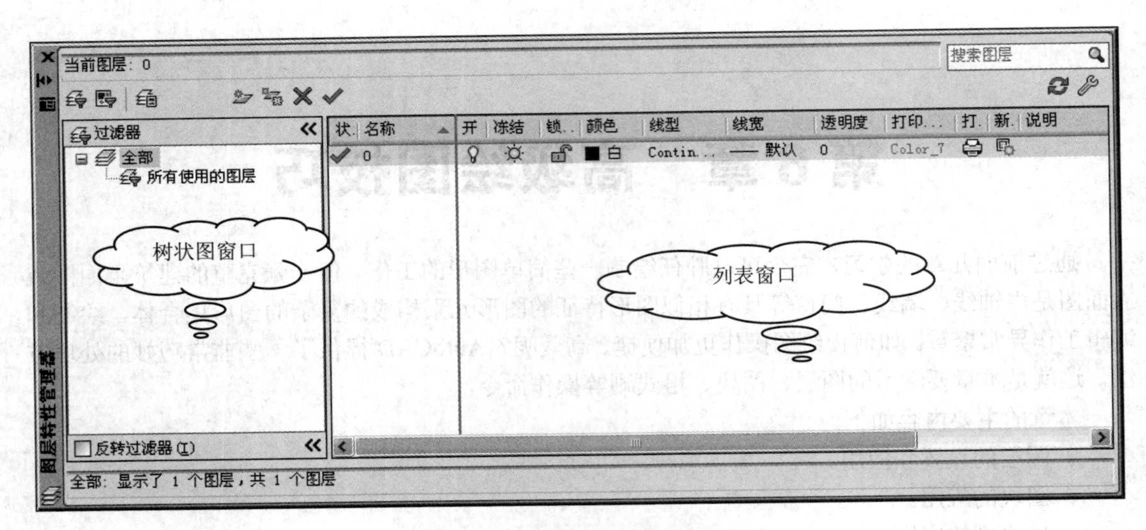

图 6-1 【图层特性管理器】对话框

② 列表窗口：显示指定图层过滤器中的图层信息和说明。图层信息由图层名称、图层状态、图层特性三大部分构成。

- 图层名称：最多可以包括 127 个汉字或 255 个字符：字母、数字和特殊字符，如美元符号 $、连字符“–”和下划线“_”。图层名不能包含空格。
- 图层状态：由“开/关”、“冻结/解冻”、“锁定/解锁”三组状态构成，控制图层对象的显示、编辑状态，详细说明见 6.1.2 小节。
- 图层特性：由颜色、线型、线宽三方面特性组成。通过图层特性可方便地区别和管理不同图层对象。

每个图形都包括名为“0”的图层，不能删除或重命名“0”图层。

（3）创建图层实例

按表 6-1 所列图层特性创建图层，具体操作如下。

表 6-1 新建图层特性

图层名称	颜色	线型	线宽
轴线	红色	CENTER	默认
门	品红	Continuous	默认
窗	青色	Continuous	默认
墙线	黄色	Continuous	0.6mm

① 创建新图层，设置图层名称。单击新建图层按钮，在列表窗口中出现一个名为“图层 1”的新图层，在输入框中输入新图层名“轴线”。新的“轴线”图层实际上是“0”图层的复制版，即它继承了“0”图层的所有特性。同理，创建“门”、“窗”、“墙线”三个图层。

② 设置图层的颜色。单击“轴线”图层右侧“颜色”列表的 白色 按钮，弹出如图 6-2 所示的【选择颜色】对话框。选择“红色”作为“轴线”图层的颜色，单击 确定 按钮返回【图层特性管理器】对话框，“颜色”列表显示 红色 。颜色设置完成。

如果要选择更多的颜色，可单击“真彩色”选项卡，在调色板中选配所需颜色。

同理，设置“门”“窗”“墙线”三个图层的颜色分别为“品红”“青色”“黄色”。

③ 设置图层的线型。单击“轴线”图层右侧“线型”列表中的 Continuous 按钮，弹出如图 6-3 所示的【选择线型】对话框。单击 加载(L)... 按钮，弹出如图 6-4 所示的【加载或重载线型】对话框。在“可用线型”列表框中选择要加载的线型。这里选择“CENTER”点画线型，然后单击 确定 按钮，重新切换回【选择线型】对话框，在“已加载的线型”列表框中显示出“CENTER”线型。单击选择“CENTER”线型，再单击 确定 按钮，线型设置结束。返回【图层特性管理器】对话框，“线型”列表显示 CENTER 。线型设置完成。

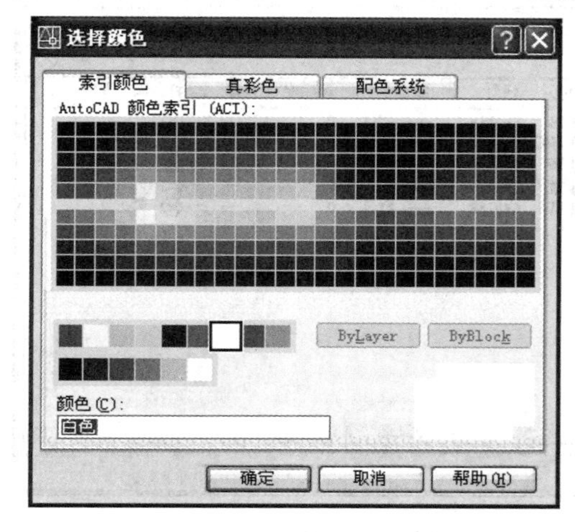

图 6-2 【选择颜色】对话框

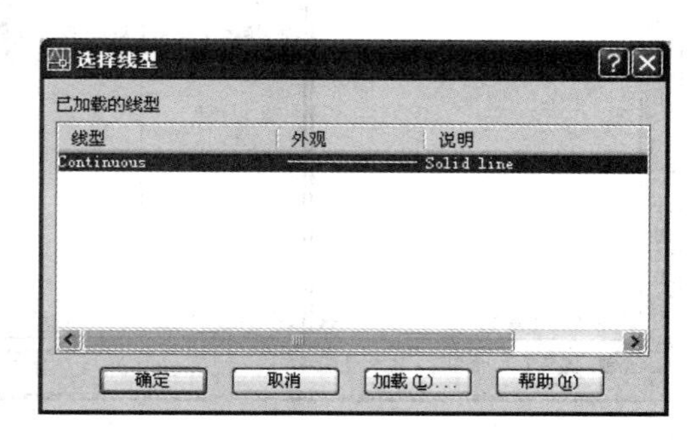

图 6-3 【选择线型】对话框

“门”“窗”“墙线”三个图层的线型保持 Continuous 不变，不需再行设置。

④ 设置图层的线宽。“线宽”是在 AutoCAD2000 时引入的一个新的图层特性。线宽的设置将影响图纸打印时该图层的线条宽度。默认线宽为“0.25 毫米”，属细线型。“轴线”“门”“窗”三个图层的线宽保持 —— 默认 不变，不需再行设置。

单击“墙线”图层右侧“线宽”列表中 —— 默认 按钮，弹出如图 6-5 所示的【线宽】对话框。选择“0.60 毫米”，然后单击 确定 按钮，线宽设置结束。

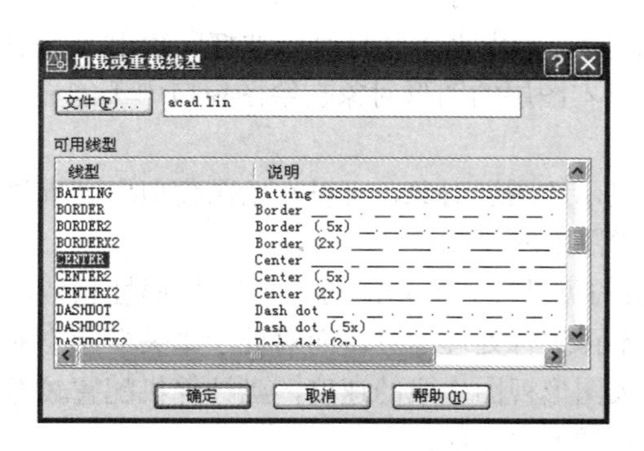

图 6-4 【加载或重载线型】对话框

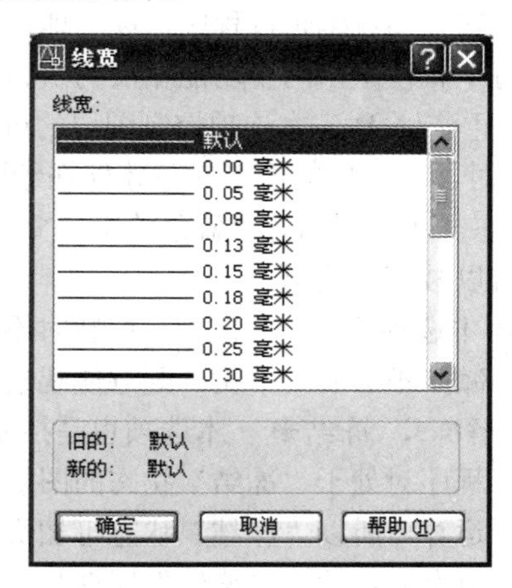

图 6-5 【线宽】对话框

如果选择“0.3毫米”以上线宽，要想在图形窗口中观察到线宽效果，需要使状态栏中的“线宽”功能处于“打开”状态 线宽 。“0.25毫米”以下的线宽均属细线型，由于一般打印机输出精度的关系，打印输出时基本无明显差别，所以用户不需特别设置。

⑤ 设置“当前图层”。在【图层特性管理器】对话框列表窗口中设置“当前图层”有两种方法：方法一，双击设置图层的名称；方法二，单选某一图层后单击“当前”按钮 。例如，双击“轴线”图层，设其为当前图层。

全部操作完成，【图层特性管理器】对话框结果如图6-6所示。

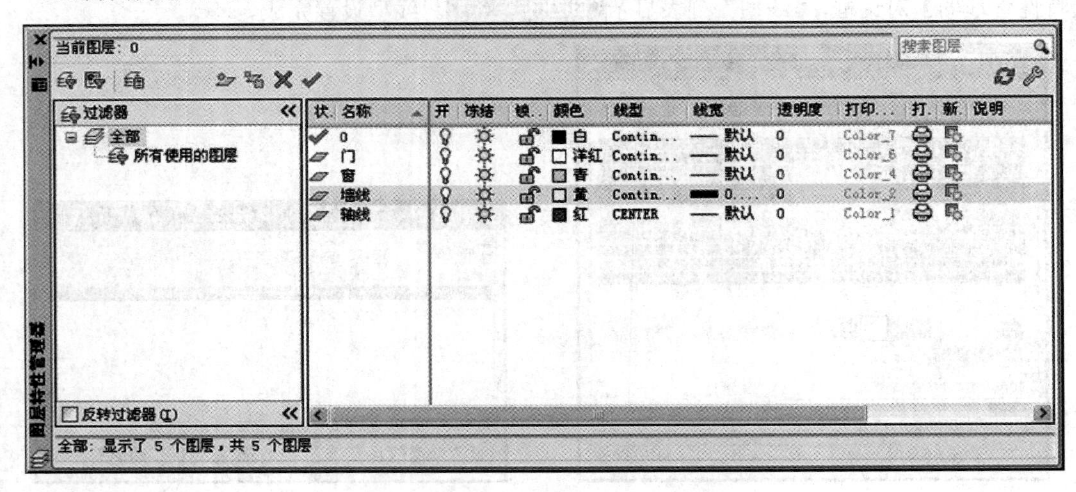

图6-6 新建四个图层的【图层特性管理器】对话框

6.1.2 图层操作

创建图层只是图层应用的基本操作，如何在绘图中快速地控制和管理图层是更加重要和实际的问题。本小节将讨论图层管理中最主要的四类操作：控制图层的“显示和编辑”状态，快速查询图形对象的图层属性，快速设置“当前图层”，快速图层对象管理。

（1）控制图层的“显示和编辑”状态

图层除了具有颜色、线型、线宽三个属性，还有开/关、冻结/解冻、锁定/解锁三个状态控制属性组，在绘图或编辑过程中，灵活地运用这三个属性组，将使绘图和编辑操作变得更加轻松和快捷。每个属性组由两个功能相反的状态组成，其功能如下。

① 开/关 本选项控制图层的可见性。当图层处于“开”状态（状态图标为“黄色的小灯”）时，本图层的图形对象才能在绘图窗口中显示出来，并且可以被打印输出。当图层处于“关”状态（状态图标为“蓝色的小灯”）时，本图层的图形对象在绘图窗口中不能显示出来，并且不可以被打印输出。

采用本选项适当“关闭”一些暂时不需要显示的图层对象，可以在绘图窗口中突出显示主要的图形，减少不必要的干扰，既方便观察又便于图形的绘制。

② 解冻/冻结 本选项也是控制图层的可见性。本功能与“开/关”属性相似，其主要区别是，程序对处于“冻结”状态的图层对象不再进行处理运算，而对处于“关”状态的图层对象仍执行运算。所以“冻结”状态可加快复杂大图形视图生成的速度，当计算机配置较低且图形文件特别复杂时，使用“冻结”属性是一个有效的解决方法。

③ 解锁/锁定 本选项控制图层的可编辑性。当图层处于“锁定”状态（状态图标为“”）时，图层中的对象可见，但图形编辑命令（如删除、修剪、复制等）对锁定图层中的对象不起

作用。

防止显示图层的图形对象不被误编辑，将其设置为“锁定”状态是一个不错的选择。

（2）快速查询图形对象的图层属性

本操作针对的工具栏是 AutoCAD 六个默认工具栏之一——【特性】工具栏。它位于绘图窗口上方，如图 6-7 所示。【特性】工具栏是专门显示图形对象的图层特性信息的工具栏，从左到右可显示的三个列表框分别对应颜色、线型、线宽。

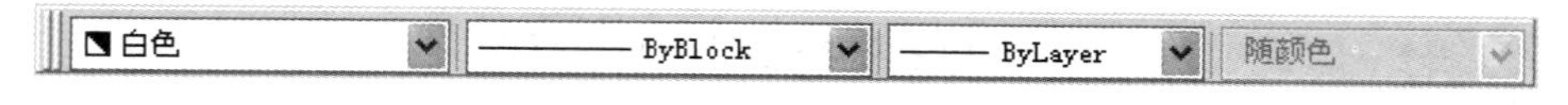

图 6-7 【特性】工具栏

用户单选绘图窗口中的图形对象时，各列表框将实时显示被选图形对象的图层特性。

用户同时选择了多个图形对象，被选择对象属于不同的图层且图层特性不同时，【特性】工具栏的各下拉列表框将不能准确响应信息，如图 6-8 所示。

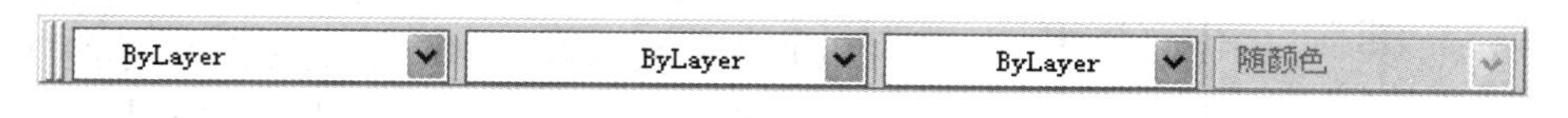

图 6-8　信息不准确的【特性】工具栏

（3）快速设置“当前图层”

运用图层管理进行图形绘制时，规范的绘图操作分为两大步骤：第一步，设置“当前图层”；第二步，绘制图形。在图形绘制操作期间频繁地切换“当前图层”是家常便饭。

如果按上节讲述的对话框设置方法进行第一步操作，最少也需要进行三次鼠标操作。而且在窗口间切换时要浪费大量的时间。那么有没有简便而省时的快捷方法呢？

答案是肯定的，即工具栏快捷操作法。本操作针对的工具栏就是 AutoCAD 六个默认工具栏之一——【图层】工具栏。它位于绘图窗口上方，如图 6-9 所示。

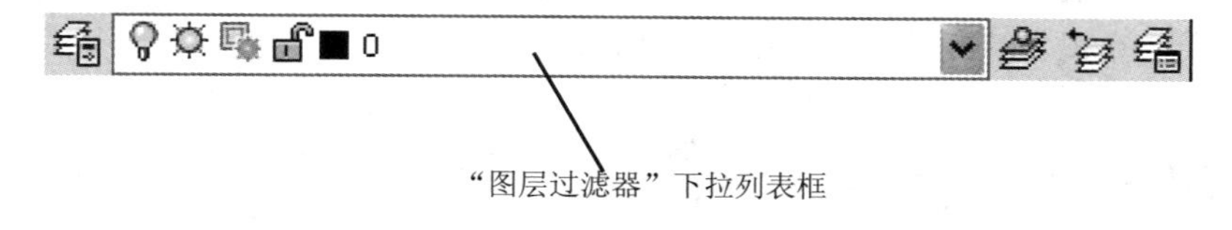

图 6-9 【图层】工具栏

工具栏中部是“图层过滤器”下拉列表框，这就是本方法的操作对象。具体操作步骤分为以下两步。

① 单击“图层过滤器”下拉列表框。

② 单击要设置为“当前图层”的图层名称。

以上节新建图层的结果为例，将当前图层由“轴线”图层切换为“墙线”图层，操作步骤如下。

① 单击“图层过滤器”下拉列表框，弹出下拉列表，如图 6-10（a）所示。

② 在下拉列表框中单击“墙线”图层名称。下拉列表框自动收回，设置生效，结果如图 6-10（b）所示，“墙线”被设置为“当前图层”。

（4）快速图层对象管理

初学用户在早期绘图时，一般不会合理规划图层管理，经常习惯性的只在一个图层下绘制图形。那么当大量图形绘制完成后，能否再创建图层，并将所绘对象按图层归类呢？这就是要解决的问题——快速图层对象管理。

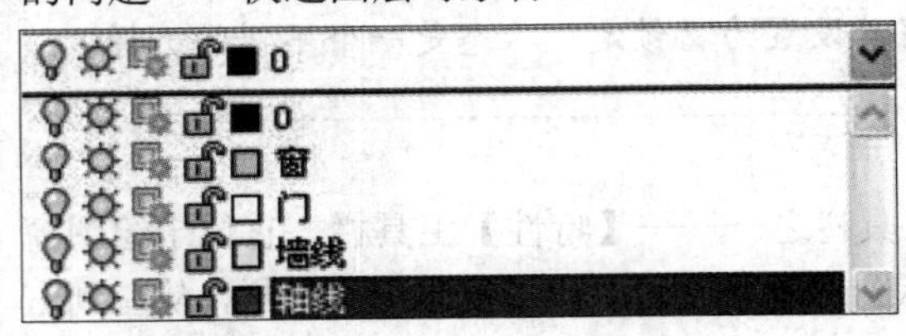

（a）单击“图层过滤器”下拉列表框结果

（b）设置完成结果

图 6-10　当前图层设置操作过程

本快速操作方法的操作对象，仍然是“图层过滤器”下拉列表框，操作步骤分为以下三步。

① 选择需重定义的图形对象。

② 单击“图层过滤器”下拉列表框。

③ 单击要指定分配的图层名称。

图 6-11（a）所示的图形原属于“轴线”图层，按照上述操作方法，快速将其转换为“墙线”图层（“轴线”和“墙线”图层的线型分别设置为点画线、实线）。操作步骤如下。

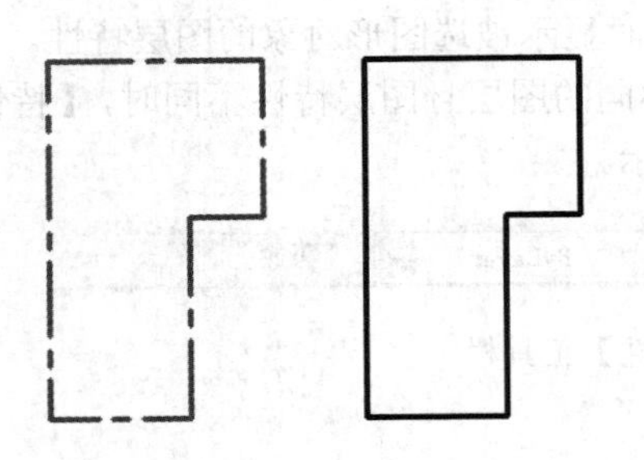

（a）转换前　（b）转换后

图 6-11　转换图层

① 选择图形。

② 然后单击“图层过滤器”下拉列表框。

③ 在弹出的下拉列表框中选择“墙线”图层。

转换结果如图 6-11（b）所示。

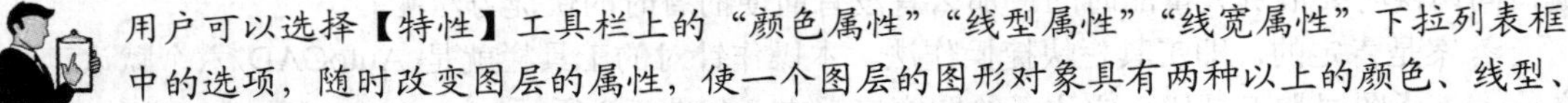

用户可以选择【特性】工具栏上的“颜色属性”“线型属性”“线宽属性”下拉列表框中的选项，随时改变图层的属性，使一个图层的图形对象具有两种以上的颜色、线型、线宽。但为了使图纸具有较好的可读性，建议操作者尽量减少使用这三个下拉列表框修改图层属性，也就是一个图层只有唯一的颜色、线型、线宽。

6.2 图块

为了提高绘图效率，AutoCAD 引入了一个非常实用的图形对象——“图块”。图块是由一个或多个图形元素构成的集合体，并作为一个单独的图形对象被反复调用。组成图块的图形元素可以分别处于不同的图层，具有不同的颜色、线型、线宽。

使用图块主要有以下两个方面的优点。

① 减少绘图时间，提高绘图效率　在绘图中，经常会遇到许多相似的图形，如门、窗、卫生器具、家具等。只需绘制一次，然后将其制作成图块或图块文件，建立图形库，在以后的绘图过程中就可以不断地反复调用。在调用时调整比例参数，可生成相似的图形。

② 节省磁盘空间　图形中的每一个图形对象都有一定的特征参数，随着图形对象数量的增加，图形文件占用磁盘空间就增多。但对于图块来说，图形文件中仅保存该图块的参数特征，而不用保存每个图块实体，这样就节省不少的磁盘空间。

图块有以下两种类型。

① 内部图块　内部图块仅存在于当前图形文件中，只能在当前图形文件中引用，其他图形

文件不能引用。创建内部图块的命令为“Block”。

② 外部图块　外部图块是独立的图形文件，其文件名以“.DWG”为后缀。外部图块可以被其他图形文件引用。创建外部图块的命令为“WBlock”。

本节主要介绍创建图块、插入图块、定义“属性图块”三个方面的操作。

6.2.1　创建内部图块

（1）执行方式

- ◆ 下拉菜单：【绘图】/【块】/【创建】。
- ◆ 工具按钮：【绘图】/ 。
- ◆ 命令行：block（B）。

（2）操作说明

按上述方法执行命令，弹出如图 6-12 所示的【块定义】对话框，用户需进行以下三步操作。

① 在“名称”输入框中填入创建图块的名称。

② 单击“对象”选项区的“选择对象”按钮，暂时隐藏【块定义】对话框，切换到绘图窗口，选择作为图块的图形。右击重新返回【块定义】对话框。

③ 单击“基点”选项区的“拾取点”按钮，暂时隐藏【块定义】对话框，切换到绘图窗口，指定图块的插入基点。右击重新返回【块定义】对话框。

单击 确定 按钮，完成命令操作。

在“对象”选项区有三个选项，其功能意义如下。

- ◆ 保留：建立图块后，保留所选图形。
- ◆ 转换为块：建立图块后，将所选择的图形转为图块。
- ◆ 删除：建立图块后，删除所选图形。

6.2.2　创建外部图块

（1）执行方式

- ◆ 命令行：wblock（W）。

（2）操作说明

在命令行输入“W”按 Enter 键，弹出如图 6-13 所示的【写块】对话框。

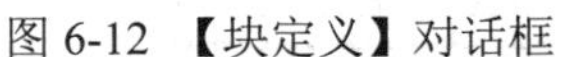
图 6-12　【块定义】对话框

图 6-13　【写块】对话框

创建外部图块，用户需进行以下三步操作。

① 在“目标”选项区，单击[...]按钮，在弹出如图 6-14 所示的【浏览图形文件】对话框中指定图块文件保存的路径和文件名，单击[保存(S)]按钮返回【写块】对话框。

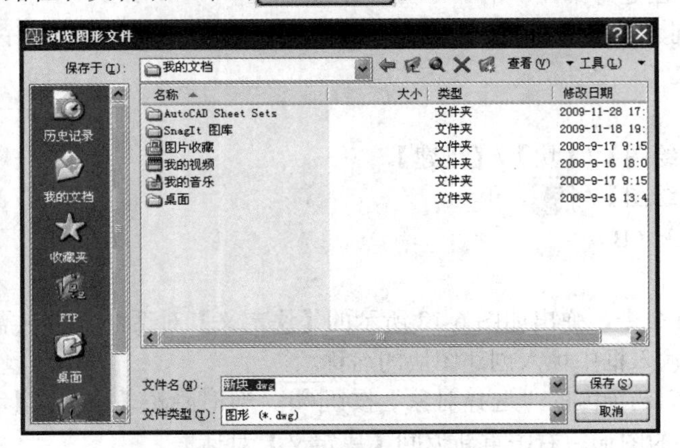

图 6-14 【浏览图形文件】对话框

② 单击“对象”选项区的“选择对象”按钮，暂时隐藏【块定义】对话框，切换到绘图窗口，选择作为图块的图形。右击重新返回【写块】对话框。

③ 单击“基点”选项区的“拾取点”按钮，暂时隐藏【写块】对话框，切换到绘图窗口，指定图块的插入基点。右击重新返回【写块】对话框。

单击[确定]按钮，完成命令操作。

在“源”选项区有三个选项，其功能意义如下。

◆ 块：选择当前图形中的内部图块作为外部图块文件。通过右侧的下拉列表框选择当前图形中的内部图块。如果没有定义内部图块，本选项不能使用。
◆ 整个图形：将当前的整个图形作为外部图块文件。
◆ 对象：从文件中选择局部图形，建立外部图块文件。

6.2.3 插入图块

（1）执行方式

◆ 下拉菜单：【插入】/【块】。
◆ 工具按钮：【绘图】/ 。
◆ 命令行：insert（I）。

（2）操作说明

按上述方法执行命令，弹出如图 6-15 所示的【插入】对话框，用户需进行以下三步操作。

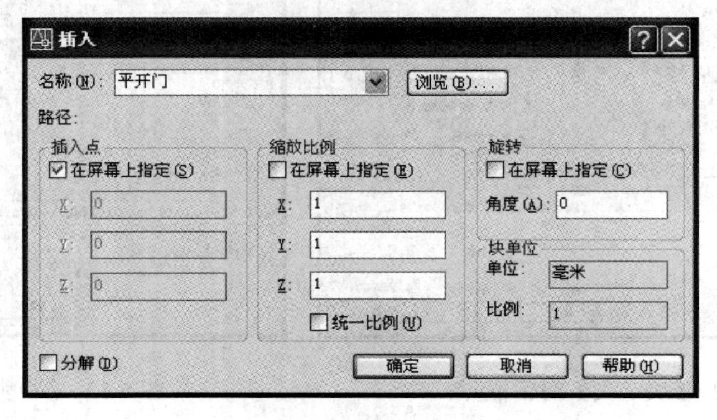

图 6-15 【插入】对话框

① 从“名称”下拉列表框中选择要插入的内部图块的名称。如果插入的是外部图块，单击右侧的【浏览(B)...】按钮，从弹出的【选择图形文件】对话框中选择“外部图块”的图形文件。

② 在“缩放比例”选项区设置比例因子。

③ 单击【确定】按钮切换到图形窗口，指定图块的插入点后操作完成。

对话框选项说明：

- 如果用户勾选了□在屏幕上指定(E)复选框，在指定插入点后，需按命令行提示信息输入X、Y方向的比例因子。
- 勾选“统一比例”复选框，图块在 X、Y 和 Z 方向上的比例因子均相同。
- 勾选“分解”复选框，系统只能以“统一比例因子”方式插入图块，插入后的图块将被分解成基本图形元素。

当用户插入一个外部图块后，系统自动生成一个具有相同名称和内容的内部图块。如果图形中已有的内部图块名称与要插入的外部图块名称相同，系统将提示“是否替换原有图块”的警告。如果确认，外部图块将替换内部图块。

6.2.4　定义“属性图块”

“属性图块”是 AutoCAD 提供的一种特殊形式的图块。“属性图块”的实质就是由构成图块的图形和图块属性两种元素共同形成的一种特殊形式的图块。它与前述的内部图块和外部图块的区别是，属性图块的还包含了一种特殊的元素——“图块属性”。

通俗地讲，“图块属性”就是为图块附加的文字信息。图块属性从表现形式上看是文字，但它与前面所讲述的单行文字和多行文字是两种完全不同的图形元素。图块属性是包含文本信息的特殊实体，它不能独立存在和使用，只有与图块相结合才具有实用价值。

“属性图块”的实用价值，就是将插入图块图形与输入文字两个操作在一个命令中同时完成。而且在于插入图块时，图块中的属性文本可以根据需要即时输入，提高了绘图效率。在建筑绘图中，对于如轴线编号、标高符号等频繁使用的一些标准符号，将其制作成属性图块，是一个有意义的操作。

定义“属性图块”共分为以下三个步骤。

① 绘制图块图形。

② 定义图块属性。

③ 定义属性图块（同时选择图块图形和图块属性，将其定义为一个图块）。

（1）定义图块属性的执行方式

- 下拉菜单：【绘图】/【块】/【属性定义】。
- 命令行：attdef（ATT）。

（2）定义图块属性操作说明

按上述方法执行命令，弹出如图 6-16 所示的【属性定义】对话框，其中各选项意义如下。

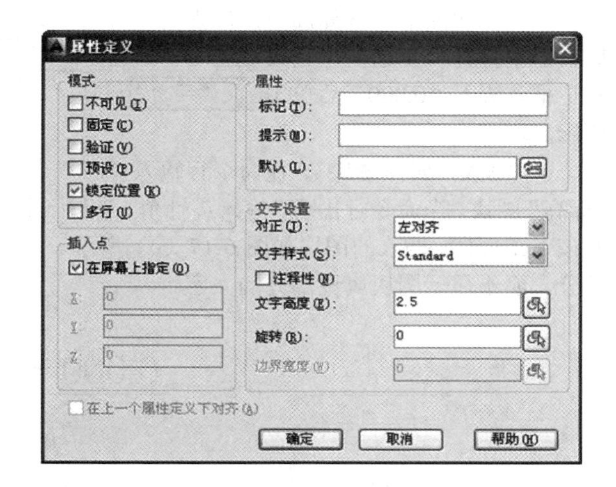

图 6-16 【属性定义】对话框

“模式”选项区有六个复选框，其含义如下。

- 不可见：勾选本复选框，插入图块时不显示图块的属性值。

◆ 固定：勾选本复选框，在插入图块时赋予一个固定的属性值。

◆ 验证：勾选本复选框，在插入图块时提示验证属性值是否正确。

◆ 预设：勾选本复选框，在插入图块时直接以“默认值”作为图块的属性值。

◆ 锁定位置：勾选本选项，锁定块参照中属性的位置。

◆ 多行：勾选本选项，指定属性值可以包含多行文字，并且允许您指定属性的边界宽度。

“属性”选项区有三个属性参数，其含义如下。

◆ 标记：设置属性标志。本属性不能空，必须填写。

◆ 提示：设置属性提示，引导用户输入正确的属性值。如果本项为空（不填），将以“标记”属性内容作为提示信息。如果在“模式”区域选择“固定”模式，“属性提示”选项将不可用。

◆ 默认：定义图块属性的“默认值”。

“插入点”选项区用于确定属性文本的插入位置。单击“拾取点”按钮，可暂时隐藏当前对话框，切换到图形窗口中选择插入点。

“文字选项”区的四个属性参数用于设置属性文本的参数，其含义如下。

◆ 对正：指定属性文本的对齐方式。

◆ 文字样式：指定属性文本的文字样式。

◆ 文字高度：指定属性文本的文字高度。

◆ 旋转：指定属性文字的旋转角度。

设置参数后，单击 确定 按钮切换到图形窗口，指定属性文字的插入点后操作完成。

（3）实例操作

下面以建筑图中的标高符号为例，说明属性图块的创建操作步骤。

① 绘制“图块图形”。绘制如图6-17（a）所示的“图块图形”部分所对应的标高符号图形。

② 定义图块属性。在命令行输入“ATT↙”调出【属性定义】对话框，设置图块属性。按图6-18所示进行以下设置：在“标记”文本框中输入“0.000”；在“提示”文本框中输入“请输入标高值，如<3.000>”；选择文字样式；设置“文字高度＝300”。单击 确定 按钮切换到图形窗口，在“点A”位置处单击确定插入基点后，“图块属性”定义完成，结果如图6-17（b）所示。

③ 定义“属性图块”。在命令行输入“B↙”，执行创建内部图块命令。在弹出的【块定义】对话框中（见图6-19）进行以下四步设置：首先设置图块“名称”为“标高”；然后将“图块属性”和“图块图形”全部选中，作为图块对象；选择“B点”为图块插入点；最后不勾选“在块编辑器中打开”复选框。完成设置后，单击 确定 按钮，弹出如图6-20所示的【编辑属性】对话框。输入“0.000”后单击 确定 按钮，完成全部操作。创建后的属性图块如图6-17（b）所示。

④ 插入“属性图块”。在命令行输入“I↙”执行“插入图块”命令。在弹出的对话框中选择“标高”图块。当命令行出现“输入属性值，请输入标高，如<3.000>:”的提示信息后，输入“3.000”并按Enter键。插入的图块如图6-17（c）所示。如果直接按Enter键，将只显示属性图块的图形部分，而不显示图块属性部分的文字。

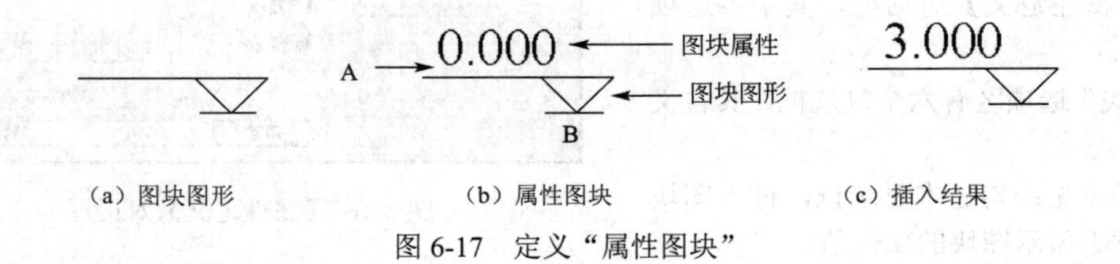

（a）图块图形　（b）属性图块　（c）插入结果

图6-17　定义“属性图块”

一个“属性图块”对象允许包含有多个图块属性。图 6-20 所示的【编辑属性】对话框只有一个图块属性，当有三个图块属性时，第 2、3 文本框将呈现可输入状态。

图 6-18 【属性定义】对话框参数设置

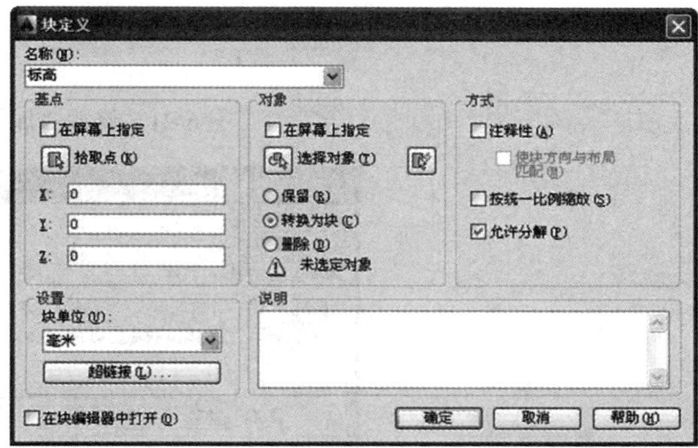

图 6-19 标高【块定义】对话框参数设置

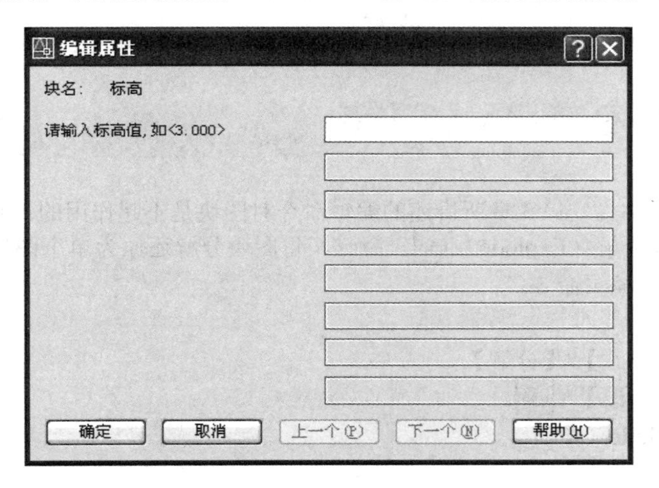

图 6-20 【编辑属性】对话框

6.2.5 编辑“属性图块”

属性图块是由图块属性和图块图形构成的一个统一体。编辑属性图块可用 AutoCAD 提供的专门编辑命令 Eattedit。

（1）执行方式

- 下拉菜单：【修改】/【对象】/【属性】/【单个】。
- 工具按钮：【修改 II】/ [按钮图标]。
- 命令行：eattedit。
- 快捷方式：双击“图块属性”对象。

（2）操作说明

双击图 6-21（a）所示的标高图块，弹出如图 6-22 所示的【增强属性编辑器】对话框。修改“值”文本框中的数值“3.000”为“6.600”。单击 确定 按钮，退出该对话框，完成全部操作。编辑结果如图 6-21（b）所示。

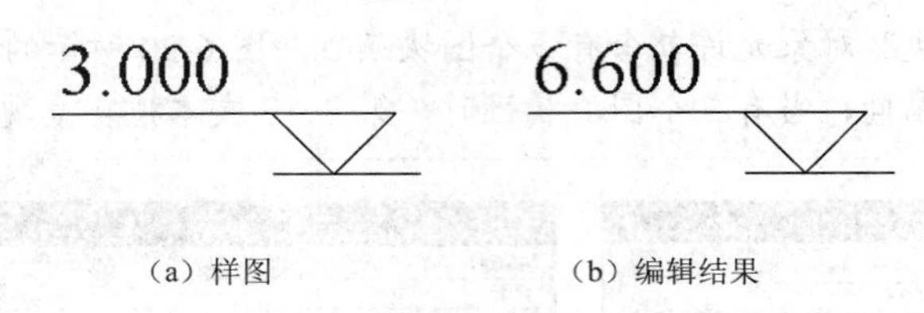

（a）样图　　（b）编辑结果

图 6-21　修改“属性图块”

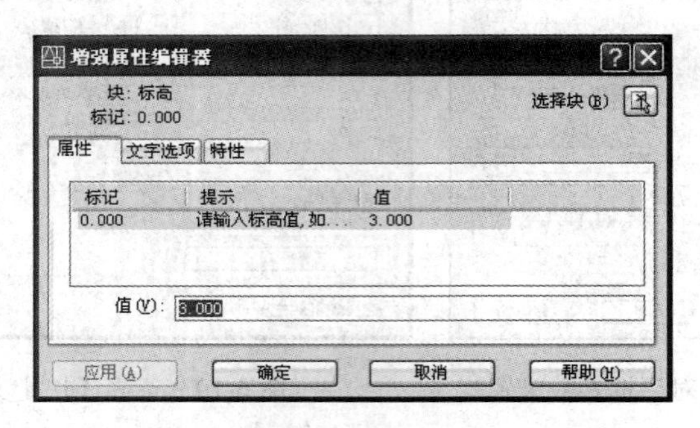

图 6-22 【增强属性编辑器】对话框

6.3 分解命令

由于图块具有整体性，第 3 章所讲述的编辑命令对图块是不起作用的。要对图块图形进行编辑修改，需要执行“分解（Explode）”命令，将图块分解还原为单个图形元素，然后才可使用“修剪”“拉伸”等编辑命令。

（1）执行方式

- 下拉菜单：【修改】/【分解】。
- 工具按钮：【修改】/ 。
- 命令行：explode（X）。

（2）操作说明

执行命令后，选择要分解的对象，分解命令就会将其分解成单个的图形。

如果被分解的图块是由多个图块相互嵌套构成的，分解命令一次只能分解一级图块。对于下一级图块，需要再执行分解命令，直到分解到最后一级。

在 AutoCAD 中多线、多段线、矩形、多边形都是由几个最基本的图形元素组成的集合体，“分解”命令对它们也适用。如果多段线（PLINE）被定义了线宽，在执行分解命令后，线宽参数将不再起作用。

6.4 特性匹配（格式刷）

特性匹配（matchprop）命令俗称为格式刷，它可以把一个对象的某些或所有特性复制到其他对象上。默认情况下，所有可应用的特性都自动地从选定的第一个对象复制到其他对象。可以复制的特性类型包括颜色、图层、线型、线型比例、线宽、打印样式和厚度等。

（1）执行方式

- 下拉菜单：【修改】/【特性匹配】。
- 工具按钮：【标准】/ 。

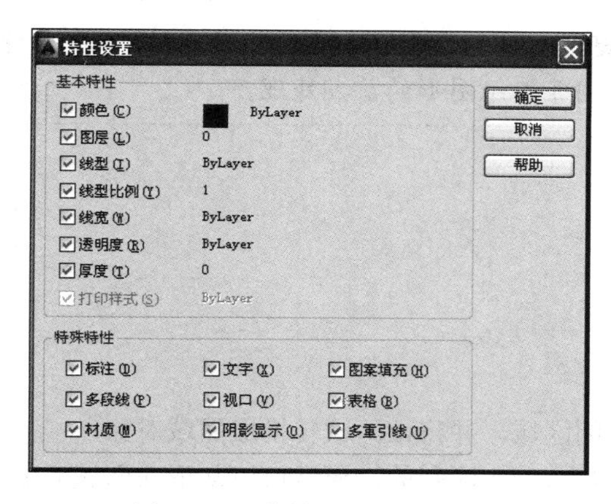

图 6-23 【特性设置】对话框

◆ 命令行：matchprop（MA）。

（2）操作说明

本命令的操作过程分为以下两步。

① 选择源对象。

② 选择要匹配的目标对象。

上述步骤不能颠倒。第①步源对象的选择只能选择一次，第②步目标对象的选择可以多次选择。

第①步完成后，在“选择目标对象或［设置(S)]:”提示下，输入“S↙”，弹出如图 6-23 所示的【特性设置】对话框。勾选相应特性，即可选择这些对象特性复制到目标对象上。

在实际操作中，使用格式刷命令，可快速地分类管理各种图形、尺寸、文字等对象，其编辑功能十分强大。灵活地运用本命令，可起到事半功倍的效果。

6.5 边界和面域

6.5.1 边界（Boundary）

边界命令是多段线的一种特殊用法。在封闭的区域内选取一点，程序分析后自动生成并绘制出本区域内所有封闭区域的轮廓线，而且生成的每个轮廓线是独立的多段线。

（1）执行方式

◆ 下拉菜单：【绘图】/【边界】。

◆ 命令行：boundary（BO）。

（2）操作说明

在命令行输入“BO↙”执行边界命令，弹出如图 6-24 所示的【边界创建】对话框。

单击拾取点按钮，返回绘图窗口，在图 6-25（a）所示区域内选取一点，程序自动分析并将分析结果以亮显的方式显示。按 Enter 键确认分析结果，提示“BOUNDARY 已创建 2 个多段线”后结束命令。创建的两个边界与原对象是重合的，使用移动命令将其与原对象分离，如图 6-25（b）所示。

图 6-24 【边界创建】对话框

若从【边界创建】对话框中的“对象类型”下拉列表框中选择“面域”选项，边界 Boundary 命令执行后生成的对象是面域。

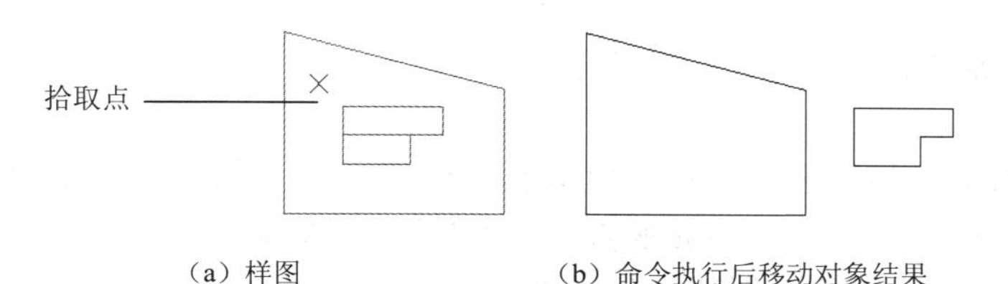

（a）样图　　（b）命令执行后移动对象结果

图 6-25 创建多段线并移动

“边界”命令可快速地将直线Line命令创建的封闭图形转换为多段线或面域，本命令通常在二维图形拉伸生成三维图形操作时，用于二维图形的前期处理。

6.5.2 面域（Region）

（1）执行方式

◆ 下拉菜单：【绘图】/【面域】。

◆ 工具按钮：【绘图】/ 。

◆ 命令行：region（REG）。

（2）操作说明

执行本命令后，程序自动分析所选择对象的封闭区域，并将该区域转换成面域对象。

面域总是以线框的形式显示，它与封闭的图形是有一定区别的。通常可以从形成面域后的夹点的数量与位置来判断。相同图形创建为面域前后的对比如图6-26所示，除多边形的夹点特征没有变化外，圆、椭圆、Line形成的多边形的夹点特征均有明显变化。

默认情况下，AutoCAD进行面域转换时，REGION命令创建面域对象的同时删除原对象。如果用户保留原对象，只需设置系统变量“DELOBJ=0”即可。

面域与边界线不同，它实际上就像是一张纸，除了包括边界，还包括边界内的平面。布尔运算可以编辑面域，但不可以编辑边界命令形成的多段线。

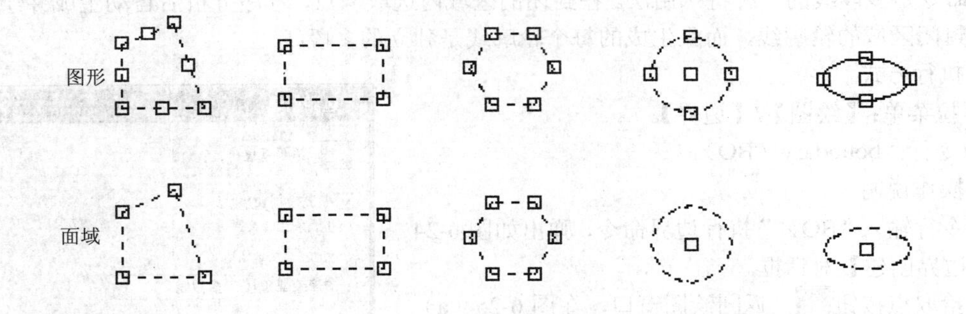

图6-26 封闭图形与面域对比

6.5.3 编辑面域——布尔运算

布尔运算是一种数学上的逻辑运算，它可用于创建复杂图形，提高绘图效率。布尔运算的编辑对象只能是（共面的）面域和实体。本小节主要介绍面域的布尔运算。

在AutoCAD中有三种布尔运算操作。

① 并运算Union。

② 差运算Subtract。

③ 交运算Intersect。

（1）并运算Union

并运算（Union）是将两个或两个以上的面域合并成一个新的组合面域。由于采用无重合的方法连接和组合源对象，所以组合后对象的面积将小于源对象的面积之和。

并运算（Union）命令实现方式有以下三种。

◆ 下拉菜单：【修改】/【实体编辑】/【并集】。

◆ 工具按钮：【实体编辑】/ 。

◆ 命令行：union（UNI）。

执行并运算(Union)命令后，只需选择要合并的面域对象，直到按 Enter 键结束选择，AutoCAD 将自动运算并结束命令。

图 6-27 是并运算操作前后的结果。操作时选择全部三个圆。

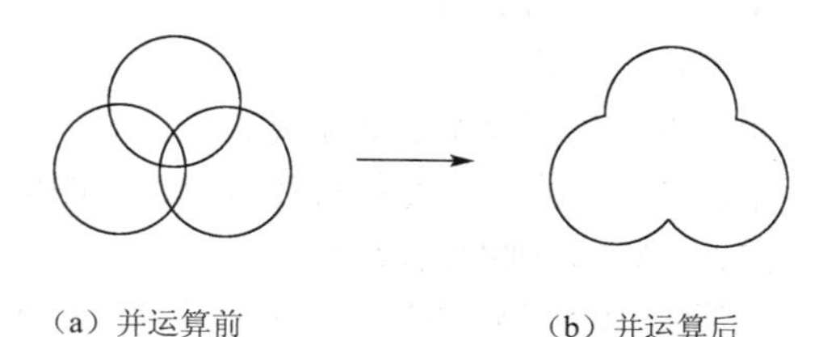

（a）并运算前　（b）并运算后

图 6-27　Union 并运算

（2）差运算 Subtract

差运算（Subtract）是在相交的面域组中，从一组面域中减去另一组面域形成新的组合面域。

差运算（Subtract）命令实现方式有以下三种。

◆ 下拉菜单：【修改】/【实体编辑】/【差集】。

◆ 工具按钮：【实体编辑】/ 。

◆ 命令行：subtract（SU）。

差运算运行时，要分以下两步执行。

① 选择被减对象（即保留对象）。本选择完成后，按 Enter 键切换到第②步。

② 选择减去对象（即不保留对象）。选择完成后，按 Enter 键，AutoCAD 自动运算。

图 6-28 是差运算操作前后的结果。操作时第①步选择下部两个圆，第②步选择上部圆。

（3）交运算 Intersect

交运算（Intersect）是将两个或两个以上的面域的共有部分创建成一个新的组合面域。

交运算（Intersect）命令实现方式有以下三种。

◆ 下拉菜单：【修改】/【实体编辑】/【交集】。

◆ 工具按钮：【实体编辑】/ 。

◆ 命令行：intersect（IN）。

图 6-29 是交运算操作前后的结果。操作时选择全部三个圆。

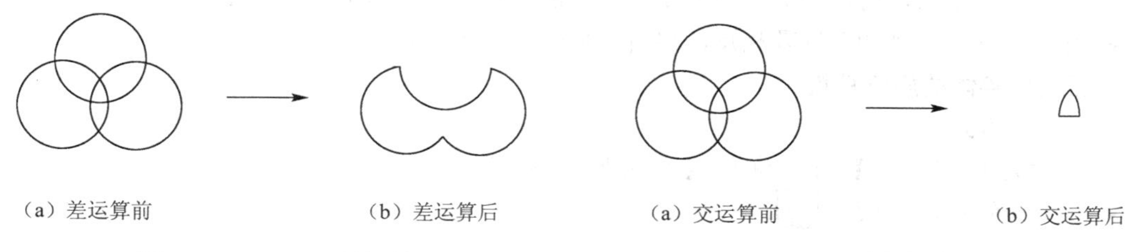

（a）差运算前　（b）差运算后　（a）交运算前　（b）交运算后

图 6-28　Subtract 差运算　　图 6-29　Intersect 交运算

布尔运算的编辑对象只能是面域和实体，封闭的多边形不能被编辑。所以本节三个例子中的样图的形成过程是：绘制一个圆→复制另两个圆→面域。

6.6 图形信息查询

在绘图过程中，用户往往想了解所绘制图形的一些相关信息，这就用到了 AutoCAD 提供的查询命令。

6.6.1 距离

（1）执行方式

- 下拉菜单：【工具】/【查询】/【距离】。
- 工具按钮：【查询】/ 。
- 命令行：dist（DI）。

（2）操作说明

本命令用于测量两点间距离。

下面两行信息是命令执行后系统给出的信息。除了距离之外，还给出了倾斜角度和增量（两点间在 X、Y、Z 轴的投影值）。

距离 =19.8633，XY 平面中的倾角 =36，　与 XY 平面的夹角 =0

X 增量 =16.1589，　Y 增量 =11.5517，　Z 增量 =0.0000

6.6.2 面积

（1）执行方式

- 下拉菜单：【工具】/【查询】/【面积】。
- 工具按钮：【查询】/ 。
- 命令行：area（AA）。

（2）操作说明

本命令用于查询指定的点所定义的任意形状闭合区域的面积和周长。这些点所在的平面必须与当前 UCS 的 XY 平面平行。

如果指定的多边形不闭合，AutoCAD 在计算该面积时假设从最后一点到第一点绘制了一条直线。计算周长时，AutoCAD 加上这条闭合线的长度。

命令执行后，命令窗口中会出现以下信息。

“指定第一个角点或 [对象(O)/加(A)/减(S)]:”

其中的三个参数意义如下。

- 对象：选择本项，可以选择一个自身封闭的图形，如矩形、多边形、圆、椭圆、多段线等，直接求出其面积和周长。
- 加：选择本项，可以选择多个封闭区域，命令窗口将显示全部区域面积和周长之和。
- 减：本选项与“加”选项相反，将所选择区域累减求差。

6.6.3 面域或实体的质量特性

（1）执行方式

- 下拉菜单：【工具】/【查询】/【面域/质量特性】。
- 工具按钮：【查询】/ 。
- 命令行：massprop。

（2）操作说明

本命令用于查询面域或实体对象的质量信息，如体积、质心、惯性矩等。图 6-30 就是一个长方体的信息。

6.6.4 列表

（1）执行方式

- 下拉菜单：【工具】/【查询】/【列表】。
- 工具按钮：【查询】/ 。
- 命令行：list。

```
AutoCAD 文本窗口 - Drawing1.dwg
编辑(E)
----------------   实体   ----------------

质量:                    13746628.0222
体积:                    13746628.0222
边界框:               X: 492.9765  --  976.8762
                      Y: 328.7540  --  612.8340
                      Z: 0.0000  --  100.0000
质心:                 X: 734.9264
                      Y: 470.7940
                      Z: 50.0000
惯性矩:               X: 3.1852E+12
                      Y: 7.7388E+12
                      Z: 1.0832E+13
惯性积:              XY: 4.7563E+12
                     YZ: 3.2359E+11
                     ZX: 5.0514E+11
旋转半径:             X: 481.3579
                      Y: 750.3088
                      Z: 887.6948
主力矩与质心的 X-Y-Z 方向:
                      I: 1.0390E+11 沿 [1.0000 0.0000 0.0000]
                      J: 2.7970E+11 沿 [0.0000 1.0000 0.0000]
                      K: 3.6069E+11 沿 [0.0000 0.0000 1.0000]
按 ENTER 键继续:
```

图 6-30 massprop 命令查询结果

（2）操作说明

执行本命令后将在文本窗口中显示选定对象的数据库信息，信息内容包括对象类型、对象图层、相对于当前用户坐标系 (UCS) 的 X、Y、Z 位置以及对象是位于模型空间还是图纸空间。图 6-31 是一个圆的信息。

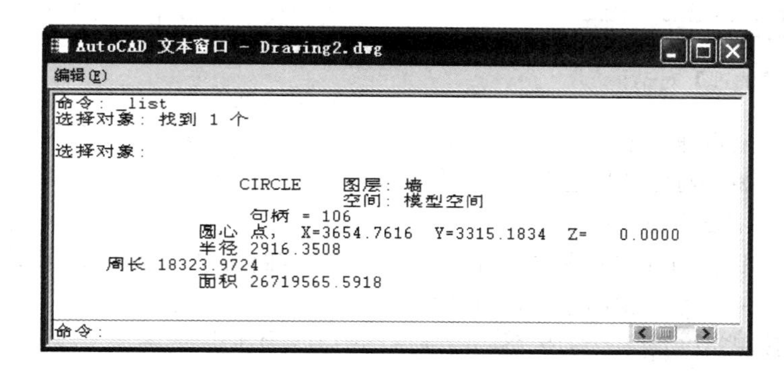

图 6-31 列表 list 命令查询结果

6.6.5 点坐标

（1）执行方式

- 下拉菜单：【工具】/【查询】/【点坐标】。
- 工具按钮：【查询】/ 。
- 命令行：id。

（2）操作说明

执行本命令后，选择点后在命令中显示该点的 X、Y、Z 坐标信息，如图 6-32 所示。

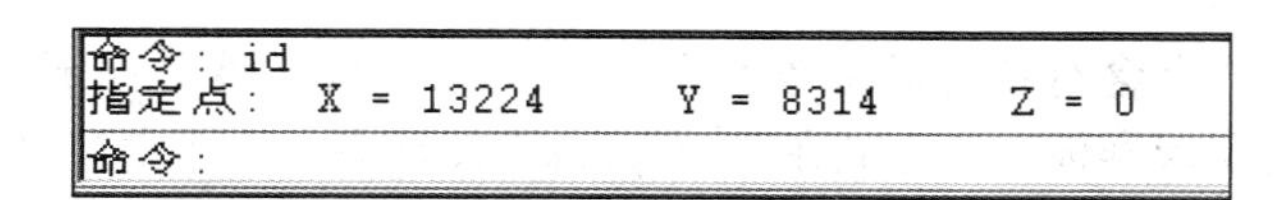

图 6-32 点坐标命令查询结果

6.7 清理

用户可以用删除（Erase）命令删除绘制的图形元素，但要删除已定义的图块类型， Erase 命令就不起作用了。AutoCAD 提供了清理（Purge）命令，它可以删除图形中不被使用的命名对象、图块定义、标注样式、图层、线型或文字样式。

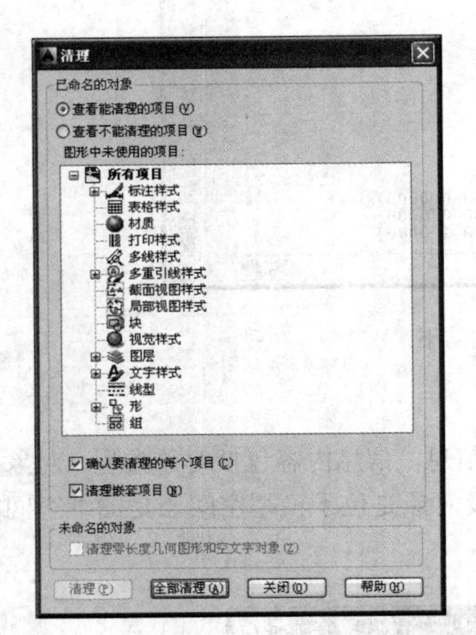

图 6-33 【清理】对话框

（1）执行方式

- 下拉菜单：【文件】/【图形实用程序】/【清理】。
- 命令行：purge（PU）。

（2）操作说明

执行命令后，弹出如图 6-33 所示的【清理】对话框。

对话框中各选项的功能意义如下。

- 查看能清理的项目：选择本单选按钮，将在树形列表中显示出不被使用（即可以被清除）的对象。树形列表项前有“+”符号的，表示此项目下有可被清理的对象。
- 查看不能清理的项目：本单选按钮与上一单选按钮相反，它将显示图形中被使用而不能清除的对象。
- 确认要清理的每个项目：本复选框决定清理命令执行时，是否弹出【确认清理】对话框。如果不勾选本复选框，程序直接执行清理命令，不弹出对话框。勾选本复选框，清理命令执行时，弹出对话框。用户确认后执行清理命令，否则可取消清理命令。
- 清理嵌套项目：勾选本复选框，可清理有嵌套结构的对象。图 6-33 所示树状图的“图层”项目前有“＋”号，说明该项目有嵌套子项目。

用户一般直接单击全部清理(A)按钮，清除图形中所有不使用的图块、线型等冗余部分。

执行“清除”命令，可减小图形文件所占用的磁盘空间。

6.8 样板

用户每次重新绘制新的图形时，需要再重新设置文字样式、标注样式等绘图参数。对于同一专业或同一工程，这些参数实际上是相对固定的。那么能否有一种好的方法，避免重复设置，摆脱这种重复而又枯燥的操作呢？答案是肯定的。使用 AutoCAD 提供的“自定义样板”功能，这种烦恼就不复存在。

样板，实际上是一个含有特定绘图参数环境的图形样板文件。图形样板文件的扩展名为“.dwt”。 AuotCAD 的图形样板文件存储在“template”文件夹中。通常存储在样板图形文件中的惯例和设置参数包括以下几种。

- 标题栏、边框和徽标。
- 单位类型和精度。

- 图层名。
- 标注样式。
- 文字样式。
- 线型。
- 捕捉、栅格和正交设置。
- 图形（栅格）界限。

6.8.1　创建样板

创建一个新的样板图形文件可分为以下四个步骤，具体操作如下。

① 执行“新建”命令创建一个新的图形文件。

② 分别执行【格式】下拉菜单中的“图层”“文字样式”“标注样式”等命令，创建相应格式。再使用绘制命令，绘制图框、标题栏、标题文字等。

③ 执行【文件】下拉菜单中的“另存为”命令，弹出【图形另存为】对话框，进行三步操作：在“保存于”下拉列表框中选择 AutoCAD 样板文件夹“Template”；在“文件类型”下拉列表框中选择“AutoCAD 图形样板（*.dwt）”；在“文件名”输入框中输入样板文件名称，如图 6-34 所示。

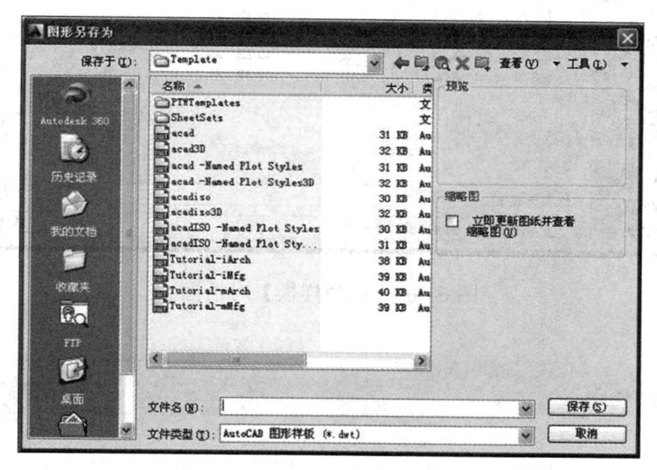

图 6-34　【图形另存为】对话框

④ 单击 保存(S) 按钮，弹出如图 6-35 所示的【样板选项】对话框。在“说明”文本框中输入相关文字说明，注释本样板的特点。也可放弃说明，直接单击 确定 按钮，完成样板创建。

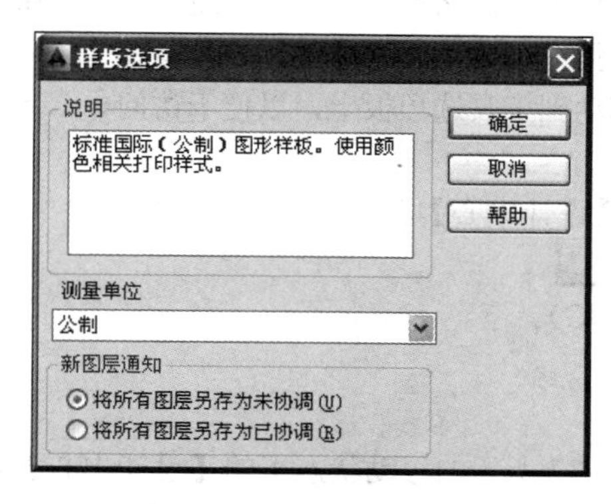

图 6-35　【样板选项】对话框

可以从一个已绘制好的图形文件快速获得创建样板图形文件。操作步骤为：①打开已绘制好的图形文件，应用“另存为”命令将此文件另存为样板图形文件“.dwt”；②在另存的文件中删除不需要的图形，再执行一次“保存”命令。

6.8.2 调用样板

执行“新建”命令，弹出如图 6-36 所示【选择样板】对话框，选择一个样板文件，单击 打开(O) 按钮，程序自动将样板文件调入到新建的图形中。

图 6-36 【选择样板】对话框

6.9 设计中心

AutoCAD 提供了一个文件图形资源（如图形、图块等）共享的平台——设计中心。设计中心主要有以下功能。

① 浏览用户计算机、网络驱动器和 Web 页上的图形内容等资源。

② 在新窗口中打开图形文件。

③ 浏览其他资源图形文件中的命名对象（如块、图层定义、布局、文字样式等），然后将对象插入、附着、复制和粘贴到当前图形中，简化绘图过程。

④ 将图形、块和填充拖动到工具选项板上，以便于访问。

6.9.1 执行方式

- 下拉菜单：【工具】/【设计中心】。
- 工具按钮：【标准】/ 。
- 命令行：adcenter（ADC）。
- 快捷方式：Ctrl+2。

6.9.2 设计中心窗口说明

执行命令后，弹出如图 6-37 所示的浮动状态下的【设计中心】窗口。【设计中心】窗口分为两部分：左边为树状图，右边为内容区。在树状图中浏览内容的源，在内容区显示资源的内容。

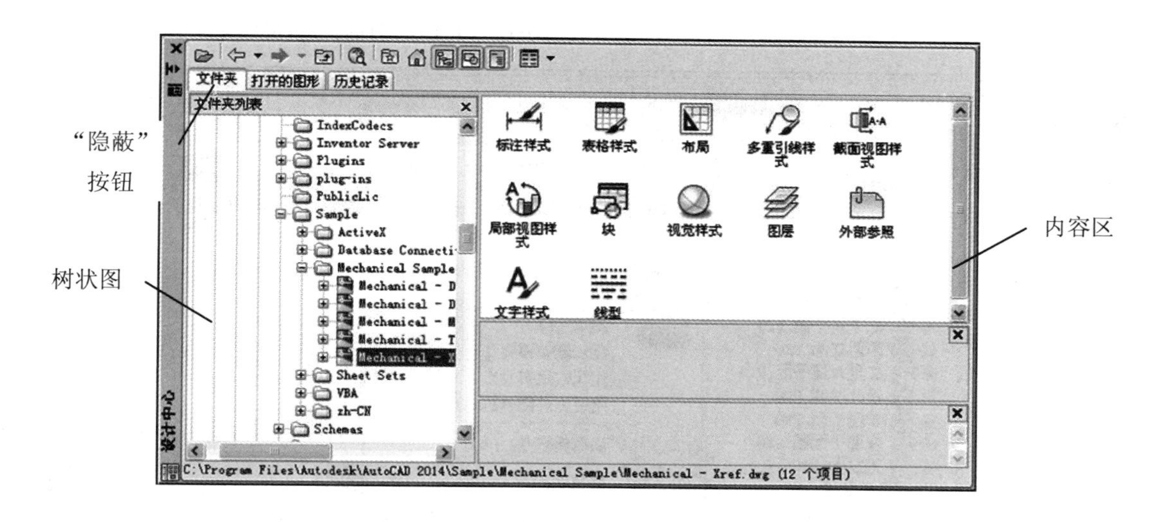

图 6-37 【设计中心】窗口

【设计中心】窗口有三个选项卡。

- 文件夹：显示计算机或网络驱动器（包括“我的电脑”和“网上邻居”）中文件和文件夹的层次结构。
- 打开的图形：显示当前工作任务中打开的所有图形，包括最小化的图形。
- 历史记录：显示最近在设计中心打开的文件列表。

合理切换各选项卡，可使操作更加便捷。例如，在已打开的图形文件间共享资源时，切换到“打开的图形”选项卡，其窗口界面内容更加清晰，更利于观察和操作。

【设计中心】窗口的大小可由用户自由控制。单击工具栏标题行上的“隐蔽”按钮（见图 6-37），可控制窗口的显示状态。

6.9.3 打开图形文件

在新窗口中打开图形文件的方法有以下两种。

① 传统打开图形方式。单击【设计中心】窗口左上角“加载”按钮，在弹出的【加载】对话框中搜索到图形文件后打开。

② 快捷菜单打开图形方式。首先在 文件夹 选项卡左侧树状图中选择要打开图形文件所在的文件夹，在右侧内容窗口中右击图形文件名，在弹出的快捷菜单中选择 在应用程序窗口中打开(O) 命令，如图 6-38 所示。

如果将图 6-38 所示内容窗口中的“北立面”图形文件拖动到当前图形文件的绘图窗口中，程序会按照块的形式插入，而不是独立的图形文件。

6.9.4 在当前图形中插入资源对象

如图 6-37 所示内容区，共享资源类型有八项，即标注样式、表格样式、布局、块、图层、外部参照、文字样式、线型。

在当前图形中插入资源对象的操作步骤（见图 6-39）分为以下两步。

① 在左侧树状图中指定插入资源类型（如“块”）。

② 在右侧用鼠标拖动指定属性项目（如“$...00036”块）到当前图形窗口中。

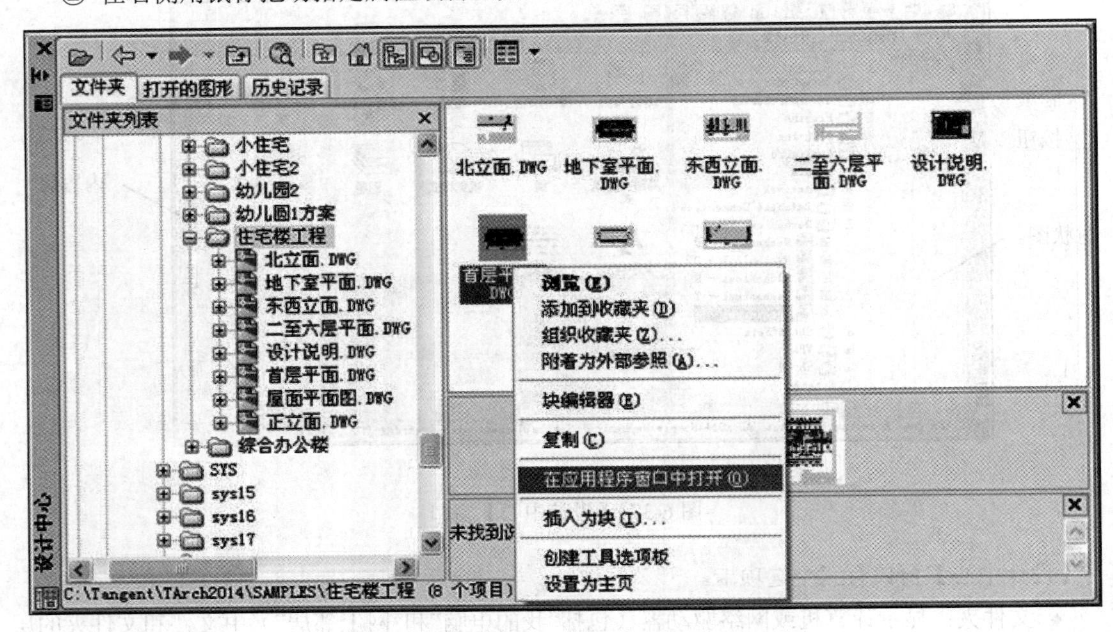

图 6-38　快捷菜单打开图形文件操作界面

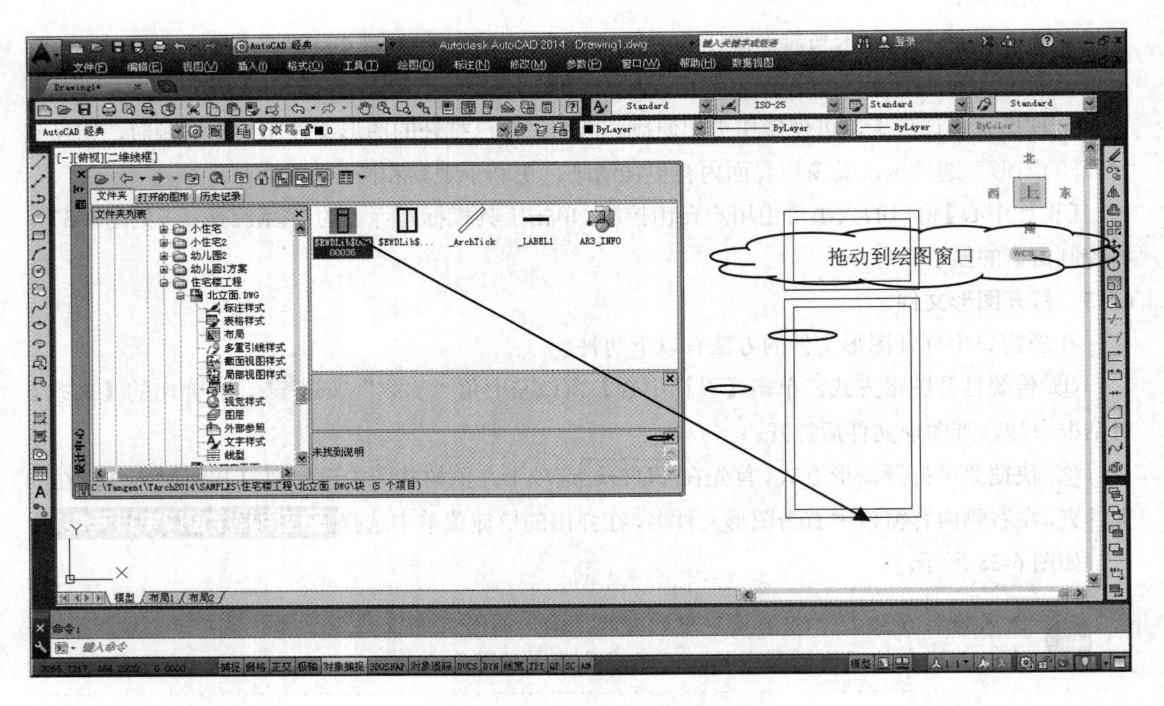

图 6-39　插入“块”对象操作界面

拖动插入块对象时，程序会按 1∶1 的比例直接插入。如果指定比例插入，需双击内容区中块对象，在弹出的【插入】对话框中设置插入比例参数。

6.10 工具选项板

工具栏是 Windows 标准程序提供的一个常用命令的快捷执行平台，将用户从调用下拉菜单命令的烦琐过程中解脱出来，提高了操作效率。AutoCAD 程序在工具栏应用基础上，推出了一个功能扩大化的便捷工具平台——工具选项板。

用户可根据简便化操作的需要，自定义工具选项板的形式和内容。工具选项板的突出优势是组织、共享“图块”资源。工具选项板可管理的项目有：几何对象（如直线、圆和多段线）；标注；图块；图案填充；实体填充；渐变填充；光栅图像；外部参照。

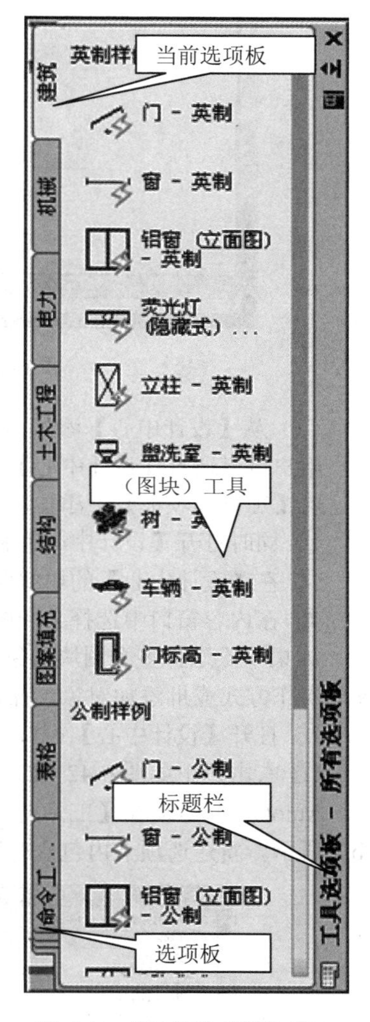

图 6-40 【工具选项板】窗口

6.10.1 执行方式

- 下拉菜单：【工具】/【工具选项板】。
- 工具按钮：【标准】/ 。
- 命令行：toolpalettes。
- 快捷方式：Ctrl+3。

6.10.2 工具选项板窗口说明

执行命令后，弹出如图 6-40 所示的浮动状态下的【工具选项板】窗口。该窗口分为三个部分。

- 标题栏：可控制【工具选项板】窗口位置。
- 选项板：在窗口中以选项卡的形式存在，是各种分类工具的集合。当前选项板只有一个。
- 工具：选项板所包含的对象，如图块。

6.10.3 工具选项板的显示控制

（1）移动和缩放工具选项板

拖到标题栏，可在屏幕内移动【工具选项板】窗口。双击标题栏，工具选项板将被固定于程序窗口左侧；双击固定窗口顶部，工具选项板恢复“浮动”状态。将鼠标移动到【工具选项板】窗口边缘，指针变为双向箭头“↔”，可调整【工具选项板】窗口大小。

（2）自动隐藏

【工具选项板】窗口的选项板部分有“自动隐藏 ”和“始终展开 ”两种状态。单击标题栏底部的按钮，将在两种状态间切换。“自动隐藏”状态时，选项板窗口只保留标题栏，当鼠标指针在标题栏上时，选项板弹出；鼠标指针移离标题栏时选项板隐藏。

6.10.4 将“工具选项板”对象插入当前图形窗口

单击选项板内的插入项目，移动鼠标到绘图窗口，指针上吸附着插入对象（见图 6-41），在插入位置单击，插入完成。插入图块对象时，用户可根据命令行提示控制插入对象的参数。

6.10.5 向工具选项板添加内容

用户有两种方法向【工具选项板】中添加内容。

（1）直接插入对象

用户可直接将当前图形窗口中的对象（如图块）添加到【工具选项板】中。首先保证【工具选项板】窗口处于展开状态；然后在绘图窗口中选择要添加对象；最后拖动添加对象到选项板内。

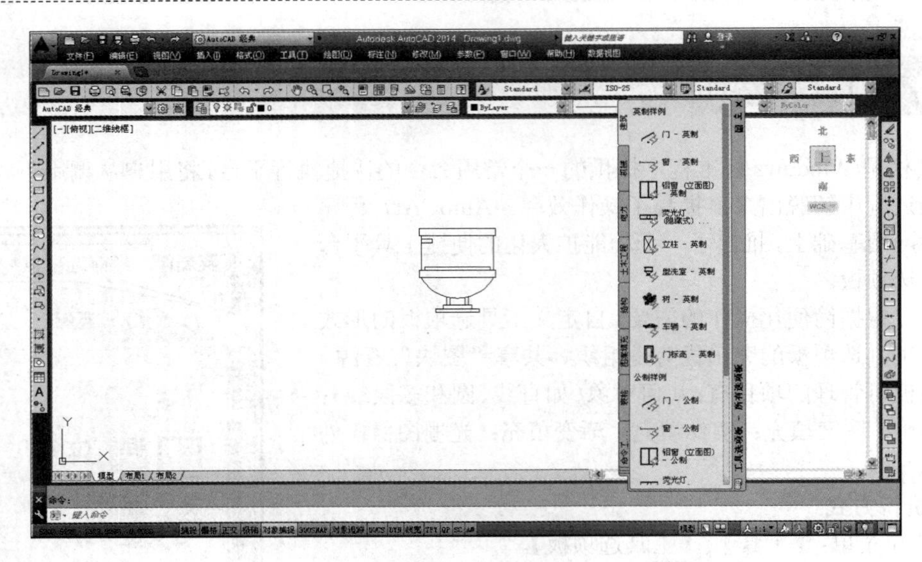

图 6-41　将“工具选项板”对象插入当前图形

（2）从【设计中心】添加内容

用户可以通过【设计中心】，单个或成批地向【工具选项板】中添加内容。

向【工具选项板】中添加单个对象的步骤如下。

① 同时打开【设计中心】和【工具选项板】窗口，并均处于展开状态。

② 在【设计中心】的树状图窗口中选择某图形文件，显示到“块”属性层次。

③ 在内容窗口中选择某个图块，拖动到【工具选项板】窗口。

如果一次选择多个图块对象拖动到【工具选项板】窗口，就是成批添加。用户还可采用快捷菜单操作方式成批添加对象，操作步骤如下。

① 打开【设计中心】窗口，在树状图窗口中选择一个图形文件（如图 6-42）。

② 右击弹出如图 6-42（a）所示的快捷菜单，选择“创建工具选项板”命令。

AutoCAD 自动在【工具选项板】窗口中创建一个与图形文件名称同名的选项卡，如图 6-42（b）所示。新建选项卡内包含有原图形文件中的所有图块。

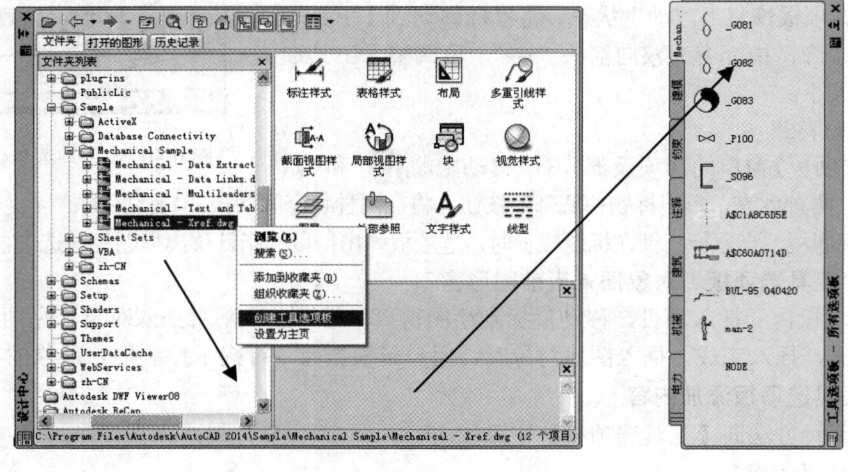

（a）设计中心操作　　（b）新建工具选项卡

图 6-42　从“设计中心”成批向“工具选项板”填加内容

成批添加【工具选项板】时，若用户在【设计中心】面板中选择的是文件夹，右击弹出的快捷菜单如图 6-43 所示。选择“创建块的工具选项板”命令，程序创建一个与文件夹同名的选项卡，自动将原文件夹中的每个文件转换为一个图块。

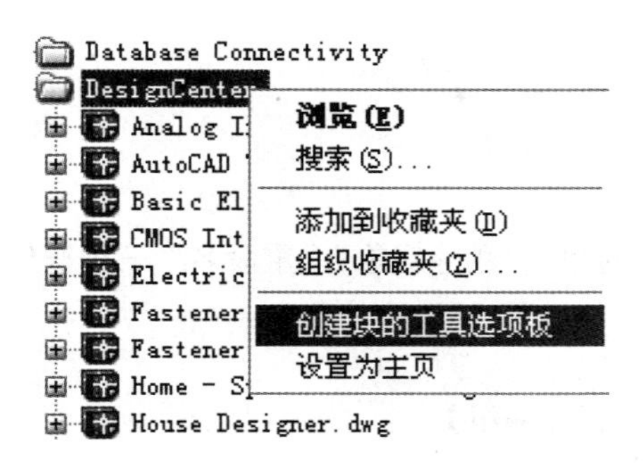

图 6-43 选择“文件夹”相应快捷菜单

6.11 组

AutoCAD 通常采用图层对图形对象进行分类管理。如果用户需要进行跨图层的、小区域的对象管理，建议使用“编组”命令。

编组在某些方面类似于块，它是另一种将对象编组成命名集的方法。在编组中可以更容易地编辑单个对象，而在块中必须先分解才能编辑。与块不同的是，编组不能与其他图形共享。

6.11.1 创建组

（1）执行方式

◆ 下拉菜单：【工具】/【组】。

◆ 工具按钮：【组】/。

◆ 命令行：group（G）。

（2）操作说明

Ⅰ. 创建未命名编组

编组对象的最快方式是创建一个未命名的编组。

① 选择要编组的对象。

② 执行组命令

选定的对象被编入一个指定了默认名称（例如 *A1）的未命名编组。

Ⅱ. 创建命名编组

① 执行组命令

② 在命令提示下，输入“n”并按 Enter 键，然后输入编组的名称。

③ 选择要编组的对象，并按 Enter 键。

默认情况下，选择编组中任意一个对象即选中了该编组中的所有对象，并可以像修改单个对象那样移动、复制、旋转和修改编组。

不要创建包含成百或上千个对象的大型编组。大型编组会大大降低本程序的性能。

6.11.2 组编辑

（1）执行方式

◆ 工具按钮：【组】/ 。

◆ 命令行：groupedit。

（2）操作说明

组编辑添加或删除编组对象

① 执行“组编辑”命令。

② 选择要编辑的组对象。

③ 根据提示进行“添加对象”“删除对象”“重命名”三种操作。

6.11.3 解除编组对象

（1）执行方式

◆ 下拉菜单：【工具】/【解除编组】。

◆ 工具按钮：【组】/ 。

◆ 命令行：ungroup。

（2）操作说明

解除编组是将组对象从已有编组中分离出来。

① 选择编组的对象。

② 执行“解除编组”命令。

③ 输入“A”以分解图形中的所有编组。

练 习 题

1．填空题

（1）图层的控制状态可分为________、________、________三组类型。

（2）图块具有整体性，________类命令对图块是不起作用的。要对图块图形进行修改，需要执行________命令。

（3）调用【设计中心】的快捷键是________，调用【工具选项板】的快捷键是________。

（4）AutoCAD提供了________、________、________三种布尔运算方式。

（5）把一个对象的某些或所有特性复制到其他对象上的命令是________，俗称________。

2．选择题

（1）影响图形显示的图层控制状态是（　　）。

A．关　　B．锁定　　C．冻结

（2）为加快程序运行速度，不显示复杂图形中某些图层，设置（　　）状态更加优化。

A．关　　B．锁定　　C．冻结

（3）对多线mline对象执行分解命令后，分解后的线型是（　　）。

A．直线line　　B．多段线pline　　C．构造线

3．连线题（请正确连接左右两侧各命令的中英文名称，并在右侧括号内填写各命令的别名）

创建图层	block	（　　）
创建内部块	boundary	（　　）
创建外部块	dist	（　　）
插入块	explode	（　　）
分解	insert	（　　）

格式刷　　matchprop（　　）
边界　　layer（　　）
清理　　purge（　　）
分解　　wblock（　　）

4．上机练习题

（1）图层练习。从学习素材中调出“上机练习/第 6 章/题图 6-1 户型平面图”，如题图 6-1（a）所示，依次执行以下操作。

① 控制图层显示。只设置“WALL”图层为“开”状态，其余图层均为“关”状态。结果如题图 6-1（b）所示。

② 设置“WALL”和“WINDOW”图层为“开”状态。结果如题图 6-1（c）所示。

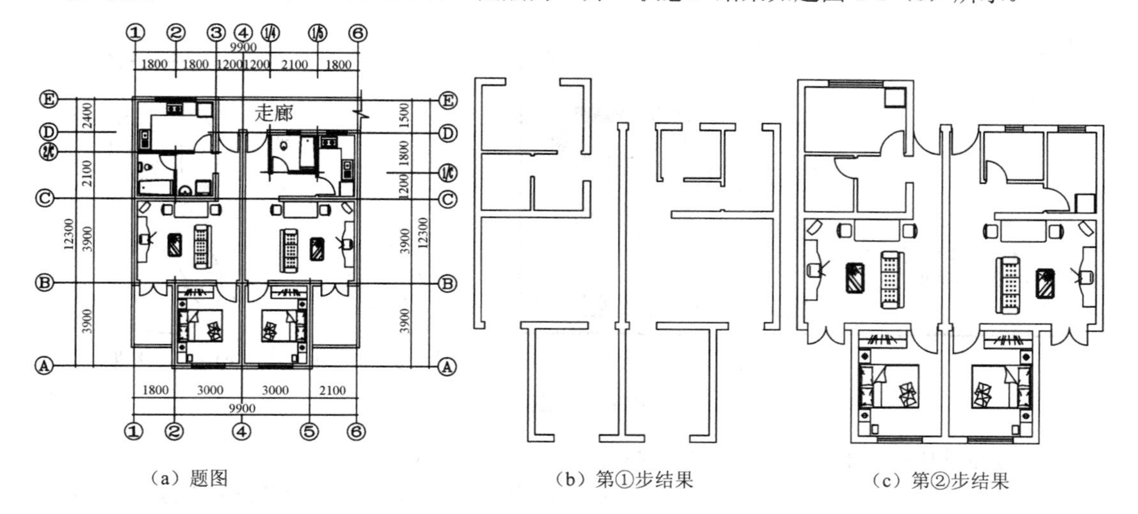

（a）题图　　（b）第①步结果　　（c）第②步结果

题图 6-1　图层练习

③ 新建“家具”图层。图层特性：颜色“灰色（9）”，线型“Continuous”，线宽“默认”。

④ 使用快速图层对象管理操作，将“WINDOW”图层中的家具转换到“家具”图层上。

⑤ 冻结“家具”图层，开“轴线”图层。

⑥ 设置“轴线”图层的线型为“DASHDOT”，墙图层线宽为“0.5mm”。显示“线宽”状态。

⑦ 在命令行输入“LTSCALE”命令，设置新线型比例因子为“50”。

（2）布尔运算练习，从学习素材调出“上机练习/第 6 章/题图 6-2 布尔运算”，分两阶段完成。

① 创建面域。

② 分别执行三种布尔运算。

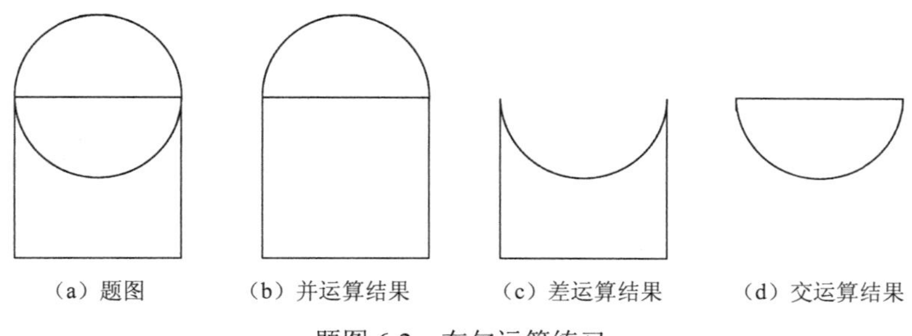

（a）题图　　（b）并运算结果　　（c）差运算结果　　（d）交运算结果

题图 6-2　布尔运算练习

（3）创建“轴线号”属性块，操作步骤如下。

① 执行“圆”命令绘制直径=1000 的圆。

② 创建文字样式。样式名=轴号，字体名=romans.shx，宽度比例=0.8。

③ 创建属性对象。执行“定义属性（att）”命令，按题图 6-3（a）所示设置属性参数，插入属性如题图 6-3（b）所示。

④ 创建“轴线号”属性块。执行“块（block）”命令，选择两对象。

⑤ 插入“轴线号”。定义轴线名称分别为“2、10、A”。

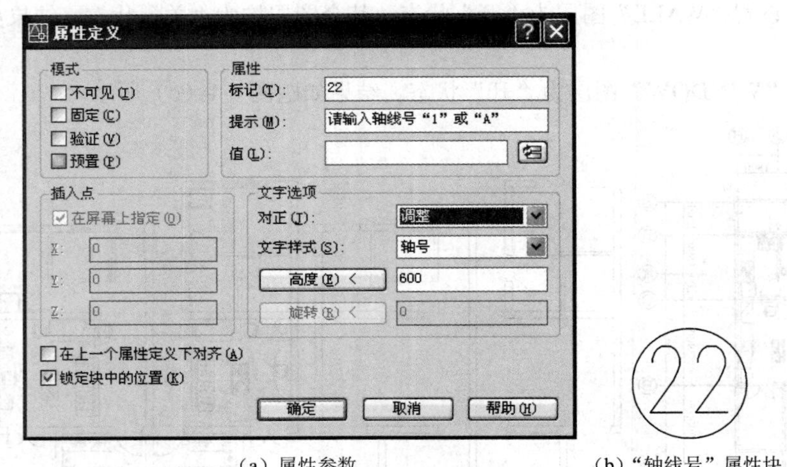

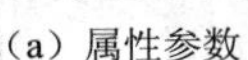

（a）属性参数　（b）“轴线号”属性块　（c）插入块结果

题图 6-3　属性块练习

（4）【设计中心】和【工具选项板】操作，分两阶段完成。

① 添加新工具面板。将学习素材“\上机练习\第 6 章”文件夹下“House Designer.dwg”文件作为源，向【工具选项板】添加“House Designer”图块选项卡。

② 从【工具选项板】向当前图形插入图块。

第 7 章　三 维 绘 图

本章学习三维绘图知识，主要内容如下。

① 三维绘图的基本知识，包括视图、用户坐标系统 UCS、视口等。

② 三维实体绘图命令。

③ 三维实体编辑命令。

④ 三维实体的着色与渲染。

7.1 三维绘图基本概念

7.1.1 三维模型类型

在 AutoCAD 中用户可以用三种方式创建三维图形，即线框模型、表面模型、实体模型。

（1）线框模型

线框模型只由点、直线和曲线构成，而没有面的信息，就像用“铁丝”按照物体的棱线做的一个“骨架”。用户可以使用三维 FACE 命令来定义“面”，将线框模型变为表面模型。

（2）表面模型

表面模型较线框模型更为复杂，它不仅定义了三维对象的边，而且定义了三维对象的表面。表面模型就像一个“皮球”，只有表面特征，可以对其进行消隐、渲染、计算面积等操作。AutoCAD 提供了【曲面创建】工具栏（见图 7-1），以及下拉菜单【绘图】/【建模】/【曲面】子菜单来绘制表面模型。

图 7-1 【曲面创建】工具栏

（3）实体模型

实体模型是具有质量、体积、重心、惯性矩和回转半径等体特征的三维对象。如果说表面模型相当于一个“皮球”，实体模型就是一个“实心球”。与表面模型不同，实体模型具有“体”的特征，用户可以对实体模型进行挖孔、挖槽、剖切、倒角、布尔运算、消隐、渲染以及计算实体的体积、重心、惯性矩等操作。AutoCAD 提供了【建模】工具栏（见图 7-2），以及下拉菜单【绘图】/【建模】子菜单来绘制实体模型。

图 7-2 【建模】工具栏

三维模型可以进行有限制的转换，即可将实体模型转化为表面模型，或将表面模型转化为线框模型，反之却不行。

7.1.2 右手法则

AutoCAD 为用户提供的绘图环境实际上是一个由 X 轴、Y 轴、Z 轴三个坐标轴构成的三维坐标系统。在学习绘制二维平面图形时，使用的是这个三维坐标系中的一个特殊平面——XY 平面（Z 坐标值为 0）。

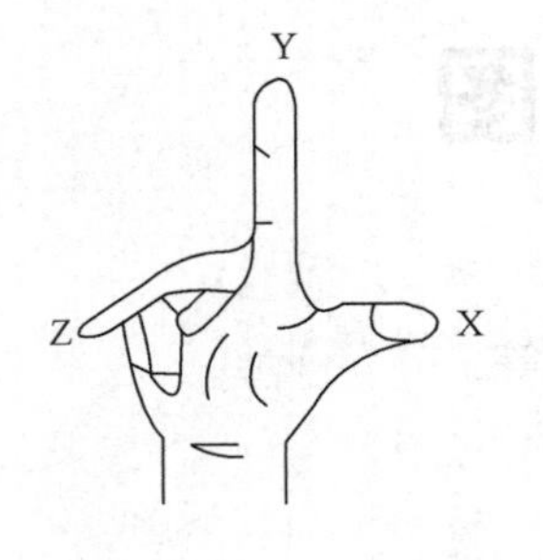

图 7-3 右手法则

在三维坐标系中，如果知道了 X 和 Y 轴的方向，根据右手法则就能确定 Z 轴的正轴方向。

右手法则（手形如图 7-3 所示）：拇指指向 X 轴的正方向，食指指向 Y 轴的正方向，则中指所指示的方向即是 Z 轴的正方向。

右手法则也可决定三维空间中任一坐标轴的正旋转方向：使右手的大拇指指向该轴的正方向，其余手指按生理方向弯曲时所指示的方向就是坐标轴的正旋转方向。

7.1.3 视图

（1）正交视图和等轴测视图

按一定比例、观察位置和角度显示的图形称为视图。

为了便于观察三维图形，AutoCAD 提供了两类标准视图，即正交视图、等轴测视图。

- 正交视图：有俯视图、仰视图、左视图、右视图、前视图、后视图六种。
- 等轴测视图：有西南等轴测视图、东南等轴测视图、东北等轴测视图、西北等轴测视图四种。

AutoCAD 启动时模型空间默认视图是正交视图中的“俯视图”，是二维绘图环境。

用户分别单击如图 7-4 所示的【视图】工具栏上的按钮，可以在各种视图间快速切换。

图 7-4 【视图】工具栏

（2）自定义观察方向

AutoCAD 所提供的十个标准视图，其视点位置是固定的。用户可以自定义新视点位置，设置观察角度。

① 执行方式

- 下拉菜单：【视图】/【三维视图】/【视点预置】。
- 命令行：ddvpoint（VP）。

② 操作说明

a. 命令行输入“VP”后按 Enter 键，弹出如图 7-5 所示的【视点预置】对话框。

b. 设置参数。在【视点预置】对话框中，左侧的“罗盘”图形对应的是与 X 轴的角度数值，右侧的“半圆”图形对应的是与 XY 平面的角度数值。用户可以用鼠标移动图形中的指针来改变角度参数，也可以直接通过键盘在下方的两个文本框中输入相应的角度值。

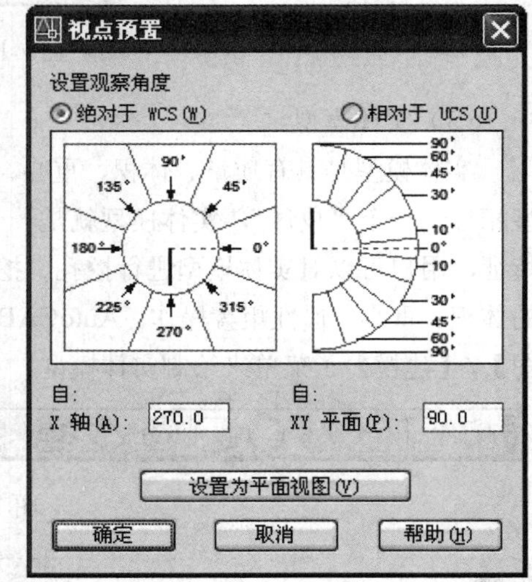

图 7-5 【视点预置】对话框

（3）三维动态观察

AutoCAD 还提供了 3 种三维动态观察器，由用户自由操作，实时观测。图 7-6 为【动态观察】工具栏。

图 7-6 【动态观察】工具栏

① 受约束的动态观察

执行方式

- ◆ 下拉菜单：【视图】/【动态观察】/【受约束的动态观察】。
- ◆ 工具按钮：【动态观察】/ 。
- ◆ 命令行：3dorbit（3DO）。

“受约束的动态观察 3DORBIT”命令，沿 XY 平面或 Z 轴约束三维动态观察。在三维空间中旋转视图，但仅限于水平动态观察和垂直动态观察。

② 自由动态观察

执行方式

- ◆ 下拉菜单：【视图】/【动态观察】/【自由动态观察】。
- ◆ 工具按钮：【动态观察】/ 。
- ◆ 命令行：3dforbit（3DF）。

“自由动态观察 3DFORBIT”命令，不参照平面，在任意方向上进行动态观察。沿 XY 平面或 Z 轴进行三维动态观察时，视点不受约束。与 3DORBIT 不同，3DFORBIT 不会将动态观察约束到水平或垂直平面。

在当前视口中激活三维自由动态观察视图。三维自由动态观察视图显示一个导航球（见图 7-7），它有助于定义动态观察的有利点。将光标移到导航球的不同部分将更改光标图标，并在拖动光标时指示视图旋转的方向。

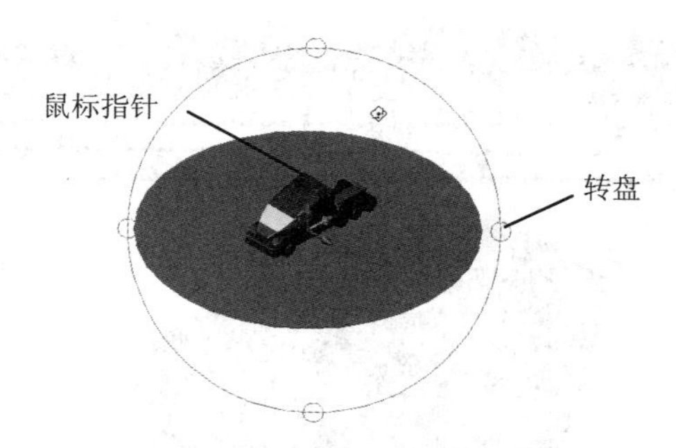

图 7-7 【自由动态观察】操作界面

③ 连续动态观察

执行方式

- ◆ 下拉菜单：【视图】/【动态观察】/【连续动态观察】。
- ◆ 工具按钮：【动态观察】/ 。
- ◆ 命令行：3dcorbit（3DC）。

“连续动态观察 3DCORBIT”命令，连续地进行动态观察。在要使连续动态观察移动的方向上单击并拖动，然后松开鼠标按钮，以启动连续运动。光标移动设置的速度决定了对象的旋转速度。

启动此命令之前选择一个或多个对象可以限制为仅显示此对象。在“受约束的动态观察”和“自由动态观察”处于活动状态下，无法编辑对象。

（4）实例演示

以本书提供的“别墅三维模型”图形文件为例，介绍视图的显示效果。

① 打开图形文件。选择下拉菜单的【文件】/【打开】命令，弹出【选择文件】对话框，在学习素材中的“示例文件/第 7 章”目录下，选择“别墅三维模型”文件，如图 7-8 所示。

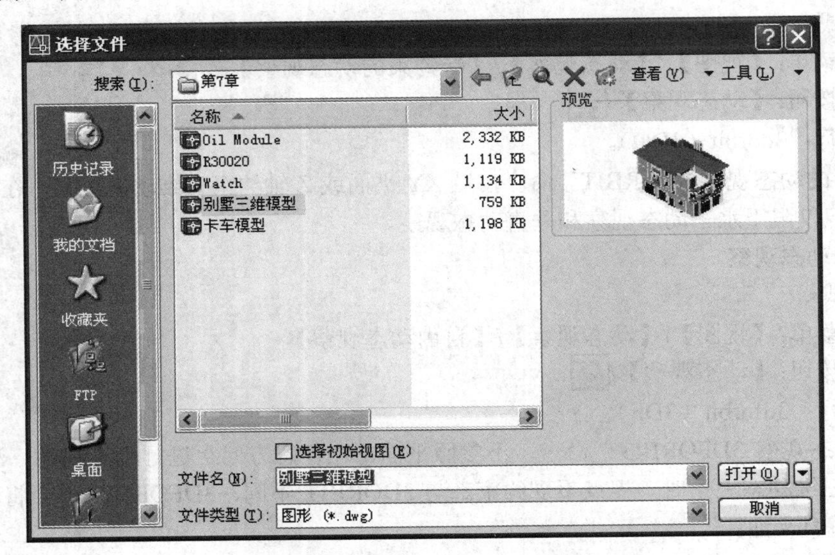

图 7-8 【选择文件】对话框

单击 打开(O) 按钮，打开后的图形文件如图 7-9 所示。

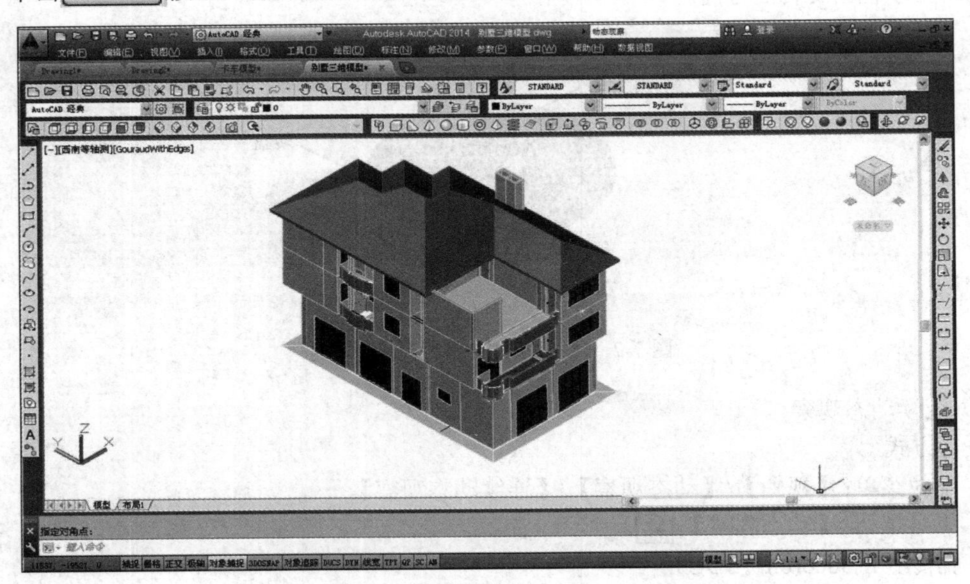

图 7-9 打开后的“别墅三维模型”文件

② 标准视图操作。分别单击【视图】工具栏中的“前视”按钮、“左视”按钮、“西南等轴测”按钮、“西北等轴测”按钮，显示效果分别如图 7-10 所示。

③ 自定义视图操作。输入“VP↙”执行命令，弹出如图 7-5 所示的【视点预置】对话框，设置“自 X 轴：200，自 XY 平面：10”。执行后的效果如图 7-11 所示。

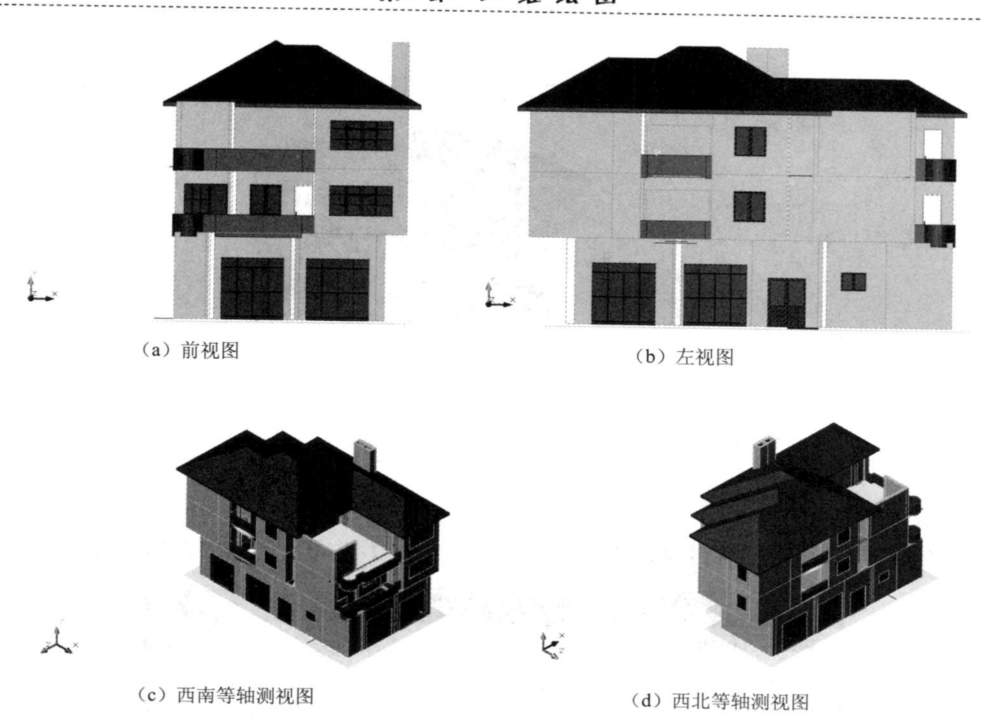

（a）前视图

（b）左视图

（c）西南等轴测视图

（d）西北等轴测视图

图 7-10 正交视图和等轴测视图效果

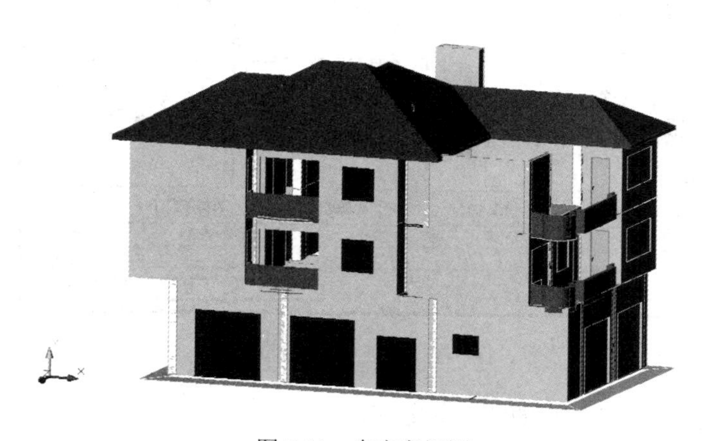

图 7-11 自定义视图

④ 三维动态观察模式操作。输入“3DF↙”执行命令，单击并拖动鼠标指针实时调整观察角度，图 7-12 所示是其中一种观察角度。

7.1.4 视口

将模型空间的绘图区域拆分成一个或多个相邻的矩形视图，称为模型空间视口。默认情况下，AutoCAD 采用的是“一个视口”显示方式。为更好地绘制、观察和编辑三维图形，用户应选择多视口显示方式。定义视口显示方式的命令名为“**VPORTS**”。

（1）执行方式

- 下拉菜单：【视图】/【视口】/【新建视口】。
- 工具按钮：【视口】/ 。
- 命令行：vports。

图 7-12　三维动态模式视图

（2）操作说明

执行命令后，弹出【视口】对话框，单击【新建视口】选项卡，如图 7-13 所示。

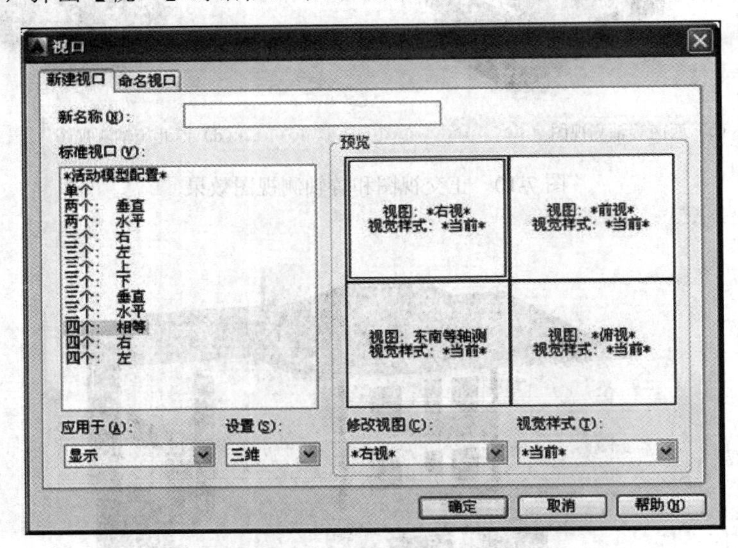

图 7-13 【视口】对话框

【新建视口】选项卡中各选项的功能意义如下。

- 新名称：为新建的模型视口配置指定名称。如果不输入名称，则新建的视口配置只能应用而不保存。如果视口配置未保存，将不能在布局中使用。
- 标准视口：列出已有标准视口配置，用户可直接选择相应配置。
- 预览：显示选定视口配置的预览图像，以及在配置中被分配到每个单独视口的默认视图。
- 应用于：将模型视口配置应用到整个显示窗口或当前视口。
- 设置：指定在视口中显示的视图样式，有“二维”和“三维”两个选项。
- 修改视图：从下拉列表框中选择新的视图样式，替换“预览”窗口中所选定视口的视图样式。

在多视口状态下，命令操作只能在一个视口（当前视口）中操作。通过观察视口的外框线的粗细来判断当前视口，当前视口的外框线比较粗。用鼠标单击各视口进行当前视口切换。各视口的观察角度采用上节讲述的视图操作进行。

（3）实例演示

仍以“别墅三维模型”文件为例。首先单击“设置”下拉列表框，选择“三维”选项。然后在“标准视口”列表框中选择“四个：相等”选项，如图 7-14 所示。最后单击 确定 按钮，命令执行后效果如图 7-15 所示。

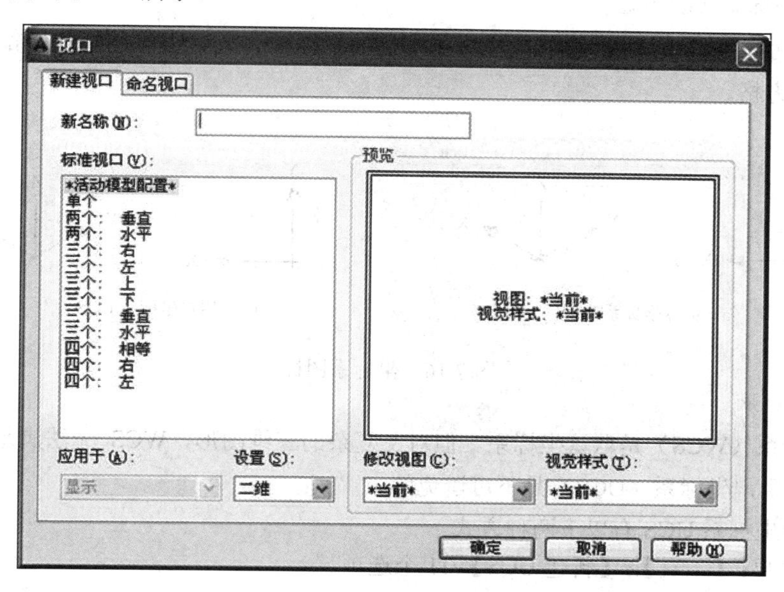

图 7-14　四视口参数设置

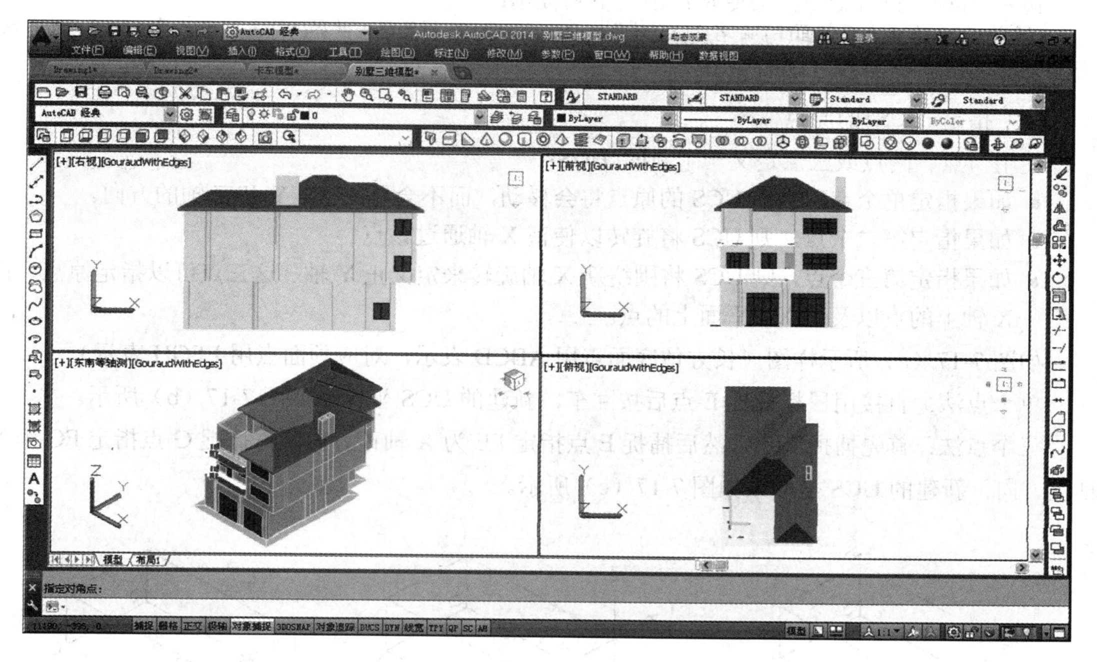

图 7-15　四视口的三维显示效果

尽管一个图形窗口中被分割成多个视口，但各视口之间的数据是共享的。在一个视口中对图形进行的任意绘制或修改操作，其他视口立即自动更新。

7.1.5 用户坐标系统 UCS

AutoCAD 提供了两种坐标系。

① 世界坐标系（WCS）。

② 用户坐标系（UCS）。

它们的区别如图 7-16 所示，WCS 坐标系图标的坐标轴的交点处有一个小方格“□”，而 UCS 坐标系没有小方格。

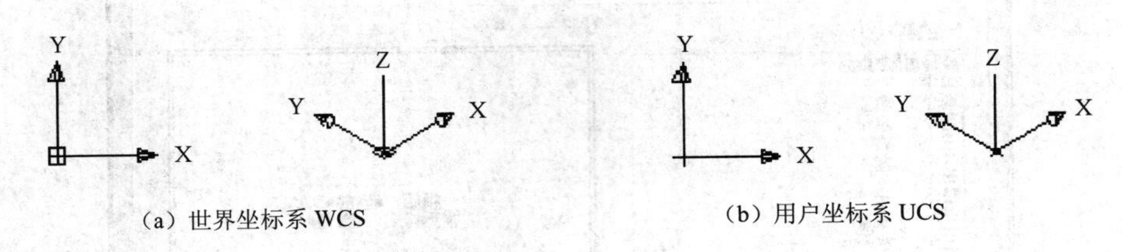

（a）世界坐标系 WCS （b）用户坐标系 UCS

图 7-16 坐标系图标

世界坐标系（WCS）是默认坐标系。但对于复杂的三维图形，WCS 无法满足绘图要求，因此创建合适的用户坐标系（UCS）是不可避免的。

定义用户坐标系 UCS 有以下两种方式。

- 下拉菜单：【工具】/【新建 UCS】/11 个选项。
- 命令行：ucs。

输入“ucs”执行命令，命令窗口出现下列提示：

“指定 UCS 的原点或 [面(F)/命名(NA)/对象(OB)/上一个(P)/视图(V)/世界(W)/X/Y/Z/Z 轴(ZA)] <世界>:”

主要的参数功能意义说明如下：

（1）指定 UCS 的原点

使用一点、两点或三点定义一个新的 UCS：

- 如果指定单个点，当前 UCS 的原点将会移动，而不会更改 X、Y 和 Z 轴的方向。
- 如果指定第二个点，则 UCS 将旋转以使正 X 轴通过该点。
- 如果指定第三个点，则 UCS 将围绕新 X 轴旋转来定义正 Y 轴。这三点可以指定原点、正 X 轴上的点以及正 XY 平面上的点。

如图 7-17（a）所示样图（长方体底面点用 ABCD 表示，对应顶面点用 EFGH 表示）。

单个点法：直接用鼠标捕捉 E 点后按回车，新建的 UCS 坐标系如图 7-17（b）所示。

三个点法：首先捕捉 F 点，然后捕捉 E 点指定 FE 为 X 轴正方向，再捕捉 G 点指定 FG 为 Y 轴正方向，新建的 UCS 坐标系如图 7-17（c）所示。

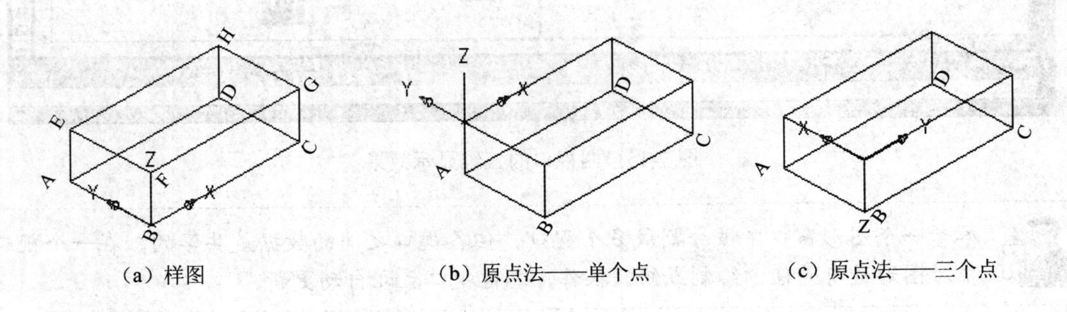

（a）样图 （b）原点法——单个点 （c）原点法——三个点

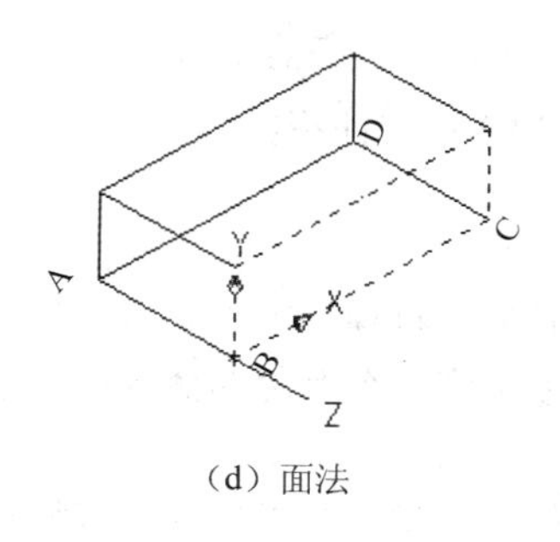

（d）面法

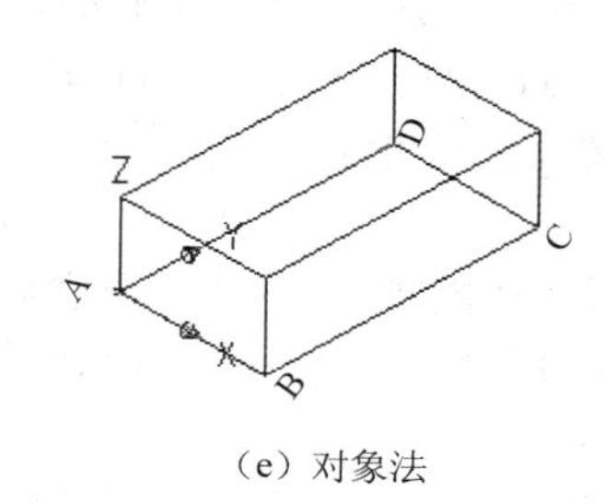

（e）对象法

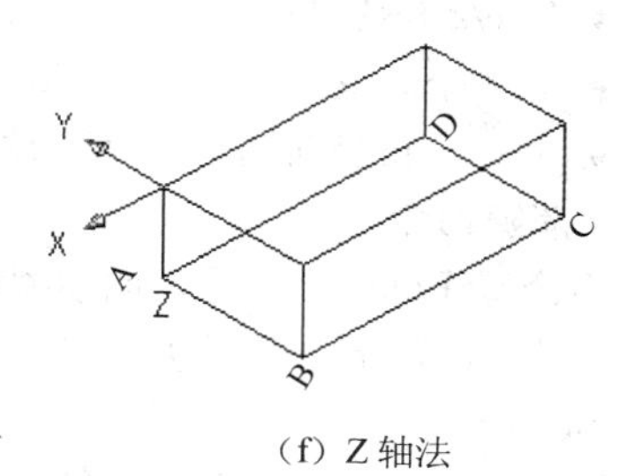

（f）Z 轴法

图 7-17　新建 UCS 示例

（2）面（F）

将 UCS 与实体对象的选定面对齐。要选择一个面，请在此面的边界内或面的边上单击，被选中的面将亮显，UCS 的 X 轴将与找到的第一个面上的最近的边对齐。键入“F↙”，点选 BC 轴（点取点离 B 点近些），面 BCGF 亮显，新 UCS 如图 7-17（d）所示。

（3）对象（OB）

根据选定三维对象定义新的坐标系。根据选择对象的不同，按表 7-1 所示规则新建 UCS。此选项不能用于下列对象，包括三维实体、三维多段线、三维网格、视口、多线、面域、样条曲线、椭圆、射线、参照线、引线、多行文字。

表 7-1　对象法新建 UCS 规则

对　象	确定 UCS 的方法
圆弧	圆弧的圆心成为新 UCS 的原点。X 轴通过距离选择点最近的圆弧端点
圆	圆的圆心成为新 UCS 的原点。X 轴通过选择点
标注	标注文字的中点成为新 UCS 的原点。新 X 轴的方向平行于当绘制该标注时生效的 UCS 的 X 轴
直线	离选择点最近的端点成为新 UCS 的原点。AutoCAD 选择新的 X 轴使该直线位于新 UCS 的 XZ 平面中。该直线的第二个端点在新坐标系中 Y 坐标为零
点	该点成为新 UCS 的原点
二维多段线	多段线的起点成为新 UCS 的原点。X 轴沿从起点到下一顶点的线段延伸
实体	二维填充的第一点确定新 UCS 的原点。新 X 轴沿前两点之间的连线方向
宽线	宽线的“起点”成为新 UCS 的原点，X 轴沿宽线的中心线方向
三维面	取第一点作为新 UCS 的原点，X 轴沿前两点的连线方向，Y 的正方向取自第一点和第四点。Z 轴由右手定则确定
图形、文字、块参照、属性定义	该对象的插入点成为新 UCS 的原点，新 X 轴由对象绕其拉伸方向旋转定义。用于建立新 UCS 的对象在新 UCS 中的旋转角度为零

键入“OB↙”，点取线段 AB（点取点离 A 点近些），则新 UCS 如图 7-17（e）所示，以 A 点为原点，AB 轴为 X 轴正方向。

（4）视图（V）

以垂直于观察方向（平行于屏幕）的平面为 XY 平面，建立新的坐标系。UCS 原点保持不变。由于标注尺寸和文本只能在 XY 平面内注释，所以在使用标注命令时本选项很有用。

（5）Z 轴（ZA）

用指定的 Z 轴正半轴来确定新的 UCS。键入“ZA ↙”，首先捕捉 E 点，然后再捕捉 AE 轴上的任意点，指定线段 EA 为 Z 轴的正半轴，新建的 UCS 坐标系如图 7-17（f）所示。

其他选项的功能意义如下。

◆ 命名（NA）。保存或恢复命名 UCS 定义。

◆ X/Y/Z。通过指定原点和一个或多个绕 X、Y 或 Z 轴的旋转，可以定义任意的 UCS。

◆ 上一个。返回上一个 UCS。AutoCAD 只保存最近创建 10 个 UCS 坐标系。

◆ 世界。将当前用户坐标系设置为世界坐标系。

7.1.6 消隐命令

不论是线框模型还是表面模型或实体模型，通常情况下它们都是以线框模型方式显示。当图形复杂时，线段重叠，无法分辨立体图形的前后关系，这时就需要使用到一个有用的命令——消隐（Hide）。

消隐（Hide）属于三维图形的渲染方式之一，也是最简单的一种。消隐命令可以隐藏被遮挡的线段，使图形更简洁。

消隐（Hide）命令实现方式有以下三种。

◆ 下拉菜单：【视图】/【消隐】。

◆ 工具按钮：【渲染】/ 。

◆ 命令行：hide（HI）。

多视口显示方式下，选择某个视口，然后执行消隐命令，程序自动处理。如图 7-18 所示的三维实体台阶，左侧的两个视口未执行消隐命令，其显示方式为线框模型方式；右侧的两个视口执行了消隐命令。

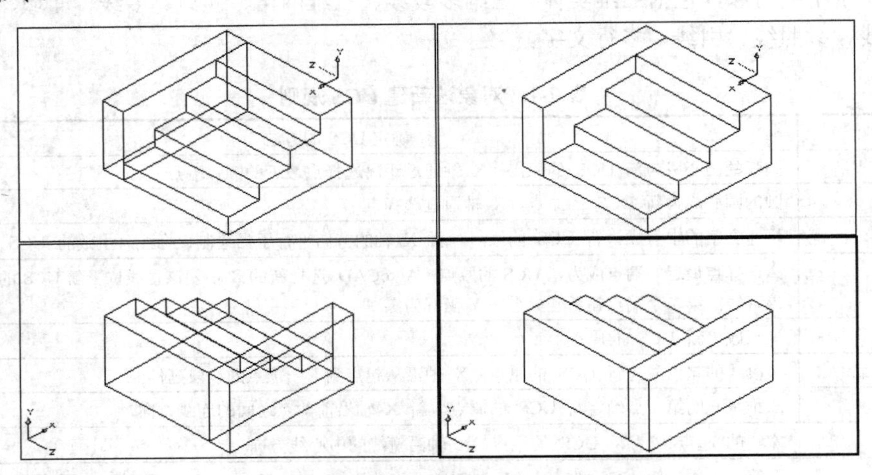

图 7-18 台阶模型“消隐”效果对比

7.2 绘制基本三维实体

AutoCAD 提供了两类方法来绘制三维实体。

第一类是基本实体法。直接使用程序提供的命令，绘制长方体、球体、圆柱体、圆锥体、楔体、圆环体、棱锥体、多段体、螺旋九种简单而规则的三维实体。

第二类是复合编辑法。是通过拉伸、旋转二维图形，或使用布尔运算生成复杂的三维实体。

本节介绍第一类基本实体方法，第二类方法将在下一节介绍。

7.2.1 长方体

（1）执行方式

◆ 下拉菜单：【绘图】/【建模】/【长方体】。

◆ 工具按钮：【建模】/ 。

◆ 命令行：box。

（2）操作说明

按本命令创建长方体有以下三种方式。

① 对角边法 控制参数有两个：长方体对角边和高度。其中由对角边确定长方体的底面。

② 长度法 在“指定其他角点或 [立方体(C)/长度(L)]:”提示下输入“L↙”，然后按提示分别输入长方体底面的长度、宽度及高度。长、宽、高分别平行当前UCS的X、Y、Z轴。

③ 立方体法 在“指定其他角点或 [立方体(C)/长度(L)]:”提示下输入“C↙”，然后按提示输入立方体的边长。

图7-19所示为创建了两个实体，左为立方体，右为长方体。

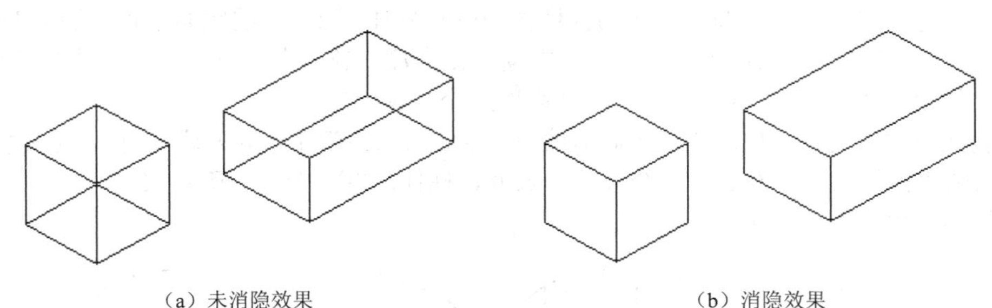

（a）未消隐效果　（b）消隐效果

图7-19 长方体

7.2.2 球体

（1）执行方式

◆ 下拉菜单：【绘图】/【建模】/【球体】。

◆ 工具按钮：【建模】/ [图标]。

◆ 命令行：sphere。

（2）操作说明

执行本命令时只需圆心和半径（或直径）两个参数。命令开始时，命令窗口中有以下提示信息。

当前线框密度: ISOLINES=4

如前所讲，实体模型以线框模式显示。系统变量“ISOLINES”就是用于控制实体模型的每个曲面上弯曲部分的线框线段的显示数目，默认此参数值等于4，其有效值是0～2047的整数。

修改系统变量“ISOLINES”的值，会得到不同的显示效果，如图7-20所示。在命令行中直接输入“ISOLINES↙”，出现“输入 ISOLINES 的新值 <4>:”提示，输入新数值“10↙”。参数设置完成，但图形显示效果并没有变化。在命令行输入“RE↙”，执行“重生成（REGEN）”命令，参数设置效果如图7-20（b）所示。

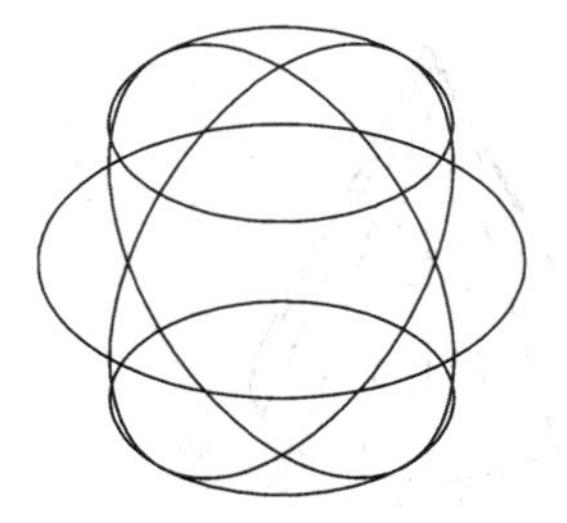

（a）ISOLINES=4

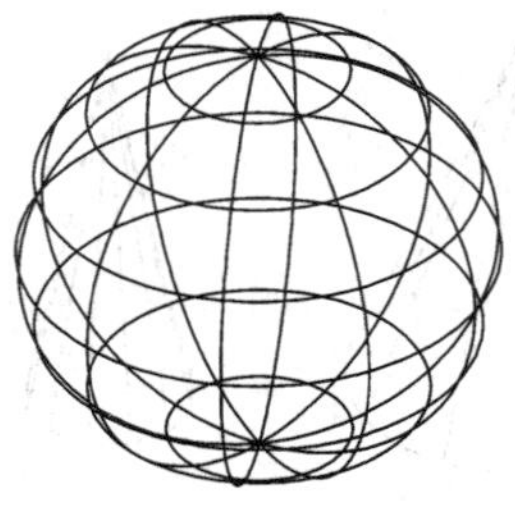

（b）ISOLINES=10

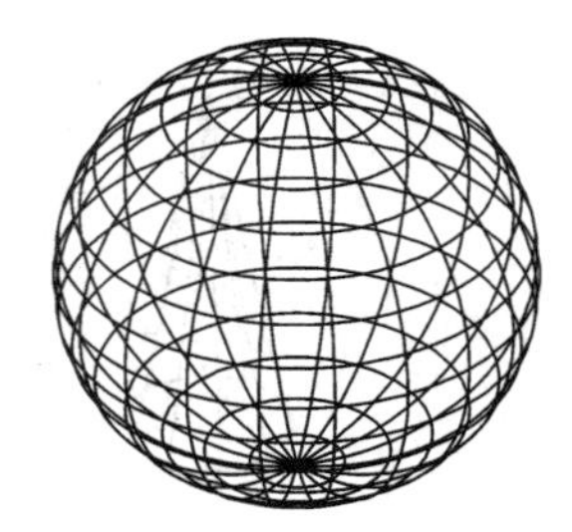

（c）ISOLINES=20

图7-20 球体

修改系统变量“ISOLINES”的参数值后，必须运行“重生成（REGEN）”命令才可以显示正确效果。

7.2.3 圆柱体

（1）执行方式

- ◆ 下拉菜单：【绘图】/【建模】/【圆柱体】。
- ◆ 工具按钮：【建模】/ 。
- ◆ 命令行：cylinder。

（2）操作说明

本命令可创建以圆或椭圆为底面的圆柱体和椭圆柱体。圆柱体的底面平行于当前 UCS 的 XY 平面。高度输入正值沿当前 UCS 的 Z 轴正方向绘制高度；输入负值则沿 Z 轴负方向绘制。

圆柱体由圆心、半径（或直径）、柱体高度三个参数确定。

绘制椭圆柱体需在“指定圆柱体底面的中心点或 [椭圆(E)] <0,0,0>:”提示下输入“E↙”，切换到绘制椭圆柱体状态。然后由两个椭圆轴长度、柱体高度三个参数确定实体。

圆柱体效果如图 7-21 所示。

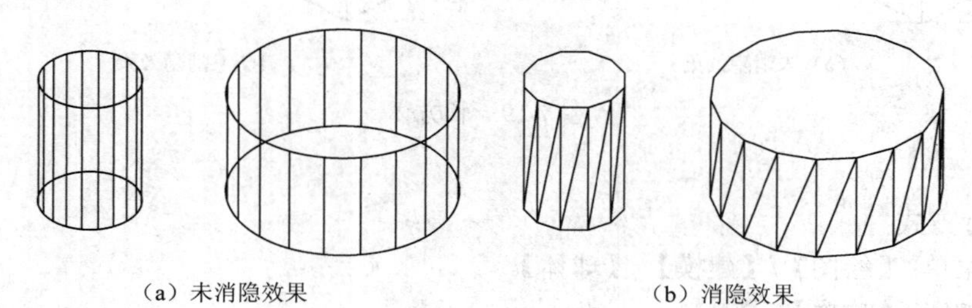

（a）未消隐效果　　（b）消隐效果

图 7-21　圆柱体

7.2.4 圆锥体

（1）执行方式

- ◆ 下拉菜单：【绘图】/【建模】/【圆锥体】。
- ◆ 工具按钮：【建模】/ 。
- ◆ 命令行：cone。

（2）操作说明

本命令可创建以圆或椭圆为底面的圆锥体。

圆底面锥体由圆心、半径（或直径）、锥体高度三个参数确定。

椭圆底面锥柱体由两个椭圆轴长度、锥体高度三个参数确定实体。

圆锥体效果如图 7-22 所示。

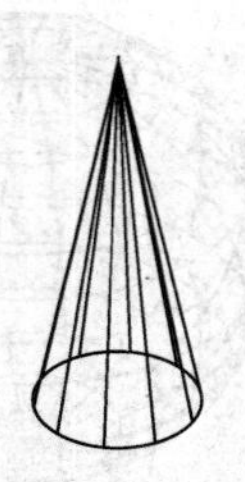
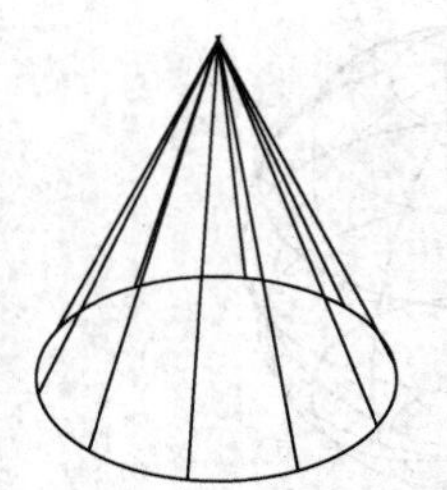

（a）未消隐效果

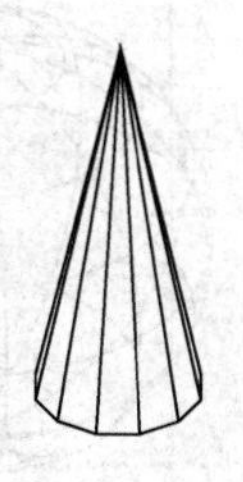
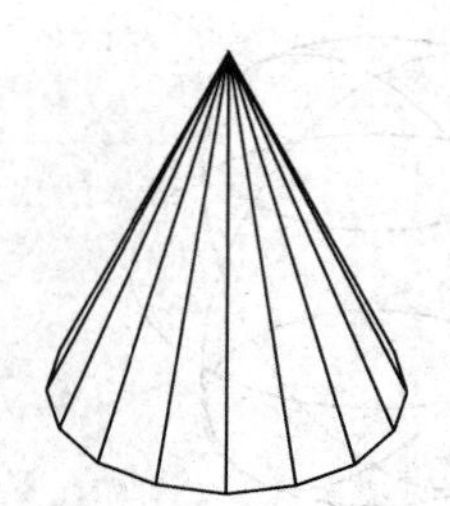

（b）消隐效果

图 7-22　圆锥体

7.2.5　楔体

（1）执行方式

- 下拉菜单：【绘图】/【建模】/【楔体】。
- 工具按钮：【建模】/ 。
- 命令行：wedge（WE）。

（2）操作说明

楔体的底面平行于当前 UCS 的 XY 平面，斜面正对第一个角点，如图 7-23 所示。高度可为正值或负值，且平行于 Z 轴。

7.2.6　圆环体

（1）执行方式

- 下拉菜单：【绘图】/【建模】/【圆环体】。
- 工具按钮：【建模】/ 。
- 命令行：torus（TOR）。

（2）操作说明

圆环体由圆环体圆心、圆环体半径（或直径）、圆管半径（或直径）三个参数确定，如图 7-24 所示。其中两个半径参数的设置会影响所创建的圆环体的形状，其规则如下。

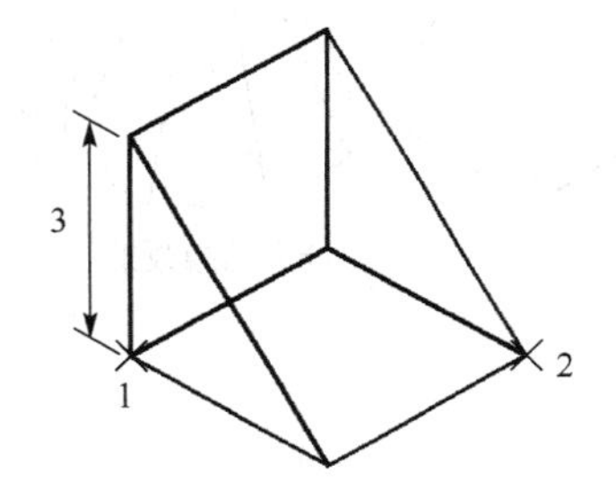

图 7-23　楔体

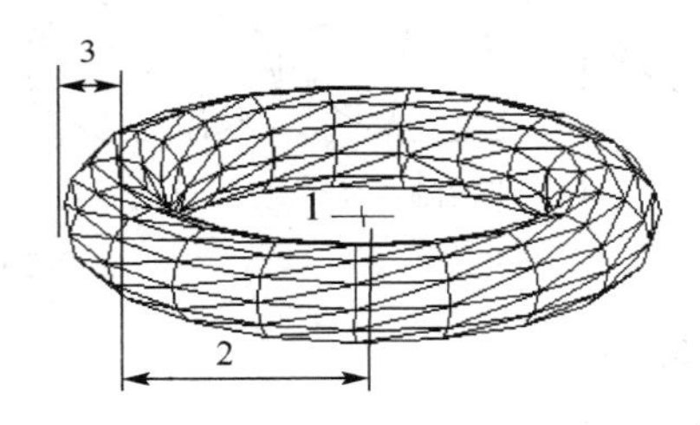

图 7-24　圆环体

① 如果两个半径都是正值，并且圆环体半径大于圆管体半径（例如，“圆环体半径=200，圆管半径=50”），显示结果类似于轮胎内胎的环形实体，如图 7-25（a）所示。

② 如果两个半径都是正值，并且圆管半径大于圆环体半径（例如，“圆环体半径=100，圆管半径=150”），显示结果像一个两端凹下去的球面，如图 7-25（b）所示。

③ 如果圆环体半径是负值，并且圆管半径绝对值大于圆环体半径绝对值（例如，“圆环体半径= –200，圆管半径=300”），生成的圆环看上去像一个有尖点的球面，形似橄榄球，如图 7-25（c）所示。

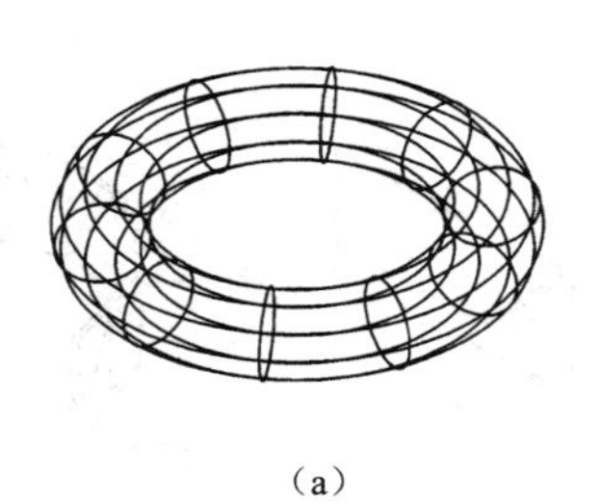

（a）

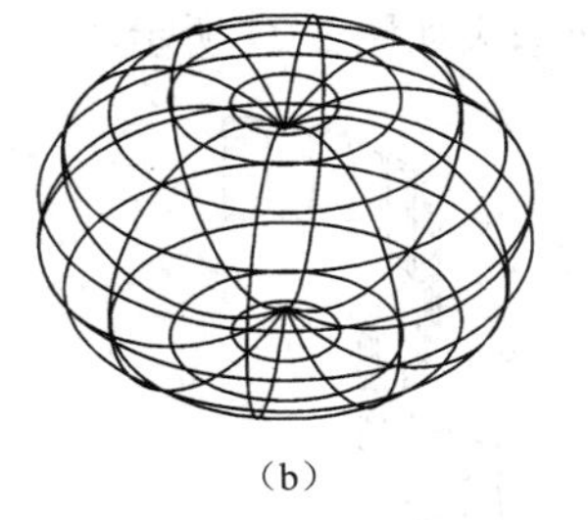

（b）

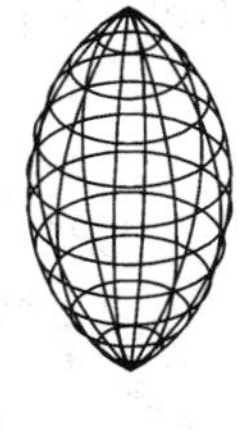

（c）

图 7-25　不同参数创建圆环体

7.2.7 棱锥体

（1）执行方式

◆ 下拉菜单：【绘图】/【建模】/【棱锥体】。

◆ 工具按钮：【建模】/。

◆ 命令行：pyramid。

（2）操作说明

本命令可创建倾斜至一个点的棱锥体，也可以创建从底面倾斜至平面的棱台。

棱锥体由底面圆心、半径（或直径）、锥体高度三个参数确定。其他主要参数功能意义说明如下：

◆ 边。设定棱锥体底面一条边的长度，如指定的两点所指明的长度一样。

◆ 侧面。设定棱锥体的侧面数。输入 3 到 32 之间的正值。

◆ 顶面半径。指定创建棱锥体平截面时棱锥体的顶面半径。

棱锥体效果如图 7-26 所示。

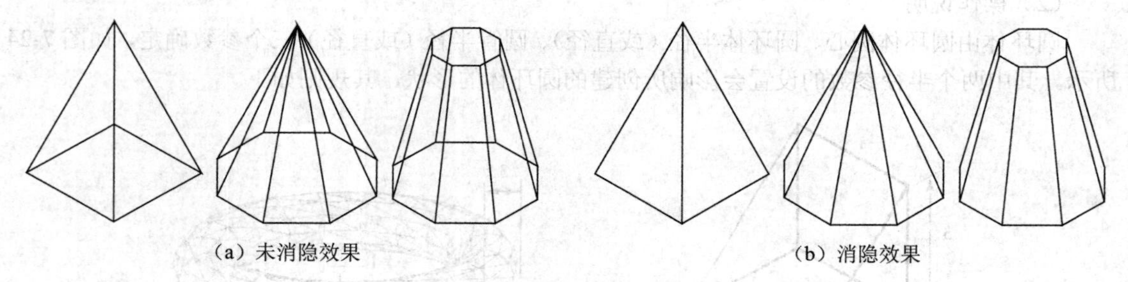

（a）未消隐效果　　（b）消隐效果

图 7-26　棱锥体

7.2.8 多段体

（1）执行方式

◆ 下拉菜单：【绘图】/【建模】/【多段体】。

◆ 工具按钮：【建模】/。

◆ 命令行：polysolid。

（2）操作说明

本命令可创建三维实体，也可以将诸如直线、二维多段线、圆弧或圆等对象转换为多段体。主要参数如下。

◆ 设定多段体的宽度、高度后，即可绘制直线和圆弧形多段体。

◆ 对于已有直线、二维多段线、圆弧或圆，可以通过“对象”参数，指定转换为实体的对象。

直线多段体和曲线多段体效果如图 7-27 所示。

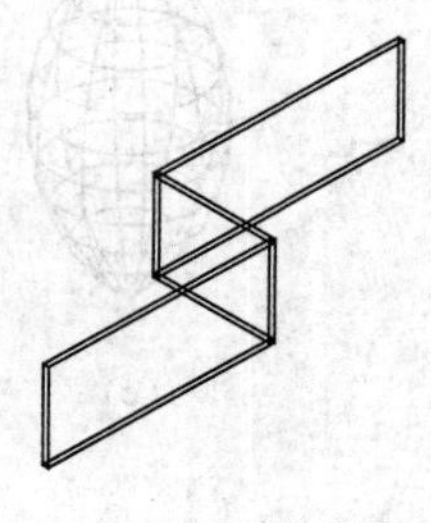

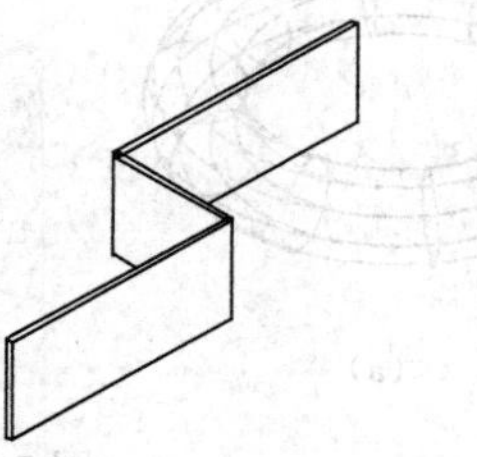

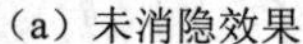

（a）未消隐效果　　（b）消隐效果

图 7-27　多段体

7.2.9 螺旋

（1）执行方式

◆ 下拉菜单：【绘图】/【螺旋】。

◆ 工具按钮：【建模】/[图标]。

◆ 命令行：helix。

（2）操作说明

本命令可创建二维螺旋。

二维螺旋可通过底面半径、顶面半径、螺旋圈数、螺旋高度四个参数确定。二维螺旋效果如图 7-28（a）所示。

将二维螺旋作为“扫掠 sweep”命令的路径，对圆进行“扫掠“可生成的三维螺旋，效果如图 7-28（b）所示。

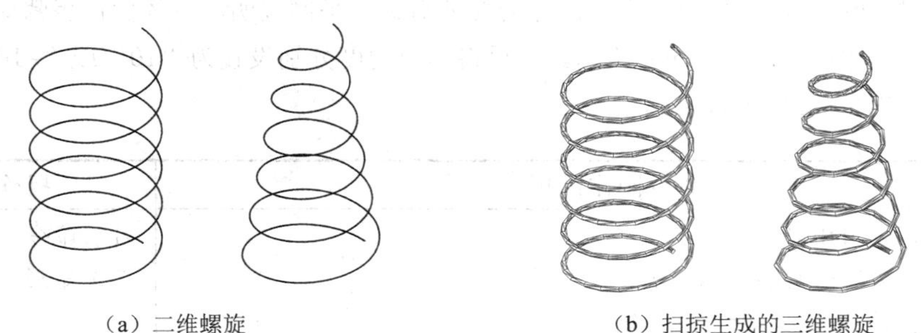

（a）二维螺旋　　（b）扫掠生成的三维螺旋

图 7-28　螺旋

7.3 创建复杂三维实体

AutoCAD 所提供的九种基本实体，远远不能满足实际设计的需要。本节将介绍两种利用二维对象生成三维实体的方法。

拉伸（Extrude）二维对象生成三维实体或曲面。

旋转（Revolve）二维对象生成三维实体或曲面。

拉伸 Extrude 和旋转 Revolve 命令的操作对象是闭合对象，则生成的对象为实体，如果操作对象是开放对象，则生成的对象为曲面。

矩形命令绘制的矩形闭合对象，拉伸后生成的实体效果如图 7-29(a)所示。用直线 LINE 命令绘制的开放矩形，拉伸后生成的曲面对象效果图如图 7-29(b)所示。曲面对象的线框效果呈曲格状。

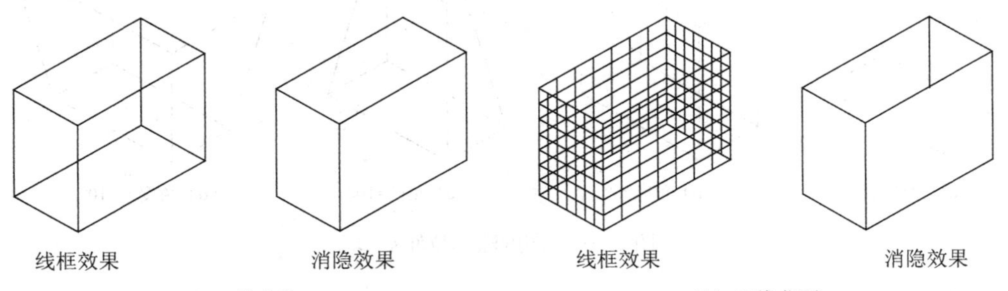

（a）三维实体　　（b）三维曲面

图 7-29　闭合对象和开放对象的不同拉伸效果

7.3.1 拉伸实体

（1）执行方式

- 下拉菜单：【绘图】/【建模】/【拉伸】。
- 工具按钮：【建模】/ 。
- 命令行：extrude（EXT）。

（2）操作说明

拉伸的方式有以下两种。

- 一种是指定拉伸的高度，通过控制拉伸角度的大小和正负，可以使对象截面沿着拉伸高度方向变化。
- 一种是沿指定的路径拉伸二维对象，路径可以封闭也可以不封闭。

① 指定拉伸高度法　现以一个矩形作为拉伸对象，举例说明。具体操作步骤如下。

执行命令结果如图 7-30（b）所示。如果将倾斜角度分别设置为“10”或“–10”，命令执行结果分别如图 7-30（c）、（d）所示。

命令操作过程	操作说明
① 命令:EXTRUDE↙	启动命令
② 当前线框密度:ISOLINES=10 选择要拉伸的对象: 找到 1 个	点选矩形
③ 选择要拉伸的对象:↙	结束选择状态
④ 指定拉伸的高度或[方向(D)/路径(P)/倾斜角(T)/表达式(E)]: t ↙	键入“t”
⑤ 指定拉伸的倾斜角度 <0>:10↙	输入倾斜角度“10”
⑥ 指定拉伸的高度或 [方向(D)/路径(P)/倾斜角(T)/表达式(E)]: 300↙	输入高度“10”

倾斜角度的范围为–90°～+90°之间。正角度表示从基准对象逐渐变细地拉伸；负角度则表示从基准对象逐渐变粗地拉伸。默认角度 0 表示在与二维对象所在平面垂直的方向上进行拉伸。

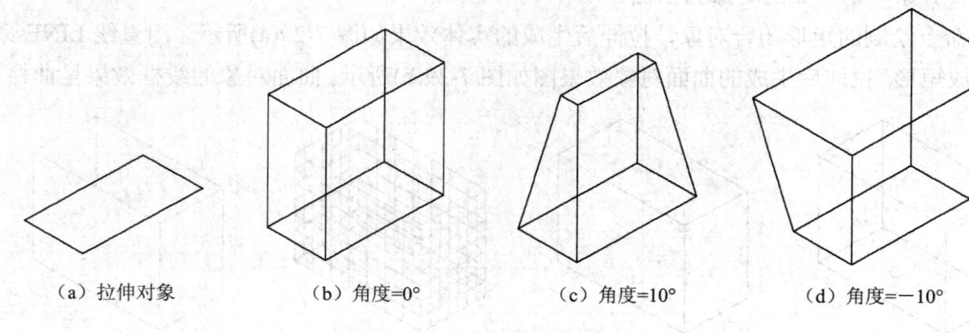

（a）拉伸对象　（b）角度=0°　（c）角度=10°　（d）角度=－10°

图 7-30 “高度法”拉伸实体

② 指定拉伸路径法　具体操作步骤如下。

命令操作过程	操作说明
① 命令:EXTRUDE↙	启动命令
② 当前线框密度:ISOLINES=10 选择要拉伸的对象:	点选圆
③ 选择要拉伸的对象:↙	结束选择状态
④ 指定拉伸的高度或[方向(D)/路径(P)/倾斜角(T)/表达式(E)]: **P** ↙	输入“P”切换到指定路径状态
⑤ 选择拉伸路径或 [倾斜角(T)]:	点选直线作为拉伸的路径

命令结束后结果如图 7-31（b）所示。对生成的圆柱体执行消隐命令，结果如图 7-31（c）所示。

如图 7-32 所示，拉伸路径是由多段线 Spline 绘制的曲线，使用路径法拉伸后生成复杂的三维实体。

拉伸实体起始于拉伸对象所在的平面，终止于路径终点处与路径垂直的平面。直线、圆、圆弧、椭圆、椭圆弧、多段线和样条曲线可以作为拉伸路径。“拉伸路径”与“拉伸对象”不能在同一个平面，但路径不需与拉伸对象重合。如果路径是曲线，路径曲线的曲率半径不能比拉伸对象的剖面半径小，否则路径无效，拉伸命令无法实现。

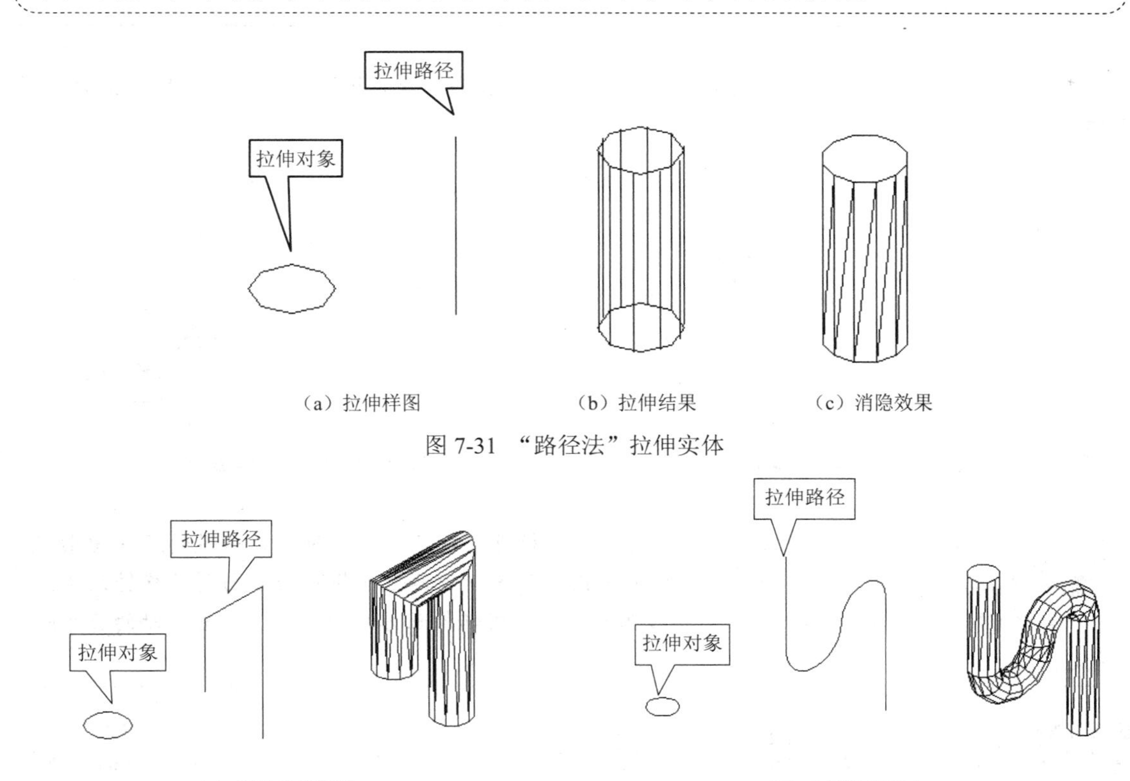

（a）拉伸样图　（b）拉伸结果　（c）消隐效果

图 7-31 “路径法”拉伸实体

（a）直线拉伸路径　（b）曲线拉伸路径

图 7-32 “路径法”拉伸复杂三维实体

7.3.2 旋转实体

（1）执行方式

- 下拉菜单:【绘图】/【建模】/【旋转】。

◆ 工具按钮:【建模】/ 。
◆ 命令行：revolve（REV）。

（2）操作说明

旋转的方式有以下三种。

◆ 用鼠标直接指定旋转轴。
◆ 指定现有对象为旋转轴。
◆ 以当前 UCS 坐标系的 X、Y 轴为旋转轴。

以第一种方法为例，具体操作过程如下。

命令操作过程	操作说明
① 命令:**revolve** ↙	启动命令
② 当前线框密度:ISOLINES=10，选择要旋转的对象:	点选旋转对象
③ 选择要旋转的对象: ↙	结束选择状态
④ 指定轴起点或根据以下选项之一定义轴[对象(O)/X/Y/Z] <对象>:	用鼠标确定旋转轴起点
⑤ 指定轴端点:	用鼠标确定旋转轴终点
⑥ 指定旋转角度或 [起点角度(ST)/反转(R)/表达式(EX)]<360>: **150**↙	设置旋转角度＝150 度

执行命令后结果如图 7-33 所示。如果起点和终点位置颠倒，即指定的方向相反，结果如图 7-34 所示。

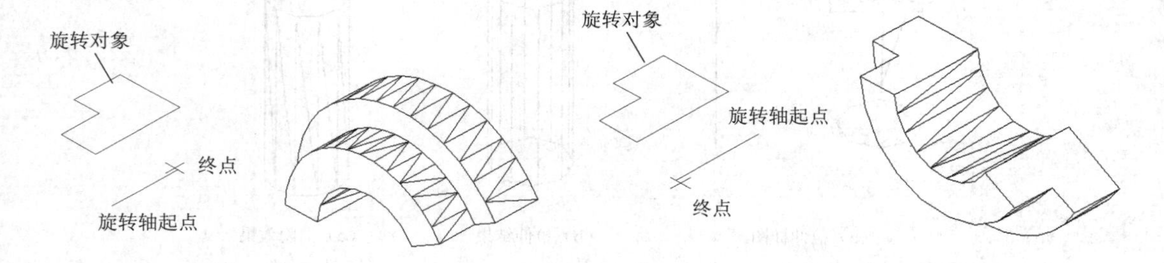

图 7-33 旋转实体 1　　　图 7-34 旋转实体 2

旋转角度的正方向由右手法则判定。用鼠标直接指定旋转轴时，旋转轴的正方向由起点指向终点。根据右手法则，大拇指指向正方向，其他四指弯曲方向就是旋转的正方向。当以 Object（物体）和 X、Y 坐标轴为旋转轴，旋转轴正方向根据 X、Y 坐标轴的正方向确定。

7.4 编辑三维实体

本节来学习以下内容。

◆ 三维实体的布尔运算。
◆ 倒角 Chamfer、Fillet。
◆ 剖切。

◆ 编辑实体面。

7.4.1 布尔运算

布尔运算分为并运算（Union）、差运算（Subtract）、交运算（Intersect）三种。布尔运算的对象只能是面域和实体。在6.5节已讲述了面域的布尔运算，下面来学习三维实体的布尔运算操作。

首先用Box（长方体）和Sphere（球体）命令各绘制一个实体对象，并使它们相交，如图7-35所示（左为前视图，右为西南轴测图）。然后，对它们分别执行并运算（Union）、差运算（Subtract）、交运算（Intersect）。

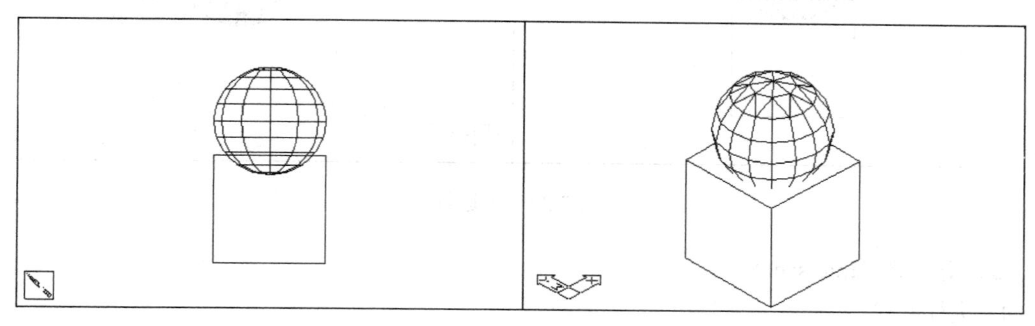

图7-35 布尔运算的对象模型

（1）并运算（Union）

① 执行方式

◆ 下拉菜单：【修改】/【实体编辑】/【并集】。

◆ 工具按钮：【建模】或【实体编辑】/ 。

◆ 命令行：union（UNI）。

② 操作说明 输入“UNI↙”执行并运算。在“选择对象：”提示下，选择球体和正方体后按Enter键，AutoCAD进行并运算后，结果如图7-36所示。

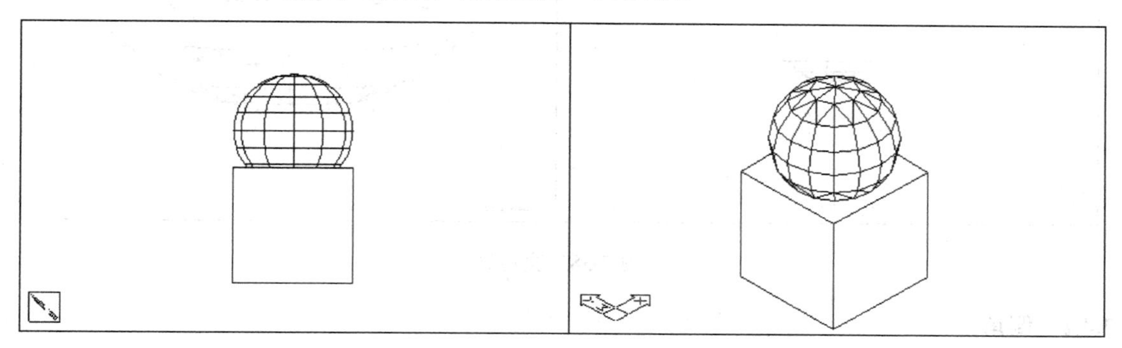

图7-36 并运算

（2）差运算（Subtract）

① 执行方式

◆ 下拉菜单：【修改】/【实体编辑】/【差集】。

◆ 工具按钮：【建模】或【实体编辑】/ 。

◆ 命令行：subtract（SU）。

② 操作说明 输入“SU↙”执行差运算。出现“选择要从中减去的实体、曲面和面域..选择对象：” 提示后，选择正方体作为被减对象。然后按Enter键出现“选择要减去的实体、曲面和

面域 ..选择对象:”提示后，选择球体作为减去对象，按 Enter 键结束选择，命令结束。AutoCAD 进行差运算后，结果如图 7-37 所示。

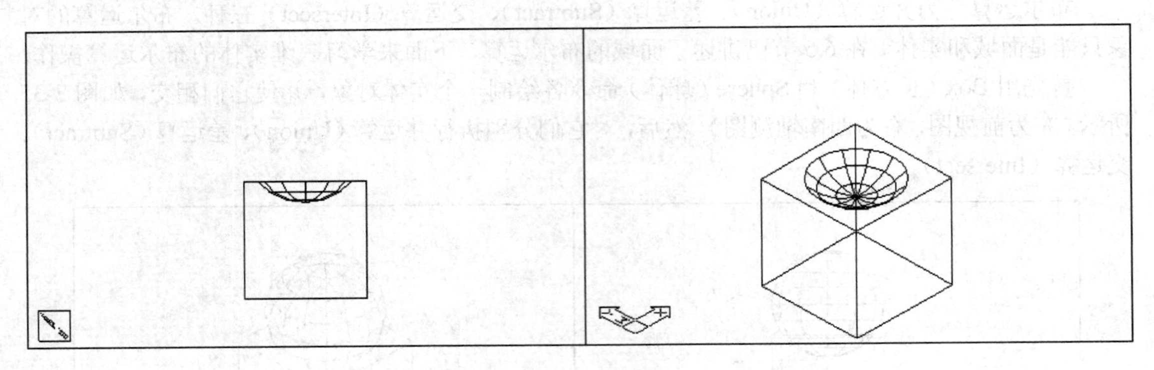

图 7-37　差运算

（3）交运算（Intersect）

① 执行方式

◆ 下拉菜单：【修改】/【实体编辑】/【交集】。

◆ 工具按钮：【建模】或【实体编辑】/ 。

◆ 命令行：intersect（IN）。

② 操作说明　输入“IN↙”执行交运算。出现“选择对象:”提示后，选择球体和正方体后按 Enter 键，AutoCAD 进行交运算后，结果如图 7-38 所示。

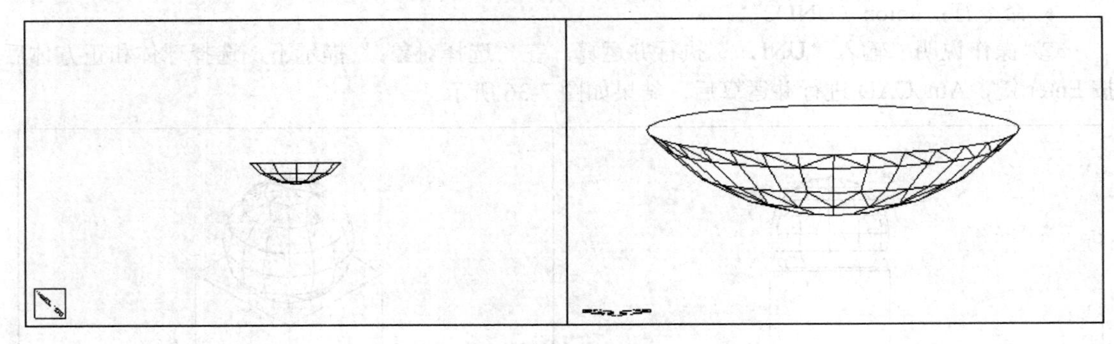

图 7-38　交运算

7.4.2　倒角

倒角操作分为倒角（Chamfer）、圆角（Fillet）两个命令，下面分别介绍。

（1）倒角（Chamfer）

倒角（Chamfer）执行方式如下。

◆ 下拉菜单：【修改】/【倒角】。

◆ 工具按钮：【修改】/ 。

◆ 命令行：chamfer（CHA）。

首先输入“box”，创建一个长、宽、高分别为 400、200、100 的长方体，如图 7-39（a）所示。

下面以编辑这个长方体为例，说明 Chamfer 命令的操作，具体操作步骤如下。

命令操作过程	操作说明
① 命令: chamfer ↙	启动命令
② (“修剪”模式) 当前倒角距离 1 = 20.0000，距离 2 = 20.0000，选择第一条直线或 [多段线(P)/距离(D)/角度(A)/修剪(T)/方法(M)]:	点选“顶面长边线 1”,被选对象面亮显[见图 7-39（b）]
③ 基面选择...输入曲面选择选项 [下一个(N)/当前(OK)] <当前>: N ↙	改变选择对象为顶面[见图 7-39（c）]
④ 输入曲面选择选项[下一个(N)/当前(OK)] <当前>:↙	结束选择状态
⑤ 指定基面的倒角距离 <20.0000>: 50↙	设置参数
⑥ 指定其它曲面的倒角距离 <20.0000>: 30 ↙	设置参数
⑦ 选择边或 [环(L)]: L↙	
⑧ 选择边环或 [边(E)]:	选择顶面任意一边

执行命令后结果如图 7-39（d）所示，消隐效果如图 7-39（e）所示。

如果不选择“环 L”参数，按“选择边”方式执行，当选择顶面长边线 1 后，执行结果如图 7-39（f）、(g）所示。

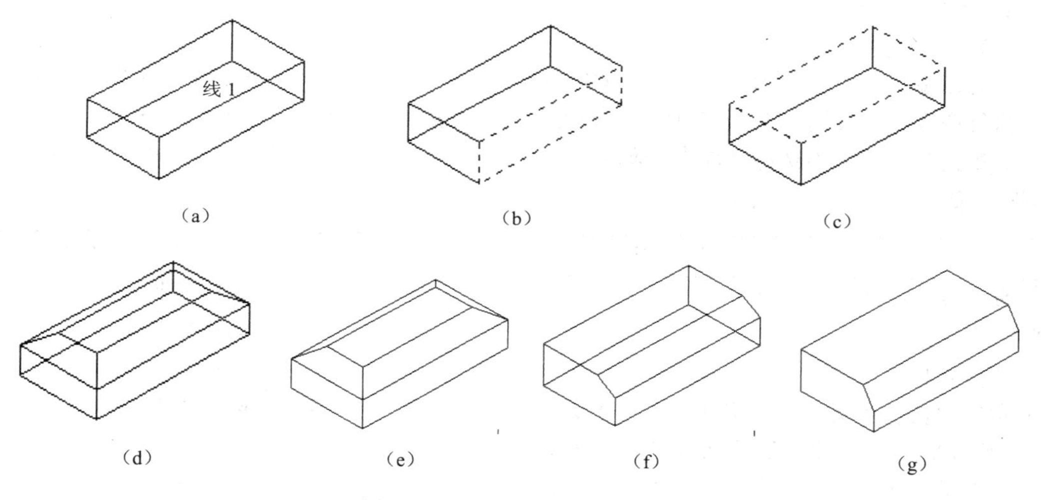

图 7-39 倒角方式编辑长方体

（2）圆角（Fillet）

圆角（Fillet）执行方式如下。

- 下拉菜单：【修改】/【圆角】。
- 工具按钮：【修改】/ 。
- 命令行：fillet（F）。

下面以编辑一个长方体为例，说明 Fillet 命令的操作，具体操作步骤如下（见图 7-40）。

命令操作过程	操作说明
① 命令: fillet ↙	启动命令
② 当前模式: 模式 = 修剪，半径 = 10.0000 选择第一个对象或 [多段线(P)/半径(R)/修剪(T)]:	点选“顶面长边线 1”,被选对象面亮显[见图 7-40（a）]
③ 输入圆角半径 <10.0000>:30↙	设置圆角半径=30
④ 选择边或 [链(C)/半径(R)]: ↙	结束命令

执行命令后结果如图 7-40（b）所示。

如果设置圆角半径后，再选择其他两条边，如图 7-40（c）所示。倒圆角结果如图 7-40（d）所示。

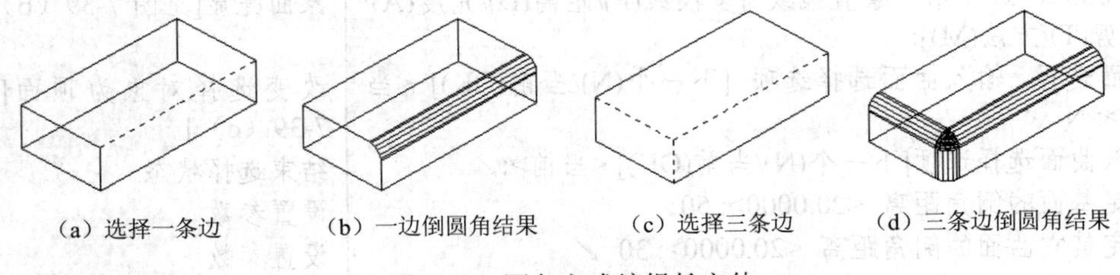
（a）选择一条边　（b）一边倒圆角结果　（c）选择三条边　（d）三条边倒圆角结果

图 7-40　圆角方式编辑长方体

7.4.3　剖切

剖切（Slice）命令是将一个（组）实体按照一个指定的平面切割成两个（或多个）实体。

（1）执行方式

- 下拉菜单：【修改】/【三维操作】/【剖切】。
- 命令行：slice（SL）。

（2）操作说明

下面以编辑一个长方体为例，说明 Slice 命令的操作，具体操作步骤如下（见图 7-41）。

执行命令结果如图 7-41（b）所示，长方体被切割成实体 1 和实体 2 两个部分。

如果最后一步，不选择“B”参数保留两侧实体，程序将只保留指定的实体，而将另一个实体删除，如图 7-41（c）所示。

命令操作过程	操作说明
① 命令: slice ↙	启动命令
② 选择对象:	点选长方体
③ 选择对象: ↙	结束选择状态
④ 指定切面上的第一个点,依照[对象(O)/Z 轴(Z)/视图(V)/XY 平面(XY)/YZ 平面(YZ)/ZX 平面(ZX)/三点(3)]<三点>:↙	按“三点”法操作
⑤ 指定平面上的第一个点:	指定“1 点”
⑥ 指定平面上的第二个点:	指定“2 点”
⑦ 指定平面上的第三个点:	指定“3 点”
⑧ 在要保留的一侧指定点或 [保留两侧(B)]: B ↙	保留两侧实体

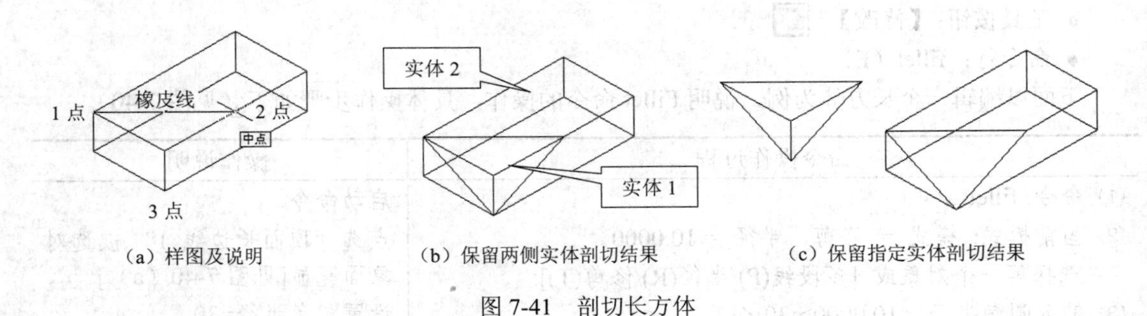

（a）样图及说明　（b）保留两侧实体剖切结果　（c）保留指定实体剖切结果

图 7-41　剖切长方体

7.4.4 编辑实体面

AutoCAD 提供了几个编辑实体面对象的方法，包括拉伸、移动、旋转、偏移、倾斜、删除或复制实体对象，或者改变面的颜色。AutoCAD 将这几个命令集合在【实体编辑】工具栏中（见图 7-42）。在下拉菜单【修改】/【实体编辑】命令的下一级菜单中也可找到这些命令。

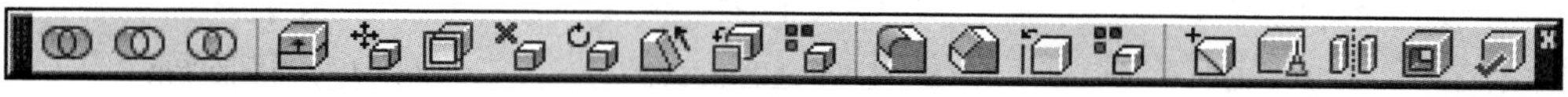

图 7-42 【实体编辑】工具栏

（1）拉伸实体面

本命令可将实体面沿一条路径或按特定长度的角度拉伸。

按特定长度的角度拉伸的操作步骤如下[见图 7-43（a）]。

① 单击“拉伸面”按钮 ，或选择下拉菜单【修改】/【实体编辑】/【拉伸面】命令。

② 选择要拉伸的面 1。

③ 选择其他面或按 Enter 键进行拉伸。

④ 指定拉伸高度。

⑤ 指定倾斜角度。

⑥ 按 Enter 键完成命令。

沿实体对象上的路径拉伸面的步骤，如图 7-43（b）所示。

① 单击“拉伸面”按钮 ，或选择下拉菜单【修改】/【实体编辑】/【拉伸面】命令。

② 选择要拉伸的面 1。

③ 选择其他面或按 Enter 键进行拉伸。

④ 输入 p（路径）。

⑤ 选择用作路径的对象 2。

⑥ 按 Enter 键完成命令。

（a）按长度和角度拉伸　　（b）沿路径拉伸

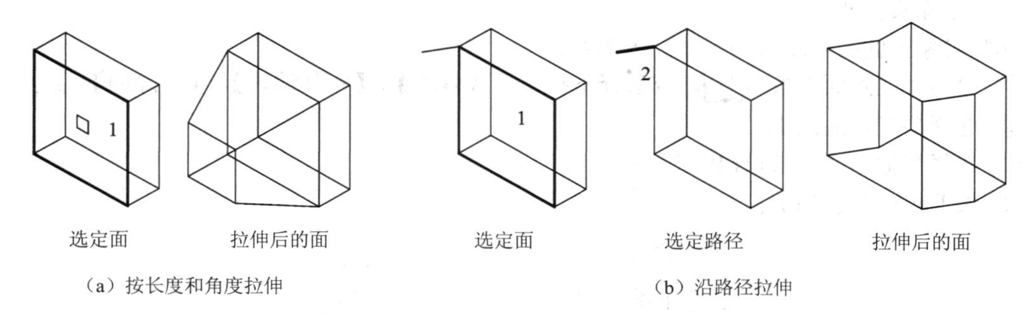

图 7-43 拉伸实体面

（2）移动实体面

移动实体对象上的面的步骤（见图 7-44）。

① 单击“移动面”按钮 ，或选择下拉菜单【修改】/【实体编辑】/【移动面】命令。

② 选择要移动的面 1。

③ 选择其他面或按 Enter 键移动面。

④ 指定移动的基点 2。

⑤ 指定位移的第二点 3。

⑥ 按 Enter 键完成命令。

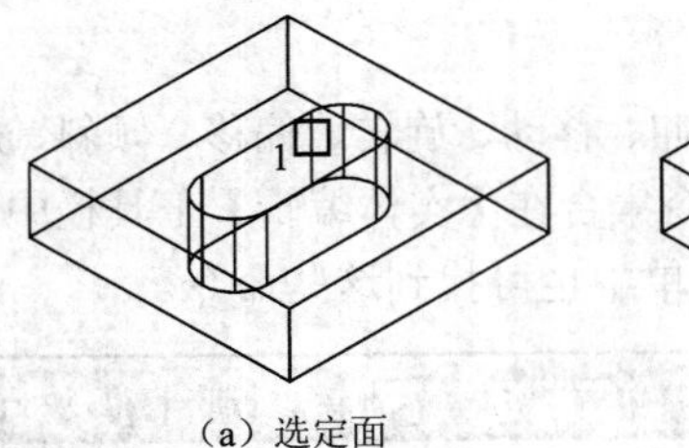

（a）选定面

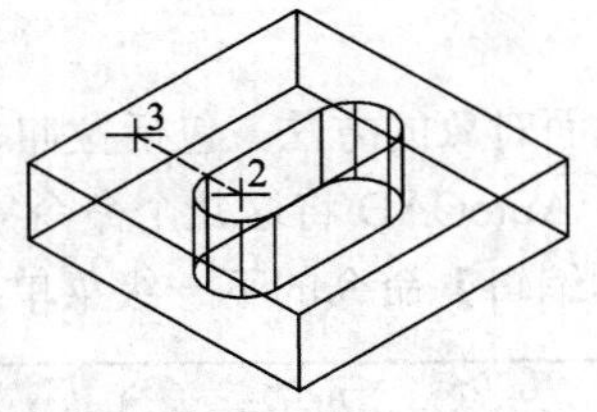

（b）基点和选定第二点

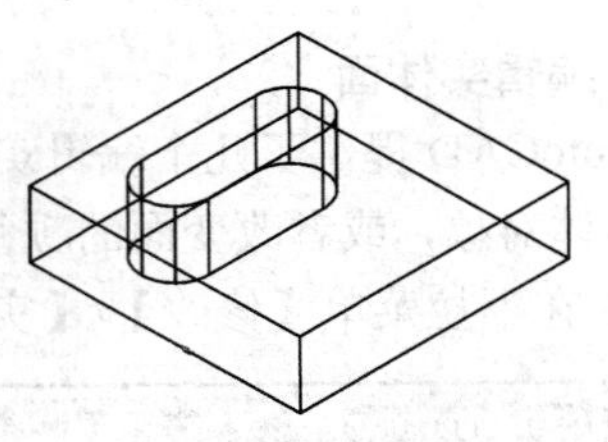
（c）移动面后的效果

图 7-44　移动实体面

（3）偏移实体面

偏移实体对象上的面的步骤如下（见图 7-45）。

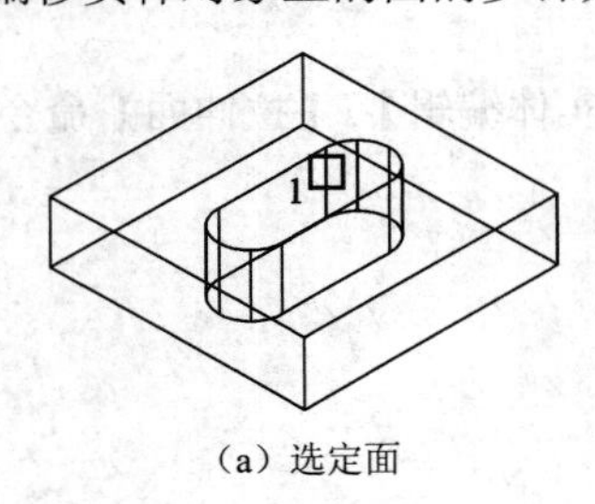

（a）选定面

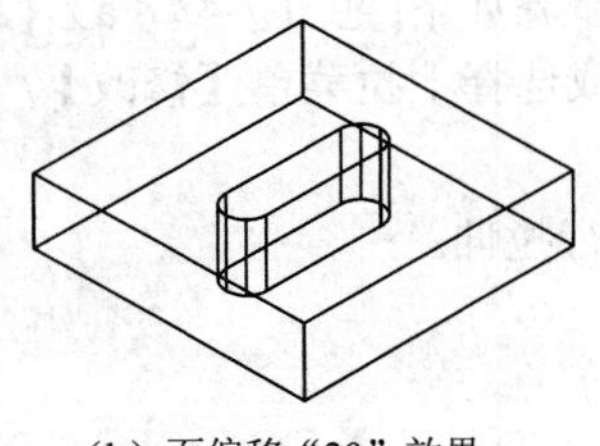
（b）面偏移“20”效果

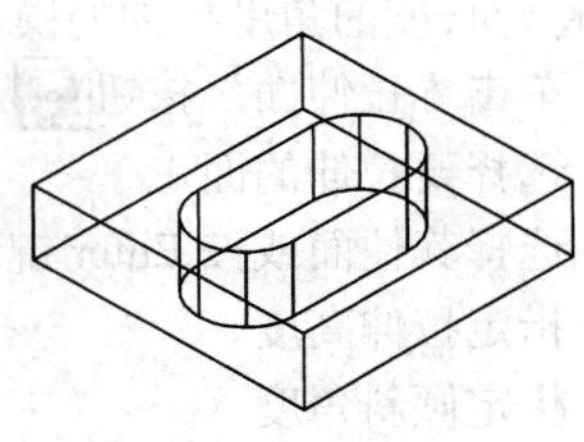
（c）面偏移“－20”效果

图 7-45　偏移实体面

① 单击“偏移面”按钮，或选择下拉菜单【修改】/【实体编辑】/【偏移面】命令。

② 选择要偏移的面 1。

③ 选择其他面或按 Enter 键进行偏移。

④ 指定偏移距离。

⑤ 按 Enter 键完成命令。

（4）删除实体面

删除对象上的面的步骤如下（见图 7-46）。

① 单击“删除面”按钮，或选择下拉菜单【修改】/【实体编辑】/【删除面】命令。

② 选择要删除的面 1。

③ 选择其他面或按 Enter 键进行删除。

④ 按 Enter 键完成命令。

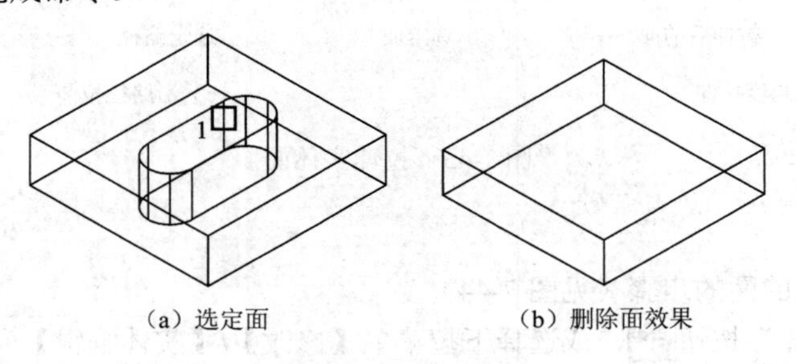

（a）选定面　　（b）删除面效果

图 7-46　删除实体面

（5）旋转实体面

旋转实体上的面的步骤如下（见图 7-47）。

① 单击“旋转面”按钮，或选择下拉菜单【修改】/【实体编辑】/【旋转面】命令。

② 选择要旋转的面 1。

③ 选择其他面或按 Enter 键进行旋转。

④ 输入 Z 表示轴点。也可以指定 X 或 Y 轴、两个点（定义旋转轴），或通过对象指定轴（将旋转轴与现有对象对齐），从而定义轴点。轴的正方向是从起点到端点，并按照右手定则进行旋转。

⑤ 指定旋转角度。

⑥ 按 Enter 键完成命令。

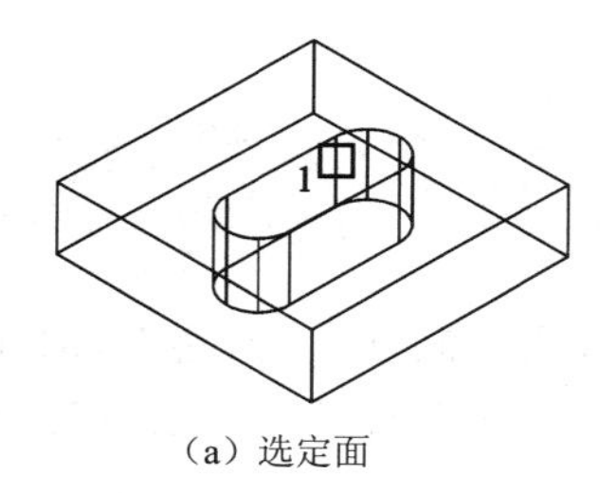

（a）选定面

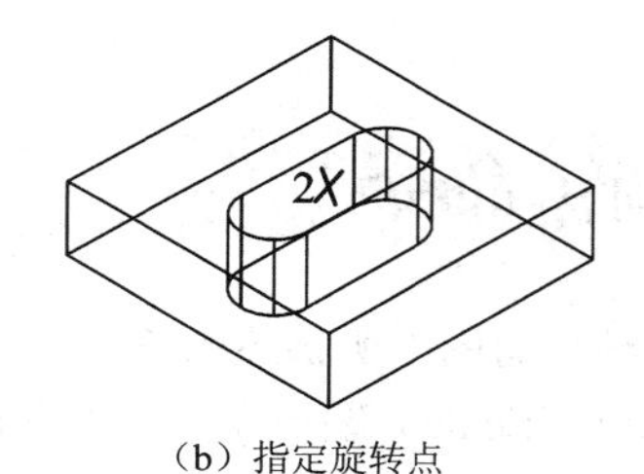

（b）指定旋转点

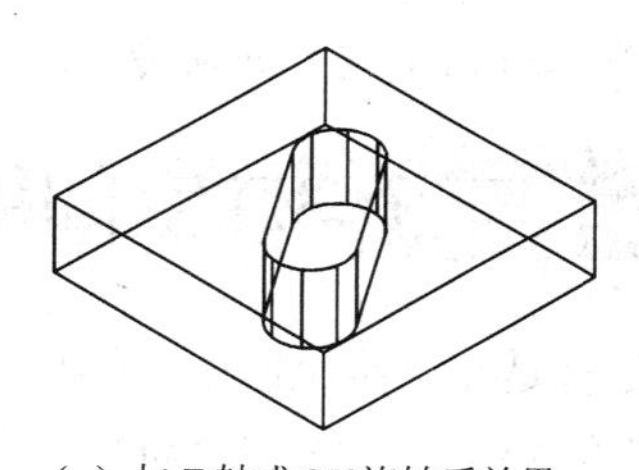
（c）与 Z 轴成 35°旋转后效果

图 7-47　旋转实体面

（6）倾斜实体面

倾斜实体对象上的面的步骤如下（见图 7-48）。

① 单击“倾斜面”按钮，或选择下拉菜单【修改】/【实体编辑】/【倾斜面】命令。

② 选择要倾斜的面 1。

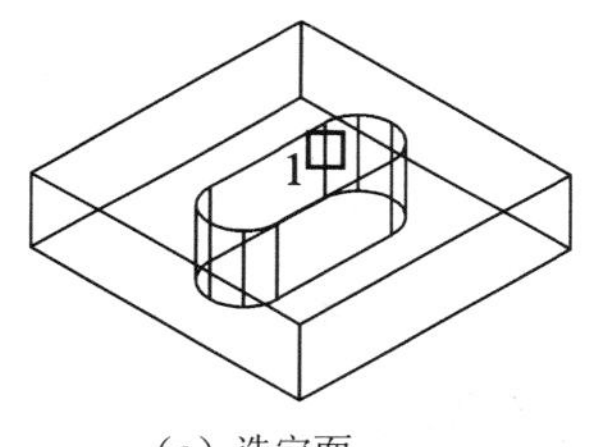

（a）选定面

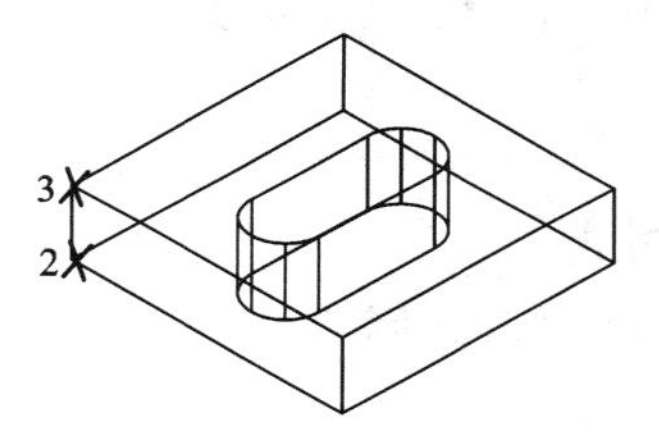

（b）基点和选定第二点

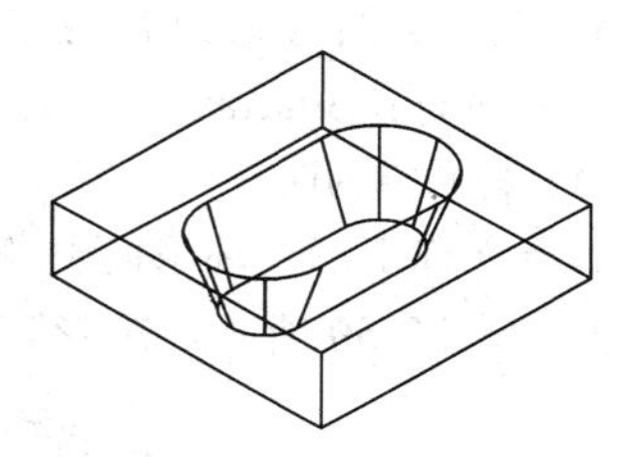
（c）倾斜角 20°效果

图 7-48　倾斜实体面

③ 选择其他面或按 Enter 键进行倾斜。

④ 指定倾斜的基点 2。

⑤ 指定轴上第二点 3。

⑥ 指定倾斜角度。

⑦ 按 Enter 键完成命令。

（7）复制实体面

复制实体对象上的面的步骤如下（见图 7-49）。

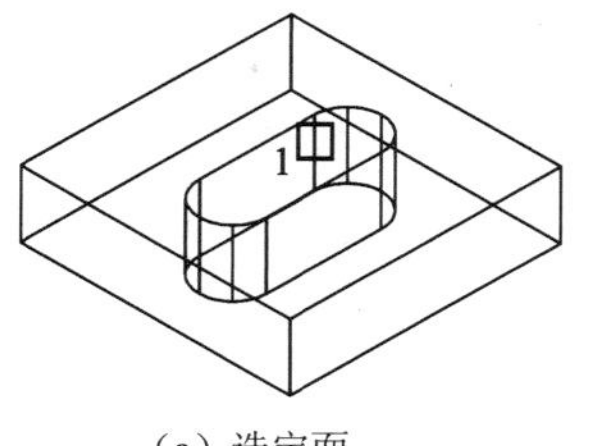

（a）选定面

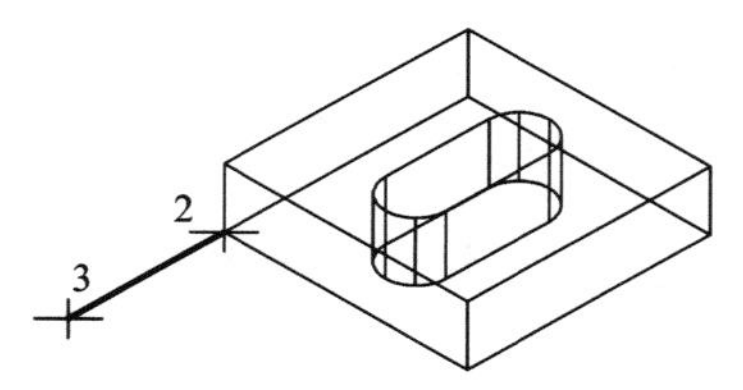

（b）基点和选定第二点

（c）复制后的面

图 7-49　复制实体面

① 单击“复制面”按钮，或选择下拉菜单【修改】/【实体编辑】/【复制面】命令。

② 选择要复制的面1。

③ 选择其他面或按Enter键进行复制。

④ 指定复制的基点2。

⑤ 指定位移的第二点3。

⑥ 按Enter键完成命令。

7.5 三个3D空间编辑命令

尽管是在三维空间中，但在二维平面图中所讲述的移动（Move）、复制（Copy）、镜像（Mirror）、阵列（Array）、旋转（Rotate）、比例（Scale）编辑命令仍然适用。只是操作的区域限制在二维空间，即当前用户坐标系UCS的XY平面内。

AutoCAD针对三维空间的操作特点，将阵列、镜像、旋转三个命令的功能进行了扩展，提供了三个扩展功能的命令，即3DArray、Mirror3D、Rotate3D。这三个命令的操作空间扩展到了三维空间。它们在下拉菜单中位于【修改】/【三维操作】的子菜单中。

7.5.1 三维阵列3DArray

（1）执行方式

◆ 下拉菜单：【修改】/【三维操作】/【三维阵列】。

◆ 命令行：3darray。

（2）操作说明

本命令有矩形、环形两种阵列方式。

① 如图7-50所示，矩形阵列方式操作步骤如下。

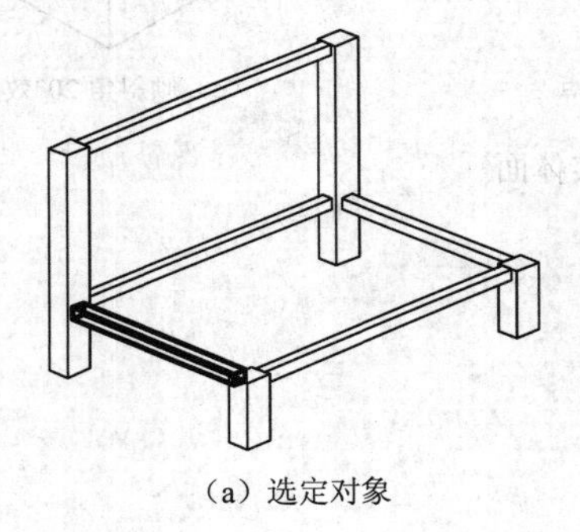

（a）选定对象

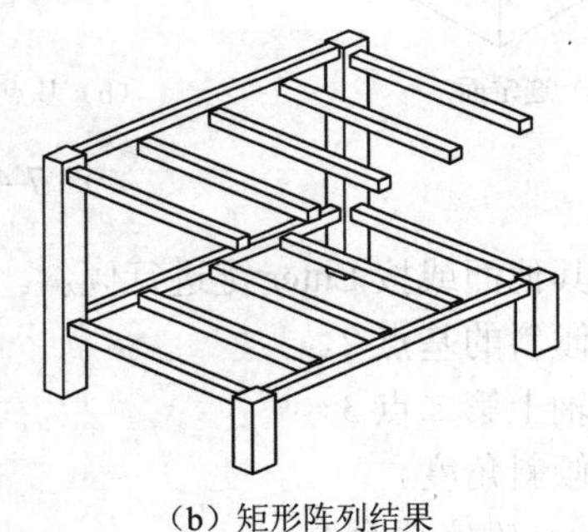

（b）矩形阵列结果

图7-50 矩形三维阵列

a. 选择要创建阵列的对象1。

b. 选择“矩形”阵列方式。

c. 输入行数=1。

d. 输入列数=4。

e. 输入层数=2。

f. 指定行间距。

g. 指定列间距。

h. 指定层间距。

② 如图7-51所示，环形阵列方式操作步骤如下。

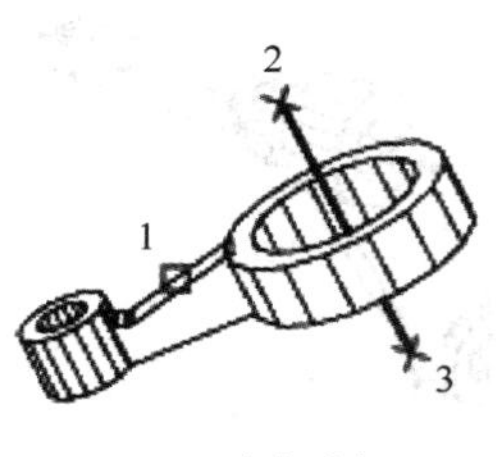

(a) 选定对象

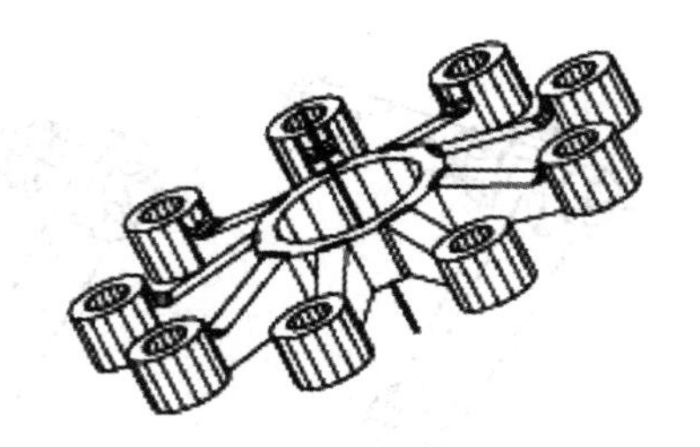

(b) 环形阵列结果

图 7-51 环形三维阵列

a. 选择要创建阵列的对象 1。

b. 选择“环形”阵列方式。

c. 输入要创建阵列的项目数“9”。

d. 指定阵列对象的角度“360”。

e. 按 Enter 键沿阵列方向旋转对象，(或者输入 N 保留它们的方向)。

f. 指定对象旋转轴的起点和端点 2 和 3。

g. 环形阵列角度输入正值，表示沿逆时针阵列。

7.5.2 三维镜像 Mirror3D

(1) 执行方式

- 下拉菜单：【修改】/【三维操作】/【三维镜像】。
- 命令行：mirror3d。

(2) 操作说明

如图 7-52 所示，创建三维对象镜像的步骤如下。

① 选择要创建镜像的对象 1。

② 指定三点定义镜像平面 2、3 和 4。

③ 按 Enter 键保留原始对象，或者按 Y 键将其删除。

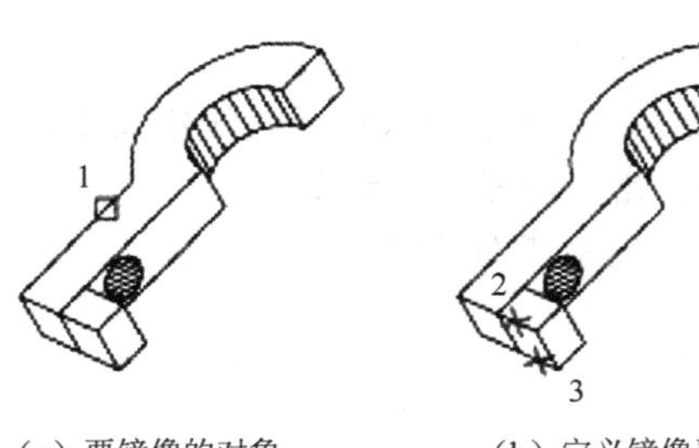

(a) 要镜像的对象

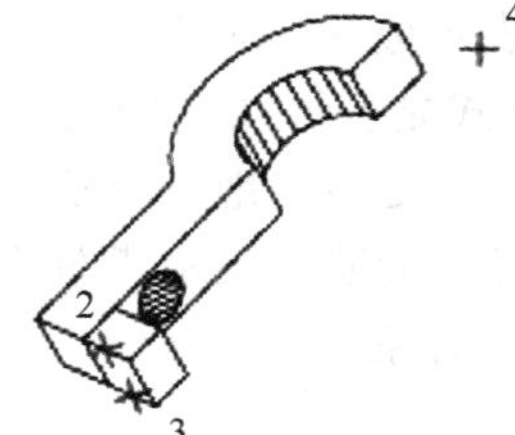

(b) 定义镜像平面

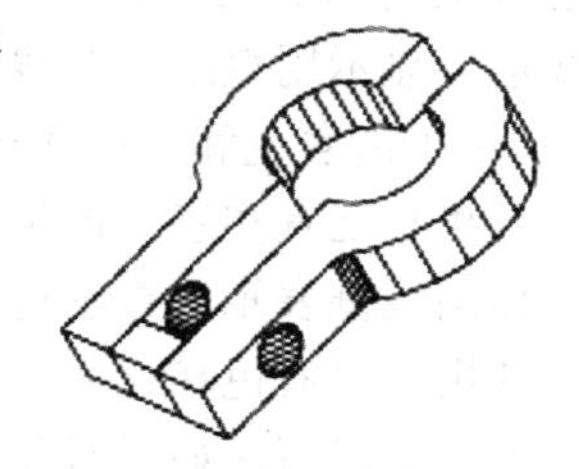

(c) 结果

图 7-52 三维镜像

7.5.3 三维旋转 Rotate3D

(1) 执行方式

- 下拉菜单：【修改】/【三维操作】/【三维旋转】。
- 命令行：rotate3d。

(2) 操作说明

如图 7-53 所示，创建三维对象旋转的步骤如下。

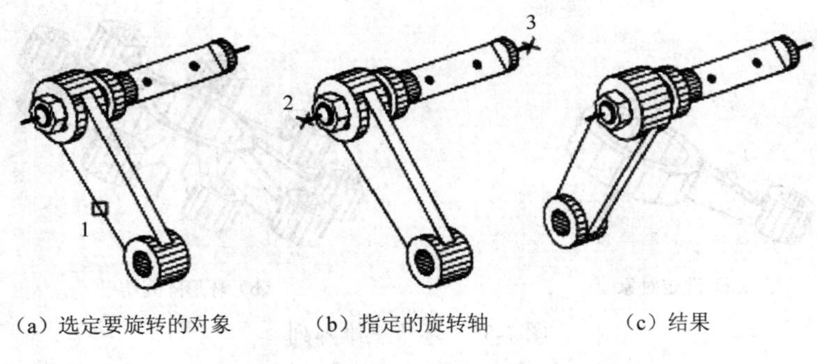

（a）选定要旋转的对象　（b）指定的旋转轴　（c）结果

图 7-53　三维旋转

① 选择要旋转的对象 1。

② 指定对象旋转轴的起点和端点 2 和 3（从起点到端点的方向为正方向，并按右手定则旋转）。

③ 指定旋转角度。

7.6 视觉样式和渲染

7.6.1 视觉样式

AuotCAD 提供了 10 种视觉样式模式，执行方式有三种。

- 下拉菜单：【视图】/【视觉样式】/10 选项。
- 工具按钮：【着色】工具栏（见图 7-54）。
- 命令行：shademode。

图 7-54 【视觉样式】工具栏

10 种着色模式的功能意义如下：

- 二维线框。显示用直线和曲线表示边界的对象。
- 概念。使用平滑着色和古氏面样式显示对象。古氏面样式在冷暖颜色而不是明暗效果之间。
- 转换。效果缺乏真实感，但是可以更方便地查看模型的细节。
- 消隐。使用线框表示法显示对象，而隐藏表示背面的线。
- 真实。使用平滑着色和材质显示对象。
- 着色。使用平滑着色显示对象。
- 带边缘着色。使用平滑着色和可见边显示对象。
- 灰度。使用平滑着色和单色灰度显示对象。
- 勾画。使用线延伸和抖动边修改器显示手绘效果的对象。
- 线框。通过使用直线和曲线表示边界的方式显示对象。
- X 射线。以局部透明度显示对象。

学习素材中的“示例文件/第 7 章”文件夹下，“卡车模型”文件的不同着色效果如图 7-55 所示。

7.6.2 渲染

渲染是指基于三维场景来创建二维图像。它使用已设置的光源、已应用的材质和环境设置（例如背景和雾化），为场景的几何图形着色。渲染图形一般包括四步。

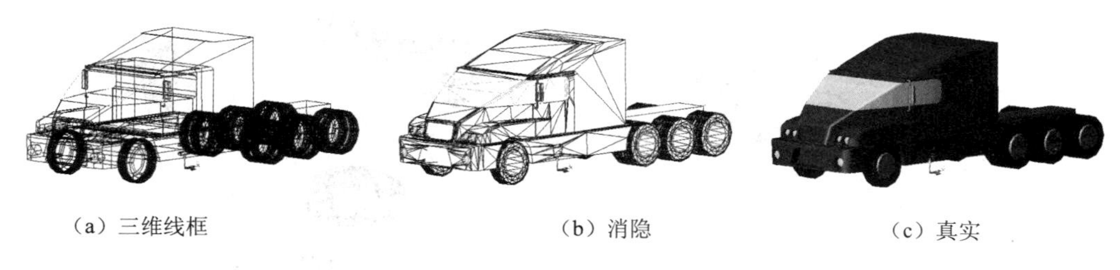

图 7-55 视觉样式效果

① 模型准备：采用适当的绘图技术、消除隐藏面、构造平滑着色所需的网格、设置显示分辨率等。

② 光源：创建和放置光源以及创建阴影。

③ 材质：定义材质的反射性质以及将这些材质与可见表面联系起来。

④ 渲染：包括检验渲染对象的准备、照明和颜色的中间步骤。

在实际操作过程中，用户可根据需要组合使用。AutoCAD 将如此众多的功能汇总于【渲染】工具栏中，如图 7-56。用户也可从【视图】下拉菜单的【渲染】子菜单中执行这些命令。

图 7-56　【渲染】工具栏

（1）光源

光源的选择取决于场景是模拟自然照明还是人工照明分为两大类，即自然光源（阳光）和人工光源（点光源、平行光、聚光灯）。

AutoCAD 提供了 4 种类型的光源，包括环境光、点光源、平行光、聚光灯。系统默认光源是环境光，场景中没有光源时，将使用默认光源对场景进行着色。插入人工光源或添加太阳光源时，可以禁用默认光源。点光源、平行光、聚光灯需用户创建。

① 环境光：环境光为模型的每个表面都提供相同的照明。它既不来自特定的光源，也没有方向性。环境光是渲染的基本场景光源，效果如图 7-57 所示。

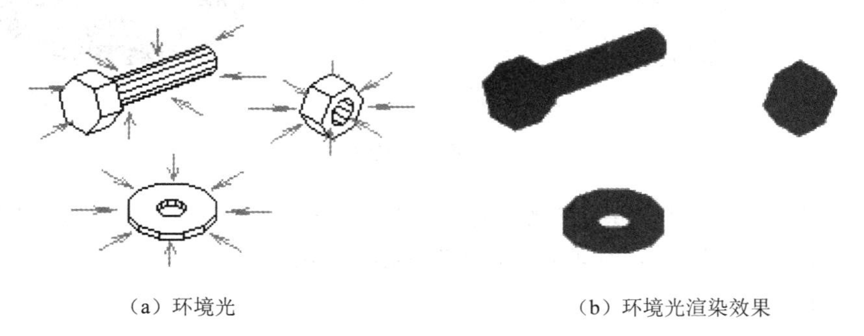

图 7-57　环境光

② 点光源：点光源类似一个灯泡，光线由光源点向所有方向发射光线。点光源的强度随着距离的增加根据其衰减率衰减，效果如图 7-58 所示。

③ 平行光：平行光类似于太阳光，光线为平行光，而且其光的强度并不随着距离的增加而衰减，效果如图 7-59 所示。

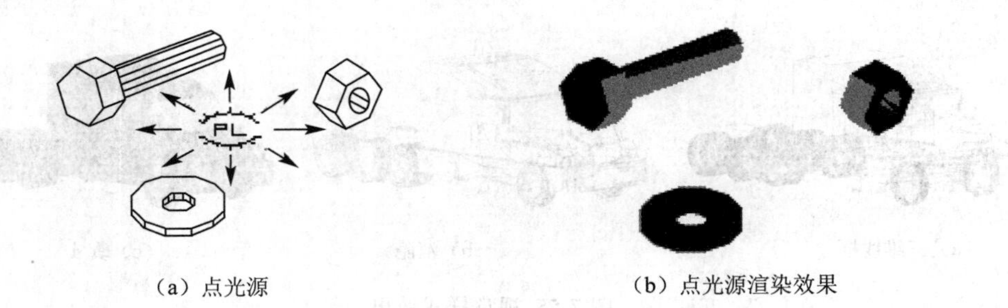

（a）点光源　　（b）点光源渲染效果

图 7-58　点光源

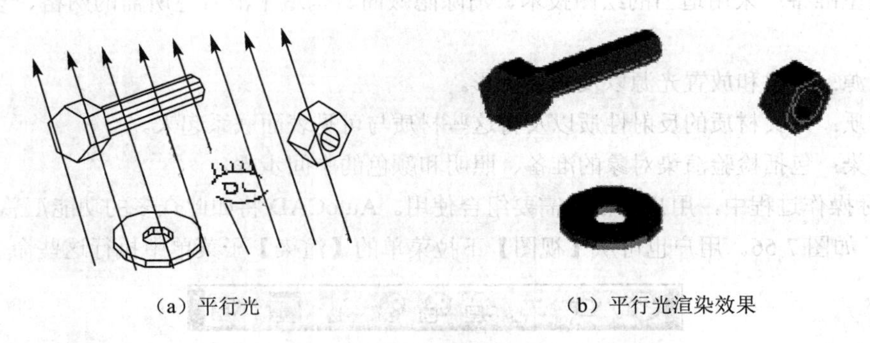

（a）平行光　　（b）平行光渲染效果

图 7-59　平行光

④ 聚光灯：聚光灯发射有向的圆锥形光。可以指定光的方向和圆锥的尺寸。与点光源相似，聚光灯的强度也随着距离的增加而衰减，效果如图 7-60 所示。

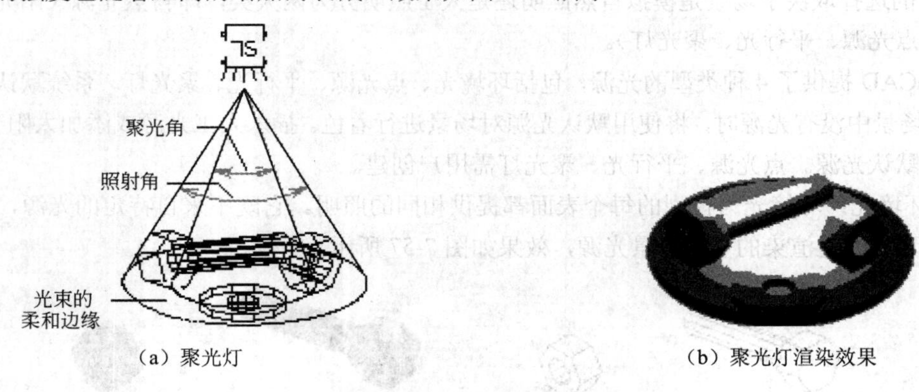

（a）聚光灯　　（b）聚光灯渲染效果

图 7-60　聚光灯

⑤ 阳光：阳光自然照明的主要来源，是一种类似于平行光的特殊光源。用户为模型指定的地理位置以及指定的日期和当日时间定义了阳光的角度。用户可以调整阳光的特性，更改阳光的强度及其光源的颜色。

（2）材质

AutoCAD 使用材质来自 Autodesk 提供的一个预定义的材质库（如陶瓷、混凝土、石材和木材）为三维模型提供真实外观。使用“材质浏览器”可以浏览材质，并将材质应用于图形中的三维对象。执行方式有以下三种。

- 下拉菜单：【视图】/【渲染】/【材质浏览器】。
- 工具按钮：【渲染】/ 。

◆ 命令行：matbrowseropen。

命令执行后弹出如图 7-61 所示【材质浏览器】对话框。

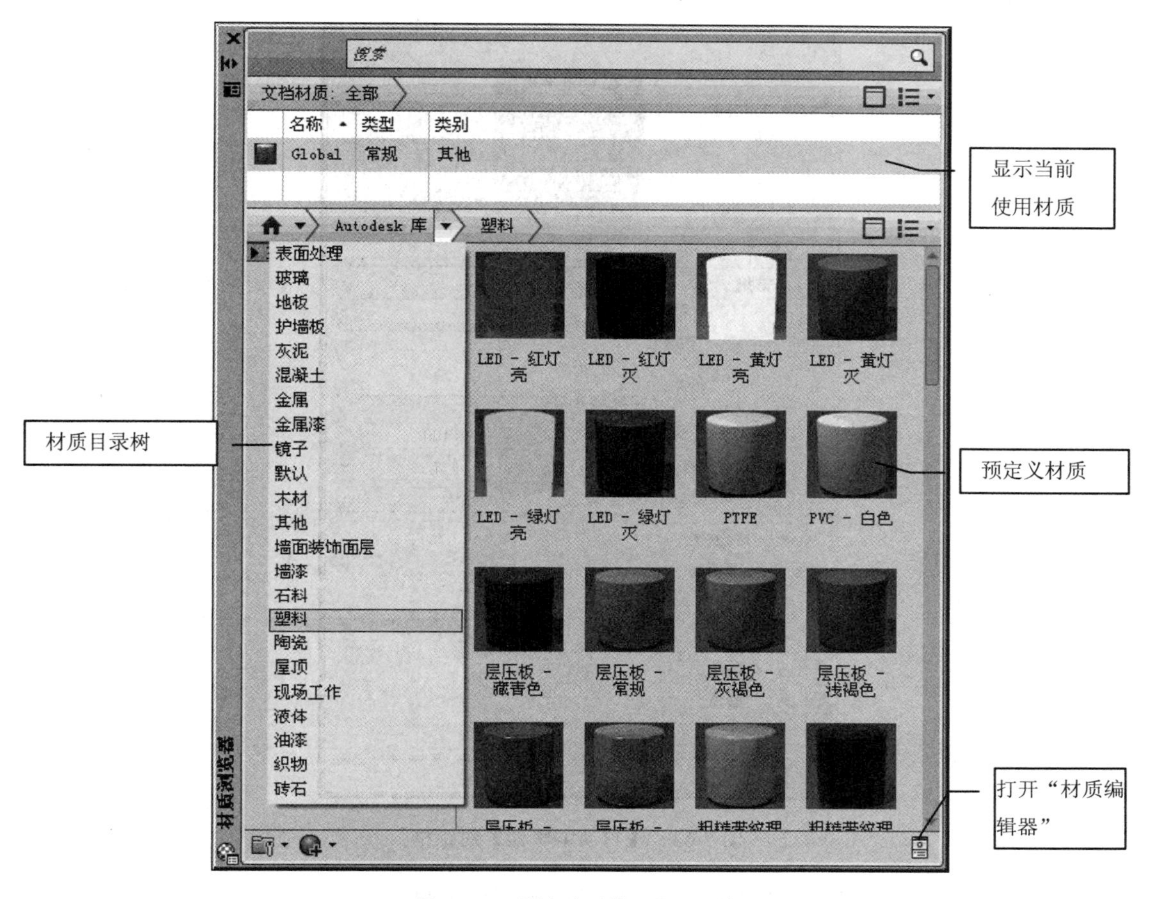

图 7-61 【材质浏览器】对话框

在创建或修改材质时，可以执行以下操作。

◆ 单击库中的材质，该材质将应用到图形中任何选定的对象。
◆ 将材质样例直接拖动到图形中的对象上。
◆ 通过在“材质浏览器”中单击材质样例的快捷菜单中的“指定给选择”，可将材质指定给某个对象。

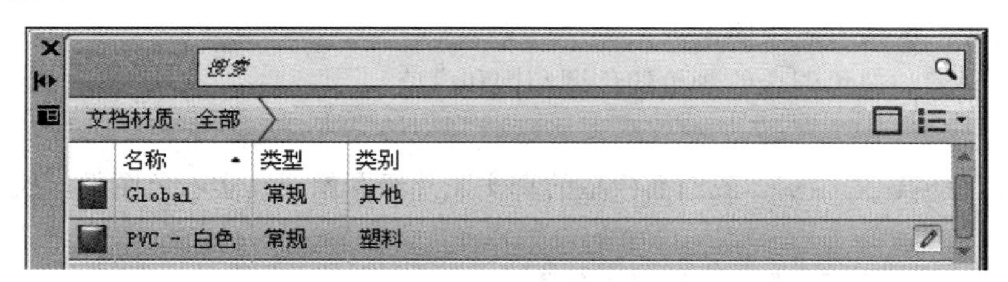

图 7-62 当前文档材质

对象被赋予材质后，“材质浏览器”上方的“文档材质”列表中会显示材质名称，如图 7-62 所示。单击材质右侧的按钮，弹出如图 7-63 所示【材质编辑器】对话框。材质的通用特性有颜色、图像、图像褪色、光泽度、高光。如果创建特定的效果，可设置反射率、透明度、剪切、自发光、凹凸、染色特性。

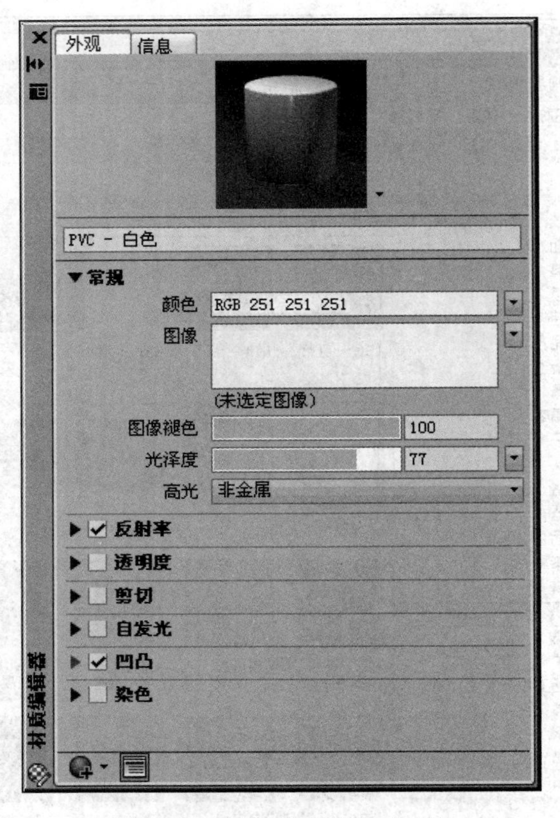

图 7-63　【材质编辑器】对话框

◆ 反射率。反射率模拟在有光泽对象的表面上反射的场景。
◆ 透明度。完全透明的对象允许灯光穿过对象。其值为 1.0 时，该材质完全透明；其值为 0.0 时，材质完全不透明。
◆ 剪切。裁切贴图以使材质部分透明，从而提供基于纹理灰度转换的穿孔效果。
◆ 自发光。自发光贴图可以使部分对象呈现出发光效果。
◆ 凹凸。可以选择图像文件或程序贴图以用于贴图。凹凸贴图使对象看起来具有起伏的或不规则的表面。使用凹凸贴图材质渲染对象时，贴图的较浅（较白）区域看起来升高，而较深（较黑）区域看起来降低。
◆ 染色。设置与白色混合的颜色的色调和饱和度值。

（3）渲染

"渲染"命令创建三维实体或曲面模型的真实照片级图像或真实着色图像。执行方式有以下三种。

◆ 下拉菜单：【视图】/【渲染】/【渲染】。
◆ 工具按钮：【渲染】/ ![]。
◆ 命令行：render。

默认情况下，"渲染"命令将渲染图形的当前视图中的所有对象。如果未指定命名视图或相机视图，则将渲染当前视图。

默认的输出分辨率为 640×480，最高可设定为 4096×4096。分辨率越高，像素越高，细节越清楚，高分辨率图像花费的渲染时间也较多。

“渲染”命令执行后，弹出如图 7-64 所示“渲染”窗口，“渲染”窗口分为以下三个窗格。

- “图像”窗格。显示渲染图像。
- “统计信息”窗格。位于右侧，显示用于渲染的当前设置。
- “历史记录”窗格。位于底部，提供当前模型的渲染图像的近期历史记录以及进度条以显示渲染进度。

图 7-64 “渲染”窗口

练 习 题

1. 填空题

（1）AutoCAD 用户可创建_____、_____、_____三种三维几何模型。

（2）AutoCAD 提供了_____、_____两种坐标系。自定义坐标系的命令是_____。

（3）AutoCAD 提供了_____、_____两类标准视图。

（4）AutoCAD 提供了_____种着色模式。消隐命令名是_____，命令别名是_____。

（5）【建模】工具栏提供了_____、_____、_____、_____、_____、_____、_____、_____、_____九种规则的三维实体绘制命令。

2. 选择题

（1）单击（　　）工具栏中的工具按钮可在三维视图与二维视图之间切换。

A．绘图　　B．视图　　C．视口　　D．实体

（2）二维编辑命令（　　）可对三维实体对象进行编辑操作。

A．CHAMFER　　B．MOVE　　C．COPY　　D．ROTATE

（3）以下由（　　）绘制而成的独立的二维对象可使用 EXTRUDE 命令拉伸为三维实体。

A．封闭 line　　B．封闭 spline　　C．交叉 line　　D．交叉 spline

3．连线题（请正确连接左右两侧各命令的中英文名称）

新建视口	3darray
新建坐标系	3dorbit
三维动态观察器	extrude
渲染	hide
消隐	mirror3d
三维阵列	revolve
三维镜像	render
三维旋转	rotate3d
拉伸实体	vports
旋转实体	ucs

4．上机练习题

开窗洞墙体练习，执行操作步骤如下。

① 切换到“前视图”，绘制带洞口墙立面图。先绘制一个3600mm×2800mm矩形作为墙体，再绘制一个1200mm×1500mm矩形作为窗洞，窗台高900mm，结果如题图7-1（a）所示。

② 执行拉伸实体（Extrude）命令，拉伸高度240，拉伸角度0。

③ 调整为“西南轴测”视图，效果如题图7-1（b）所示。

④ 执行消隐（Hide）命令，效果如题图7-1（c）所示。

⑤ 执行布尔运算之差运算（subtract）命令扣减窗洞，再执行消隐命令，效果如题图7-1（d）所示。

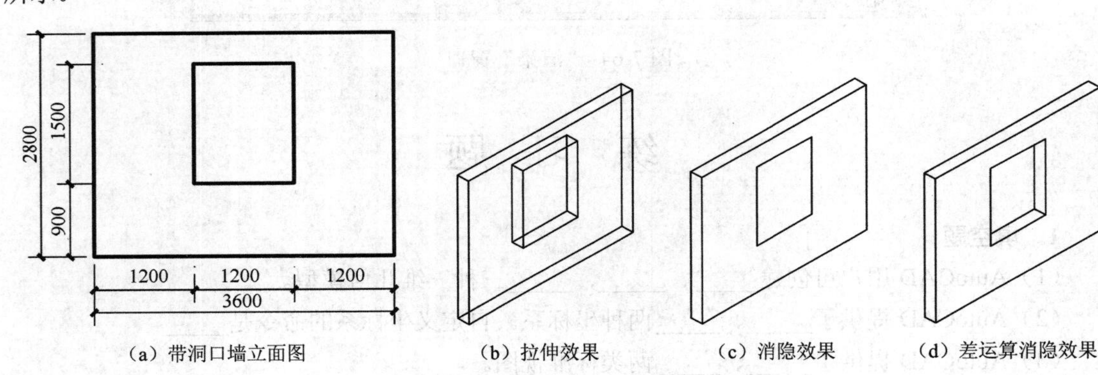

（a）带洞口墙立面图　（b）拉伸效果　（c）消隐效果　（d）差运算消隐效果

题图7-1　开窗洞墙体练习

第 8 章　图形打印输出

打印输出是施工图设计的最后一个操作环节，它将绘制的任意二维和三维图形打印到图纸上，以便工程应用。本章将学习如何完成图纸的打印和输出特定格式文件。

8.1 模型空间与图纸空间

AutoCAD 有两种空间，即模型空间和图纸空间。

（1）模型空间

模型空间是一个三维空间，主要用于创建和编辑几何对象组成的模型，是完成绘图设计工作的空间。模型空间是一个无限的绘图区域，用户可以按物体的实际尺寸绘制出二维图形和三维模型。当启动 AutoCAD 程序后，程序默认的空间是“模型空间”。

（2）图纸空间

图纸空间是一个二维空间，主要用于图形的排列和打印输出。在图纸空间中，可以放置标题栏，创建用于显示视图的布局视口，标注图形及添加注释。在图纸空间中布置模型对象的输出样式（视图、比例等）称为布局。

（3）模型空间与图纸空间切换

单击图形窗口下的“模型/布局”选项卡，可以在模型空间和图纸空间之间进行切换。通过“坐标系”图标的形状，可区分模型空间和图纸空间，如图 8-1 所示。

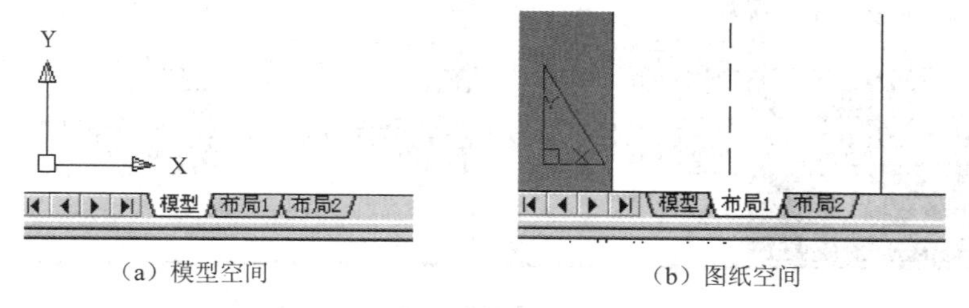

（a）模型空间　　（b）图纸空间

图 8-1　模型空间与图纸空间

模型空间的主要功能是绘制图形，在模型空间内只能以单视口、单一比例打印输出图形。图纸空间是进行图形多样化打印的平台，使用布局不但可以按单视口、单一比例打印输出图形，而且可以按多视口、不同比例打印输出图形。

AutoCAD 中模型空间只有一个，却可创建有多个图纸空间（布局）。通常二维平面图形以单一比例输出时可在模型空间完成；但对于三维图形，以多视口或多比例输出时，模型空间就无法胜任，必须切换到布局空间进行操作。

8.2 打印样式

打印样式是 AutoCAD2000 引入的概念。它通过设置对象的打印特性（包括颜色、抖动、灰度、线型、线宽、线条连接样式、填充样式等）来控制图形对象的打印效果。

（1）打印样式类型

打印样式在程序中是以打印样式表形式存在的。打印样式表分为两类，即颜色相关打印样式表和命名打印样式表。一个图形只能使用一种类型的打印样式表。用户可以在两种打印样式表之间进行转换。

① 颜色相关打印样式表（CTB） 是一种根据对象颜色来控制打印特征（如线宽）的打印方案，对象的颜色决定了打印的颜色。例如，图形中所有被指定为红色的对象均以相同的方式打印。颜色相关打印样式表中有 256 种打印样式，每种样式对应一种颜色。该打印样式表文件的扩展名为“.ctb”。

② 命名打印样式表（STB） 是一种与对象本身的颜色无关，通过指定给对象和图层的打印样式，来控制打印特征的打印方案。使用本打印样式表可以使图形中的每个对象以不同颜色打印，具有相同颜色的对象可以不同方式打印。该打印样式表文件的扩展名为“.stb”。

（2）monochrome 打印样式

AutoCAD 系统提供了一种全图单一黑色打印样式——monochrome。选择下拉菜单【文件】/【打印样式管理器】命令，弹出如图 8-2 所示的打印样式管理器的【Plot Styles】窗口。

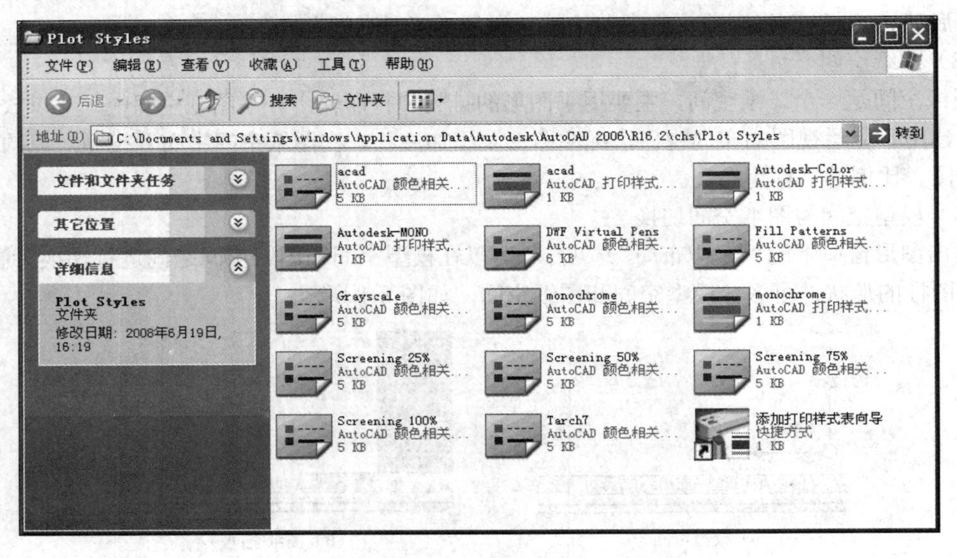

图 8-2 打印样式管理器【Plot Styles】窗口

双击“monochrome.ctb”图标，弹出【打印样式表编辑器—monochrome.ctb】对话框。选择“格式视图”选项卡（见图 8-3），可在此选项卡设置和修改打印样式参数。分别选择左侧“打印样式”列表框内的各种颜色，会发现右侧“特性”区域中“颜色（C）”下拉列表框的选项始终是“黑色”。即对象无论是何种颜色，打印输出均是黑色。

图 8-4 是 AutoCAD 系统自带的多色打印样式“acad.ctb”。其“特性”区域中“颜色（C）”下拉列表框是“使用对象颜色”。即如果对象是红色，则打印出的是红色。

用户使用彩色或黑白打印机输出黑白图纸时，为保证打印图纸颜色深浅一致，有两种方法：①在打印前通过图层编辑器，将所有图层颜色设置为“黑色”。②打印时选择“monochrome.ctb”打印样式。后者是一个更有效率的操作方法。

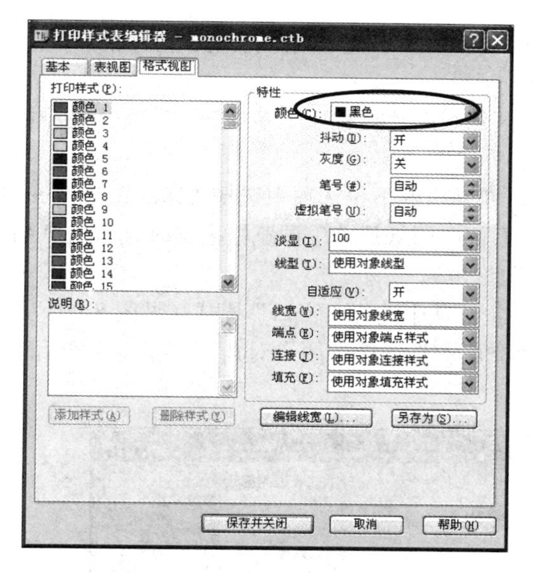

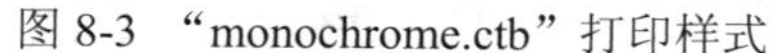

图 8-3 “monochrome.ctb”打印样式

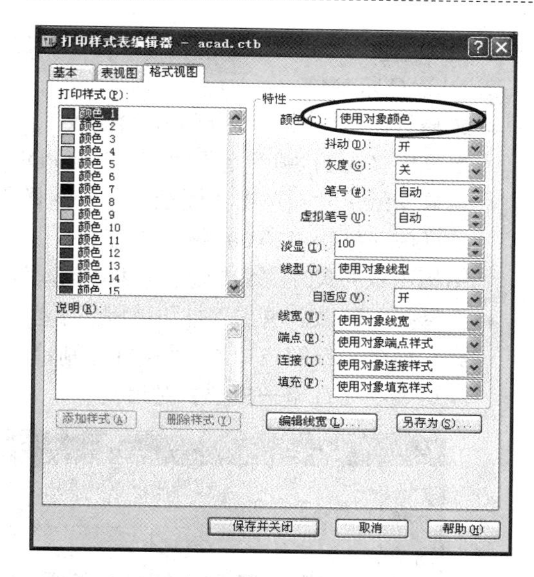

图 8-4 “acad.ctb”打印样式

8.3 模型空间打印输出

在模型空间中绘制图形后，如没有特殊要求，用户可以直接打印输出。执行方法有以下四种。

- 下拉菜单：【文件】/【打印】。
- 工具按钮：【标准】/ 🖨。
- 命令行：plot。
- 快捷键：Ctrl+P。

模型空间打印输出具体操作步骤如下。

① 打开配套光盘“案例文件\立面图”文件，如图 8-5 所示。

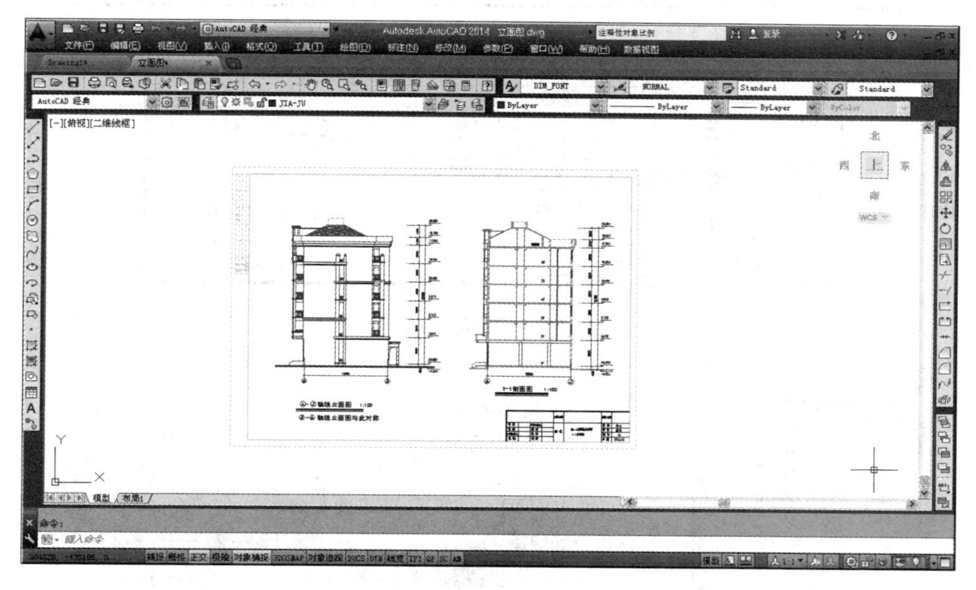

图 8-5 打开“立面图”示例文件

② 单击按钮，执行“打印”命令，弹出如图 8-6 所示的【打印—模型】对话框。

③ 设置打印参数。

- 选择打印机。单击“打印机/绘图仪”参数区域中的“名称”下拉按钮，在弹出的下拉列表框中（见图 8-7）选择“DWG To PDF.pc3”绘图仪。
- 选择图纸尺寸。单击“图纸尺寸”选择栏，在弹出的下拉选项中选择“ISO full bleed A2 (594.00 毫米×420.00 毫米)”。这时图 8-7 右侧“图纸尺寸”预览框会实时显示出“A1”图幅图纸的尺寸“594 毫米×420 毫米”（见图 8-8）所示。
- 选择打印区域。单击“打印范围”下拉列表框，从中选择“窗口”模式（见图 8-9）。此时会切换到“绘图窗口”，用鼠标分别单击“立面图”图框的两个对角点。指定完成后将自动切换回【打印—模型】对话框。

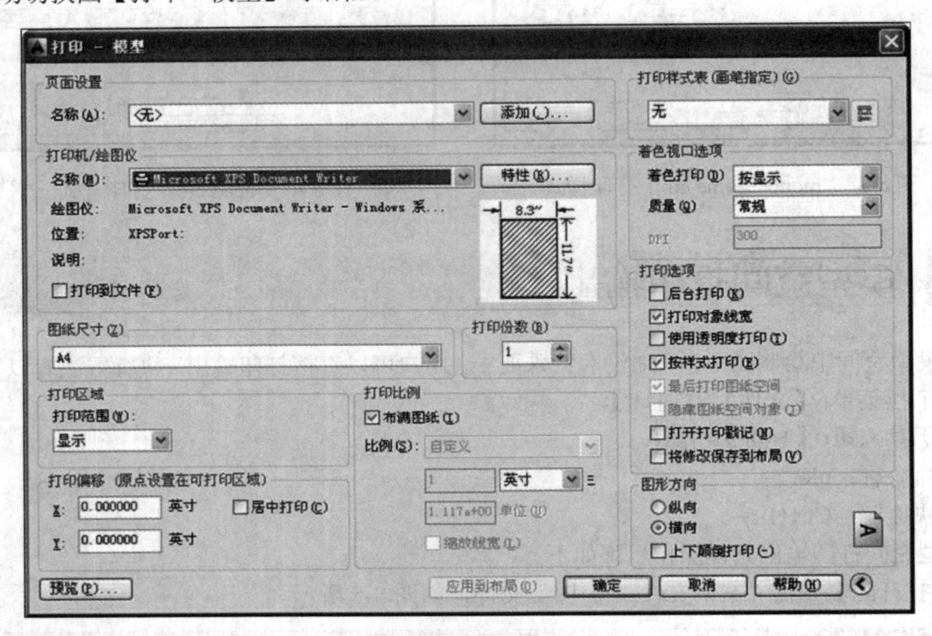

图 8-6 【打印—模型】对话框

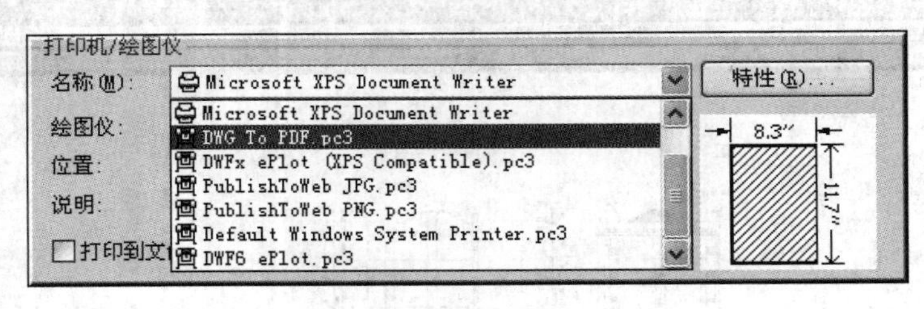

图 8-7 选择打印机

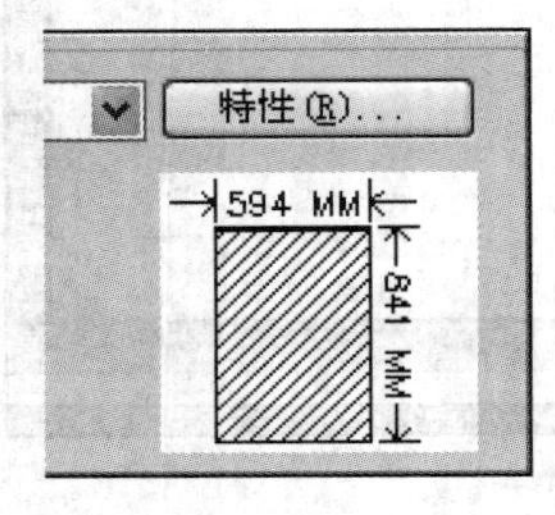

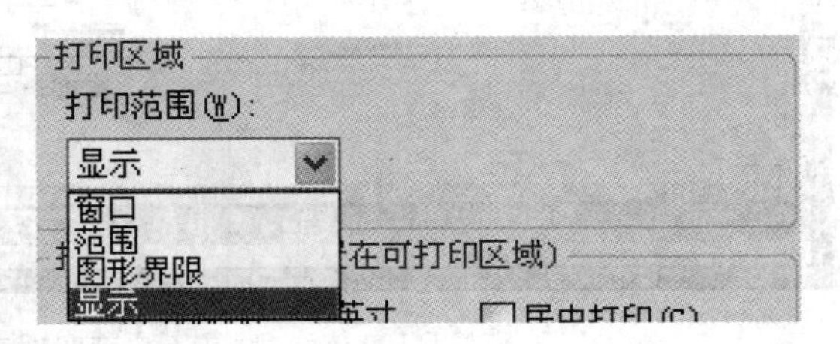

图 8-8 A1 图纸尺寸　　　图 8-9 选择打印区域

- 选择打印样式。单击“打印样式表”选择栏，在弹出的下拉列表框中选择“monochrome.ctb”打印样式（见图 8-10）。
- 设置打印比例。

打印参数设置项如图 8-11 所示。

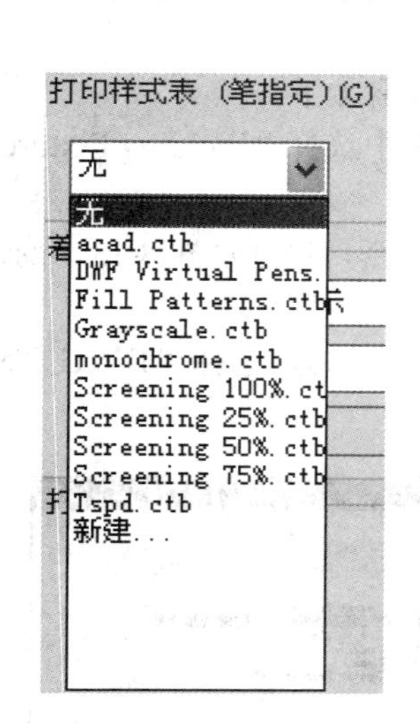

图 8-10　选择打印样式

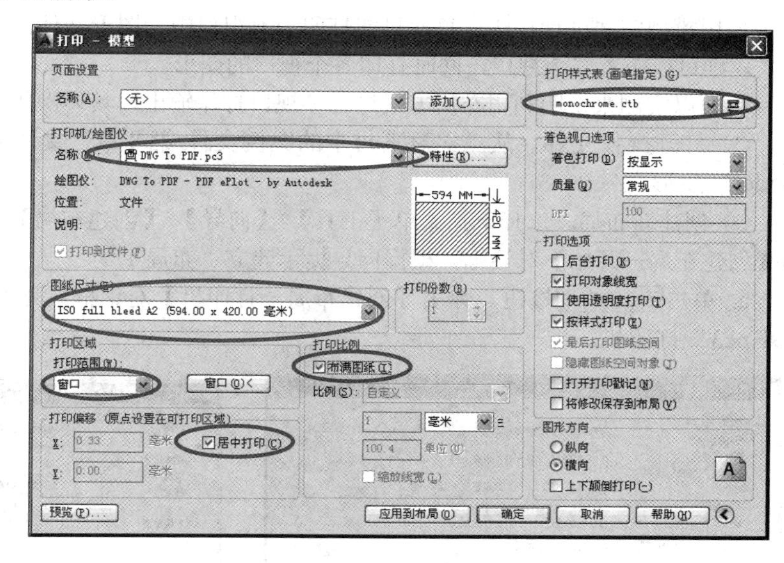

图 8-11　打印参数设置项

④ 打印预览。单击左下角 预览(P)... 按钮，切换至“预览窗口”，如图 8-12 所示。

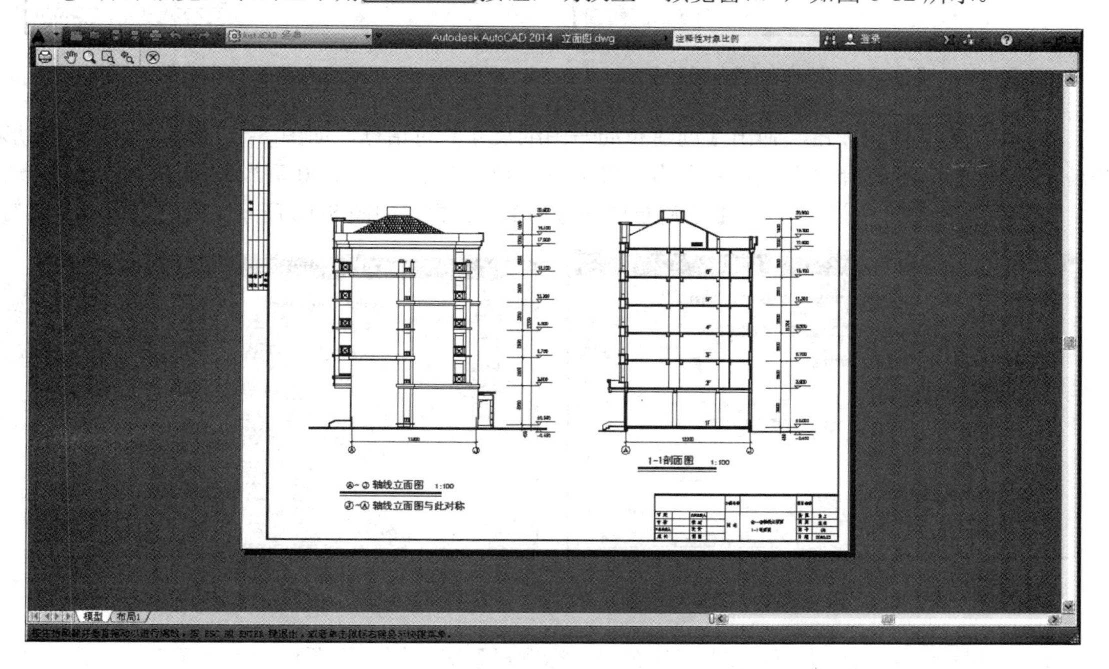

图 8-12　“打印预览”效果

如果对预览效果不满意，单击“关闭预览窗口”按钮，返回【打印—模型】对话框重新调整打印参数，直至满意。如果满意预览效果，单击“打印”按钮，执行打印操作。程序将打印信息传输给打印机，打印机接到信息后打印图纸。

8.4 布局空间打印输出

使用模型空间进行打印，每次只能打印当前视口中的图形文件。如果采用布局（布局空间）方式，则可以布置多个视口，同时打印各个视口的图形。

下面以实例来说明利用布局方式进行多视口打印输出，具体操作步骤如下。

① 打开操作文件。从“学习素材中的案例文件/第8章”文件夹中选择“Welding Fixture Model”图形文件。

② 创建新布局。选择下拉菜单【工具】/【向导】/【创建布局】命令，弹出如图8-13所示的【创建布局—开始】对话框。根据向导提示建立“布局1”。

a. 单击 下一步(N)> 按钮，弹出【创建布局—打印机】对话框（见图8-14），选择“DWG To PDF.pc3”打印机。

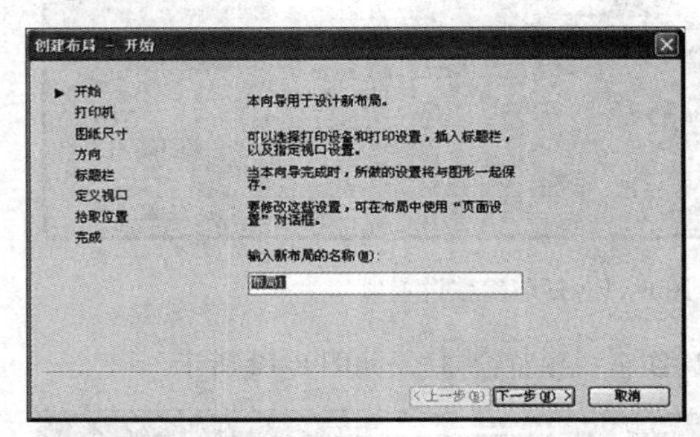

图8-13 【创建布局—开始】对话框

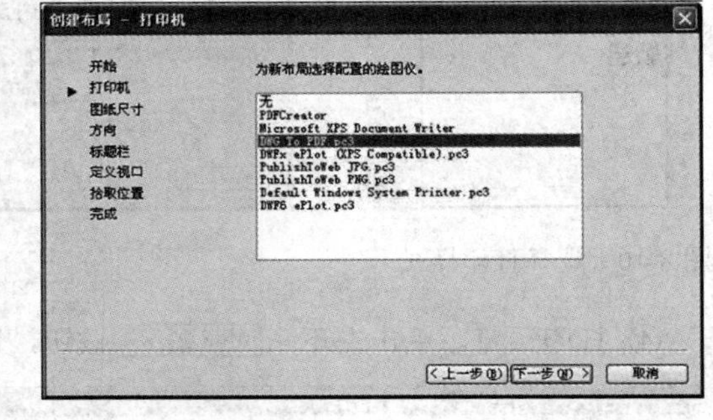

图8-14 【创建布局—打印机】对话框

b. 单击 下一步(N)> 按钮，弹出【创建布局—图纸尺寸】对话框，如图8-15所示。选择“图形单位”为“毫米”。选择“图纸尺寸”为“ISO A3（420.00毫米×297.00毫米）”。

c. 单击 下一步(N)> 按钮，弹出【创建布局—方向】对话框，如图8-16所示。方向设为“横向”。

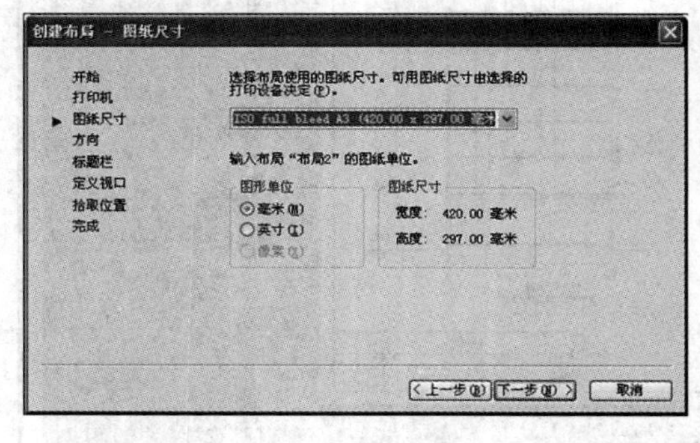

图8-15 【创建布局—图纸尺寸】对话框

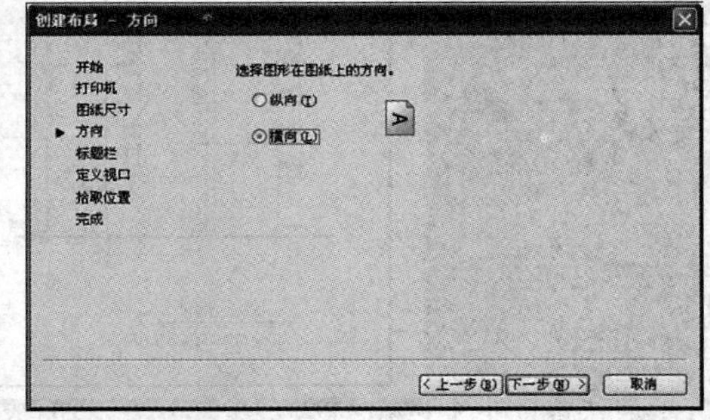

图8-16 【创建布局—方向】对话框

d. 单击 下一步(N)> 按钮，弹出【创建布局—标题栏】对话框，标题栏设为“无”。

e. 单击 下一步(N)> 按钮，弹出【创建布局—定义视口】对话框，如图8-17所示。“视口设置”设为“阵列”，“视口比例”设为“1∶1”。

f. 依次单击 下一步(N)> 按钮，直至弹出【创建布局—完成】对话框，如图8-18所示。单击 完成 按钮，新建“布局1”完成，效果如图8-19所示。

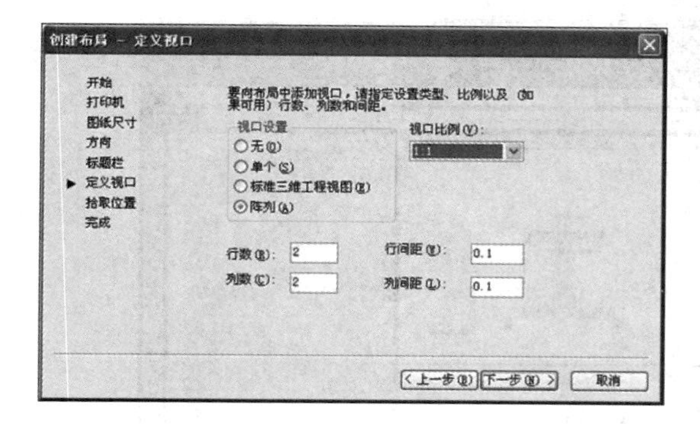

图 8-17 【创建布局—定义视口】对话框

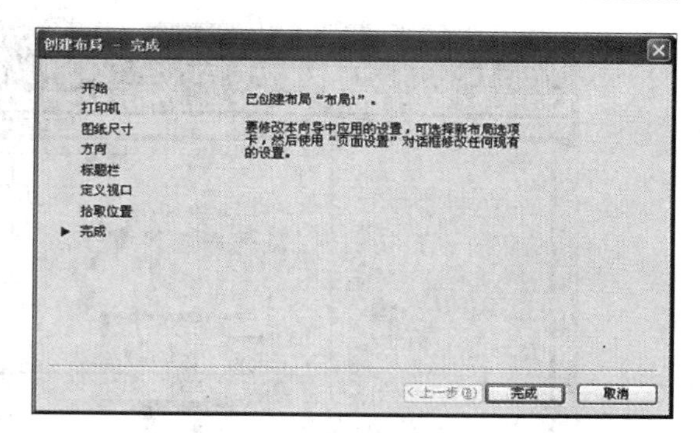

图 8-18 【创建布局—完成】对话框

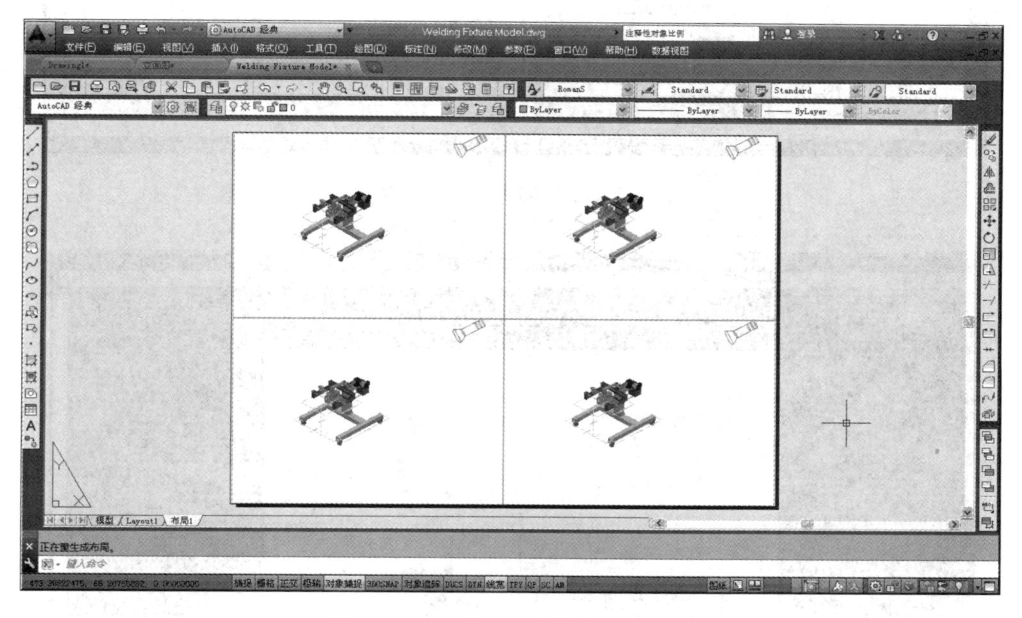

图 8-19 “布局 1”设置完成后效果

③ 调整布局。新布局四个视口均为轴视图，下面就来调整各视口的视图类型。注意程序窗口最下方的状态栏如图 8-20（a）所示，说明当前处于“图纸空间”状态，此时不可以执行变换视口类型命令。单击图纸按钮，将其切换成“模型”状态，如图 8-20（b）所示。操作后四个视口变为“浮动视口”，此时可以执行各种操作。

（a）“图纸”状态

（b）“模型”状态

图 8-20　布局空间状态栏

运用 7.1.3 小节的视图操作知识对各视口进行指定操作。首先调出【视图】工具栏，然后分别单击选择各视口，将左上视口设置为“前视图”，右上视口设置为“右视图”，左下视口设置为“俯视图”。然后使用视图缩放命令 Zoom 调整图形显示。调整后效果如图 8-21 所示。

④ 打印输出。单击按钮，执行“打印”命令，在弹出的【打印—布局 1】对话框中不需再设置打印参数，单击预览(P)...按钮，预览效果如图 8-22 所示。

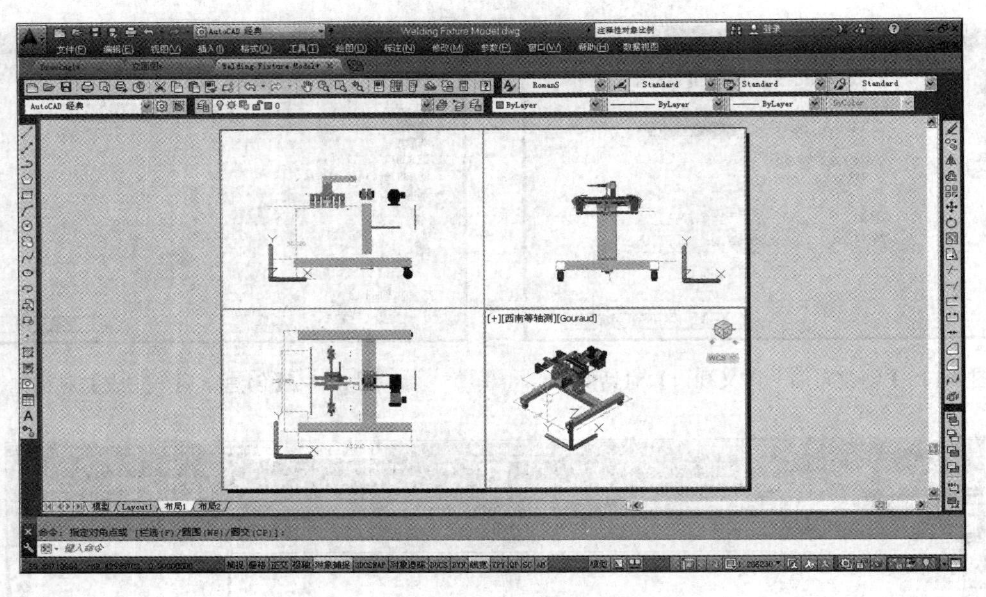

图 8-21 “布局 1”调整后效果

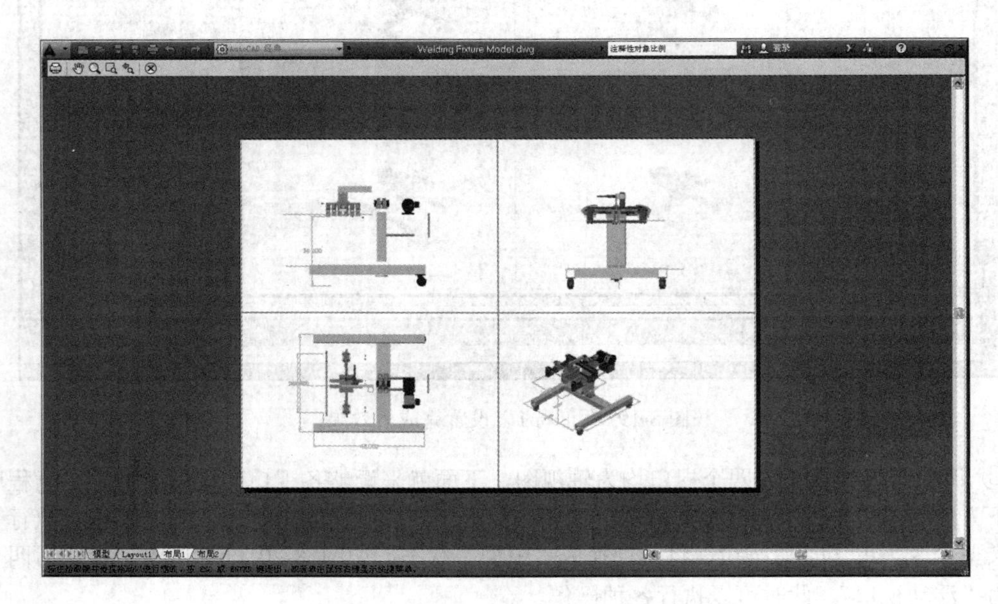

图 8-22 “布局 1”打印预览效果

8.5 其他格式输出

AutoCAD 以 DWG 格式保存图形文件，但此格式在其他软件平台或应用程序下不能很好地兼容使用。为此 AutoCAD 提供多种输出格式（包括 DWF、DXF 和 Windows 图元文件 [WMF]、3DS、TIFF 等），供用户在不同软件间交换和共享数据。用户可以使用专门设计的绘图仪驱动程序以图像格式输出图形。

8.5.1 打印 DWF 格式文件

DWF（Design Web Format）文件是二维矢量文件，用户可使用这种格式在 Web 或 Internet 网络上发布 AutoCAD 图形。使用 Autodesk DWF Viewer，以及 Microsoft Internet Explorer 5.01 或更高版本可查看 DWF 格式文件。

（1）输出 DWF 文件的步骤

① 单击按钮执行“打印”命令，弹出【打印】对话框。

② 选择 DWF 专用打印机。在“打印机/绘图仪”选项区的“名称”列表框中选择“DWF6 ePlot.pc3”选项。

③ 根据需要为 DWF 文件选择其它打印设置，如图纸尺寸、打印样式、比例等。

④ 单击 确定 按钮，在弹出的【浏览打印文件】对话框中选择输出文件位置，并指定 DWF 文件的文件名。

⑤ 单击 保存(S) 按钮，完成 DWF 文件打印操作。

（2）设置 DWF 文件的格式

执行下拉菜单【文件】/【绘图仪管理器】命令。

双击“DWF6 ePlot”绘图仪配置文件图标，弹出【绘图仪配置编辑器—DWF6 ePlot.pc3】对话框，如图 8-23 所示。先选择“设备和文档设置”选项卡，再选择“图形”项中的“自定义特性”项，最后单击 自定义特性(C)... 按钮，弹出如图 8-24 所示的【DWF6 电子打印特性】对话框。

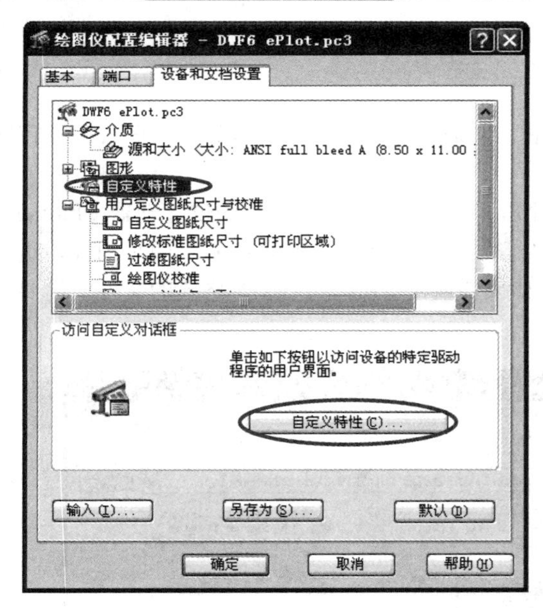

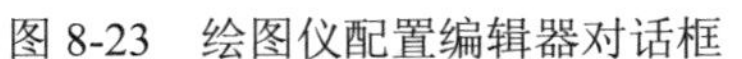
图 8-23　绘图仪配置编辑器对话框

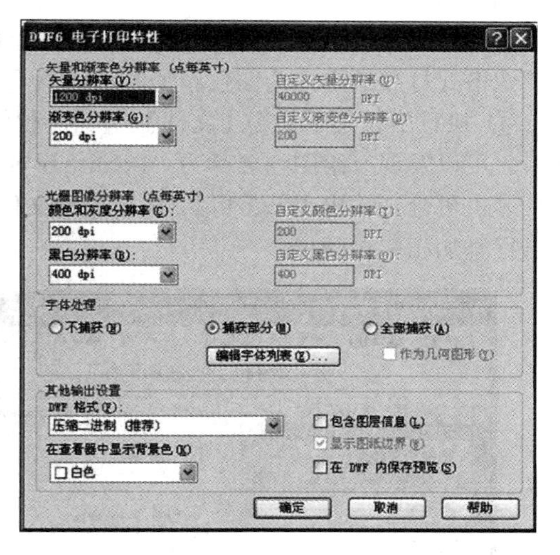

图 8-24　【DWF6 电子打印特性】对话框

DWF6 文件的矢量和光栅分辨率越高，精度越高，但文件越大。

默认情况下，创建的 DWF6 文件为压缩的二进制格式。压缩不会丢失任何数据；对于多数 DWF 文件，建议使用压缩格式输出。

将 8.4 节的三维示例文件“Welding Fixture Model.dwg”采用默认设置生成为 DWF 文件，使用 Microsoft® Internet Explorer 浏览器来查看，效果如图 8-25 所示。

8.5.2　打印光栅格式文件

光栅文件格式包括 Windows BMP、CALS、TIFF、PNG、TGA、PCX 和 JPEG，它们可在 Photoshop 等平面设计软件中编辑使用。

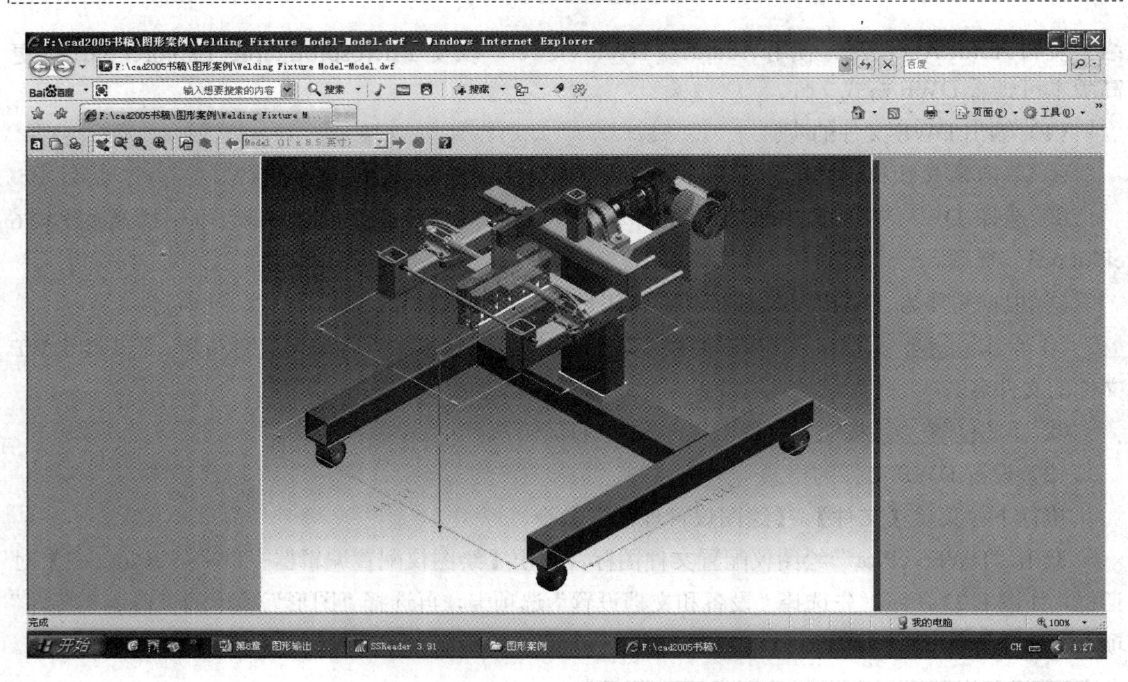

图 8-25 输出的“.dwf”文件浏览效果

（1）添加绘图仪

在 AutoCAD 中将 DWG 文件转换为以上格式，其方法就是使用专门设计的绘图仪驱动程序以图像格式打印输出。绘图仪添加方法如下。

① 执行下拉菜单命令【文件】/【绘图仪管理器】，弹出图 8-26 所示绘图仪管理器【Plotters】窗口。可以发现有绘图仪名称为“PublishToWeb JPG”和“PublishToWeb PNG”两个图标，这两个打印机可分别输出 JPEG 和 PNG 格式的文件。如果要输出 TIFF、TGA 等格式的文件，需要用户自行添加相应绘图仪。

图 8-26 【Plotters】窗口

② 双击“添加绘图仪向导快捷方式”图标，按“下一步”至图 8-27 所示【添加绘图仪—绘图仪型号】对话框，在“生产商”选项框中一定要选择“光栅格式文件”，右侧的“型号”

选项框中选择相应格式的打印机。如选择“TIFF Version 6 (CCITT G4　二维压缩)”，设置完成后会生成一个提供 TIFF 格式的打印机。

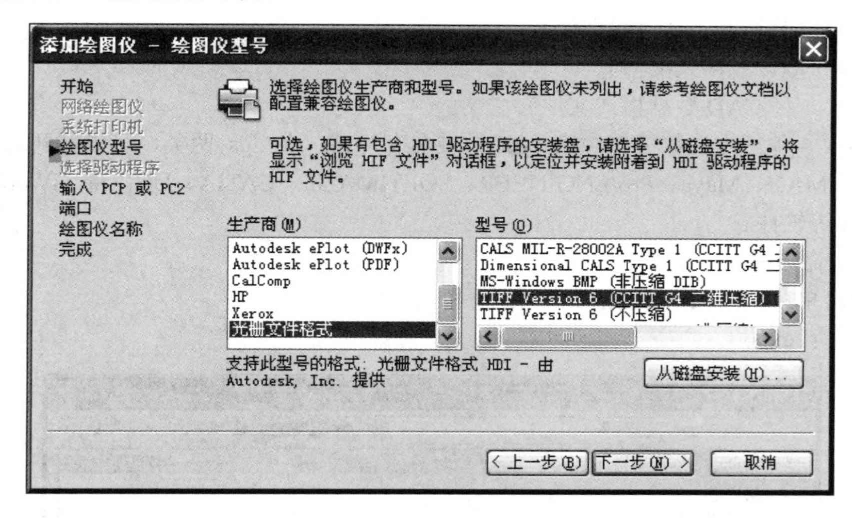

图 8-27　【添加绘图仪—绘图仪型号】对话框

（2）打印输出

打印输出的方法参见本章 8.3 节。

在【打印—模型】对话框中进行打印参数的设置，关键操作主要有以下两点。

① 选择绘图仪。用户根据需要在“打印机/绘图仪”参数区中“名称”输入框中选择相应格式的打印机。选择绘图仪后，会弹出如图 8-28 所示的【打印—未找到图纸尺寸】对话框。直接单击 确定 按钮，返回到【打印—模型】对话框。

② 选择图纸尺寸。用户在“图纸尺寸”下拉列表框中选择要输出图形的尺寸。如图 8-29 所示，光栅格式文件的图形尺寸以像素为单位。不同绘图仪的待选图纸尺寸会有区别。

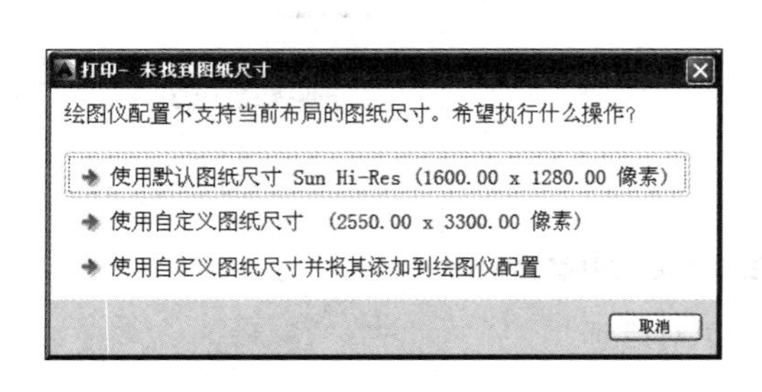

图 8-28 【打印—未找到图纸尺寸】对话框

图 8-29 “图纸尺寸”下拉列表框

8.5.3　输出文件

并不是所有的格式文件都需要以打印的方式输出，AutoCAD 提供了几种特定格式，采用“输出（export）”命令实现文件交换。比较常用格式如下。

- DXF（三维 CAD 交换数据格式文件）　是 Autodesk（欧特克）公司开发的用于 AutoCAD 与其他软件之间进行 CAD 数据交换的 CAD 数据文件格式。
- BMP（Windows 位图格式文件）。
- WMF（Windows 图元文件格式）　许多 Windows 应用程序都使用 WMF 格式。WMF 文件包含矢量图形或光栅图形格式，AutoCAD 只在矢量图形中创建 WMF 文件。矢量格式与其他格式相比，能实现更快的平移和缩放。

- EPS（封装 Postcript 格式文件）。
- ACIS（实体造型系统格式文件）。
- STL（平版印刷格式文件）。
- DGN（一种 CAD 数据格式文件）。
- IGES（一种三维的数模文件格式），扩展名有*.iges 或*.igs 两类，可以打开的软件有 3D Studio MAX、Maya、Pro/ENGINEER、SOFTIMAGE、CATIA、UG、SolidWork、CATIA、Pro-E 等软件。

（1）输出命令执行方式

◆ 下拉菜单：【文件】/【输出】。

◆ 命令行：export。

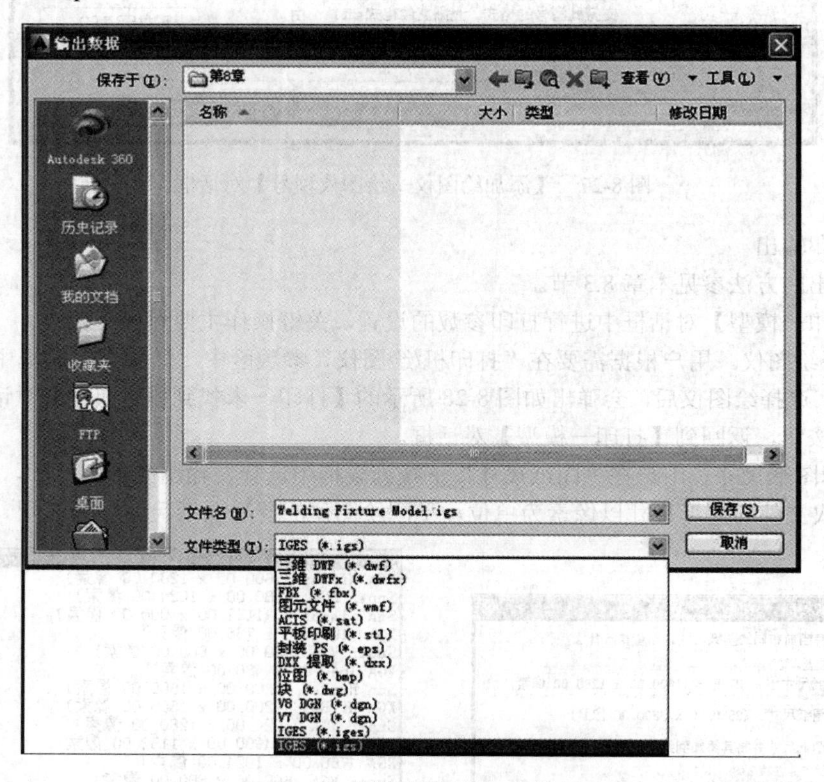

图 8-30 【输出数据】对话框

（2）输出操作过程

各格式的输出方式类似，以示例文件“Welding Fixture Model.dwg”为样本，说明 DXF 格式的输出过程。

① 打开操作文件。从“案例文件/第 8 章”文件夹中选择“Welding Fixture Model.dwg”图形文件。

② 在命令行输入“export”，执行“输出”命令。

③ 弹出图 8-30 所示【输出数据】对话框。首先单击“文件类型”选择栏，在弹出的选择栏中选择“三维 DXF（*.dxf）”格式。然后指定输出文件名，最后选择文件保存位置。

④ 单击 保存(S) 按钮，程序自动处理生成 dxf 文件，操作完成。

练　习　题

1．填空题

（1）AutoCAD 为用户提供了_____、_____两种空间。专门用于图形打印输出管理的空间是_____空间，又称为_____。_____空间是二维空间，_____空间是三维空间。

（2）AutoCAD 系统提供了一种全图单一黑色打印样式名称是_____。

（3）AutoCAD 使用_____命令，实现 AutoCAD 图形对象到 DXF 格式文件的转换。

（4）AutoCAD 图形对象使用打印机输出到图纸的命令是_____。

2．选择题

（1）只能将模型按单一比例打印输出的空间是（　　）。

A．模型空间　　B．图纸空间　　C．两者均可

（2）将模型按多视口方式打印输出的空间是（　　）。

A．模型空间　　B．图纸空间　　C．两者均可

（3）AutoCAD 图形对象转换成以下文件格式，需采用输出 export 命令有（　　）。

A．DXF　　B．WMF　　C．TIFF　　D．JPEG

（4）AutoCAD 图形对象转换成以下文件格式，需采用光栅打印机打印输出的格式有（　　）。

A．DXF　　B．WMF　　C．TIFF　　D．JPEG

3．上机练习题

（1）模型空间图形打印输出。从学习素材中调出“上机练习/第 8 章/题图 8-1 打印立面图练习”，按 8.3 节所述步骤操作，打印结果如题图 8-1 所示。

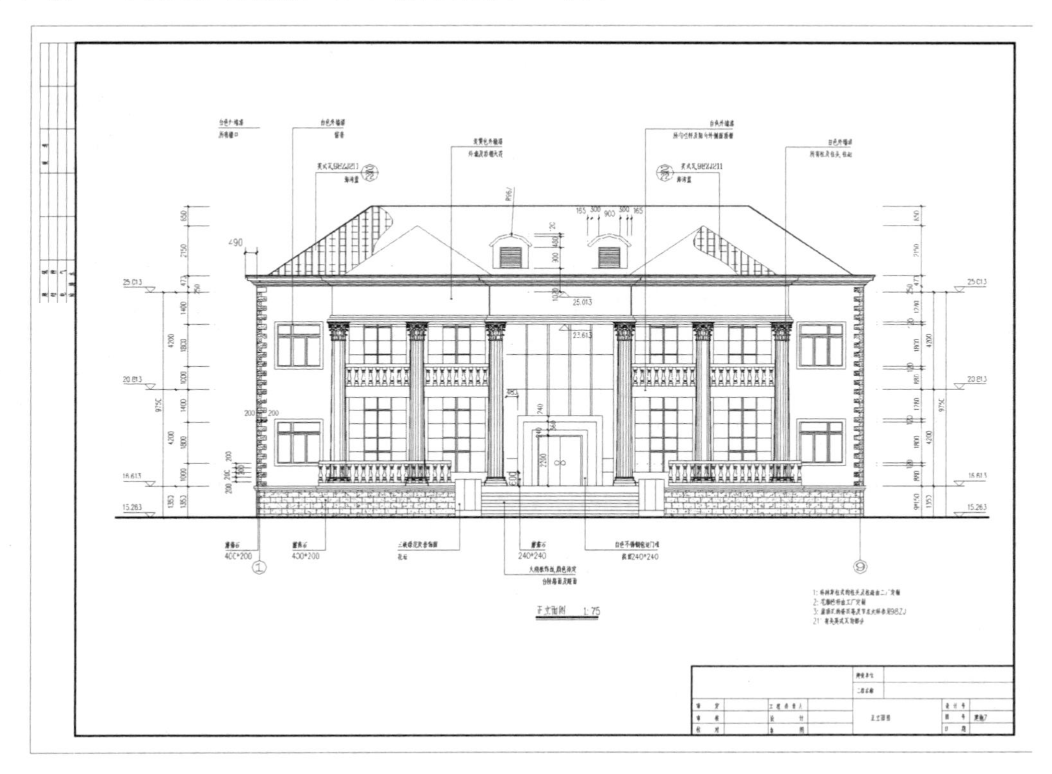

题图 8-1　打印立面图练习结果

（2）图纸空间布局打印输出。从学习素材中调出“上机练习/第 8 章/题图 8-2 油罐模型”，按 8.4 节所述步骤操作，打印结果如题图 8-2 所示。

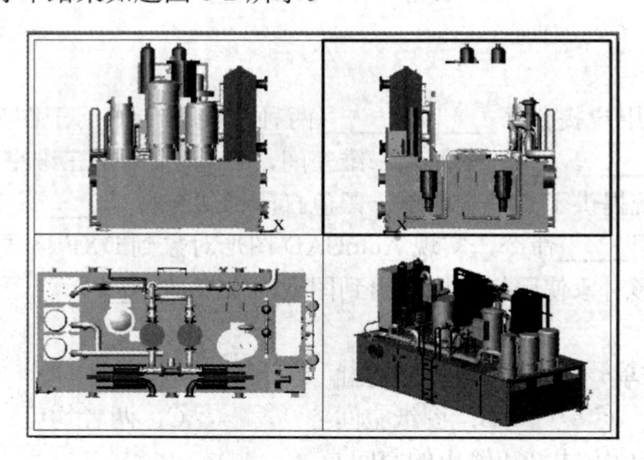

题图 8-2　油罐模型布局打印效果

第 9 章　简单图形的绘制

本章通过几个简单图形的绘制实例，学习者对 AutoCAD 的绘制和编辑命令会有进一步了解。

9.1 五角星

通过本例练习，学习者应掌握“正多边形”“直线 Line”“修剪 Trim”命令的使用。

① 绘制正五边形，具体操作步骤如下。

命令操作过程	操作说明
① 命令: polygon↙	启动命令
② 输入边的数目 <4>: 5↙	边数=5
③ 指定正多边形的中心点或 [边(E)]:	用鼠标指定中心点
④ 输入选项[内接于圆(I)/外切于圆(C)] <I>:↙	
⑤ 指定圆的半径: <正交 开>50↙	圆半径=50

最后一步，按 F8 键打开“正交”功能，并向上拖动鼠标，以保证绘制出的正五边形的 CD 边水平。绘制结果如图 9-1（a）所示。

② 按 F3 键打开“对象捕捉”开关。

③ 绘制五角星。在命令行输入“L↙”执行绘制“直线 Line”命令。然后按顺序捕捉 A→C→E→B→D→A，命令执行结果如图 9-1（b）所示。

④ 删除正五边形。执行“删除”命令，删除正五边形，结果如图 9-1（c）所示。

⑤ 修剪。在命令行输入“TR↙”执行“修剪 Trim”命令，首先用交叉窗选方式选择所有边；然后分别选取内部的五根线段。修剪结果如图 9-1（d）所示。

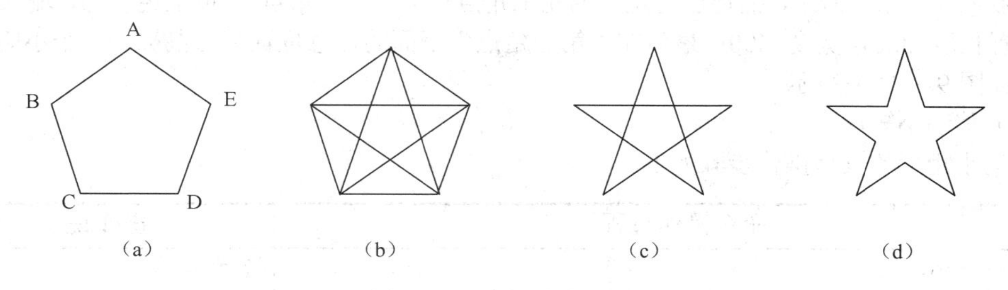

图 9-1　五角星绘制流程

9.2 立面木门

通过本例练习，学习者应掌握“矩形”“移动”“偏移”“拉伸”“镜像”命令的使用。

立面木门例图见图 9-2。

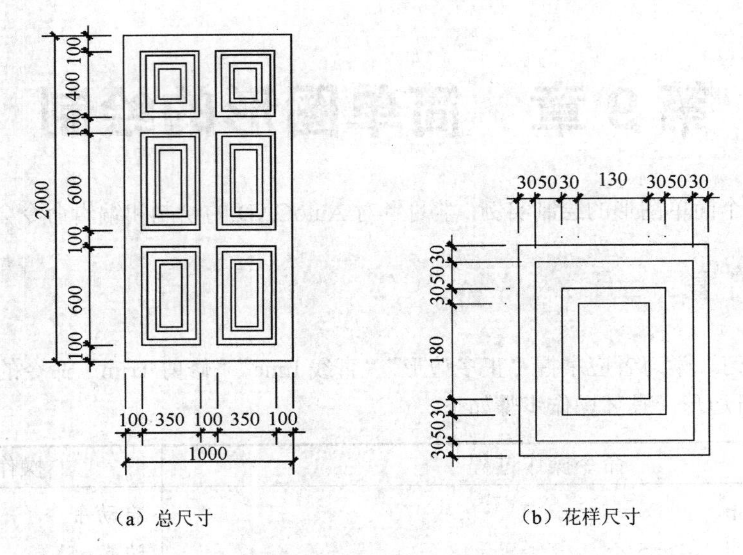

（a）总尺寸　　（b）花样尺寸

图 9-2　立面木门例图

（1）绘制矩形

绘制矩形的具体操作步骤如下。

命令操作过程	操作说明
① 命令: rectang↙	启动命令
② 指定第一个角点或 [倒角(C)/标高(E)/圆角(F)/厚度(T)/宽度(W)]:	用鼠标指定矩形左下角
③ 指定另一个角点或 [尺寸(D)]: D↙	键入“D”
④ 指定矩形的长度 <0.0000>: 1000↙	长度=1000
⑤ 指定矩形的宽度 <0.0000>: 2000↙	宽度=2000
⑥ 指定另一个角点或 [尺寸(D)]:	单击鼠标确定矩形位置

绘制结果如图 9-3（a）所示。

再执行“矩形”命令，捕捉已绘矩形的左上角点作为“第一角点”，按上述步骤，输入“D↙”后，设置长度=350，宽度=400；最后在“第一角点”下面的任意位置单击鼠标。一个小矩形绘制完成，如图 9-3（b）所示。

（2）移动小矩形

移动小矩形的具体操作步骤如下。

命令操作过程	操作说明
① 命令: move ↙	启动命令
② 选择对象: 找到 1 个	点选小矩形
③ 选择对象: ↙	结束选择状态
④ 指定基点或位移:	在任意位置单击鼠标
⑤ 指定位移的第二点或<用第一点作位移>:@100,–100↙	输入移动的相对坐标（向右向下各 100 方向）

移动结果如图 9-3（c）所示。

（3）偏移生成花样

具体操作步骤如下。

命令操作过程	操作说明
① 命令: offset↙	启动命令
② 指定偏移距离或 [通过(T)] <通过>: 30↙	偏移距离=30
③ 选择要偏移的对象或 <退出>:	选择小矩形
④ 指定点以确定偏移所在一侧:	在小矩形内部任意位置单击鼠标
⑤ 选择要偏移的对象或 <退出>:↙	按 Enter 键结束命令

偏移结果如图 9-3（d）所示。

按上述操作，第二次执行“偏移”命令，设置偏移距离=50，选择最内部矩形为偏移对象，继续向内偏移。

按上述操作，第三次执行“偏移”命令，设置偏移距离=30，选择最内部矩形为偏移对象，继续向内偏移。偏移结果如图 9-3（e）所示。

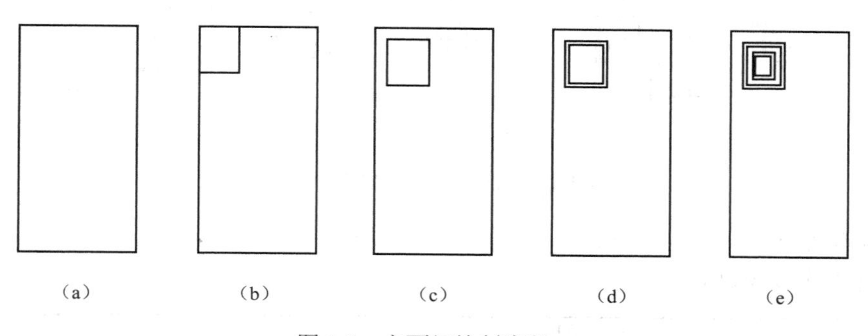

图 9-3 立面门绘制流程 1

（4）向下复制花样

其具体操作步骤如下。

命令操作过程	操作说明
① 命令: copy↙	启动命令
② 选择对象: 指定对角点: 找到 4 个	窗选“花样”
③ 选择对象: ↙	按 Enter 键结束选择状态
④ 指定基点或 [位移(D)] <位移>:	在任意位置单击鼠标
⑤ 指定第二个点或 <使用第一个点作为位移>:500↙	输入复制距离=500
⑥ 指定第二个点或[退出(E)/放弃(U)]<退出>:1200↙	输入复制距离=1200
⑦ 指定第二个点或[退出(E)/放弃(U)]<退出>:↙	按 Enter 键结束命令

本操作的关键是④～⑥步。用鼠标在图形窗口任意位置单击鼠标确定“基点”后，需按 F8 键打开“正交”功能。然后移动鼠标至基点的下方，使“橡皮线”指向下方，即复制方向向下。最后输入复制距离，复制结果如图 9-4（a）所示。

（5）拉伸花样

其具体操作步骤如下。

命令操作过程	操作说明
① 命令: stretch↙	启动命令
② 以交叉窗口或交叉多边形选择要拉伸的对象... 选择对象: 指定对角点: 找到 4 个	窗交选中间“花样”[见图 9-4（b）]
③ 选择对象: ↙	按 Enter 键结束选择状态
④ 指定基点或位移:	任意位置单击确定“基点”
⑤ 指定位移的第二个点或 <用第一个点作位移>: 200↙	向下移动鼠标[见图 9-4（c）]后输入拉伸距离=200

本操作的关键是第②、④、⑤步，拉伸结果如图 9-4（d）所示。

按上述操作，第二次执行“拉伸”命令，向下拉伸第三排“花样”200，拉伸结果如图 9-4（e）所示。

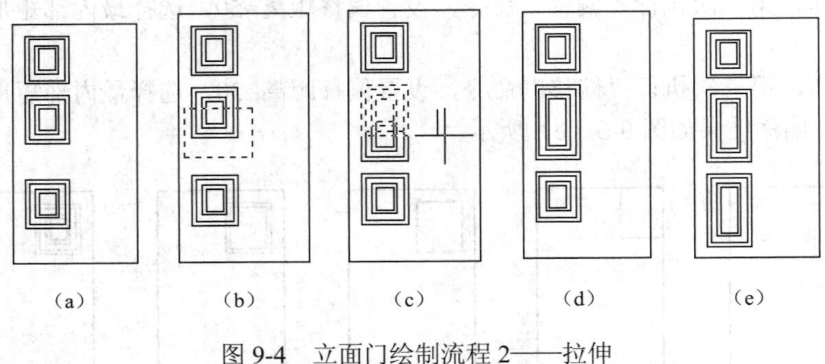

图 9-4　立面门绘制流程 2——拉伸

（6）镜像花样

其具体操作步骤如下。

命令操作过程	操作说明
① 命令: mirror↙	启动命令
② 选择对象: 指定对角点: 找到 12 个	窗选“花样”[见图 9-5（a）]
③ 选择对象: ↙	结束选择状态
④ 指定镜像线的第一点:	捕捉上门框线中点
⑤ 指定镜像线的第二点:	下移鼠标后单击[见图 9-5（b）]
⑥ 是否删除源对象？[是(Y)/否(N)] <N>:↙	不删除源对象

本操作在执行第④步时，需先使用“Shift+右击”在弹出的快捷菜单中选择“中点”命令，然后可捕捉中点。镜像结果如图 9-5（c）所示。

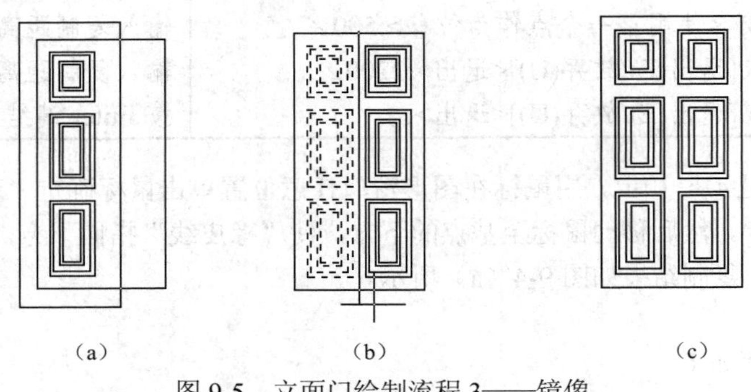

图 9-5　立面门绘制流程 3——镜像

本步也可用“复制”命令，水平向右复制“450”。

9.3 太极图

通过本例练习，学习者应掌握“圆”“圆弧”“填充”命令的使用。

本操作执行前，先将捕捉设置中的“圆心”“垂足”两个选项勾选住。

（1）绘制圆

执行“圆”命令，绘制一个输入半径为100的圆。绘制结果如图9-6（a）所示。

（2）绘制圆弧

具体操作步骤如下。

命令操作过程	操作说明
① 命令: A ↙	启动命令
② 指定圆弧的起点或 [圆心(C)]:	捕捉圆的圆心为“起点”
③ 指定圆弧的第二个点或[圆心(C)/端点(E)]: E↙	切换到“指定端点”状态
④ 指定圆弧的端点:	向左水平移动鼠标，由“垂足”捕捉到“端点”
⑤ 指定圆弧的圆心或[角度(A)/方向(D)/半径(R)]:R ↙	选择“半径”
⑥ 指定圆弧的半径: 50 ↙	半径=50

绘制结果如图9-6（b）所示。

按上述操作，第二次执行“圆弧”命令，以捕捉“圆的圆心和右侧垂足”作为圆弧的“起点和端点”，圆弧半径=50，绘制结果如图9-6（c）所示。

（3）绘制太极眼

执行“圆”命令，捕捉圆弧的圆心作为太极眼的圆心，圆半径为10。绘制结果如图9-6（d）所示。

（4）填充

执行“图案填充”命令，选择图案为“其他预定义”选项卡中的“SOLID”图案样式。然后单击“拾取点”按钮，分别在“下侧半圆内”和“右侧的小圆”两区域内单击鼠标。填充命令完成效果如图9-6（e）所示。

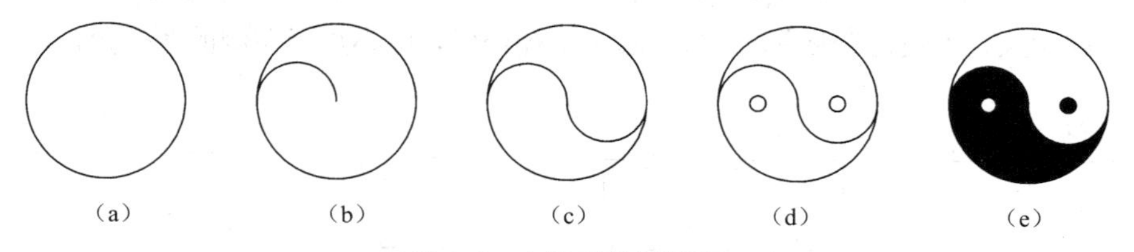

图9-6　太极图绘制流程

图9-6（c）所示图案也可按图9-7所示流程完成：先执行“圆“命令绘制三个圆；然后用“直线”命令绘制直径线；再以直径线为修剪边界执行“修剪”命令；最后删除直径线。

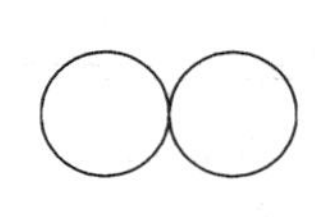
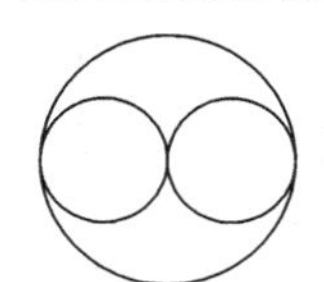
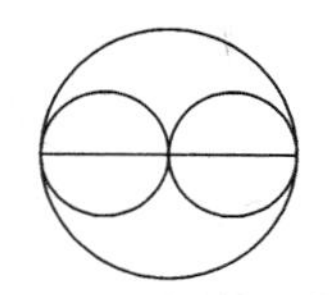
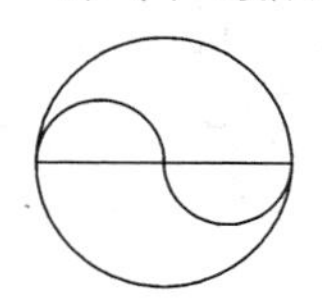
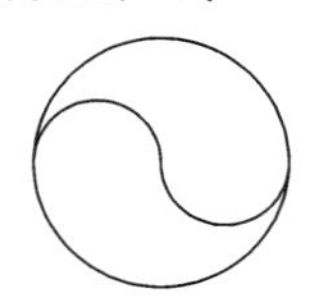

图9-7　太极图绘制方法二流程

9.4 浴盆

通过本例练习，学习者应掌握“矩形”“偏移”“圆角”“拉伸”“圆”“移动”命令的使用。

浴盆例图见图9-8。

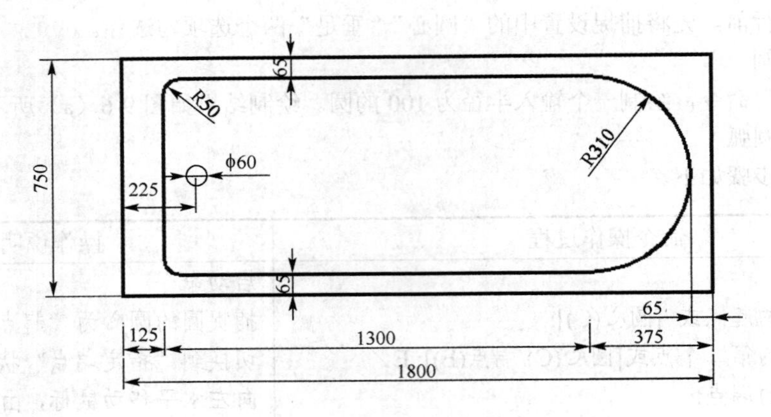

图9-8 浴盆例图

（1）绘制外框矩形

执行“矩形”命令，绘制“长度=1800，宽度=750”的矩形，如图9-9（a）所示。

（2）偏移生成内部浴盆边框矩形

执行“偏移”命令，设置“偏移距离=65”，向内偏移生成内部小矩形，如图9-9（b）所示。

（3）拉伸小矩形

执行“拉伸”命令，先窗选小矩形左侧[见图9-9（c）]；然后在任意位置单击鼠标确定“基点”；按F8键打开“正交”功能，水平向右移动鼠标，指示拉伸方向[见图9-9（d）]；最后输入“拉伸距离=60”后按Enter键，拉伸结果如图9-9（e）所示。

（4）倒“圆角”生成浴盆内边框

执行“圆角”命令，具体操作步骤如下。

倒“圆角”命令执行结果如图9-9（f）所示。

第二次执行“圆角”命令，选择小矩形的上水平线和右竖直线，结果如图9-9（g）所示。

第三、四次执行“圆角”命令，设置“圆角半径=50”，倒小矩形左侧的两个角，结果如图9-9（h）所示。

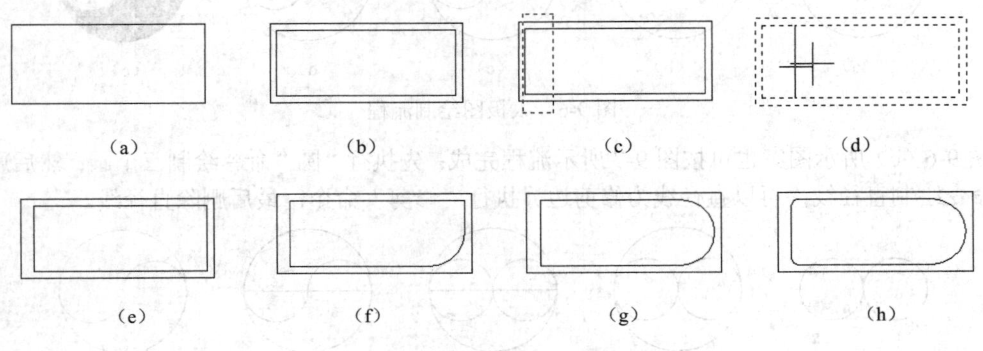

图9-9 浴盆绘制流程一

命令操作过程	操作说明
① 命令: fillet↙	启动命令
② 当前模式: 模式 = 修剪, 半径 = 10.0000 选择第一个对象或[多段线(P)/半径(R)/修剪(T)]:R↙	切换到“设置半径”状态
③ 指定圆角半径 <10.0000>: 310↙	圆角半径=310
④ 选择第一个对象或 [多段线(P)/半径(R)/修剪(T)]:	选择小矩形下水平线
⑤ 选择第二个对象:	选择小矩形右竖直线

（5）绘制下水管

执行“圆”命令，捕捉浴盆外框的中点为圆心，圆半径为 30，结果如图 9-10（a）所示。

（6）移动下水管

执行“移动”命令，选择下水管后按 Enter 键结束选择；然后在任意位置单击鼠标确定“基点”；按 F8 键打开“正交”功能，水平向右移动鼠标，指示拉伸方向[见图 9-10（b）]；最后输入“移动距离=225”后按 Enter 键，移动结果如图 9-10（c）所示。

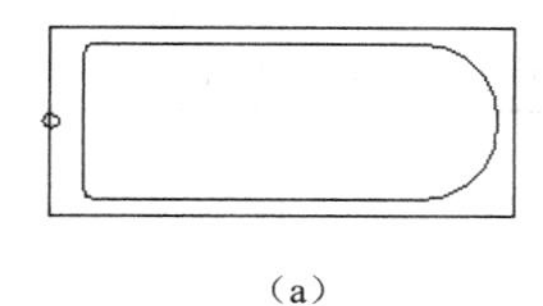

（a）

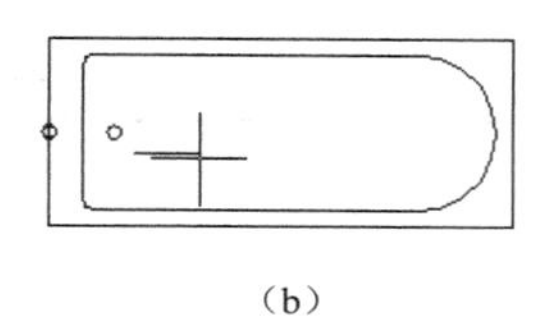

（b）

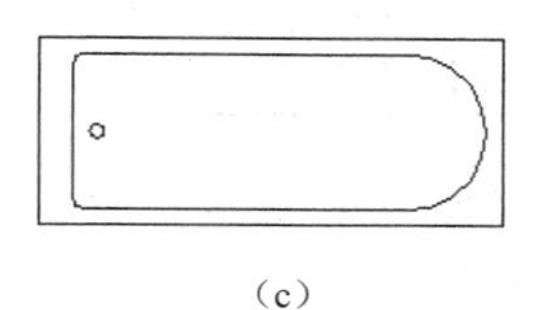

（c）

图 9-10　浴盆绘制流程二

9.5 道路指示标志

通过本例练习，学习者应掌握“矩形”“倒角”“偏移”“打断”“延伸”“多段线”“镜像”“旋转”“图案填充”“图层设置”“文字”等命令的使用。

道路指示标志如图 9-11 所示。

图 9-11　道路指示标志例图

（1）绘制矩形外边框

执行“矩形”命令，绘制“长度=100，宽度=30”的矩形，如图 9-12（a）所示。

（2）倒角外边框

执行“倒角”命令，具体操作步骤如下。

命令操作过程	操作说明
① 命令: chamfer ↙	启动命令
② (“修剪”模式) 当前倒角长度 = 0.0000, 角度 = 0 选择第一条直线或 [多段线(P)/距离(D)/角度(A)/修剪(T)/方法(M)]: A ↙	切换到设置“一边一角度”参数设置状态
③ 指定第一条直线的倒角长度 <0.0000>: 15↙	倒角长度=15
④ 指定第一条直线的倒角角度 <0>: 30↙	倒角长度=30
⑤ 选择第一条直线或 [多段线(P)/距离(D)/角度(A)/修剪(T)/方法(M)]:	选择矩形的左竖直线
⑥ 选择第二条直线:	选择矩形的下水平线

倒角结果如图 9-12（b）所示。

第二次执行“倒角”命令，选择矩形的“左竖直线、上水平线”作为第一条和第二条直线。倒角后的外边框如图 9-12（c）所示。

（3）偏移生成两个内框

执行“偏移”命令，设置“偏移距离=2”，选择外边框向内偏移，生成第二个边框。

执行“偏移”命令，设置“偏移距离=4”，选择第二个边框向内偏移，生成第三个边框。偏移结果如图 9-12（d）所示。

（4）打断第三个边框

执行“打断”命令，具体操作步骤如下。

命令操作过程	操作说明
① 命令: break↙	启动命令
② 选择对象:	点选“第三个边框”
③ 指定第二个打断点或 [第一点(F)]: F↙	重新指定打断点
④ 指定第一个打断点:	选择斜线段与下水平线交点
⑤ 指定第二个打断点:	选择斜线段与上水平线交点

打断结果如图 9-12（e）所示。

（5）延伸斜线段

执行“延伸”命令，先点选 “第二个边框”为延伸界线，然后按 Enter 键结束边界选择状态；分别点选两斜线近第二边框侧，延伸两条斜线段与第二边框水平线相交。延伸结果如图 9-12（f）所示。

（6）打断第三个边框

执行“打断”命令，操作步骤同第④步，选择第⑤步的两个延伸交点为打断点，打断结果如图 9-12（g）所示。

（7）绘制正方形

执行“矩形”命令，捕捉斜线段的一个端点为正方形的角点，设置“长度=宽度为 26”，绘制结果如图 9-12（h）所示。

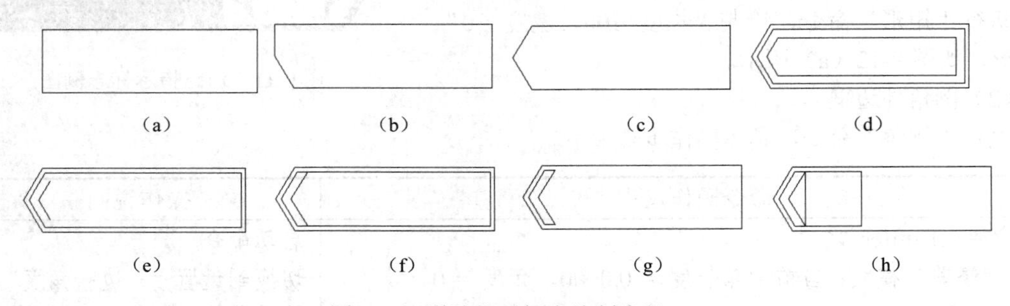

图 9-12 道路指示标志绘制流程一

（8）用“多段线 PL”绘制飞机标志

执行“多段线”命令，具体操作步骤如下。

绘制结果如图 9-13（a）所示。

第二次执行“多段线”命令。点取竖直线三分点处为起点；然后设置“起点宽度为 4，终点宽度为 1”；（按 F8 键关闭“正交”开关），向斜下方移动鼠标到合适位置后单击鼠标确定端点[见

图 9-13（b）]；按 Enter 键结束此次命令。

命令操作过程	操作说明
① 命令: pl ↙	启动命令
② 指定起点:	用鼠标任意点取一点
③ 当前线宽为 0.0000 指定下一个点或 [圆弧(A)/半宽(H)/长度(L)/放弃(U)/宽度(W)]: **W**↙	设置线宽
④ 指定起点宽度 <0.0000>: **2**↙	起点宽度=2
⑤ 指定端点宽度 <2.0000>: ↙	终点宽度=2
⑥ 指定下一个点或 [圆弧(A)/半宽(H)/长度(L)/放弃(U)/宽度(W)]: **24**↙	(打开正交，向下移动鼠标指示绘制方向）线长度=24
⑦ 指定下一点或 [圆弧(A)/闭合(C)/半宽(H)/长度(L)/放弃(U)/宽度(W)]: ↙	按 Enter 键结束命令

第三次执行“多段线”命令。点取竖直线底部端点为起点；然后设置“起点宽度为 2，终点宽度为 1”，绘制结果如图 9-13（c）所示。

（9）镜像生成飞机标志全图

执行“镜像”命令，选择两个机翼为镜像对象，以竖直线为镜像轴，结果如图 9-13（d）所示。

（10）旋转飞机标志

执行“旋转”命令，选择“飞机标志全图”为旋转对象，旋转角度为 45°，旋转结果如图 9-13（e）所示。

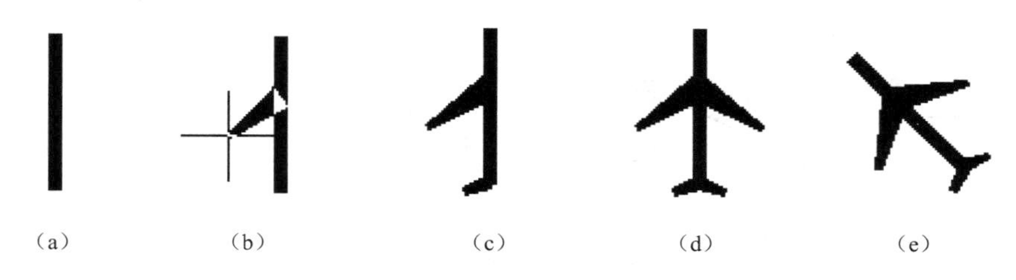

图 9-13　道路指示标志绘制流程二（飞机模型）

（11）调整飞机标志位置

执行“移动”命令，将“飞机”移动到标志的正方形中，如图 9-14（a）所示。

（12）图案填充

① 执行“图案填充”命令，设置“图案为 SOLID，颜色为蓝色”。

② 在“拾取点”方式下用鼠标在右侧大片空白区域内单击，填充效果如图 9-14（b）所示。

③ 再执行“图案填充”命令，以中间“三角形”为填充区域，如图 9-14（c）所示。

（13）标注文字

① 执行“多行文字 text”命令，设置字体参数为“字体为黑体，字体高度为 10，颜色为黄色”。

② 在文本框中输入“飞机场”。结果如图 9-14（d）所示。

（a）（b）（c）（d）

图 9-14　道路指示标志绘制流程三

9.6 楼梯

通过本例练习，学习者应掌握使用“阵列”“多线”等命令绘制楼梯剖面。

（1）绘制一个台阶

执行“直线”命令，绘制“竖线长度为 150，水平线长度为 300”，结果如图 9-15（a）所示。

（2）阵列生成其他台阶

执行“经典阵列 arrayclassic”命令，在弹出的【阵列】对话框中进行以下五步操作。

① 选择“矩形阵列”方式，设置“行=1，列=8”。

② 单击“选择对象”按钮，切换到图形窗口，选择所绘制的台阶为阵列对象。右击返回【阵列】对话框。

③ 单击“阵列角度”右侧的按钮，切换到图形窗口，捕捉台阶的两个端点[见图 9-15（b）]后，自动返回【阵列】对话框。

④ 单击“列偏移”右侧的按钮，切换到图形窗口，捕捉台阶的两个端点[见图 9-15（b）]后，自动返回【阵列】对话框。

⑤ 设置完成的参数如图 9-16 所示。单击“确定”按钮，阵列结果如图 9-15（c）所示。

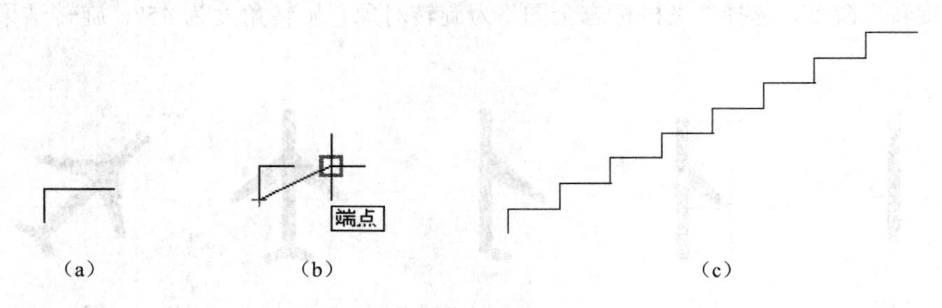

（a）（b）（c）

图 9-15　楼梯绘制流程一

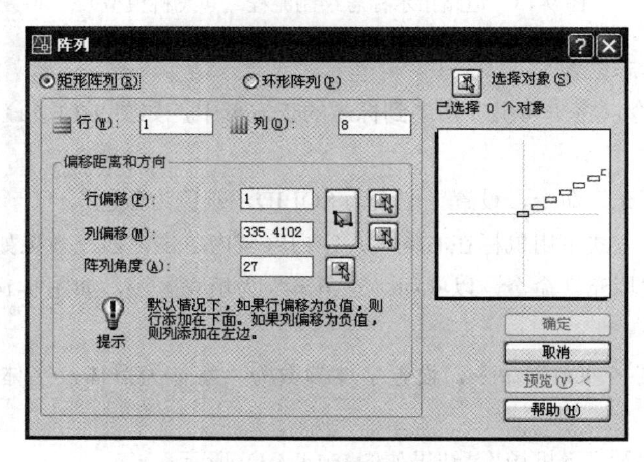

图 9-16　阵列参数设置

（3）绘制楼梯板底线和楼梯梁

具体操作步骤如下。

① 执行“直线”命令，捕捉生成台阶的两个端点绘制“线 1”，如图 9-17（a）所示。

② 执行“偏移”命令，将线 1 向下偏移“100”生成梯板线，如图 9-17（b）所示。删除线 1。

③ 执行“矩形”命令，绘制两个矩形梯梁，宽为 240，高为 400。

④ 执行“修剪”命令，修剪结果如图 9-17（c）所示。

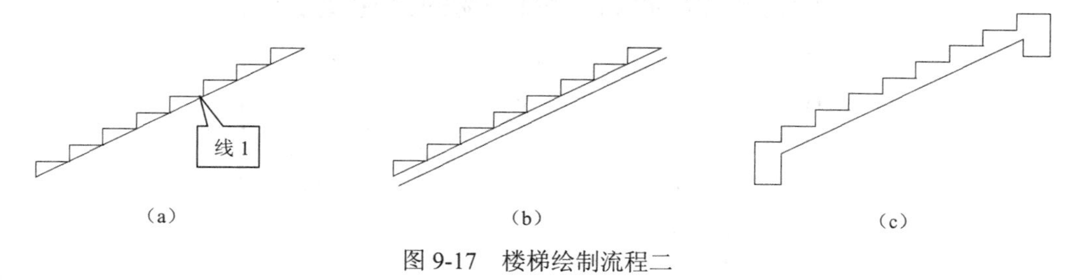

图 9-17　楼梯绘制流程二

（4）绘制楼梯栏杆和扶手

具体操作步骤如下。

① 执行“多线”命令，绘制一根栏杆线，对正=无，比例=20，高度为 900，如图 9-18（a）所示。

② 执行“阵列”命令，阵列参数如图 9-16 所示，栏杆阵列结果如图 9-18（b）所示。

③ 执行“多线”命令，绘制一条扶手线，对正=下，比例=60，绘制结果如图 9-18（c）所示。

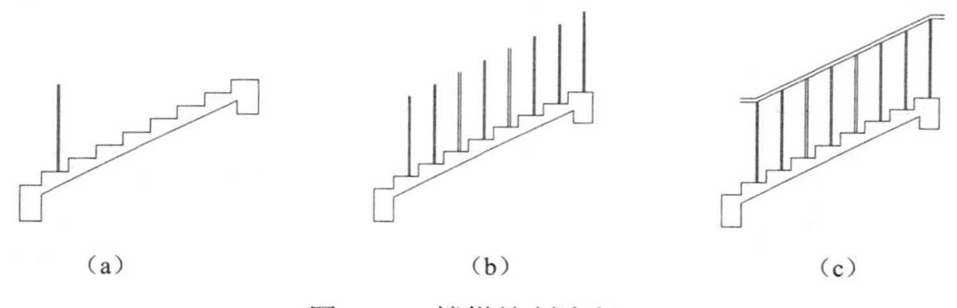

图 9-18　楼梯绘制流程三

9.7 图签

通过本例练习，学习者应掌握“表格”命令的使用。图签如图 9-19 所示。

18000

洛阳理工学院课程设计					
课程名称		姓名		图号	
		班级		比例	
图纸名称		学号		日期	
		教师		成绩	
2000	6000	2000	3000	2000	3000

（行高：1400，1000，1000，1000，1000）

图 9-19　图签例图

（1）创建“图签”表格样式

单击【样式】工具栏的“表格样式”按钮，弹出【表格样式】对话框。单击 新建(N)... 按钮，弹出【创建新的表格样式】对话框。设置“新样式名”为“图签”。单击 继续 按钮，进入【新建表格样式：图签】对话框。

按下列要求设置“图签”表格样式。

① “数据”单元样式，“常规”选项卡参数设置：“对齐”为“正中”，“页边距”的“水平”为“200”，“垂直”为“200”；“文字”选项卡参数设置：“文字样式”为“Standard”，“文字高度”为“450”（见图 9-20）。

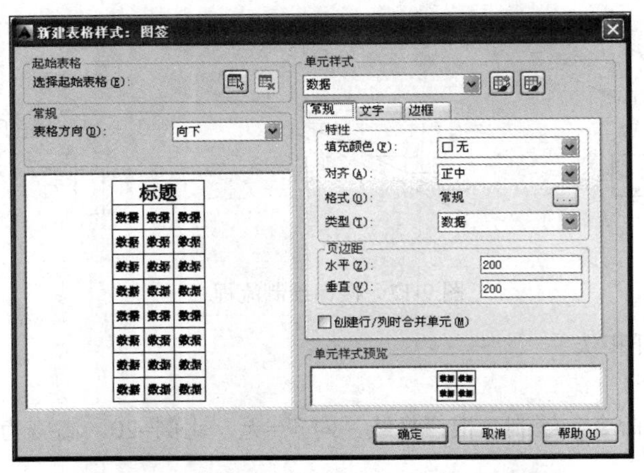

图 9-20 【新建表格样式：图签】对话框

② “标题”单元样式，“常规”选项卡参数设置：“对齐”为“正中”，“页边距”的“水平”为“200”，“垂直”为“200”，勾选 ☑创建行/列时合并单元(M)；“文字”选项卡参数设置：“文字样式”为“Standard”，“文字高度”为“750”。

本例中“数据”行的文字高度设置为 450，文字行实际高度 = 450/0.75 = 600，再加上文字的上、下“边距 200”，行高度合计 1000。标题行的文字高度设置同理。

参数设置完成后单击 确定 按钮，返回【表格样式】对话框。单击 关闭 按钮，完成“图签”表格样式设置。

（2）插入表格

① 单击【绘图】工具栏“表格”按钮，执行“插入表格”命令。在弹出的【插入表格】对话框中按图 9-21 所示设置参数。插入的表格如图 9-22（a）所示。

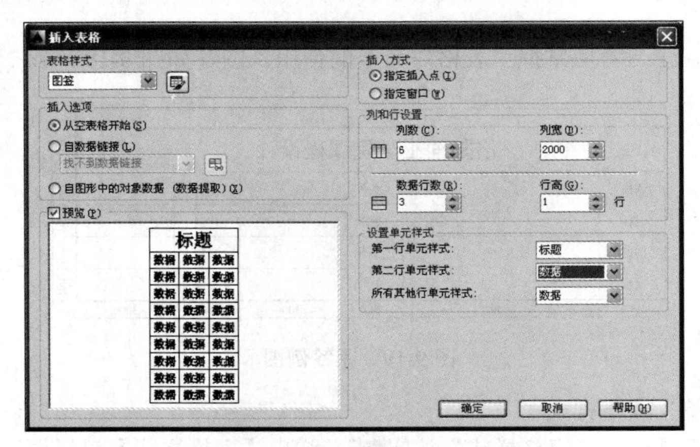

图 9-21 【插入表格】对话框参数设置

② 调整表格列宽。首先单击表格第 2 列中任意一个单元格，然后右击在弹出快捷菜单中选择 特性(S) ，弹出如图 9-23 所示的此单元格【特性】对话框，将“单元宽度”值修改为“6000”。同理，设置第 4、6 列的“单元宽度”为“3000”，修改后结果如图 9-22（b）所示。

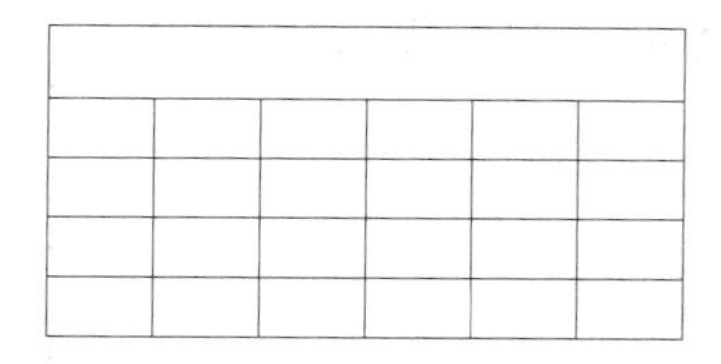

（a）插入表格

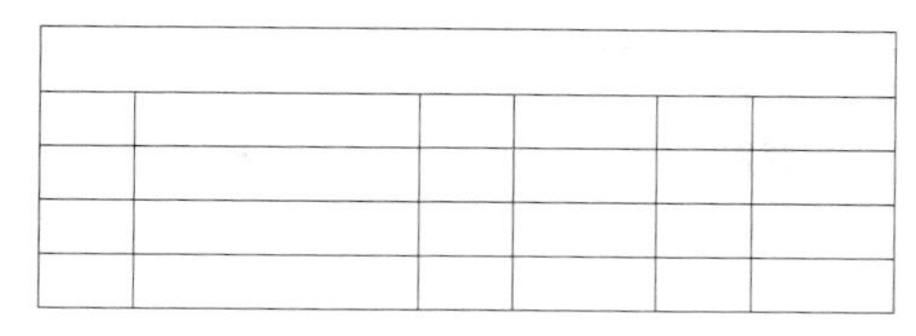

（b）调整表格列宽

图 9-22 表格列宽的调整

图 9-23 单元格【特性】对话框

③ 合并单元格。首先窗交选择第 1 列第 2、3 行两个单元格；然后右击，在弹出的快捷菜单中选择【合并】/【全部】命令，如图 9-24（a）所示。同理，按例图合并其他单元格，结果如图 9-24（b）所示。

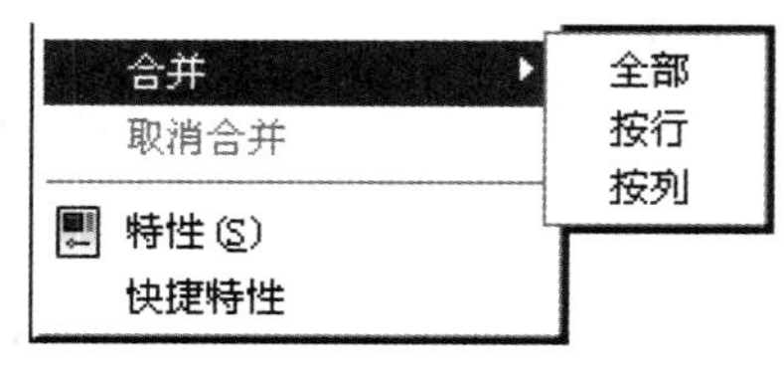

（a）快捷菜单之“合并”

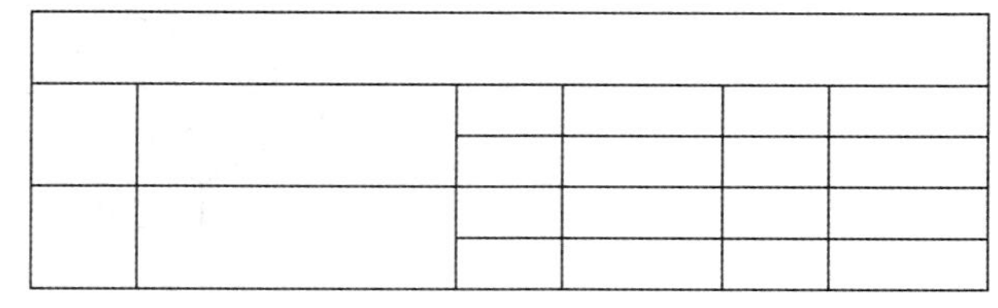

（b）合并单元格的表格

图 9-24 合并单元格

（3）输入文字

单击各单元格，按例图输入相应文字。

（4）设置外框线宽

① 采用拖曳的方式选择所有单元。

② 右击弹出如图 9-25（a）所示的快捷菜单，从中选择【单元】命令，调出【单元边框特性】对话框。

③ 参数设置如图9-25（b）所示。首先选择“线宽”为“0.40mm”。然后单击“外边框”按钮田，将新线框值赋予外边框。最后单击[确定]按钮完成设置。

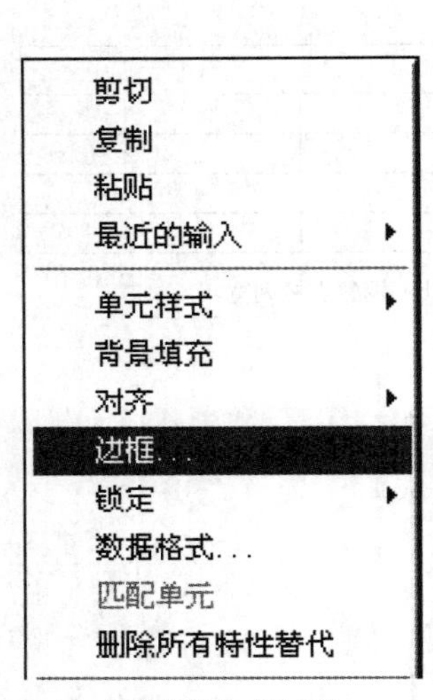

（a）快捷菜单之“边框”

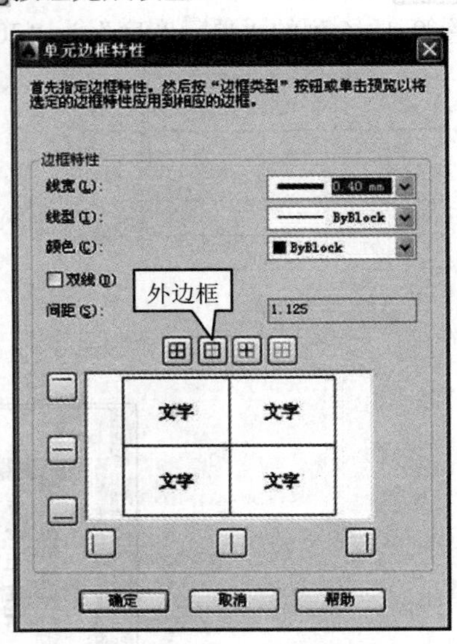

（b）【单元边框特性】对话框参数设置

图9-25　单元边框设置

④ 用户必须使绘图窗口下方状态栏中的[线宽]按钮下凹（处于激活状态）。

9.8 三维台阶

本节绘制如图9-26所示的三维台阶。采用两种方法来绘制，方法一是平面图形拉伸生成模型，方法二是立面图形拉伸生成模型。学习者要体会两者的精妙之处。

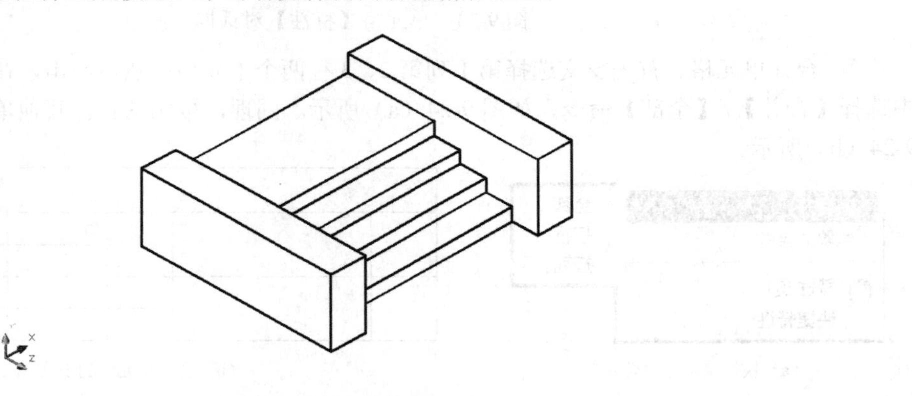

图9-26　三维台阶模型

（1）平面图形拉伸生成模型

本方法只采用“矩形（Rectang）”“实体拉伸（Extrude）”两个命令实现。主要步骤分为两大步，一是使用矩形绘制平面图，二是使用实体拉伸命令拉伸矩形。具体操作步骤如下。

① 绘制平面图　执行矩形命令绘制平面图的流程如图9-27所示。三种类型的矩形尺寸分别为：矩形1为400×2200，矩形2为2000×1000，矩形3为2000×300。绘制顺序1→2→3→3→3

→1，绘制完成后的平面图如图 9-27（d）所示。

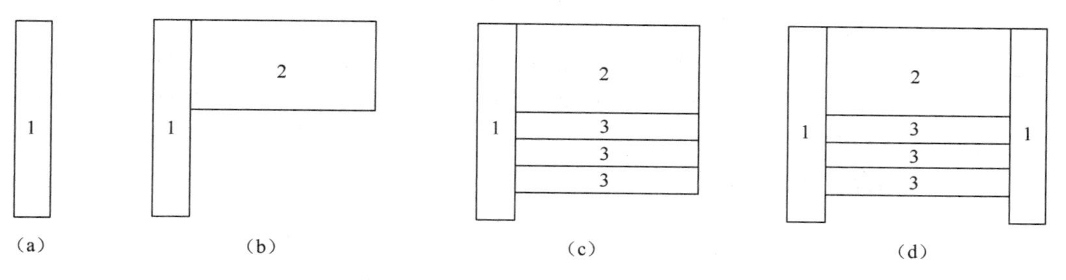

图 9-27　三维台阶平面图绘制流程

② 拉伸生成三维台阶　执行实体拉伸（Extrude）命令，拉伸矩形。拉伸高度分别为矩形 1 高度 800，矩形 2 高度 600，矩形 3 高度从下至上分别是 150、300、450。拉伸角度均为 0。

操作完成，切换到“西南等轴测视图”，执行消隐（Hide）命令，效果如图 9-26 所示。

（2）立面图形拉伸生成模型

本方法只采用“矩形（Rectang）”“多段线（Pline）”“实体拉伸（Extrude）”三个命令实现。主要步骤分为两大步，一是使用矩形、多段线绘制立面图，二是使用实体拉伸命令拉伸形成三维台阶。具体操作步骤如下。

① 绘制立面图　首先单击“视图”/“左视”图标，调整当前视图为左视图。绘制立面图的流程如图 9-28 所示。

如图 9-28（a）所示，执行多段线（Pline）命令绘制台阶。打开正交，操作从左下角点开始的绘制顺序：上 600→右 1000→下 150→右 300→下 150→右 300→下 150→右 300→下 150→C（闭合）。

如图 9-28（b）所示，执行矩形（Rectang）命令绘制台墩，矩形尺寸为 2200×800。立面图完成。

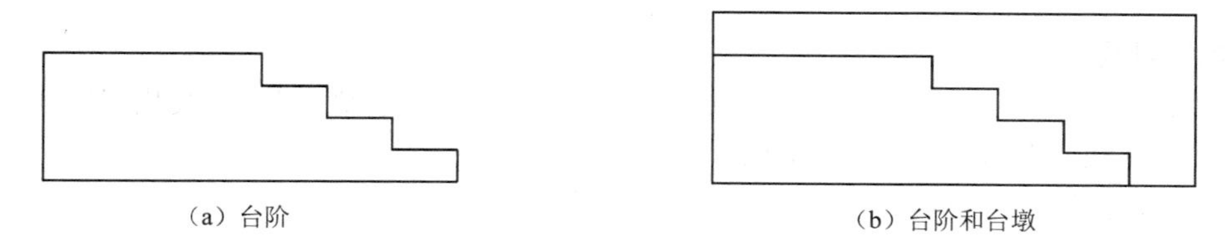

图 9-28　三维台阶立面图绘制流程

② 拉伸生成三维台阶　执行实体拉伸（Extrude）命令。台阶拉伸高度为 2000，台墩拉伸高度为–400。拉伸角度均为 0。双视口视图（左为“左视”，右为“西南等轴测”）效果如图 9-29 所示。

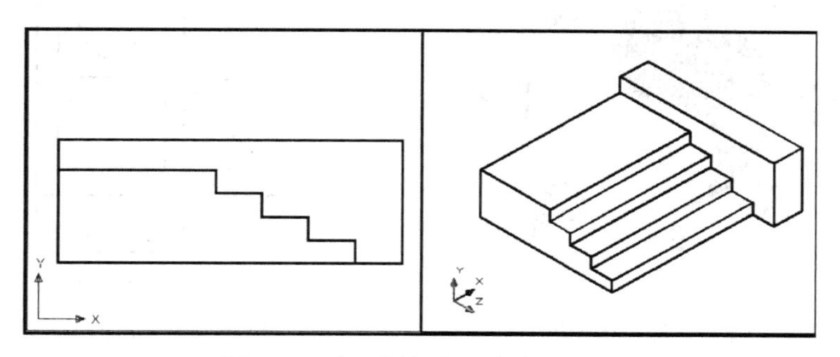

图 9-29　立面图拉伸三维台阶效果

③ 复制另一个台墩 执行复制（Copy）命令，选择台墩，输入复制距离“@0，0，2400”。复制结果的西南等轴测视图效果如图 9-26 所示。台阶操作完成。

上述两种方法各有特点。从全过程操作来看，方法一仅用到两个命令，而且大步骤少。方法二用了四个命令，大步骤多了一个。从平面模型生成三维模型来看，方法一执行了六次拉伸，方法二仅执行了两次拉伸和一次复制共三小步。如图 9-30 所示，用方法一生成的台阶是四个对象，而用方法二生成的台阶是一个对象。

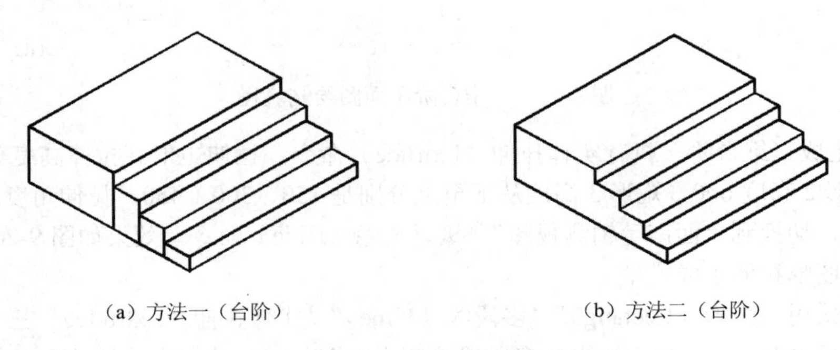

（a）方法一（台阶）　（b）方法二（台阶）

图 9-30 三维台阶结果对比

本例绘制使用“矩形”和“多段线”命令绘制的平面图和立面图，每个拉伸对象符合“独立、封闭”两个基本原则，若初学者用直线命令绘制，拉伸出来的是面对象，第一种操作的结果会无顶面和底面，第二种操作的结果会无侧面。建议使用第 6.5.1 小节的边界命令处理后再拉伸。

练 习 题

上机练习题

（1）绘制题图 9-1 所示完整太极图（提示：按本节 9.3 讲述绘制太极圆，使用多段线绘制“八卦符”，文字标注，然后阵列，最后编辑）。

（2）绘制题图 9-2 所示立面门。

题图 9-1 完整太极图练习

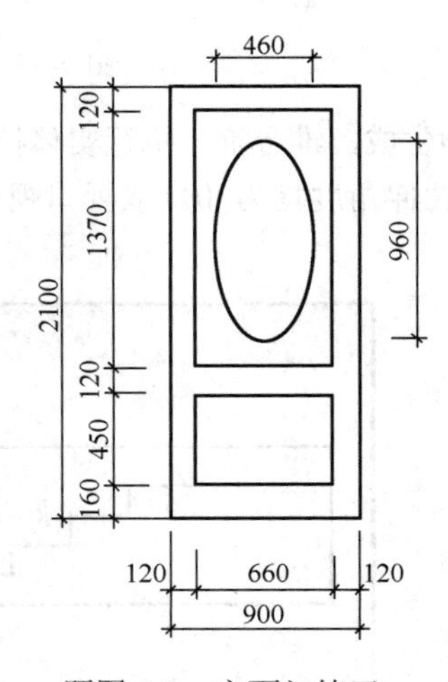

题图 9-2 立面门练习

（3）绘制题图 9-3 所示分体式沐浴间平面图。

（4）绘制题图 9-4 所示盥洗盆平面图。

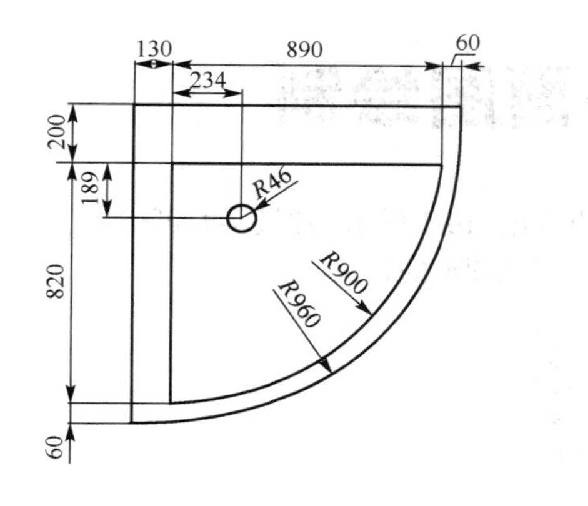

题图 9-3　淋浴间平面

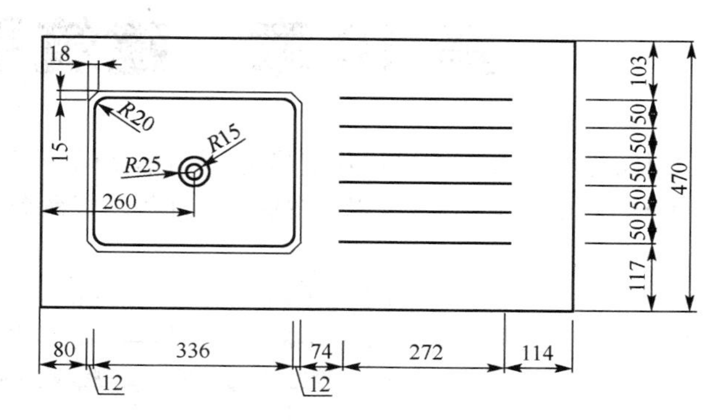

题图 9-4　盥洗盆平面图

（5）三维绘图练习。

本操作分四步完成。

① 绘制题图 9-5（a）所示平面图。

② 执行拉伸实体（Extrude）命令，每步台阶高 150。

③ 调整为“西南轴测”视图，执行消隐（Hide）命令。效果如题图 9-5（b）所示。

④ 执行布尔运算之并运算（Union）命令，将所有台阶和平台合并为一个整体。

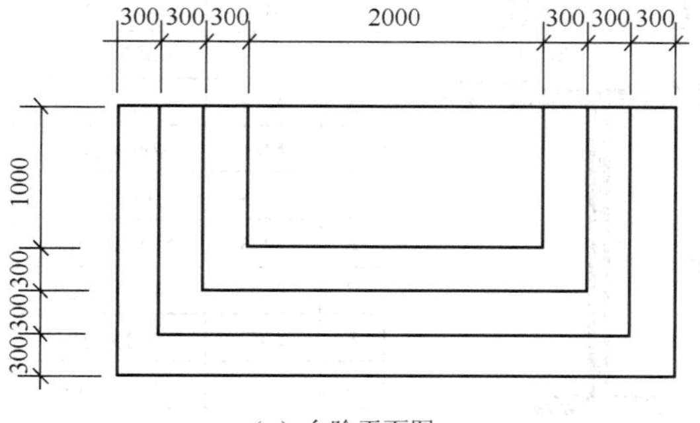

（a）台阶平面图

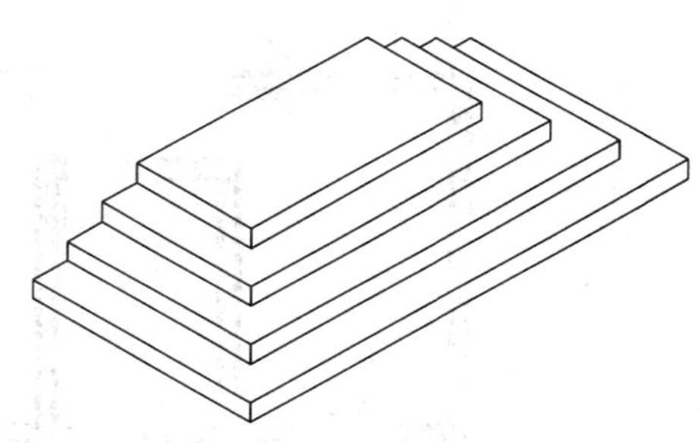

（b）拉伸生成三维台阶效果图

题图 9-5　三维台阶练习

第 10 章　建筑平面图绘制

本章学习绘制一个多层住宅建筑平面图，户单元平面图如图 10-1 所示。通过学习可初步掌握使用 AutoCAD 的绘制、编辑、图块、标注等功能命令绘制二维图形的过程。

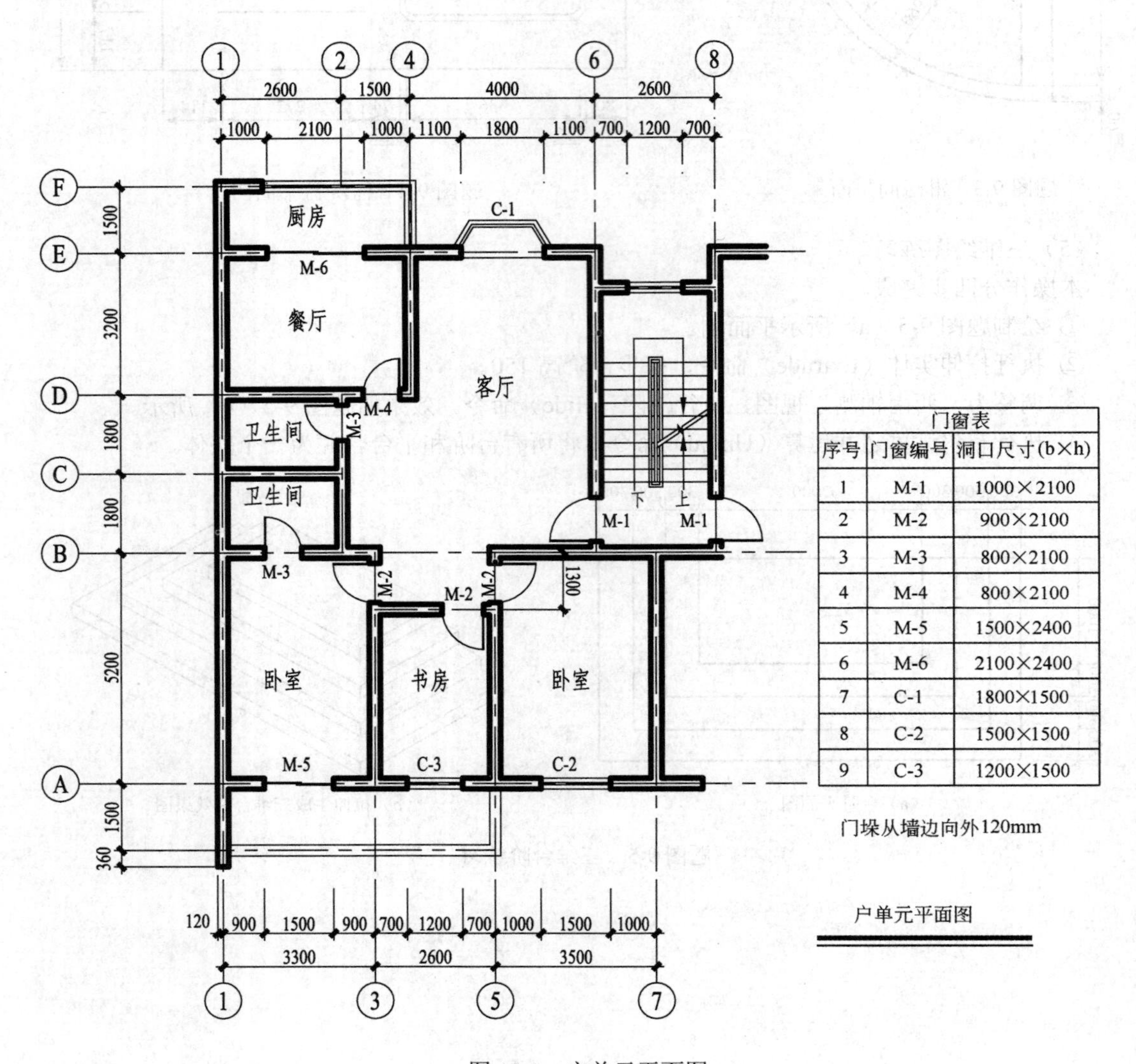

门窗表

序号	门窗编号	洞口尺寸(b×h)
1	M-1	1000×2100
2	M-2	900×2100
3	M-3	800×2100
4	M-4	800×2100
5	M-5	1500×2400
6	M-6	2100×2400
7	C-1	1800×1500
8	C-2	1500×1500
9	C-3	1200×1500

图 10-1　户单元平面图

10.1 新建图层

（1）新建图形文件

单击按钮，或选择下拉菜单【文件】/【新建】命令，新建一个图形文件。然后单击按钮，在弹出的【图形另存为】对话框中输入“文件名”为“平面图”。单击 保存(S) 按钮后，图形文件被命名为“平面图”。

（2）新建图层

单击“图形特性管理器”按钮，或选择下拉菜单【格式】/【图层】命令，在弹出的【图层特性管理器】对话框中单击“新建图层”按钮，创建“轴线、墙线、门窗”等图层，然后设置图层的“颜色、线型”。其中“轴线”图层的“线型”选择“CENTER”点画线样式。最终建立的图层参数如图 10-2 所示。

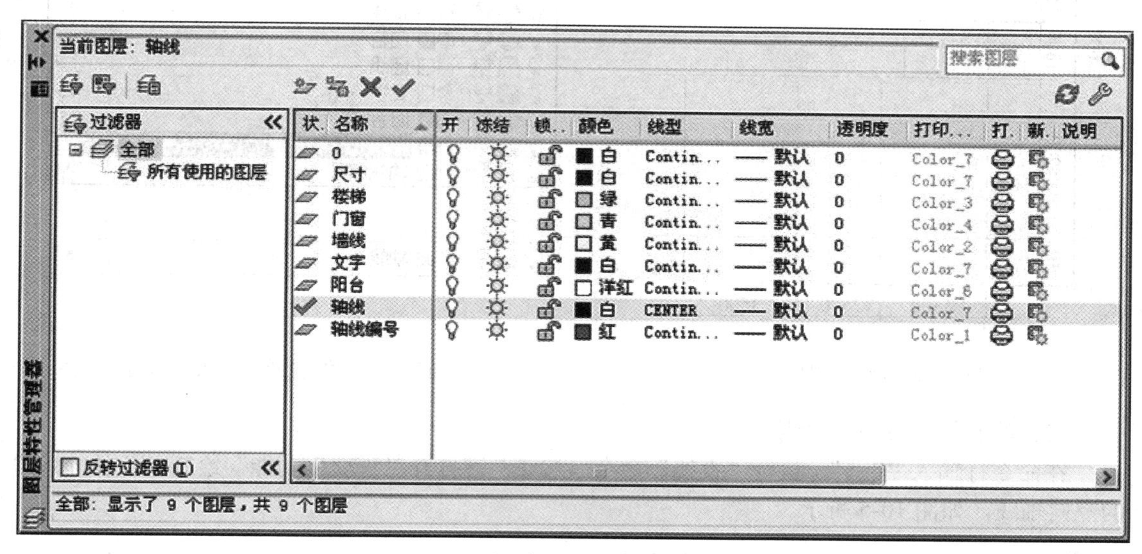

图 10-2　新建图层参数

图层的建立以及颜色、线型设置的详细操作请参见本书 6.1 节。

（3）设置对象捕捉模式选项

将鼠标移动到“状态栏”的“对象捕捉”按钮上，右击鼠标，在弹出的快捷菜单中选择“设置”命令，在弹出的对话框中勾选“端点”“交点”“垂足”三个对象捕捉模式。

勾选过多的捕捉选项，有时会增加捕捉难度，反而影响绘图效率。实际应用中，用户可以根据所绘制图形的特点，灵活设置捕捉模式选项。

本部分操作，请参考学习素材中教学演示文件“教学演示\第 10 章\10.1 新建图层”。

10.2 绘制轴线

绘制建筑平面图，首先要绘制定位轴线，轴线间距如图 10-3 所示。

（1）设置“轴线”图层为当前图层

若【图层】工具栏的“图层特性过滤器”列表框如图 10-4（a）所示，则说明当前图层是“0”图层。用鼠标进行两次单击操作，设置“轴线”图层为当前图层，具体操作步骤如下。

① 单击此下拉列表框，如图 10-4（b）所示。

② 单击“轴线”图层，列表框回收，设置完成。结果如图 10-4（c）所示。

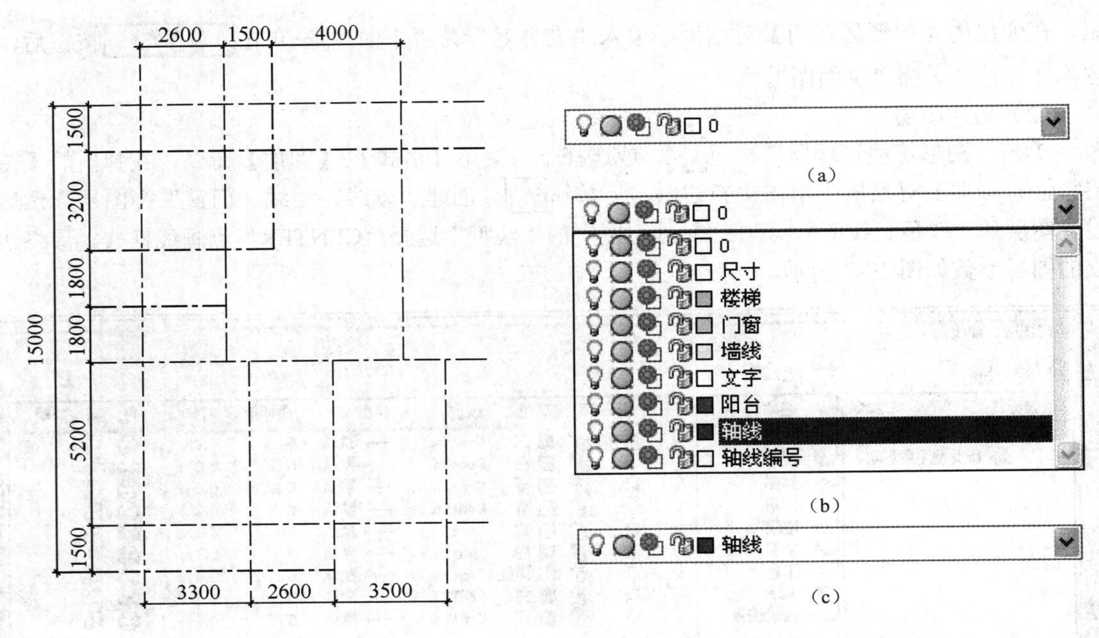

图 10-3　轴线间距尺寸

图 10-4　设置当前图层的流程

（2）绘制第一条竖向轴线

在命令行输入“L↙”，执行“直线”命令。按 F8 键打开“正交”功能，绘制一条长 18000 的竖向轴线，如图 10-5 所示。

由于绘制直线的长度超出了当前图形窗口的显示范围，所以用户需执行“Zoom”命令，选择“A”选项，才能观看到所绘制的直线全图。而且由于视图窗口放大，直线的外观显示为实线，而不是点画线。用户可以通过设置“线型的显示比例”来调整，有关线型显示比例调整内容参见 10.10 节。为了捕捉方便，暂时不调整线型的显示比例。

（3）偏移生成竖向轴线

单击【修改】工具栏中的按钮，执行“偏移”命令，设置“偏移距离”为“3300”，向右偏移生成第二条竖向轴线。

重复执行“偏移”命令，分别设置“偏移距离”为“2600”和“3500”，以新生成的轴线为偏移对象向右偏移，结果如图 10-6 所示。

图 10-5　绘制第一条竖向轴线

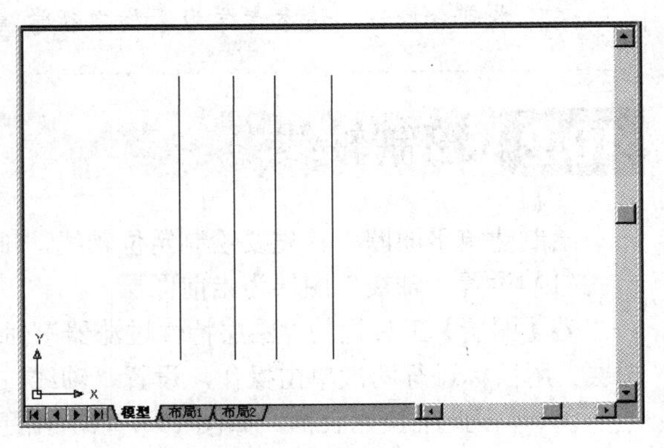

图 10-6　偏移生成竖向轴线

（4）绘制第一条水平轴线

在命令行输入“L↙”，执行“直线”命令，用鼠标绘制一条水平轴线。水平轴线位于已绘制竖向轴线的下方，且贯穿竖向轴线，如图 10-7 所示。

（5）偏移生成水平轴线

执行“偏移”命令，分别设置“偏移距离”为“1500”“5200”“1800”“1800”“3200”“1500”，以新生成的轴线为偏移对象向上偏移，结果如图 10-8 所示。

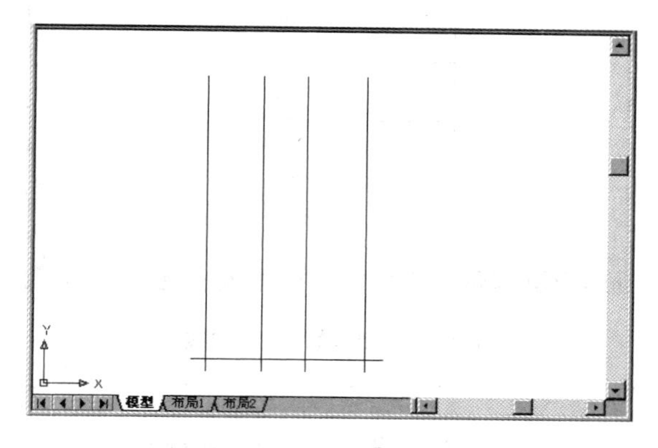

图 10-7　绘制第一条水平轴线

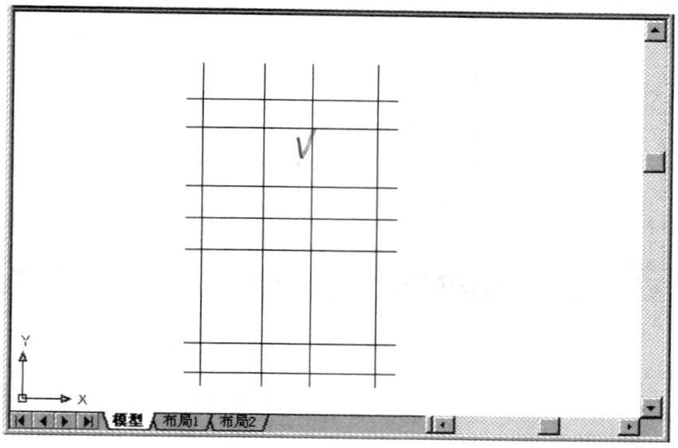

图 10-8　偏移生成水平轴线

（6）修剪竖向轴线

生成的轴线网中轴线相互交织，不便观察，按房间的位置将一些轴线进行修剪，可使图面更加清晰。

单击【修改】工具栏中的“修剪”按钮，执行“修剪”命令，选择（从下数）第三条水平轴线为修剪边界，然后按 Enter 键，分别点选此水平轴线以上部位的第 2～4 条竖向轴线，修剪结果如图 10-9 所示。

也可以采用“夹点法”编辑轴线。先点选（从下数）第一条水平轴线，再单击轴线右端的夹点，使其变为“热点”，移动鼠标到第三条竖向轴线位置附近，出现“垂足”捕捉符号后（见图 10-10）单击鼠标确定。然后按 Esc 键取消选择状态，编辑结果如图 10-11 所示。

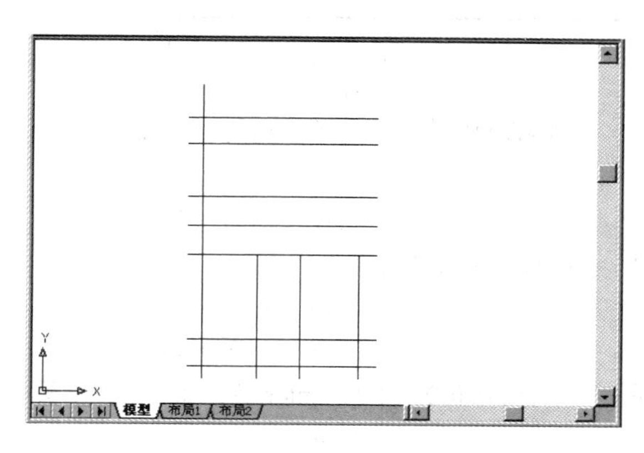

图 10-9　修剪竖向轴线

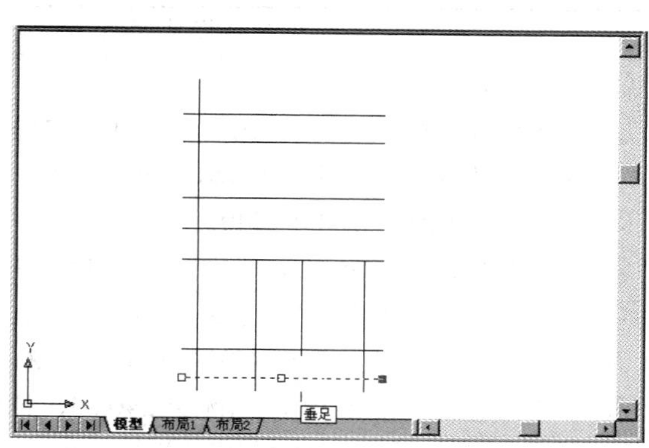

图 10-10　夹点编辑轴线

（7）偏移生成上部三条竖向轴线

按上述方法，对第一条竖向轴线再次执行“偏移”命令，设置“偏移距离”为“2600”“1500”“4000”，向右生成上部的三条竖向轴线。

再将上数第二条水平轴线向下偏移“800”，生成楼梯间外墙轴线。

（8）修剪轴线

执行“修剪”命令，修剪新生成的竖向轴线以及相应的水平轴线，修剪结果如图10-12所示。

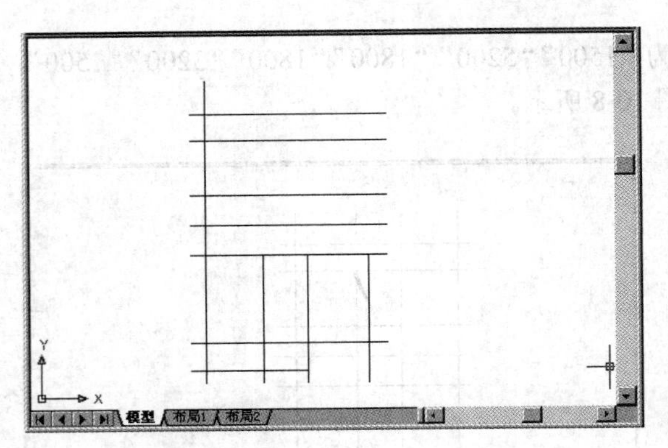

图10-11　夹点编辑结果

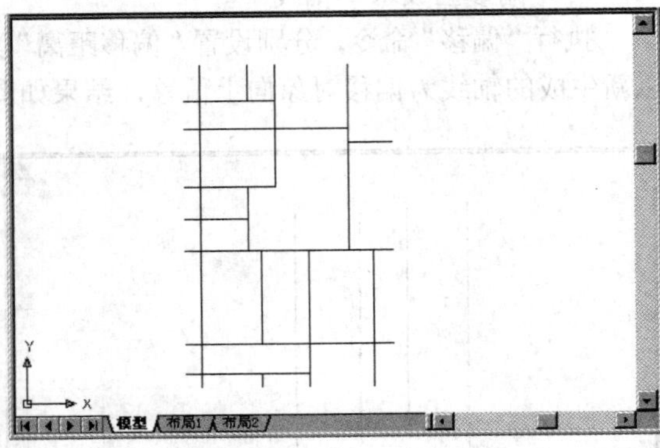

图10-12　编辑完成的轴线图

本部分操作，请参考学习素材中教学演示文件“教学演示\第10章\10.2 绘制轴线”。

10.3 绘制墙线

（1）设置“轴线”图层为当前图层

单击【图层】工具栏的“图层特性过滤器”列表框，选择“墙线”图层，设置“墙线”图层为当前图层。

（2）设置多线样式参数

绘制墙线将使用“多线 Mline”命令，在绘制之前需要设置“比例”“对正”两个参数。“比例”为“240”“对正”为“无”。操作步骤如下。

命令操作过程	操作说明
① 命令: mline↙	启动命令
② 当前设置: 对正 = 上，比例 = 20.00，样式 = STANDARD 指定起点或 [对正(J)/比例(S)/样式(ST)]: S↙	选择“比例”参数
③ 输入多线比例 <20.00>:**240**↙	设置“比例 = 240”
④ 当前设置: 对正 = 上，比例 = 240.00，样式 = STANDARD 指定起点或 [对正(J)/比例(S)/样式(ST)]:**J**↙	选择“对正”参数
⑤ 输入对正类型 [上(T)/无(Z)/下(B)] <上>:**Z**↙	设置“对正 = 无”
⑥ 当前设置: 对正 = 无，比例 = 240.00，样式 = STANDARD 指定起点或 [对正(J)/比例(S)/样式(ST)]:↙	按Enter键结束命令，设置生效

（3）绘制外墙

输入“ml↙”执行多线命令，按F3键打开“对象捕捉”开关，分别捕捉轴线交点1→2→3→4→5→6→1，然后按Enter键结束命令，绘制结果如图10-13所示。

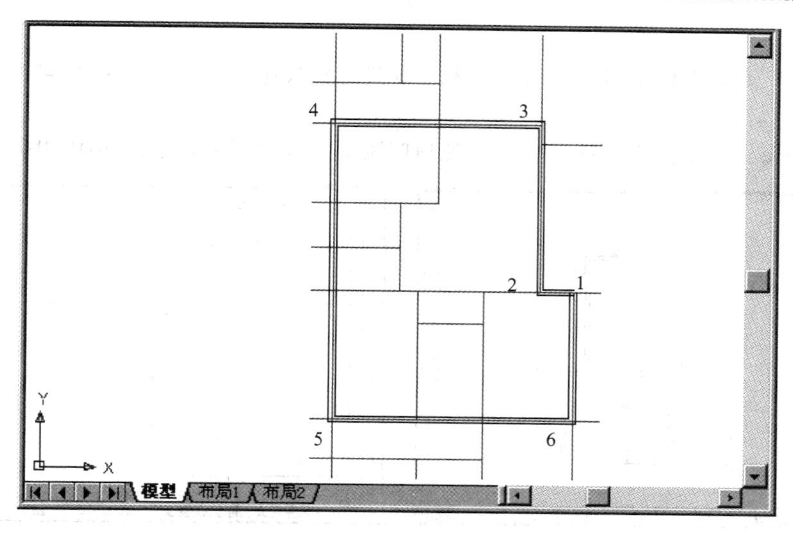

图 10-13 绘制外墙

（4）绘制内墙

再次执行“多线”命令，分别捕捉相应轴线交点绘制内墙，结果如图 10-14 所示。

（5）定长绘制墙线

前两步所绘制的多线，线段的长度等于两个轴线交点之间的距离，可利用捕捉功能绘制。对于只能捕捉一个端点的多线，可采用“正交距离法”（在正交状态下，捕捉线段的起点后，移动鼠标指定绘制方向，在命令行输入线段的长度）。

对于楼梯间外墙 AB，先捕捉轴线交点 A 作为起点，然后向右移动鼠标，输入线段 AB 的长度“1300”。对于厨房的外墙 123，先捕捉轴线交点绘制线段 12，然后向右移动鼠标，输入线段 23 的长度“1000”。绘制结果如图 10-15 所示。

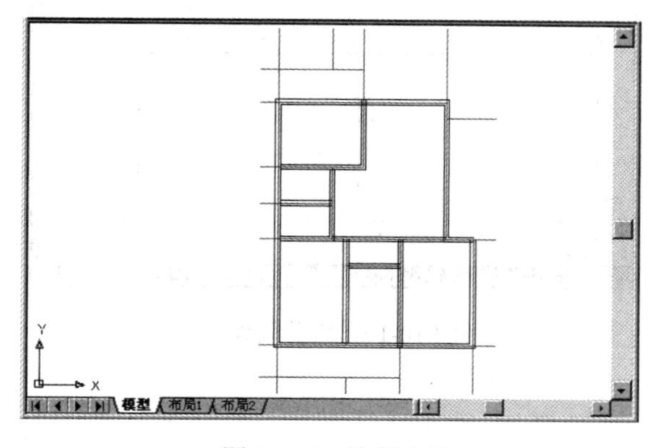

图 10-14 绘制内墙

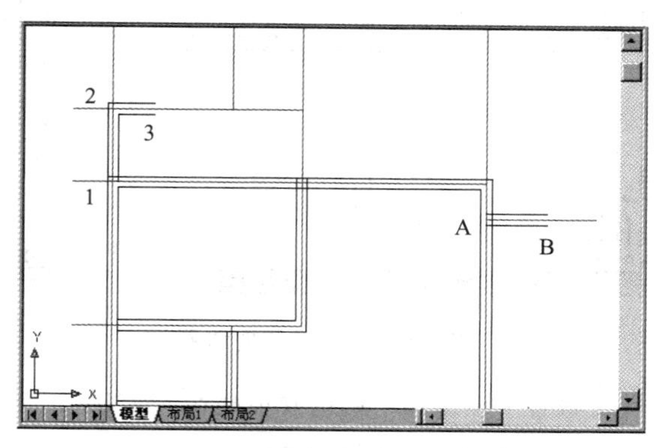

图 10-15 绘制“定长墙”

（6）修剪墙角处多余墙线

绘制完成的各墙线相交处有一些多余的线段，需要进行修剪处理，具体操作步骤如下。

① 关闭“轴线”图层 单击【图层】工具栏的“图层特性过滤器”下拉列表框，单击“轴线”图层前的💡图标，使其变为💡，在图形窗口中任意空白区域单击，操作结束，显示效果如图 10-16 所示。

② 分解“墙线” 单击“分解”按钮将多线对象拆解为单个线段，被分解的线段就可以通过单击“修剪”按钮进行修剪编辑。

"修剪"命令不能编辑"多线"对象，多线对象只能用"多线编辑工具"编辑。

③ 调整视窗　为了操作方便，可使用视图控制工具放大图形显示，如图 10-17 所示。

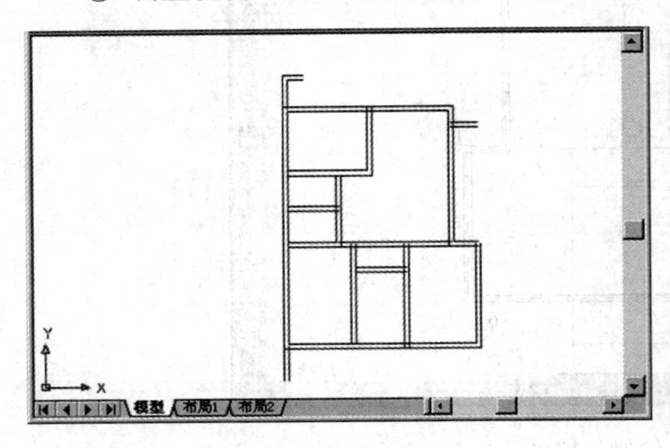

图 10-16　关闭"轴线"图层

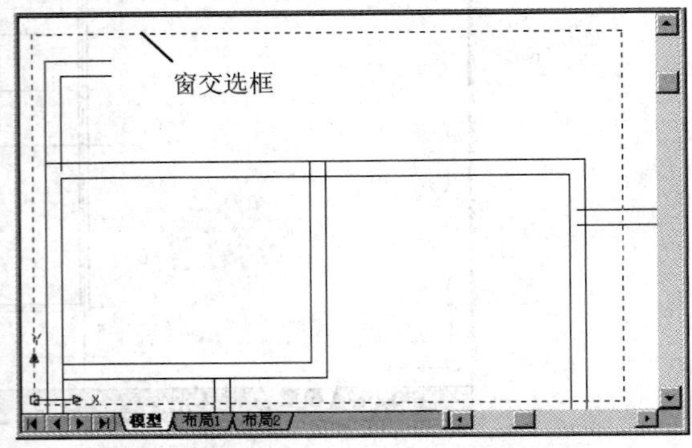

图 10-17　放大图形

④ 修剪多余墙线　单击【修改】工具栏中的"修剪"按钮，执行"修剪"命令。首先使用"窗交"方式选择所有墙线（如图 10-17 虚线框所示），选择后的对象呈现"虚线高亮"显示状态（见图 10-18）。

按 Enter 键切换到选择修剪对象状态。移动"方框"型选择鼠标指针到要修剪的线段上单击，就可修剪掉该线段。图 10-19 就是一个交叉墙角修剪"两竖线一横线"后的效果。继续点选其他要修剪掉的线段，最终修剪结果如图 10-20 所示。

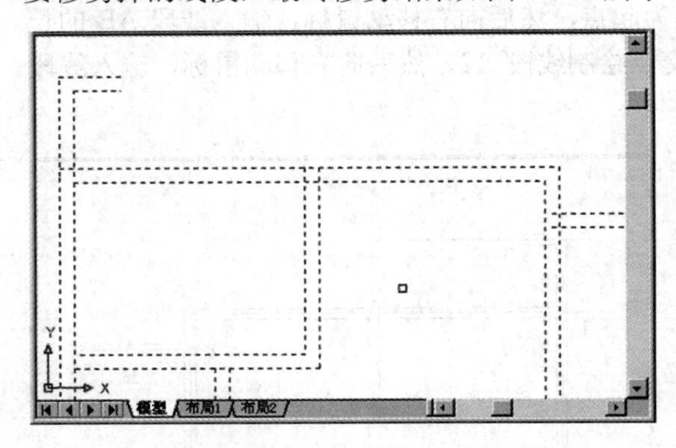

图 10-18　选择修剪边界

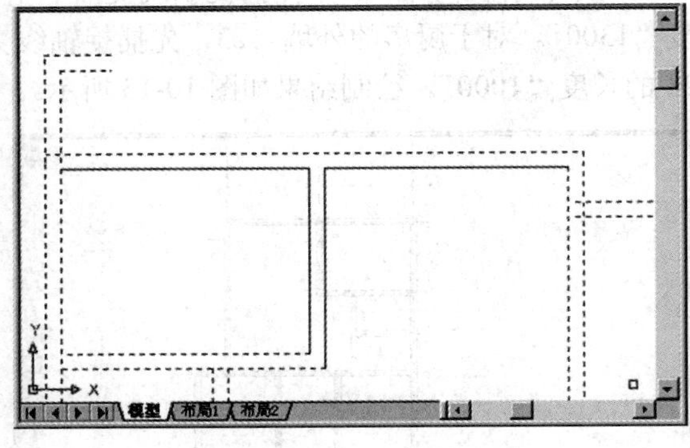

图 10-19　修剪效果一

重复上述操作，修剪其他墙角。

（7）补绘墙端的封口墙线

对于没有封口的墙段，直接使用"直线 Line"命令绘制墙线，如图 10-21 所示。

（8）连接墙线

如遇到图 10-22 所示墙线不相交的情况，可单击【修改】工具栏中的按钮，执行"倒角"命令。输入"D↙"，设置两个倒角距离均等于"0"，然后选择要连接的线 1、线 2。结果如图 10-23 所示。

本部分操作，请参考学习素材中的教学演示文件"教学演示\第 10 章\10.3 绘制墙体"。

图 10-20　修剪效果二

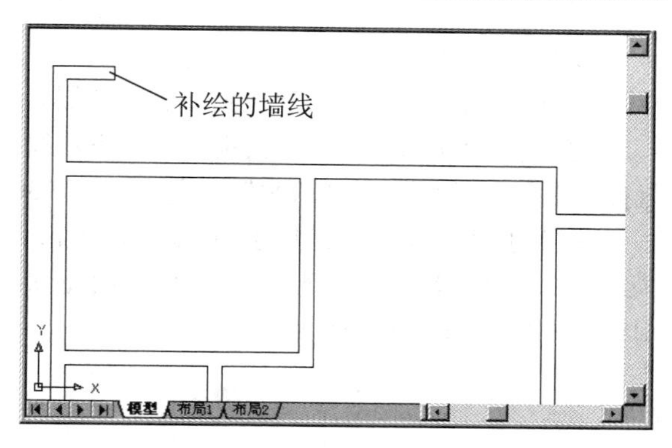

图 10-21　补绘墙端封口墙线

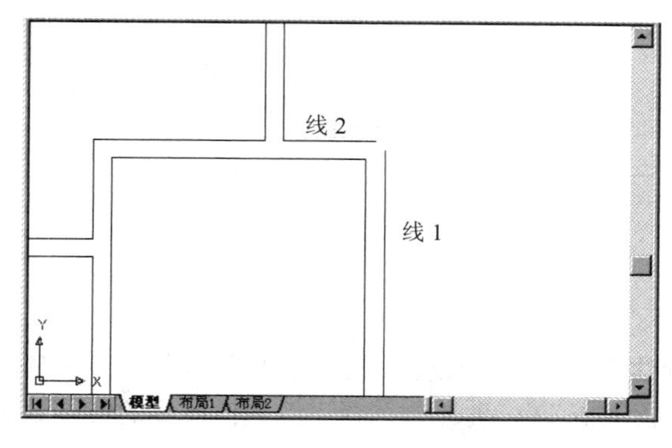

图 10-22　墙线不相交

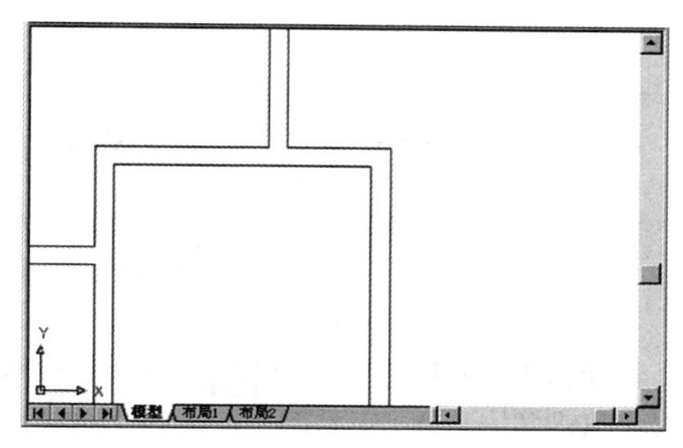

图 10-23　连接效果

10.4 绘制门

（1）开门洞

现以入户门 M1 为例说明门洞口的开设步骤，具体操作步骤如下。

① 执行“直线”命令，捕捉图 10-24（a）所示纵墙与横墙的交点，绘制线段 AB[见图 10-24（b）]。

② 执行“移动”命令，将线段 AB 向上移动“120”，得到门洞口下端线[见图 10-24（c）]。

③ 执行“偏移”或“复制”命令，向上复制线段 AB，复制距离 1000[见图 10-24（d）]。

④ 执行“修剪”命令，修剪洞口上、下端线间的墙线[见图 10-24（e）]。

按上述方法，可开设其他门或窗的洞口。

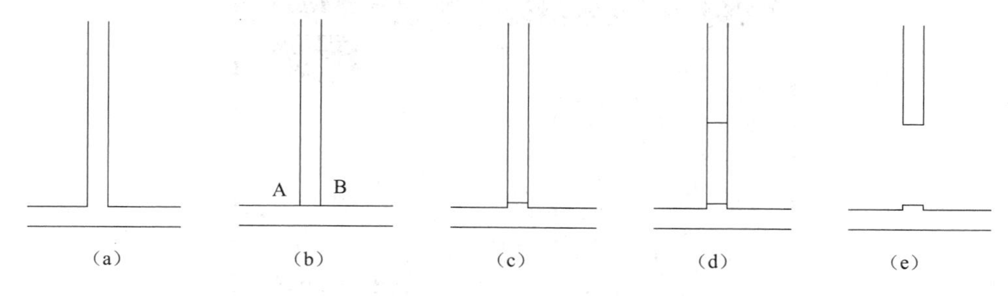

图 10-24　开门洞口流程

（2）绘制“平开门”

① 首先将“门窗”图层设置为当前图层。

② 执行“矩形”命令，捕捉门洞口下端线的“中点”作为矩形的“第一个角点”，向右移动鼠标，设置“长度”为“1000”，“宽度”为“30”，绘制如图 10-25（a）所示门扇。

③ 选择下拉菜单【绘图】/【圆弧】/【起点、圆心、端点】命令，分别捕捉门洞口的上、下端线的中点 A、B 以及矩形的左下角点 C[见图 10-25（b）]，作为圆弧的起点、圆心、端点。绘制结果如图 10-25（c）所示。

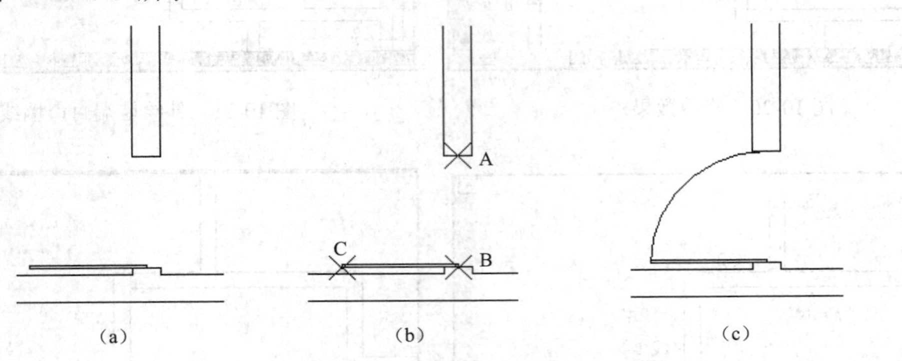

图 10-25 绘制“平开门”流程

（3）制作“门”图块

单击【绘图】工具栏中的按钮，执行“创建块”命令。在弹出的对话框中单击“选择对象”按钮，选择“矩形和圆弧”；然后，单击“拾取点”按钮，选择下门洞口端线的中点 B 为图块“插入基点”；最后设置图块名称为“平开门”。

（4）插入“门”图块

单击【绘图】工具栏中的按钮，执行“插入块”命令，在弹出的如图 10-26 所示的对话框中勾选“在屏幕上指定”复选框后，单击 确定 按钮。在图形窗口中移动鼠标捕捉如图 10-27 所示的图块插入点。单击确定“插入点”后，设置“X 比例因子”为“0.9”，“Y 比例因子”为“–0.9”。插入结果如图 10-28 所示。

本例中 Y 比例因子为“负值”，表示以“镜像”方式插入。镜像轴通过插入点且平行于 X 轴。

如果要插入书房的门，需在【插入】对话框中设置“旋转”的“角度”为“90”，使图块旋转 90°（见图 10-29）。再设置“X 比例因子”为“0.9”，“Y 比例因子”为“0.9”。插入结果如图 10-30 所示。

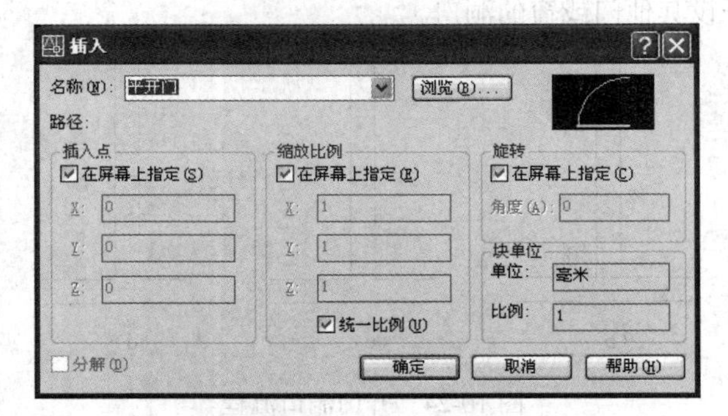

图 10-26 【插入】对话框

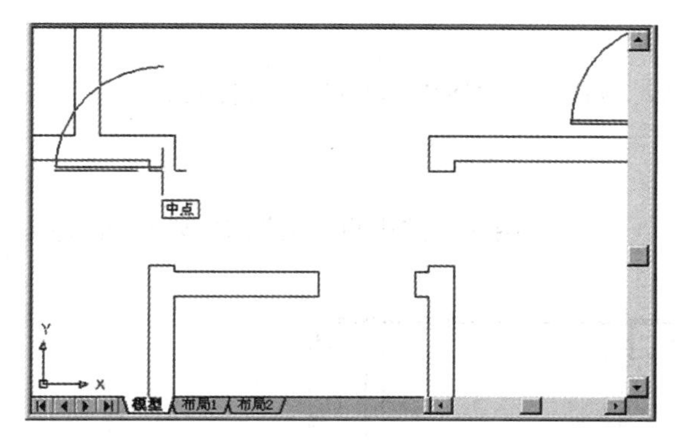

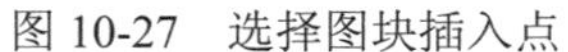
图 10-27　选择图块插入点

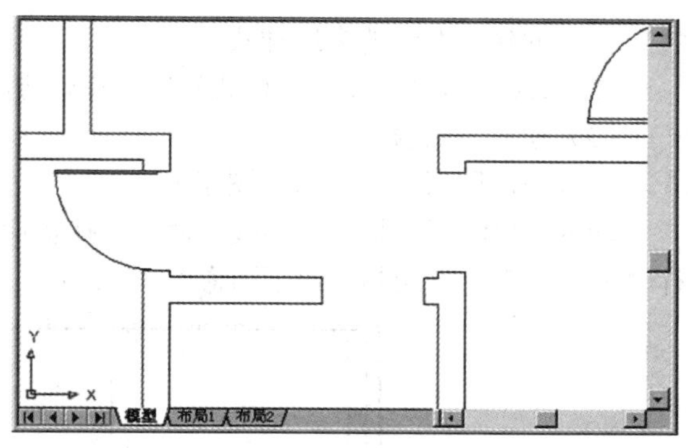

图 10-28　“门图块”插入结果

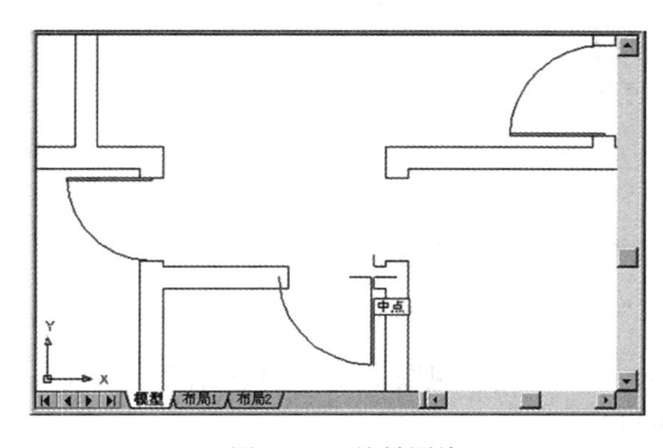

图 10-29　旋转图块

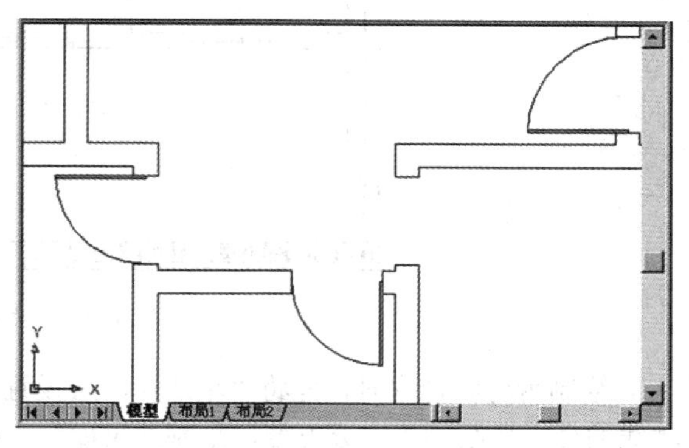

图 10-30　旋转插入“门图块”

（5）绘制“推拉门”

绘制推拉门 M4 的步骤如下。

① 执行“矩形”命令，捕捉门洞口左端线的中点为“第一角点”，输入相对坐标“@800，30”，绘制结果如图 10-31（a）所示。

② 执行“矩形”命令，捕捉门洞口右端线的中点为“第一角点”，输入相对坐标“@-800，-30”，绘制结果如图 10-31（b）所示。

图 10-31　绘制“推拉门”流程

本部分操作请参考学习素材中的教学演示文件“教学演示\第 10 章\10.4 绘制门”。

10.5 绘制窗

（1）开窗洞

如同 10.4 节开门洞口方法，开设窗洞口。

（2）创建平面窗的多线样式

按 2.1.4 小节“创建多线样式”所述操作方法，新建一个“WINDOW”多线样式。

（3）绘制平面窗

设置当前图层为“门窗”图层。

输入“ML↙”，执行“多线”命令，捕捉窗洞口左、右两端线的中点（见图 10-32）。重复执行“多线”命令，绘制其他平面窗。

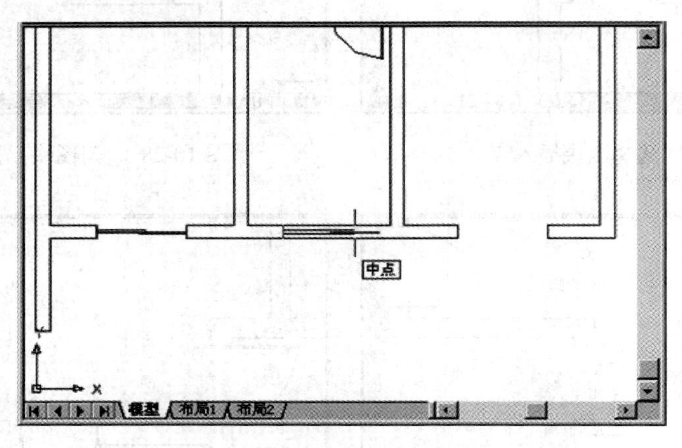

图 10-32 绘制“平面窗”

绘制厨房阳台窗时，先将“轴线”图层设置为“开”状态（见图 10-33），然后捕捉“墙线与轴线的交点”绘制将十分方便，绘制结果如图 10-34 所示。

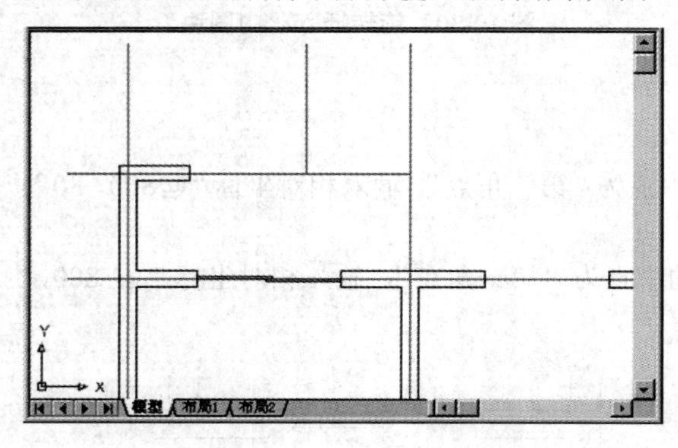

图 10-33 “轴线”图层“开”

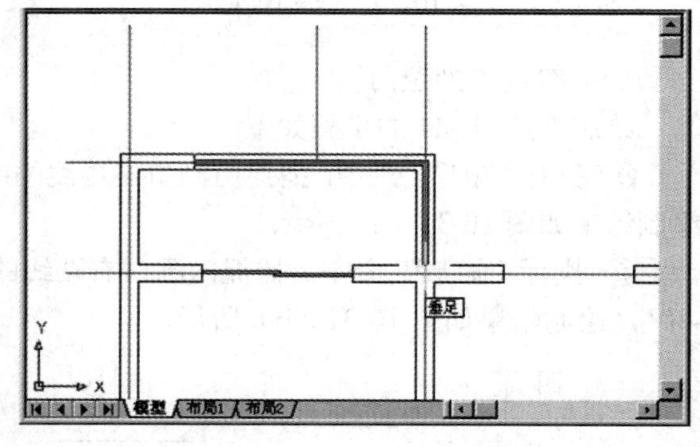

图 10-34 绘制“厨房阳台窗”

（4）绘制不规则平面飘窗 C-1

① 单击【绘图】工具栏中的按钮，执行“多段线”命令。捕捉窗洞口左端点为起点，按 F8 键打开“正交”功能，“向上 450、向右 1800、向下 450”，绘制如图 10-35（a）所示突出墙外线段。

② 单击【修改】工具栏中的按钮，执行“倒角”命令。在命令行中输入“A↙”，选择“角度法”，设置“倒角长度”为“450”，“倒角”的“角度”为“30”，然后选择“左侧竖向线段、水平线段”为第一条直线和第二条直线。倒角结果如图 10-35（b）所示。

再执行“倒角”命令，倒角右侧线段，如图 10-35（c）所示。

③ 单击【修改】工具栏中的按钮，执行“偏移”命令。首先向外偏移 60，然后再将刚偏移生成的线段向外偏移 90，偏移结果如图 10-35（d）所示。

④ 单击【修改】工具栏中的按钮，执行“延伸”命令。使偏移生成的两条线段与外墙线相交，延伸结果如图10-35（e）所示。

⑤ 单击【绘图】工具栏中的按钮，执行“直线”命令。捕捉窗洞口的两个墙内端点，绘制窗台线，如图10-35（f）所示。

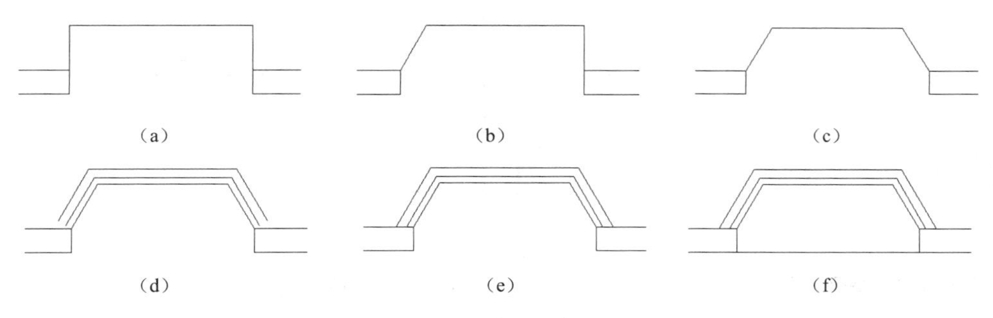

图10-35　绘制“飘窗”流程

本部分操作请参考学习素材中的教学演示文件“教学演示\第10章\10.5绘制窗”。

10.6 绘制阳台线

（1）设置当前图层为“阳台”图层

（2）选择多线样式

选择下拉菜单【格式】/【多线样式】命令，弹出如图10-36所示的对话框，单击【样式】列表框，选择“STANDARD”样式（见图10-37），单击 置为当前(U) 按钮，将“STANDARD”设置为当前多线样式。单击 确定 按钮，完成多线设置操作。

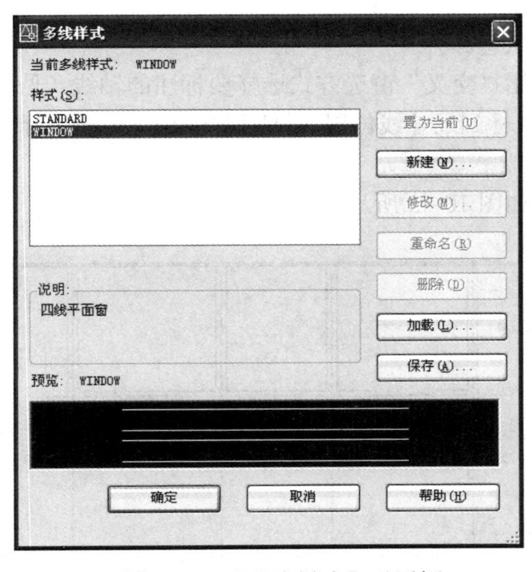

图10-36 【多线样式】对话框

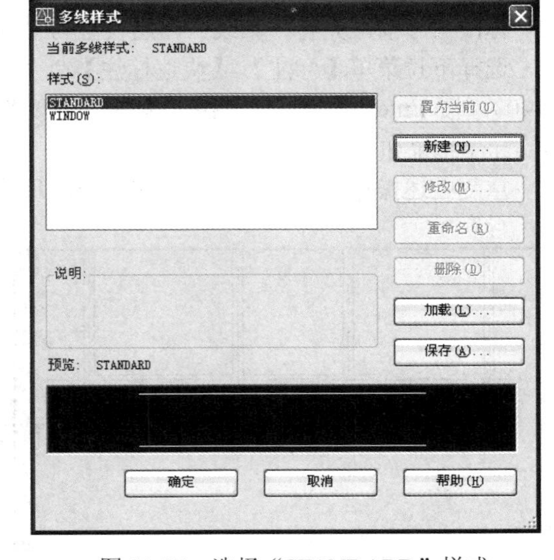

图10-37　选择“STANDARD”样式

（3）选择多线样式

先将“轴线”图层设置为“开”状态。

输入“ML↙”，执行“多线”命令，捕捉“轴线与墙线的交点”绘制阳台线，绘制结果如图10-38所示。再设置“轴线”图层为“关”状态，阳台效果如图10-39所示。

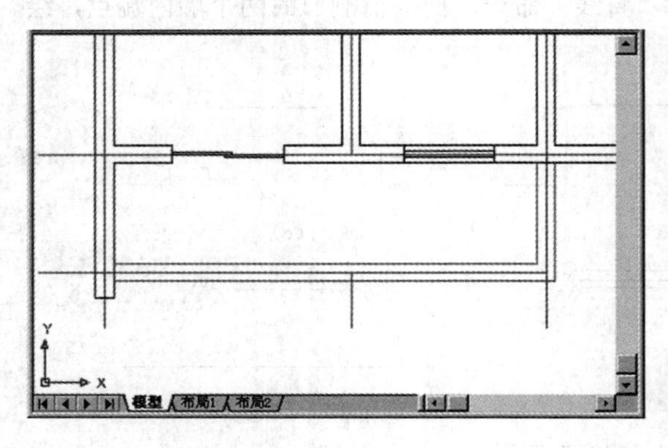

图 10-38　绘制阳台

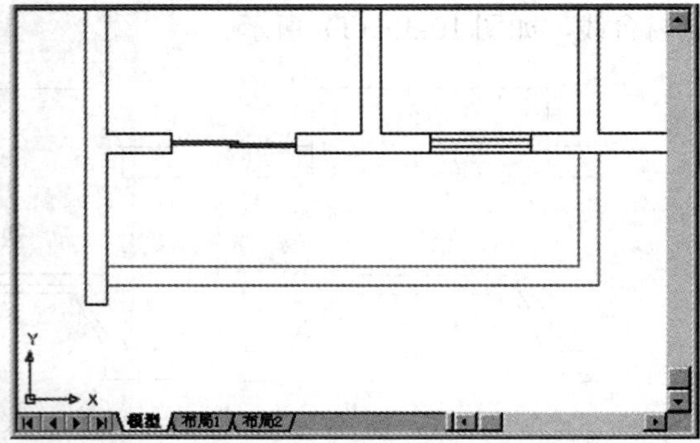

图 10-39　“轴线”图层为“关”状态

本部分操作请参考学习素材中的教学演示文件“教学演示\第10章\10.6 绘制阳台线”。

10.7 标注尺寸

（1）设置当前图层为“尺寸”图层

（2）设置尺寸样式

按5.2节所述操作方法，按表5-8所列参数设置，新建“建筑”标注样式，并将“建筑”样式设置为当前标注样式。

（3）标注轴线尺寸

标注尺寸前应先将“轴线”图层设置为“开”状态。

选择下拉菜单【标注】/【快速标注】命令，使用“交叉”窗选方式选择要标注的轴线（见图10-40），按Enter键结束“选择”状态。向下移动鼠标到尺寸线位置（见图10-41），单击鼠标左键，标注结果如图10-42所示。

重复上述操作，标注左侧和上侧轴线的尺寸，如图10-43所示。

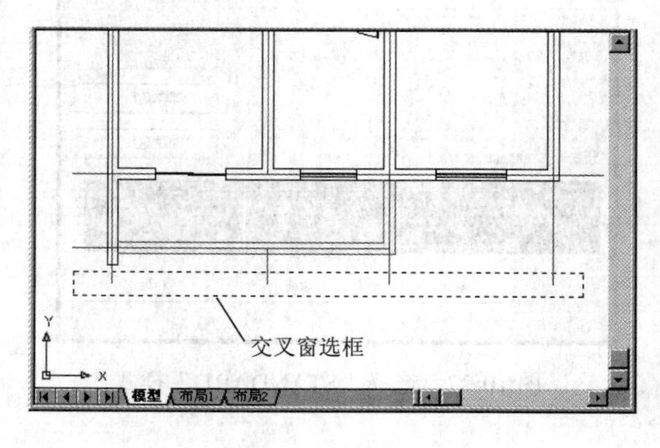

图 10-40　选择标注轴线

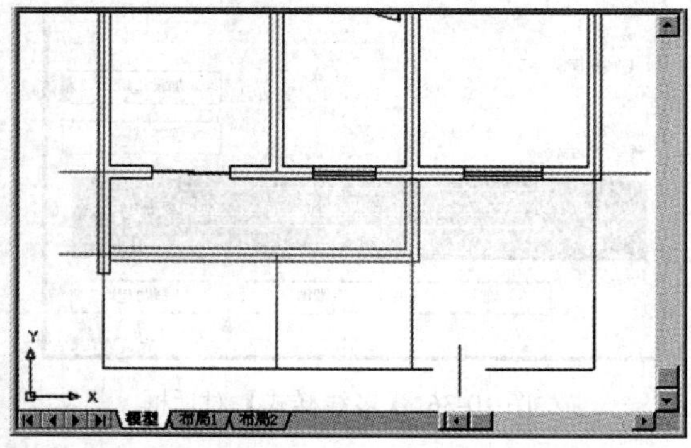

图 10-41　指定标注位置

（4）标注外墙门窗洞口尺寸

为标注方便，先将“门窗、阳台”图层设置为“关”状态，如图 10-44 所示。

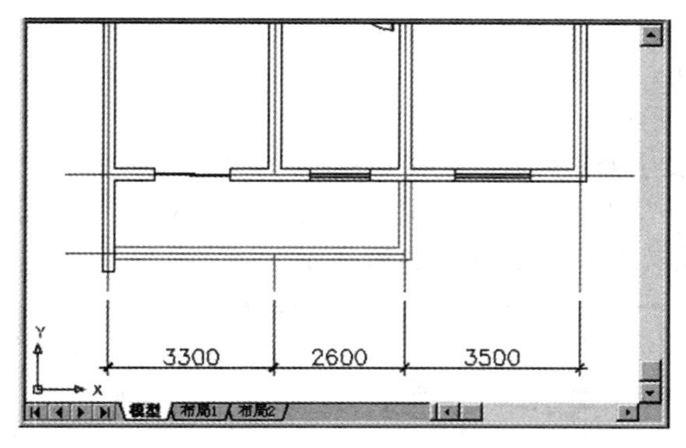

图 10-42　标注结果

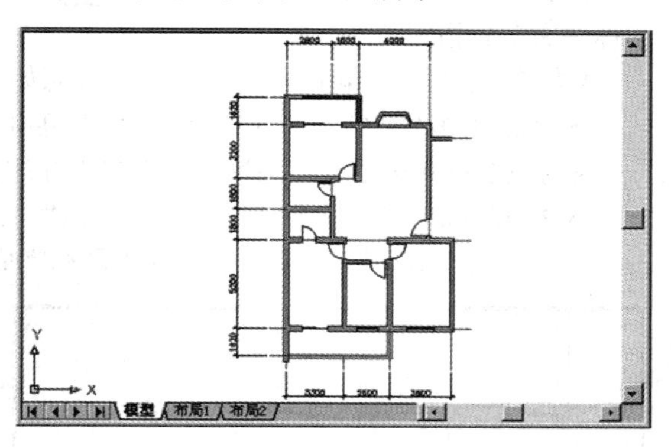

图 10-43　标注完成其它轴线尺寸

执行“快速标注”命令，先用“交叉”窗选方式选择要标注的轴线，然后用“窗口”窗选方式分几次选择门窗洞口的两个端线（见图 10-45）。

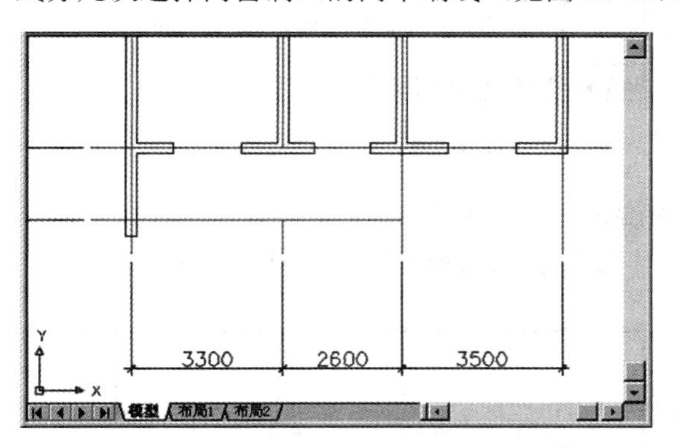

图 10-44　图层设置

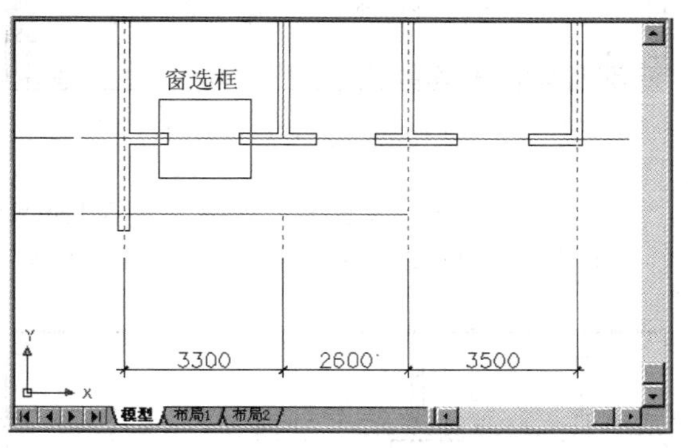

图 10-45　选择门窗洞口端线

选择完毕后，按 Enter 键结束“选择”状态。向下移动鼠标到尺寸线位置（见图 10-46）后，单击鼠标左键，完成标注操作，结果如图 10-47 所示。

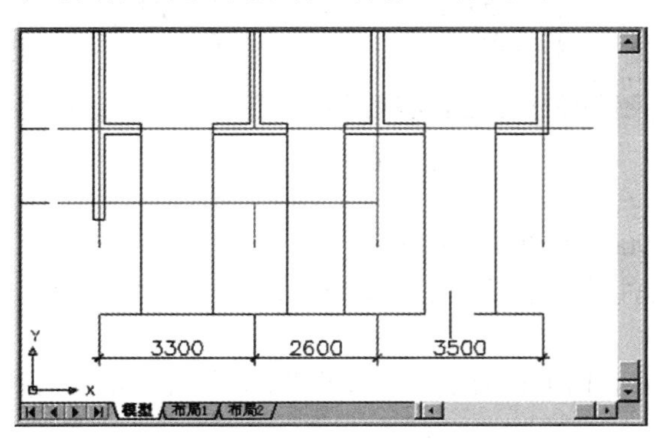

图 10-46　指定标注尺寸位置

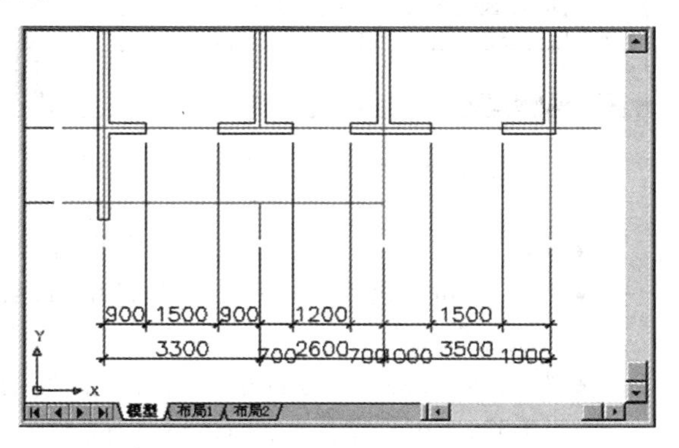

图 10-47　门窗洞口标注结果

（5）编辑尺寸标注

标注后的门窗尺寸有些混乱，下面介绍编辑标注文字位置、尺寸界线长度。

① 编辑标注文字位置。

【方法一】单击【标注】工具栏中的按钮，执行“编辑标注文字”命令，直接点选要移动的标注文字到指定位置。

【方法二】“夹点编辑法”，具体操作步骤如下。

- 点选要编辑的标注尺寸对象，如图 10-48 所示。
- 按住 Shift 键不放，用鼠标分别单击标注文字处的夹点，使其变为“热点”。
- 松开 Shift 键，用鼠标单击任意一个“热点”，标注文字将随鼠标移动（见图 10-49），当标注文字移动到指定位置后，单击鼠标完成操作。结果如图 10-50 所示。

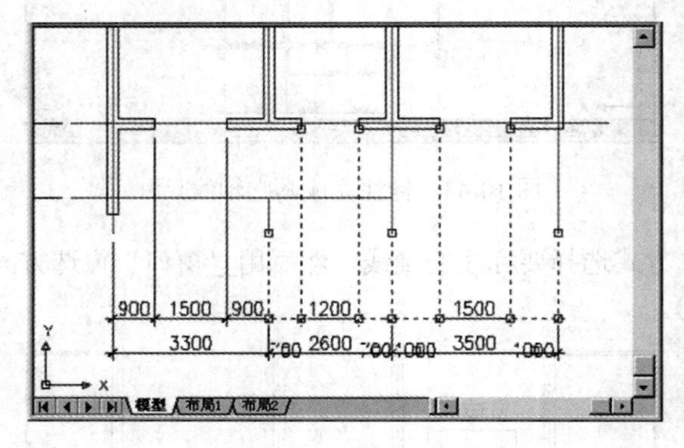

图 10-48 选择标注尺寸

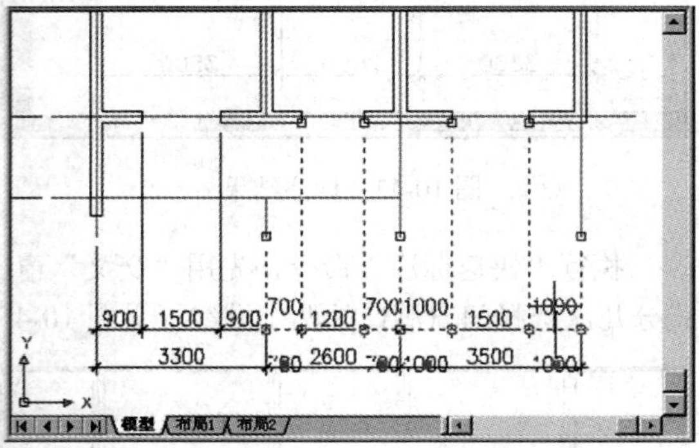

图 10-49 移动“标注文字”

② 编辑尺寸界线长度。使用“夹点编辑法”编辑尺寸界线的长度，具体操作步骤如下。

- 先用“直线”命令绘制一条水平直线段，作为尺寸界线的对齐边界（见图 10-51）。

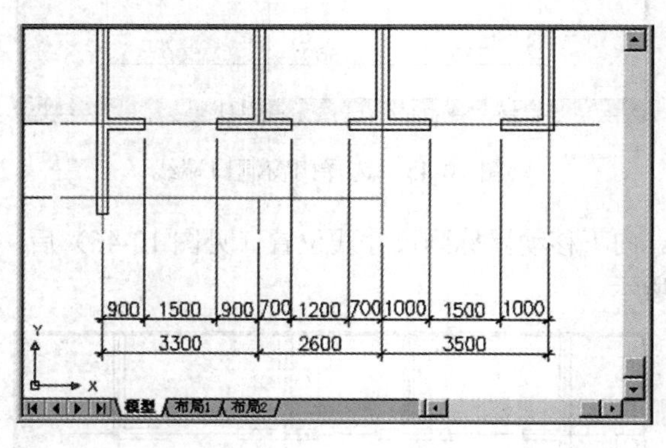

图 10-50 “标注文字”编辑结果

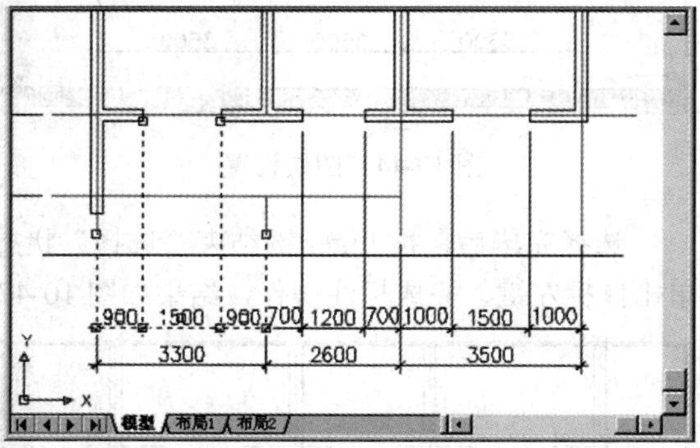

图 10-51 绘制直线

- 选择要对齐尺寸界线的尺寸，本例选择“900”“1500”“900”。
- 按住 Shift 键不放，用鼠标分别单击已标注的尺寸界线在门窗洞口处的夹点，使其变为“热点”。
- 松开 Shift 键，用鼠标单击任意一个“热点”，向下移动鼠标到水平线处，捕捉垂足（见图 10-52），编辑结果如图 10-53 所示。

本部分操作请参考学习素材中的教学演示文件“教学演示\第 10 章\10.7 标注尺寸”。

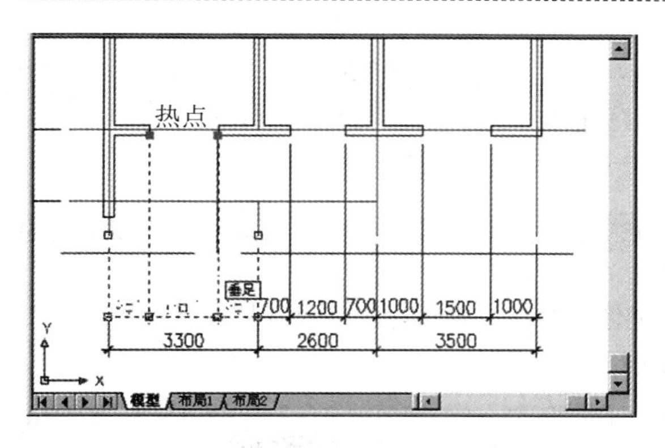

图 10-52　指定尺寸界线端点移动位置

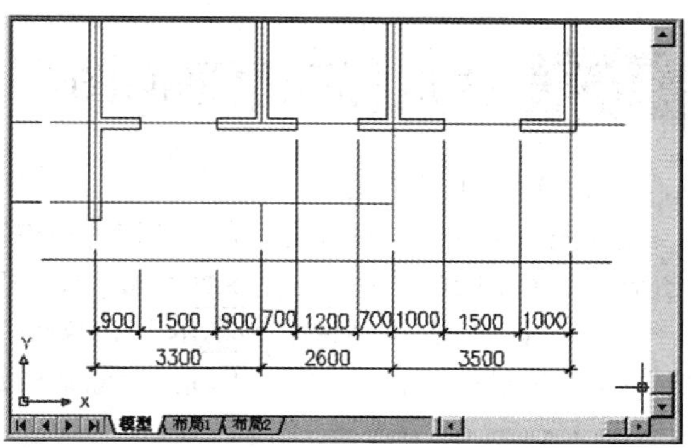

图 10-53　尺寸界线对齐效果

10.8 注释文字

（1）设置当前图层为“文字”图层

（2）新建文字样式

按 4.1 节所述方法，新建“数字”和“仿宋”两种文字样式，其中“数字”文字样式的“字体”为“Simplex.shx”，仿宋文字样式的“字体”为“仿宋_GB2312”。

（3）注释门窗编号

将“数字”设置为当前文字样式。

在命令行输入“DT↙”，执行“单行文字”命令。设置“字体高度”为“300”、“旋转角度”为“0”，分别点取门窗编号位置，然后输入“M-1、M-2、…”等编号名称，如图 10-54 所示。

（4）注释房间名称

将“仿宋”设置为当前文字样式。

在命令行输入“DT↙”，执行“单行文字”命令。设置“字体高度”为“400、“旋转角度”为“0”，分别点取文字位置，然后输入“卧室、书房、…”等名称，如图 10-55 所示。

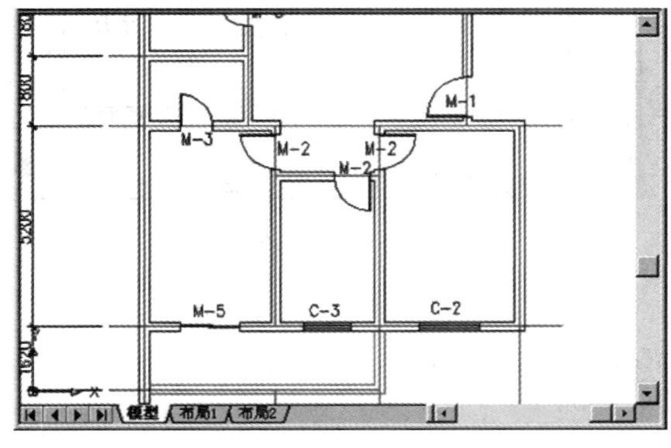

图 10-54　注释门窗编号

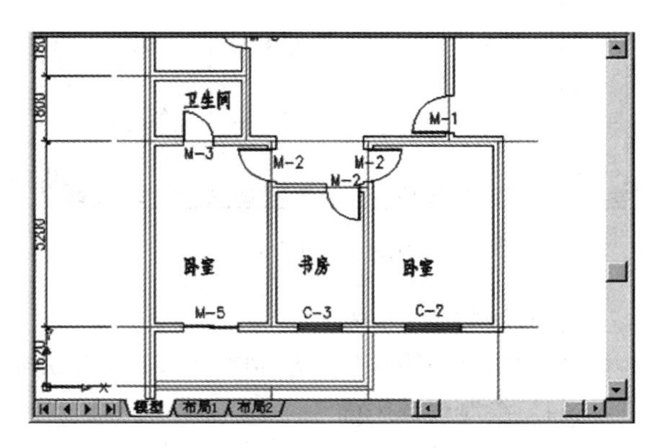

图 10-55　注释房间名称

本部分操作请参考学习素材中的教学演示文件“教学演示\第 10 章\10.8 注释文字”。

10.9 生成标准层平面图

（1）镜像生成单元平面图

首先将所有图层设置为“开、解锁、解冻”状态。然后调整视图窗口，可观察到所要编辑的图形，如图 10-56 所示。设置参数“mirrtext=0”。

单击【修改】工具栏中的按钮，执行“镜像”命令。窗选除左侧尺寸标注以外的所有图形对象。以最右侧的轴线为镜像轴，镜像结果如图 10-57 所示。

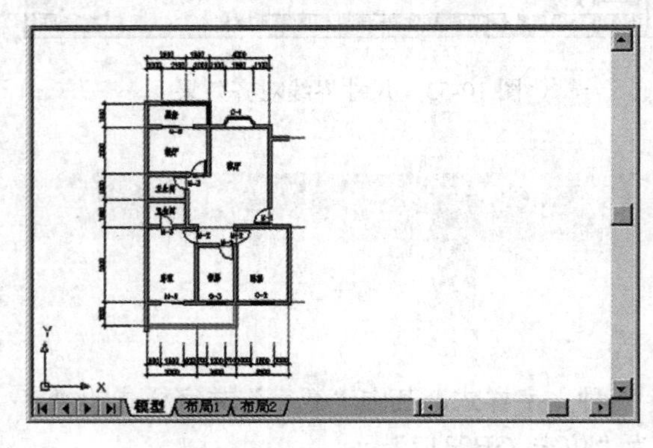

图 10-56　调整视图窗口

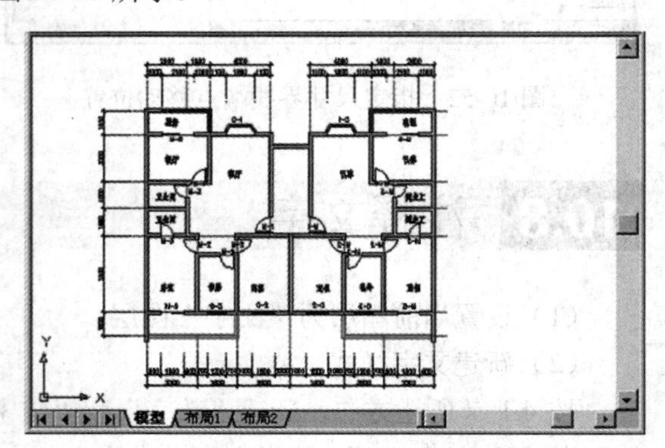

图 10-57　镜像生成单元平面

（2）修剪分户墙

镜像后图形中，分户墙长短两墙线重合，有多余的墙线。可先调整视图，并“关闭”轴线图层，如图 10-58 所示。单击选择出头长线，执行“删除”命令，结果如图 10-59 所示。

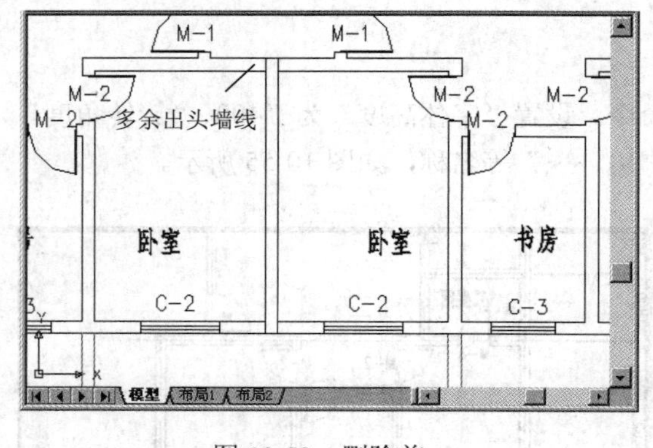

图 10-58　删除前

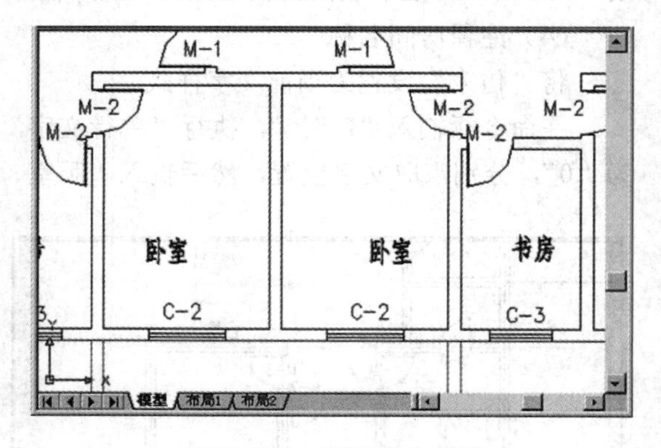

图 10-59　删除多余墙线

（3）绘制楼梯间窗户

分别执行开窗洞口、绘制平面窗、标注编号等操作，结果如图 10-60 所示。

（4）绘制楼梯平面

先打开“轴线”图层，再将“楼梯”图层设置为当前图层。然后进行以下操作。

① 选择Ⓑ轴线，执行偏移命令，向上偏移“1600”，如图 10-61 所示。

② 先点选“偏移的轴线”，再单击“图层”列表，在弹出的列表中选择“楼梯”图层。本操作可将此线段由“轴线”图层转换为“楼梯”图层。

③ 修剪及延伸此线段，使其介于楼梯间的墙体之间，成为“楼梯线”，如图 10-62 所示。

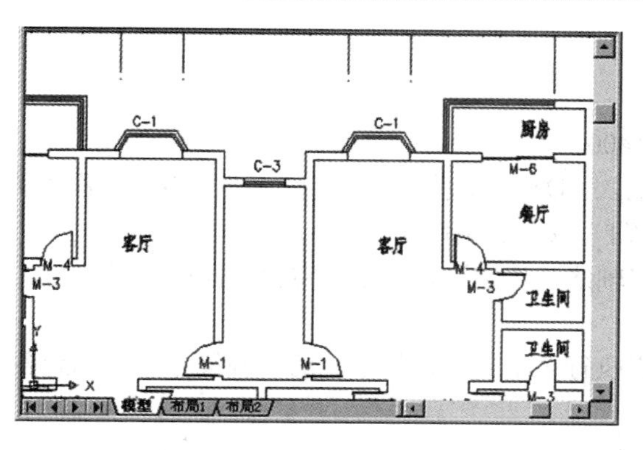

图 10-60　绘制楼梯间窗户

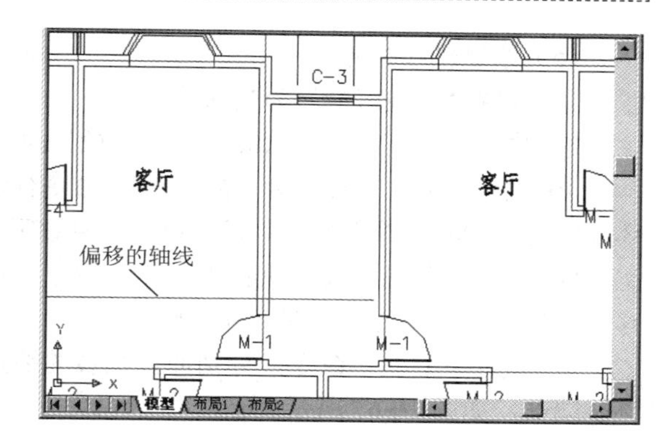

图 10-61　偏移轴线

④ 执行“阵列”命令，选择“楼梯线”为阵列对象，设置“行数=10，列数=1，行距离=300”，阵列结果如图 10-63 所示。

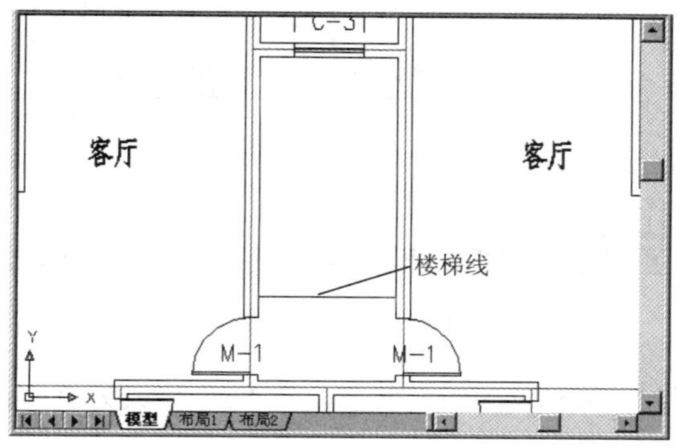

图 10-62　编辑后的“楼梯线”

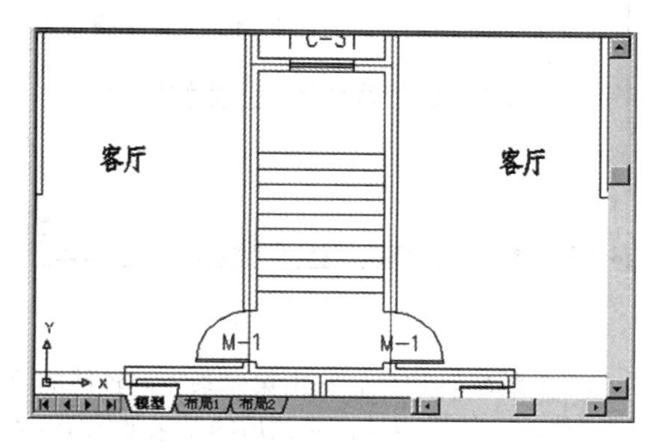

图 10-63　阵列生成楼梯

⑤ 执行“矩形”命令，捕捉“楼梯线”中点为矩形的第一个角点，输入相对坐标“@60，2700”，绘制梯井线。

⑥ 执行“移动”命令，将梯井向左水平移动“30”。

⑦ 执行“偏移”命令，设置“偏移距离”为“60”，选择梯井线向外侧偏移两次，生成楼梯扶手，如图 10-64 所示。

⑧ 执行“修剪”命令，将扶手间的楼梯线修剪掉，结果如图 10-65 所示。

⑨ 绘制楼梯剖断线，再用“多段线”绘制箭头，标注文字“上、下”。

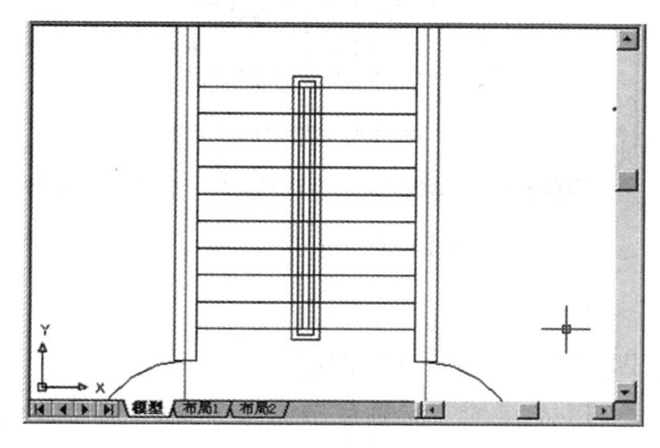

图 10-64　生成“梯井、扶手”

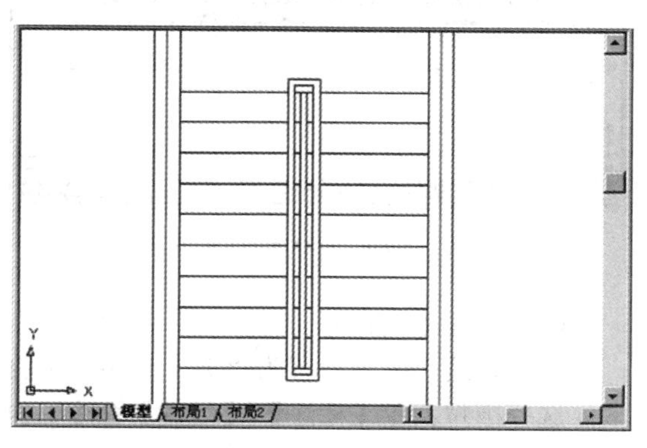

图 10-65　修剪后的扶手

（5）绘制轴线编号

① 设置“轴线编号”为当前图层。

② 执行“圆”命令，绘制一个“半径”为“400”的圆。

③ 设置当前文字样式为“数字”。在命令行输入“DT↙”，执行“单行文字”命令，设置“字体高度为“500”，输入数字“1”。再将轴号数字“1”移动到圆内。

④ 绘制一条辅助线，执行“延伸”命令，将轴线延伸到该直线处。将已绘制的“轴线号”移动到最左侧轴线处，如图 10-66 所示。

⑤ 执行“复制”命令，分别捕捉轴线的端点执行多重复制，将绘制的“轴线号”复制到各轴线端部，如图 10-67 所示。

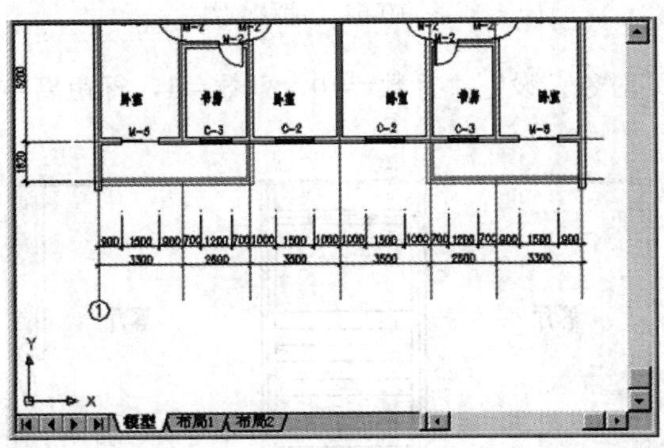

图 10-66　标绘轴线号

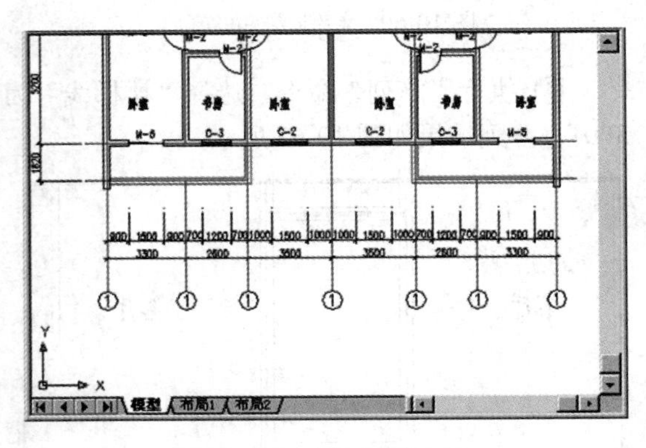

图 10-67　多次复制结果

⑥ 编辑轴线号。双击第二条竖向轴线的“轴号”，激活文字编辑状态，将“1”修改为“3”。同理修改其他轴线号，修改后的结果如图 10-68 所示。

（6）阵列生成标准层平面图

以图 10-69 所示单元平面图为对象，执行“阵列”命令，选择除左侧尺寸以外的所有图形，阵列参数为“行数”为“1”，“列数”为“3”，“列距离”为“18800”，阵列结果如图 10-70 所示。

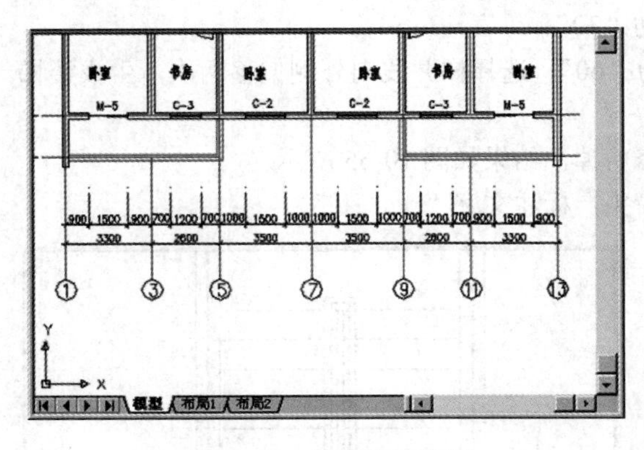

图 10-68　修改轴号数字

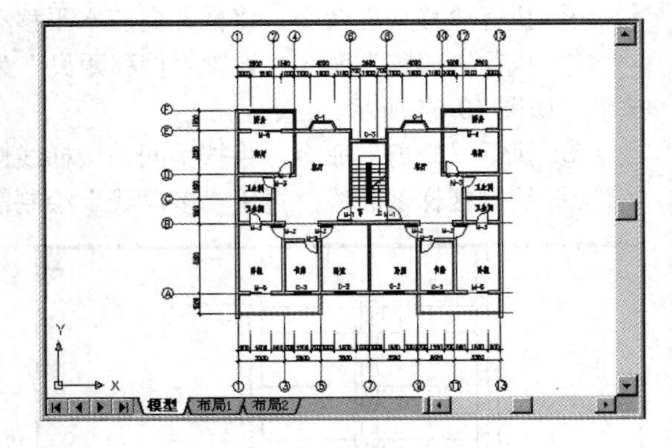

图 10-69　单元平面图

（7）标注外围尺寸

将“轴线”图层设置为“关”状态，再将当前图层设置为“尺寸”图层。

选择下拉菜单【标注】/【线性】命令，执行“线性标注”命令，捕捉两侧山墙端点，标注外围尺寸。

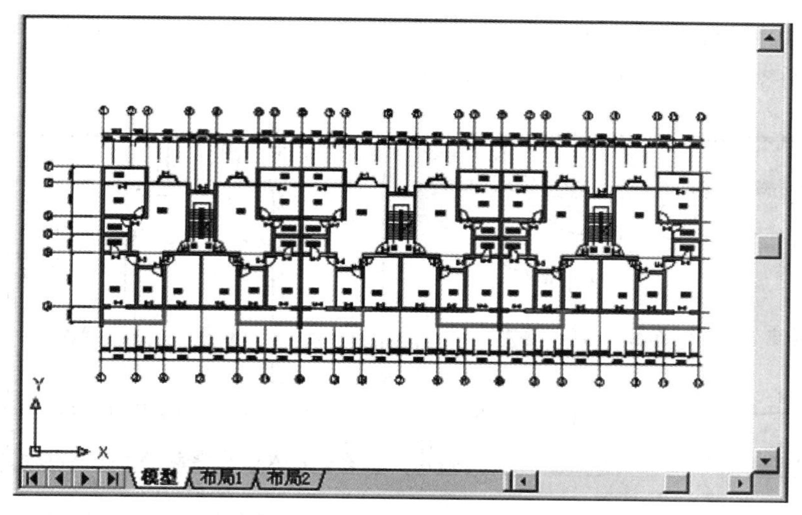

图 10-70　阵列生成标准层平面

在捕捉山墙端点时，由于图形较小而不易捕捉。灵活使用【标准】工具栏中的和两个按钮，可在“局部放大图形”和“原大比例显示”两种状态间随时切换，以达到准确捕捉的目的。

本部分操作请参考学习素材中的教学演示文件“教学演示\第 10 章\10.9 生成标准层平面图”。

10.10　后期处理

10.10.1　修改轴线的线型比例

（1）执行方式

- 下拉菜单：【格式】/【线型】。
- 命令行：linetype（LT）。

（2）操作说明

执行命令后，弹出如图 10-71 所示的【线型管理器】对话框。单击显示细节(D)按钮，【线型管理器】对话框下部显示“详细信息”选项区，如图 10-72 所示。

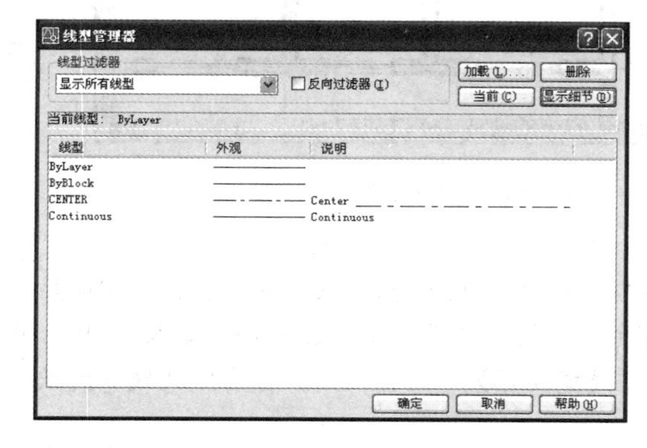

图 10-71　【线型管理器】对话框

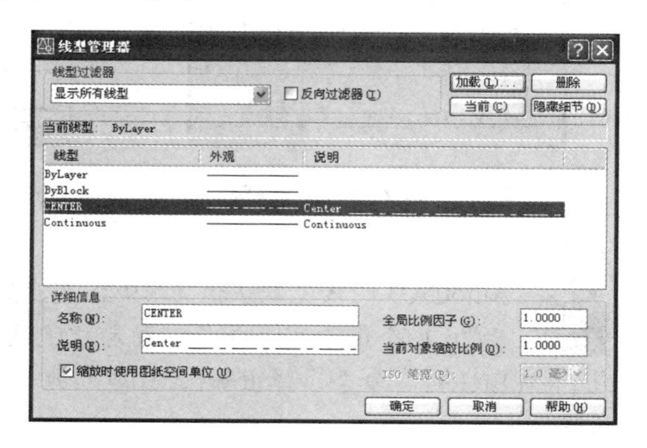

图 10-72　【线型管理器】对话框的“详细信息”

修改“全局比例因子”的数值，可改变非连续型线型的显示比例。图 10-73、图 10-74 的“全局比例因子”分别为“20”“40”时轴线线型显示效果。

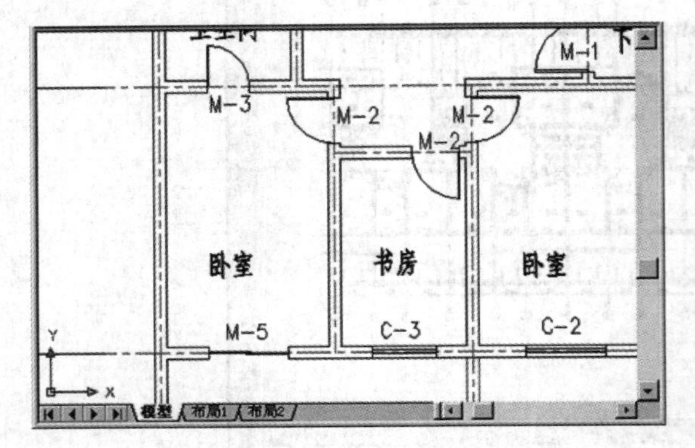

图 10-73 “全局比例因子”为“20”的效果

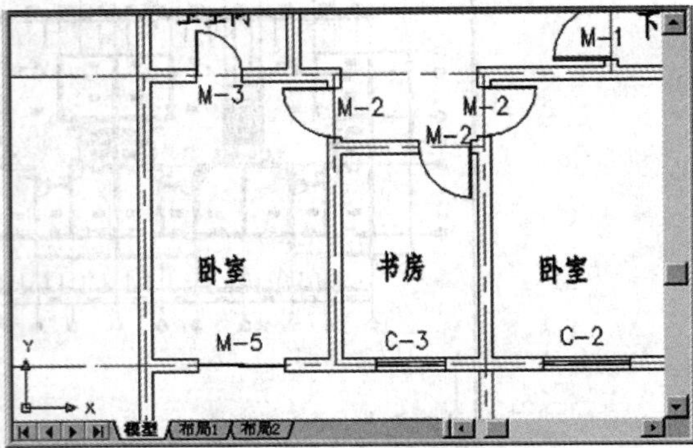

图 10-74 “全局比例因子”为“40”的效果

设置全局线型比例因子的命令名是 LTSCALE，命令别名是 LTS。用户可在命令行直接输入 LTS，按提示输入线型比例因子。

10.10.2 设置“墙线”图层的线宽

单击“图层特性管理器”按钮，或选择下拉菜单【格式】/【图层】命令，在弹出的【图层特性管理器】对话框中（见图 10-2），单击“墙线”图层右侧“线宽”栏——默认，弹出如图 10-75 所示的【线宽】对话框。选择“0.60 毫米”，单击“确定”按钮退出对话框。

设置完成后，图形窗口并没有变化。单击状态栏中的线宽按钮使其凹下，激活线宽功能，此时线宽参数才可生效，显示效果如图 10-76 所示。

图 10-75 【线宽】对话框

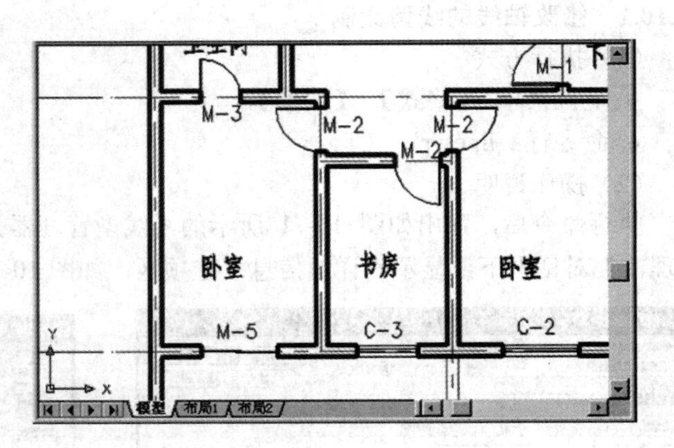

图 10-76 “线宽”显示效果

AutoCAD 的线宽默认值为“0.25 毫米”。当线宽值为 0.25mm 或更小时，在模型空间显示为 1 个像素宽，并将以指定打印设备允许的最细宽度打印。在命令行输入“LW”或“LWEIGHT”命令，弹出如图 10-77 所示的【线宽设置】对话框，用户可自定义线宽的默认值。

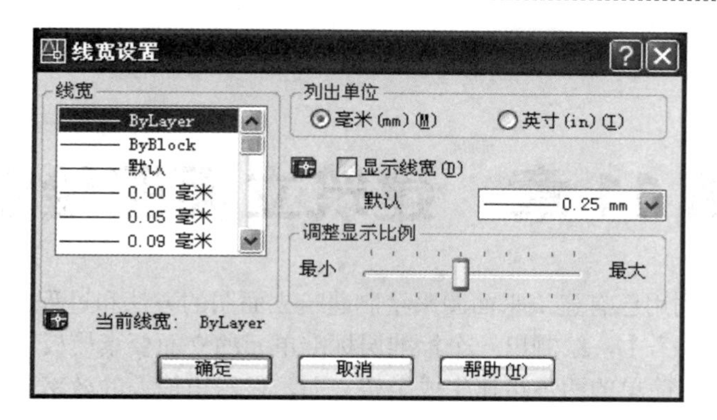

图 10-77 【线宽设置】对话框

本部分操作请参考学习素材中的教学演示文件“教学演示\第 10 章\10.10 后期参数设置”。

第 11 章　建筑立面图绘制

本章将介绍如何利用已有建筑平面图来绘制建筑立面图的方法和过程。前期仍以“直线”“修剪”等绘制和编辑命令为主，绘制出一个标准层标准单元的立面要素模板。中期时采用“镜像”和“阵列”两个命令，简单的两步迅速生成全楼立面，显示出惊人的效率。后期使用“文字”和“图形填充”命令补充立面信息。

11.1 准备工作

（1）新建图形文件

单击按钮，或选择下拉菜单【文件】/【新建】命令，新建一个图形文件。然后单击按钮，在弹出的【图形另存为】对话框中输入“文件名”为“立面图”。

（2）插入“平面图”

单击按钮，或选择下拉菜单【插入】/【块】命令，弹出如图 11-1 所示的【插入】对话框。单击 浏览(B)... 按钮，在弹出的【选择图形文件】对话框中选择上一章所绘制的“平面图”文件名。

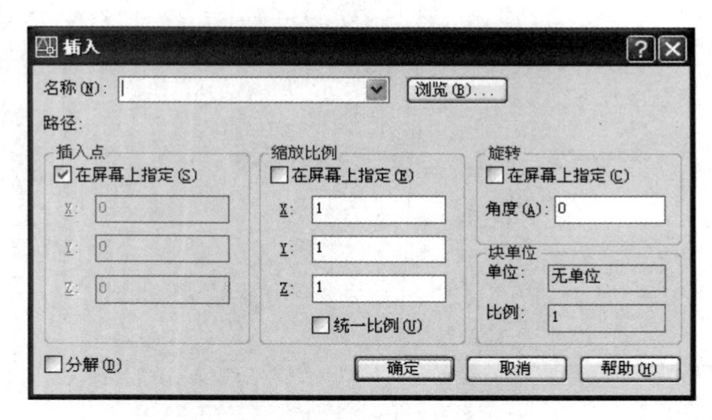

图 11-1 【插入】对话框

插入的图形是一个外部图块，执行“分解”命令将图块分解。

（3）新建“标高”图层

在插入“平面图”图块后，该图形所具有的“图层”“文字样式”“标注样式”同时被复制到当前的“立面图”文件中。

单击按钮，在弹出的【图层特性管理器】对话框中，新建“标高”“立面门窗”“屋顶”图层。

（4）制作“标高”图块

设置“标高”为当前图层。

按 6.2.4 小节所讲述的方法，创建一个名称为“标高”的带属性图块。其中三角形高度等于“300”。

（5）绘制水平辅助线

① 将“0”图层设置为当前图层。

② 为了使图面更加清晰，将除“墙线”“阳台”图层外的所有图层设置为“关”状态。

③ 执行“直线”命令绘制一条水平直线，将该直线向下偏移“900”，向上偏移“1500”，形成三条水平辅助线，如图11-2所示。

④ 调整视图窗口，如图11-3所示。

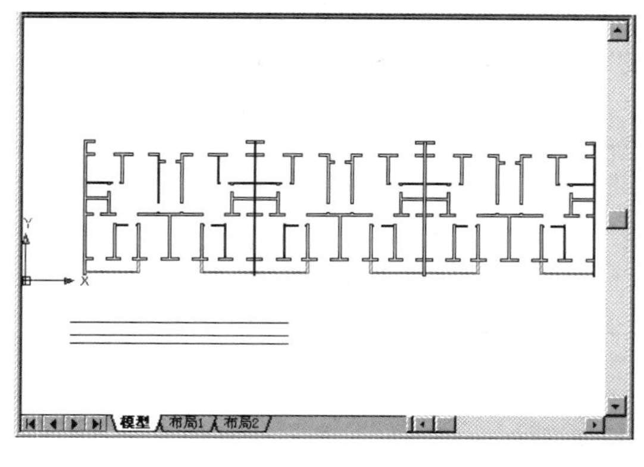

图11-2　绘制水平辅助线

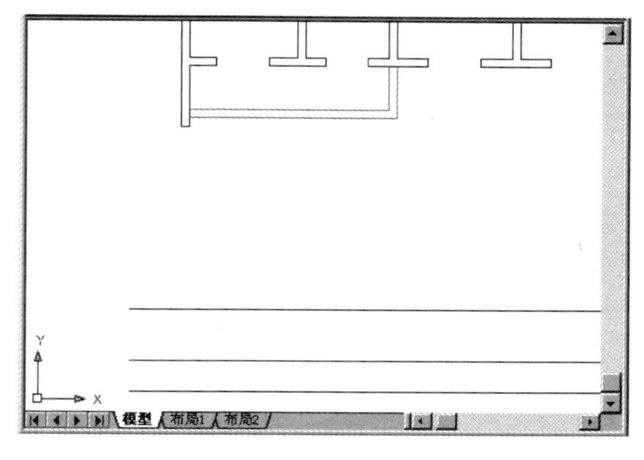

图11-3　放大视图

（6）绘制竖向辅助线

① 执行“直线”命令，分别捕捉平面图外墙上的门窗洞口的端点，绘制竖向辅助线，如图11-4所示。

② 执行“修剪”命令，修剪多余线段，形成门窗轮廓线，如图11-5所示。

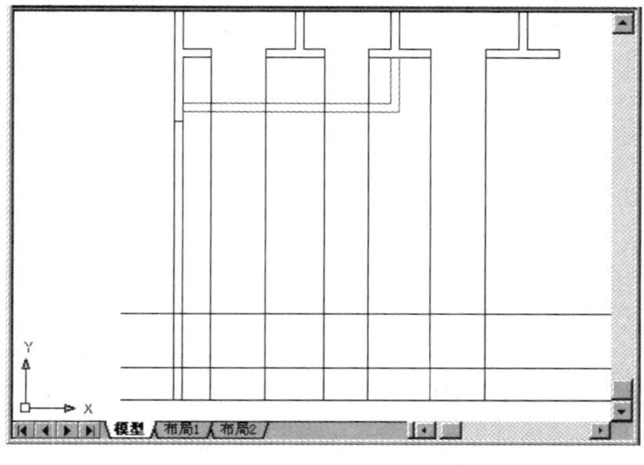

图11-4　绘制竖向辅助线

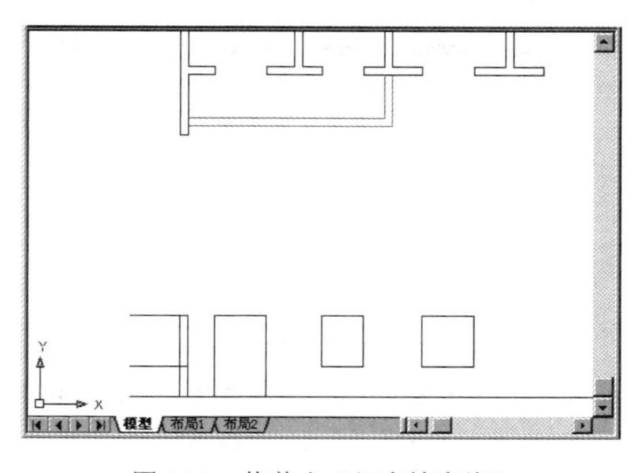

图11-5　修剪出“门窗轮廓线”

本部分操作请参考学习素材中的教学演示文件“教学演示\第11章\11.1准备工作”。

11.2 绘制门窗

（1）转换图层

① 先选择门窗轮廓线，再单击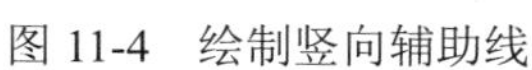

的右侧按钮，在弹出的下拉列

表框中选择“立面门窗”图层，将所选图形由“0”图层转换到“立面门窗”图层。

② 重复上述操作，将突出的墙垛投影线转换为“墙线”图层。

③ 单击“图层列表”，选择“立面门窗”图层，将“立面门窗”图层设置为当前图层。

（2）绘制门窗

① 执行“直线”命令，捕捉水平线的中点，绘制一条竖线，如图 11-6（a）所示。

② 执行“矩形”命令，先绘制一个矩形，如图 11-6（b）所示。

③ 执行“直线”命令，在矩形内部绘制两条短斜线，作为玻璃示意线，如图 11-6（c）所示。

④ 执行“镜像”命令，将“矩形与玻璃示意线”镜像，结果如图 11-6（d）所示。

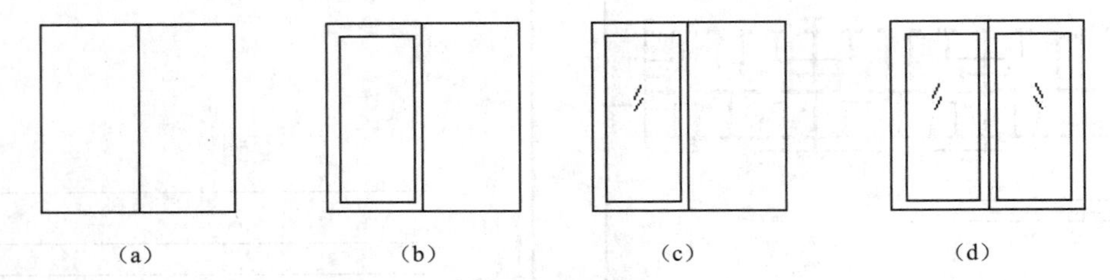

图 11-6 立面窗绘制流程

绘制其他门窗，结果如图 11-7 所示。

本部分操作请参考学习素材中的教学演示文件“教学演示\第 11 章\11.2 绘制立面窗”。

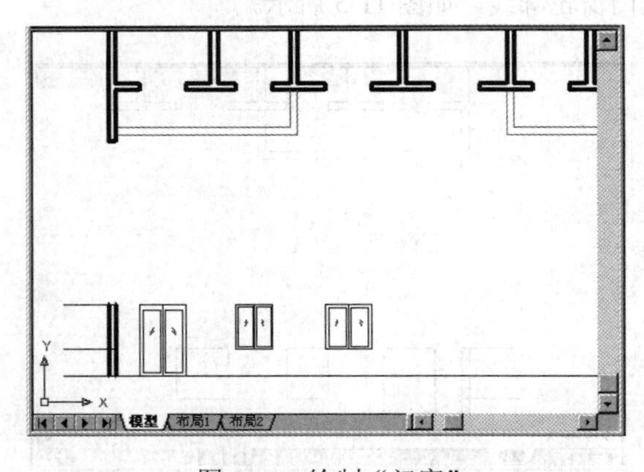

图 11-7 绘制“门窗”

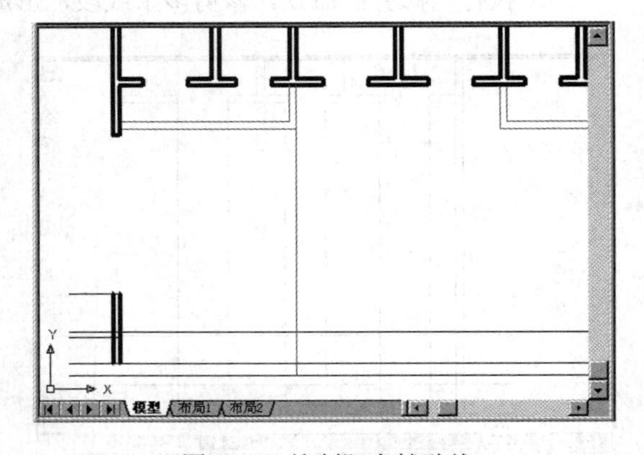

图 11-8 绘制阳台辅助线

11.3 绘制阳台

（1）图层设置

① 设置“阳台”图层为当前图层。

② 设置“立面门窗”图层为“关”状态。

（2）绘制阳台

① 将最下面的水平辅助线，分别向上偏移“1100”、向下偏移“400”。

② 执行“直线”命令，捕捉平面图中阳台的右端点，绘制竖向辅助线，如图 11-8 所示。

③ 执行“延伸”命令，将“墙线”向下延伸“400”。采用“夹点编辑法”，将“墙线”向上延伸“200”。

④ 将右侧竖向辅助线向左偏移“100”。

⑤ 执行“修剪”命令，编辑结果如图 11-9 所示。

⑥ 用户可根据阳台立面要求，绘制阳台图案（见图 11-10）。

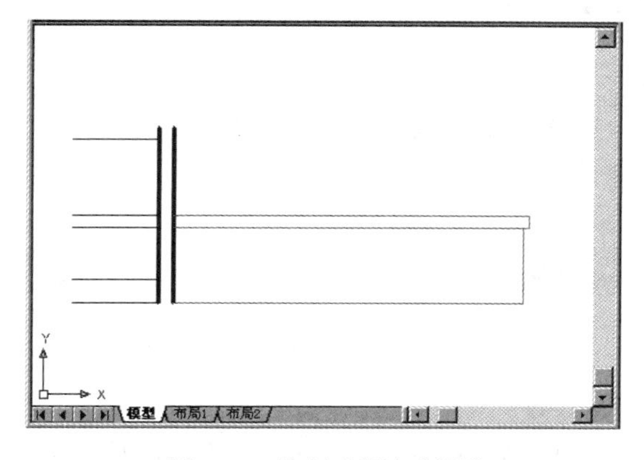

图 11-9　绘制“阳台立面”

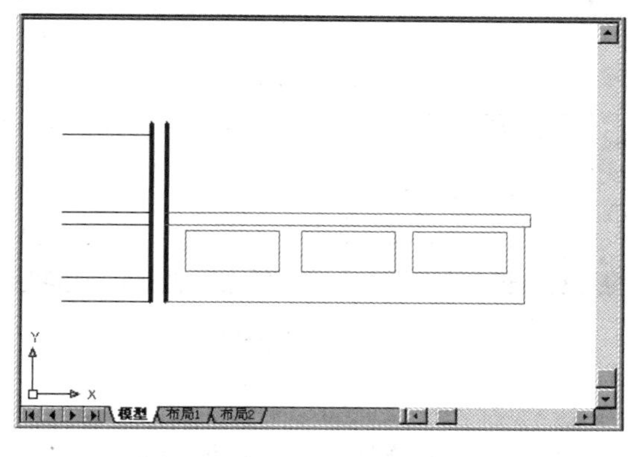

图 11-10　绘制阳台栏板图案

（3）绘制立面门窗

本例设计成实心栏板，如图 11-9 所示。

① 设置“立面门窗”图层为“开”状态，显示结果如图 11-11 所示。

② 执行“修剪”命令，修剪掉被阳台栏板所遮挡住的“门窗线”，修剪结果如图 11-12 所示。

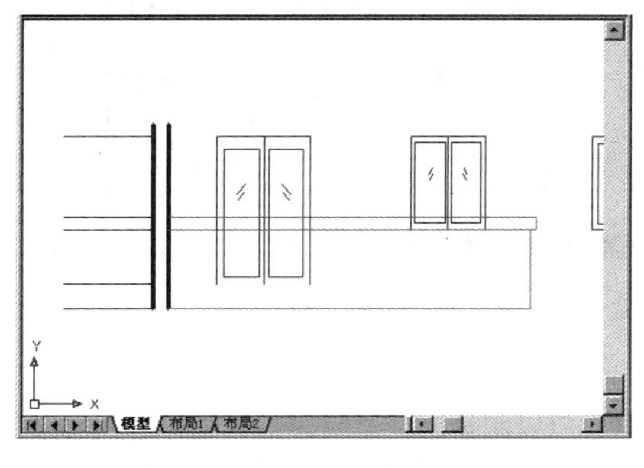

图 11-11　显示“立面门窗”

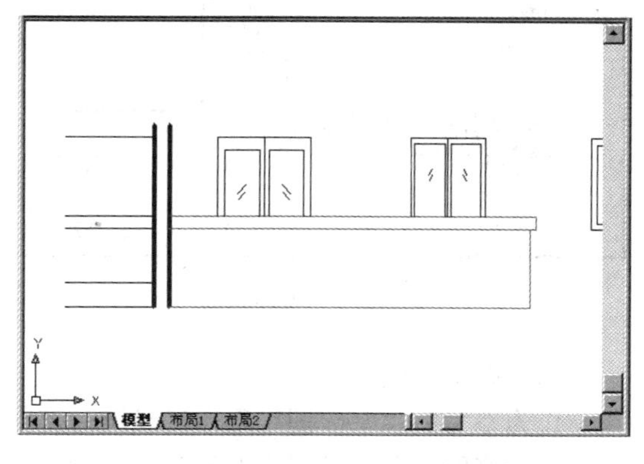

图 11-12　修剪“立面门窗”

本部分操作请参考学习素材中的教学演示文件“教学演示\第 11 章\11.3 绘制阳台”。

11.4 生成立面图

（1）图层设置

① 设置“0”图层为“关”状态。

② 设置“轴线”图层为“开”状态，调整视图如图 11-13 所示。

（2）镜像生成单元立面

执行“镜像”命令，选择所绘制立面图形，以分户轴线为镜像轴，镜像结果如图 11-14 所示。

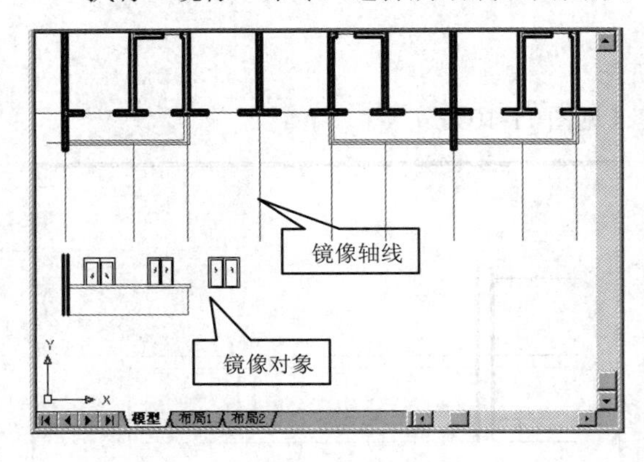

图 11-13 调整视图

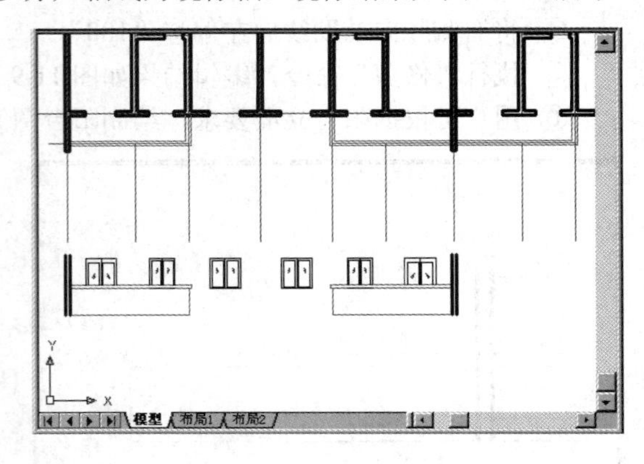

图 11-14 镜像生成单元立面

（3）阵列生成立面

执行“经典阵列 arrayclassic”命令，选择镜像生成的单元立面图形为阵列对象，阵列参数如图 11-15 所示。阵列效果如图 11-16 所示。

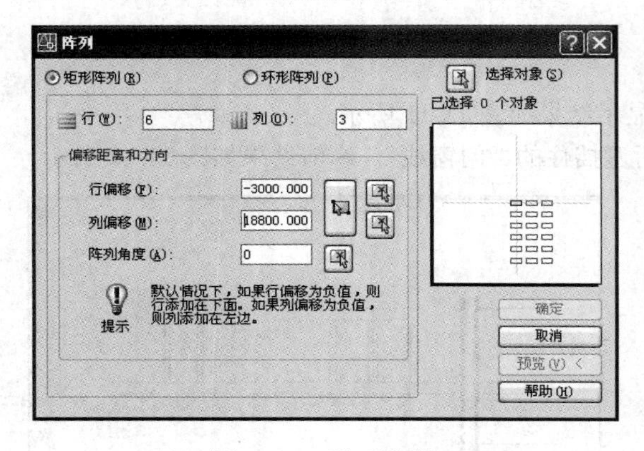

图 11-15 阵列参数

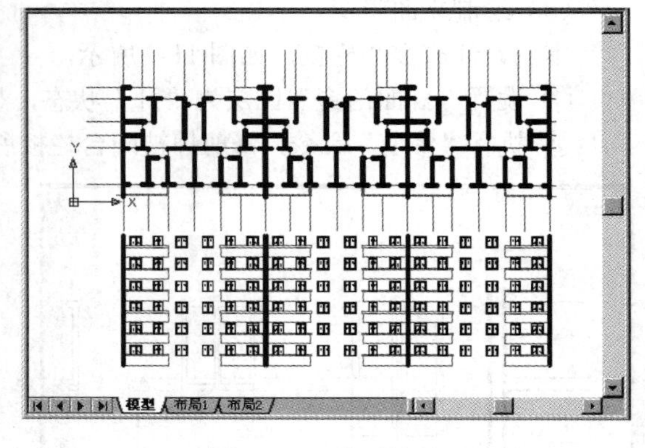

图 11-16 阵列效果

（4）删除平面图

作为参考的“平面图”现在已经没有存在的意义，可以删除掉。

首先将所有图层设置为“开”状态，如图 11-17 所示。除只保留两端山墙处的轴线及其编号，删除平面图中的其它图形对象（见图 11-18）。

然后，执行“移动”命令，将“山墙轴线及其编号”向下移动，如图 11-19 所示。

（5）绘制室外地坪线

① 执行“多段线”命令，设置“线宽”为“100”，捕捉山墙端点，绘制室外地坪线。

② 向下移动“200”，并向外拉伸室外地坪线，如图 11-20 所示。

（6）绘制屋顶

将“屋顶”图层设置为当前图层，绘制屋顶如图 11-21 所示。

（7）标注标高

在原水平辅助线处插入“标高”图块。插入时，根据提示输入当前的标高值。标注后的结果如图 11-22 所示。

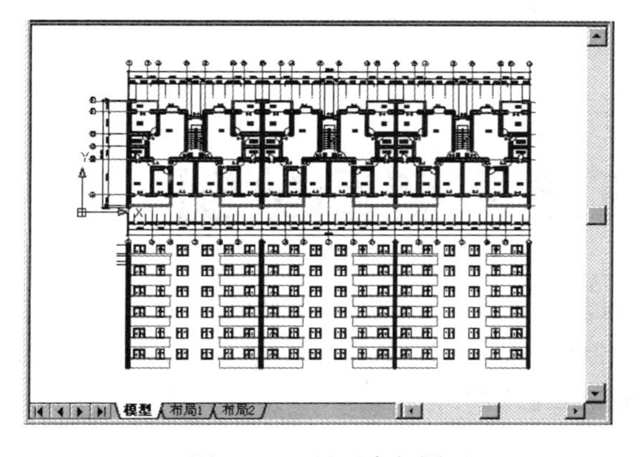

图 11-17　显示全部图形

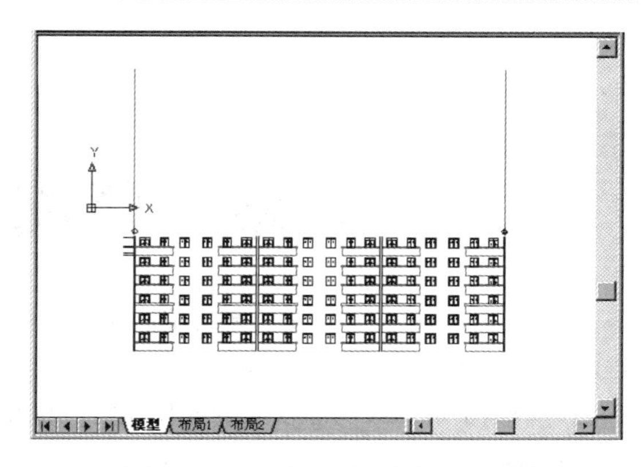

图 11-18　删除平面图中的图形对象

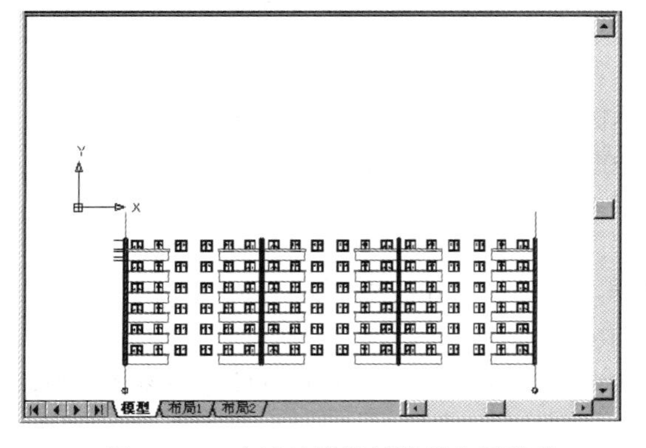

图 11-19　山墙轴线及其编号向下移动

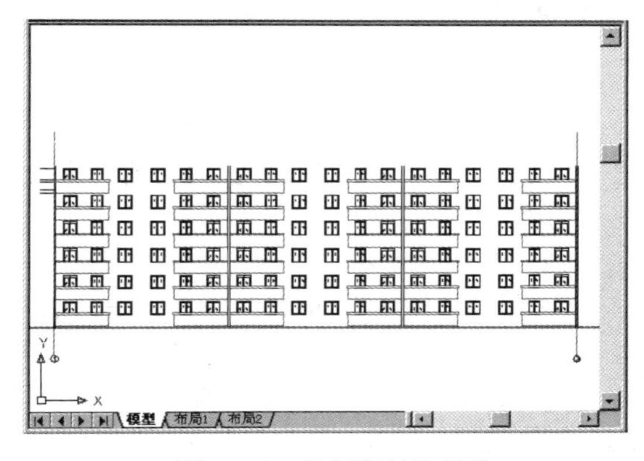

图 11-20　绘制室外地坪线

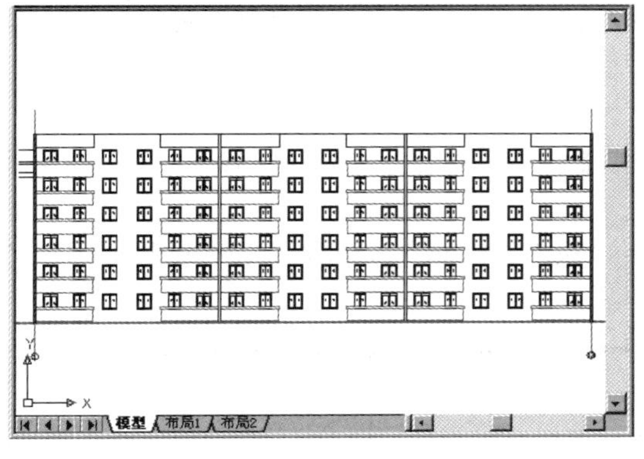

图 11-21　绘制屋顶

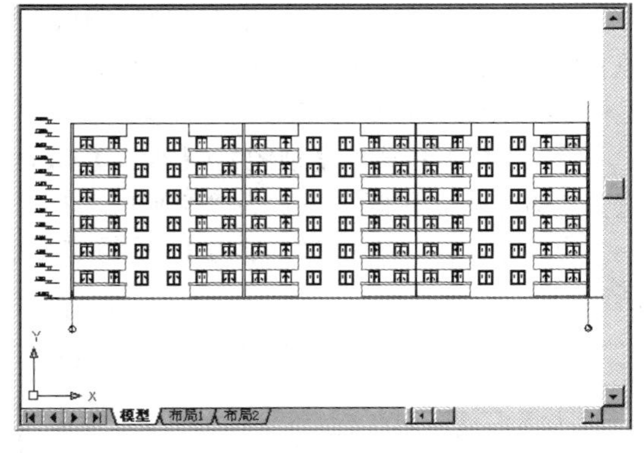

图 11-22　标注标高

可以先绘制一个标注符号及标高文字，然后以此为样板，阵列生成六个楼层的标高，再分别修改标高数值。

（8）清理

执行“清理 PURGE”命令，在弹出的对话框中单击 全部清理(A) 按钮，将不使用的图层、图块等图形对象清理掉，减少图形文件所占用的磁盘空间。

本部分操作请参考学习素材中的教学演示文件“教学演示\第 11 章\11.4 生成立面图”。

第 12 章　建筑三维模型图绘制

本章以第 10 章所绘制的建筑平面图为模板，以第 7 章的“边界”“实体拉伸”“长方体”“三维阵列”“视口设置”五个主要的三维命令为主，绘制出三维房屋建筑模型。通过本章的学习，初学者可基本了解三维房屋模型的操作流程，树立掌握三维绘图的信心。

12.1 准备工作

（1）文件操作

① 单击按钮，打开学习素材中的文件“\示例文件\第 12 章\户单元平面图”。

② 选择下拉菜单【文件】/【另存为】命令，在弹出的【图形另存为】对话框中输入“文件名”为“三维模型图”。

（2）图形清理

① 设置“轴线”“墙线”“阳台”三个图层为“关”状态，其他图层为“开”状态。

② 删除可显示的图形对象，并执行“清理 PURGE”命令。

③ 设置“轴线”“墙线”“阳台”三个图层为“开”状态，只保留最左侧单元为参考图形，删除其他墙线、轴线、阳台，如图 12-1 所示。

（3）新建图层

新建“3D 墙线”“3D 门窗”“3D 阳台”“3D 楼板”四个图层，线型均为“Continuous”，颜色自定，但最好与平面图的对应图层颜色区分开。

（4）设置“视口方案”

① 选择下拉菜单【视图】/【视口】/【两个视口】命令，在提示信息下，输入“V”选择垂直分割方案。绘图区被设置为“两视口”布局方案。

② 切换至“右视口”，单击【视图】工具栏上的“东南等轴测”按钮，设置结果如图 12-2 所示。

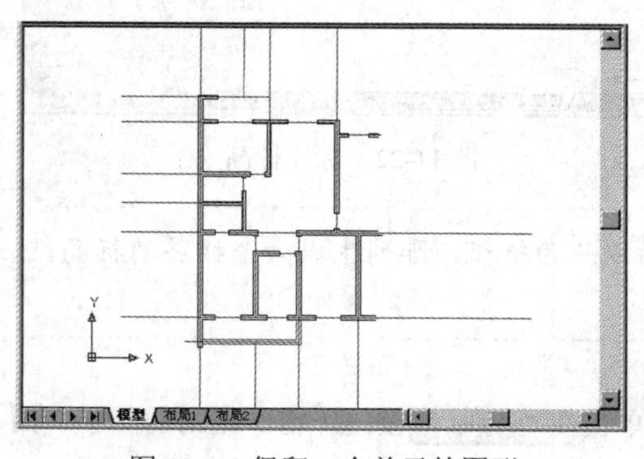

图 12-1　保留一个单元的图形

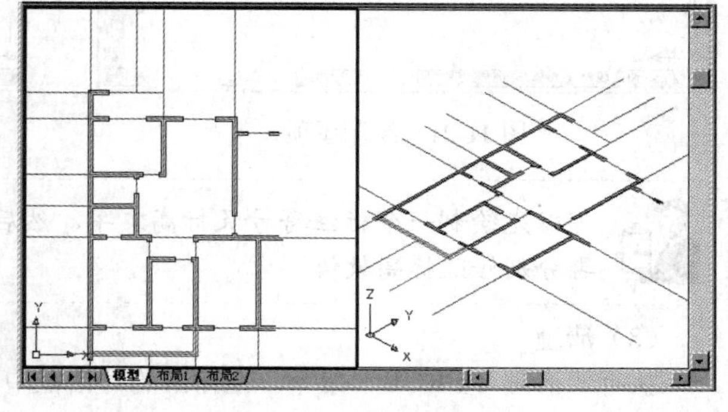

图 12-2　“两视口”布局设置

本部分操作请参考学习素材中的教学演示文件“教学演示/第 12 章/12.1 准备工作”。

12.2 绘制三维墙体

（1）图层设置

① 设置“轴线”“阳台”图层为“关”状态。

② 设置“3D 墙线”为当前图层。

③ 单击左视口，设置为当前视口（即下步操作视口），如图 12-3 所示。

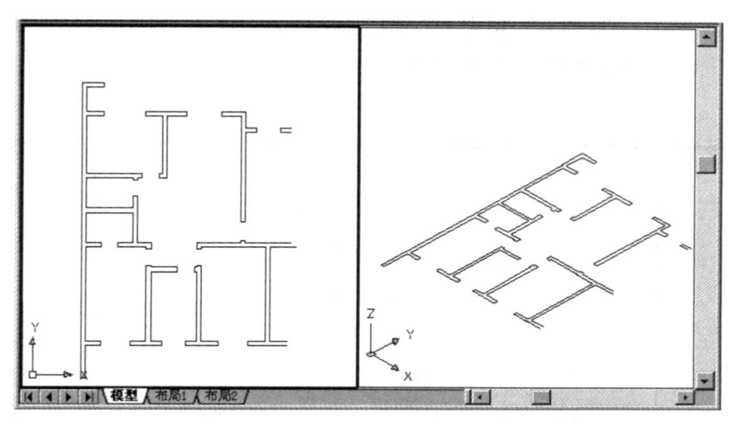

图 12-3　图层设置

（2）生成三维墙体拉伸对象

在命令行输入“BO↙”执行“边界”命令，弹出如图 6-24 所示的【边界创建】对话框。单击“拾取点”按钮，在左视口的图形中分别单击各墙段所围区域的内部，形成多个“封闭且独立”的多段线。这些多段线就是下一步进行拉伸的对象。

设置“墙线”图层为“关”状态。

Extrude 拉伸命令对开放曲线可创建曲面，对闭合曲线可创建实体。平面图中的墙线为开放直线，所以需要用“边界”命令生成“闭合”的多段线后，才能拉伸出墙实体。

（3）拉伸生成墙体

单击【建模】工具栏上的“拉伸”按钮，执行“拉伸”命令。选择左视口中的“墙段 1”，按 Enter 键后设置“拉伸高度”为“3000”，“倾斜角度”为“0”。拉伸结果如图 12-4 所示，图中右视口是执行了“消隐 HIDE”命令后的显示效果。

图 12-5 是拉伸所有墙体后的效果。

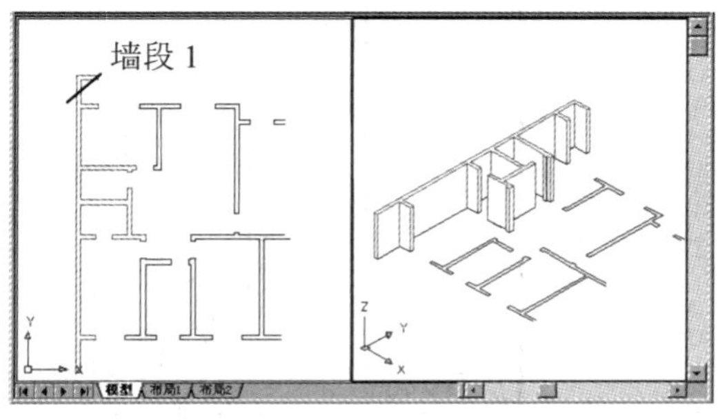

图 12-4　拉伸墙段 1

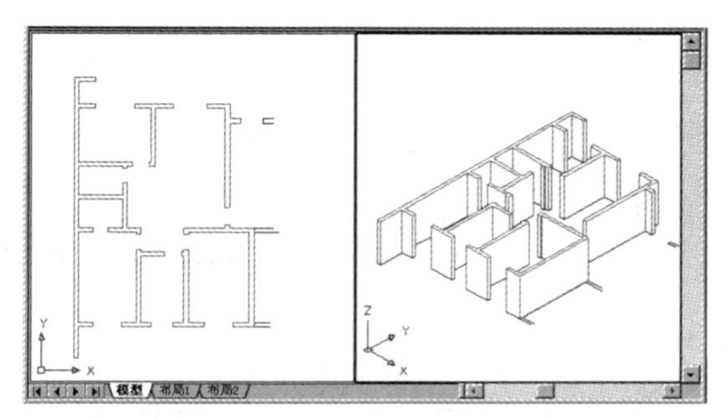

图 12-5　拉伸所有墙体后的效果

(4）只生成外墙的三维模型

工程实际应用中的房屋建筑模型，只需要表达出外墙及其上的门窗、阳台等对象的信息，而不用生成内部墙体的三维模型。这样生成的模型，绘图处理速度快，占用磁盘空间小。

具体操作步骤如下。

① 按第（1）项操作进行图层设置。

② 执行“直线”命令，在内墙与外墙相交处绘制一条“垂直于内墙的线段”。

③ 按第（2）项操作，执行“边界”命令，只生成外墙多段线。

④ 设置“墙线”图层为“关”状态，如图12-6只显示属于“3D墙线”的墙线。

⑤ 执行“拉伸”命令，“拉伸高度”为“3000”，“倾斜角度”为“0”，生成三维墙体，如图12-7所示。

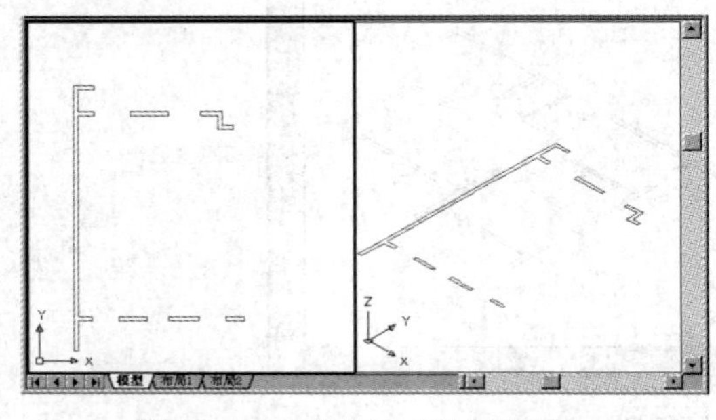

图12-6　生成外墙“边界”对象

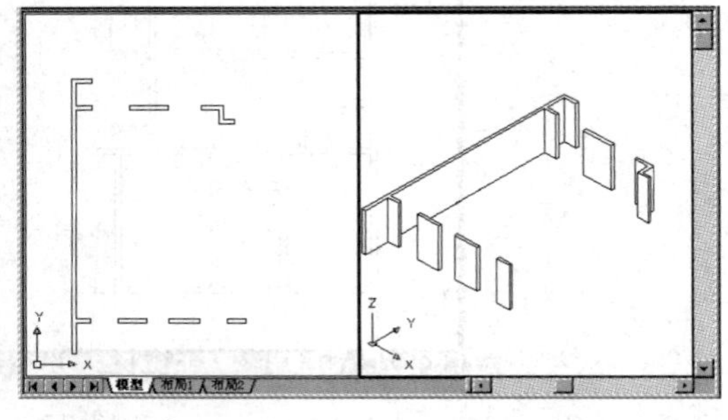

图12-7　拉伸外墙段

(5）绘制窗下墙和窗上墙

以A轴线的“C-2”窗为例。选取右视口设置为当前视口，具体操作步骤如下。

① 绘制窗上墙。单击【建模】工具栏的“长方体”按钮，执行“长方体”命令，捕捉洞口两侧墙体的两个对角端点A、B[见图12-8（a）]，输入“高度”为“900”。绘制结果如图12-8（b）所示。

② 绘制窗上墙。再次执行“长方体”命令，捕捉对角端点C、D，“高度”为“−600”，结果如图12-9所示。

重复上述操作，绘制其他门窗洞口的墙体，绘制结果如图12-10所示。

本部分操作请参考学习素材中的教学演示文件“教学演示/第12章/12.2绘制三维墙体”。

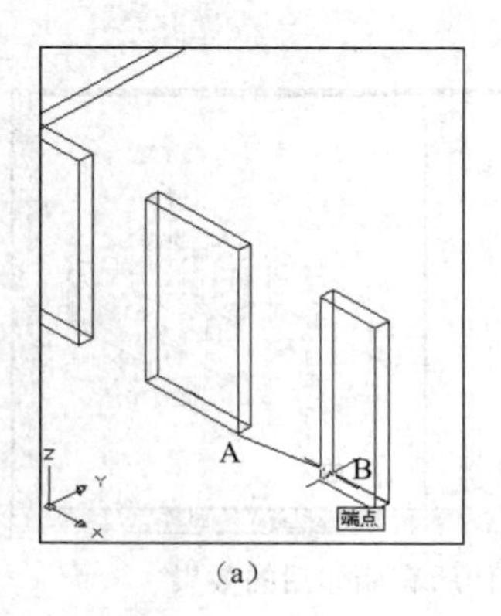

(a)

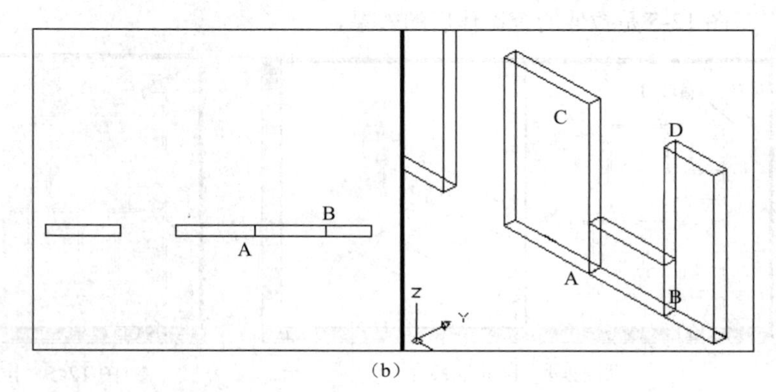

(b)

图12-8　绘制窗下墙

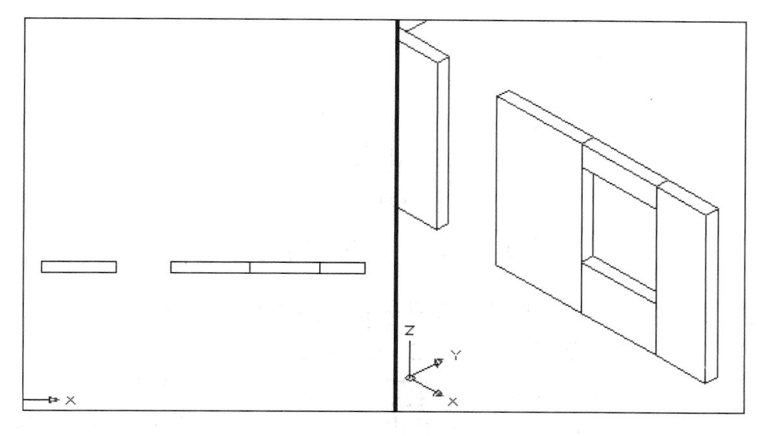

图 12-9 绘制窗上墙（消隐）

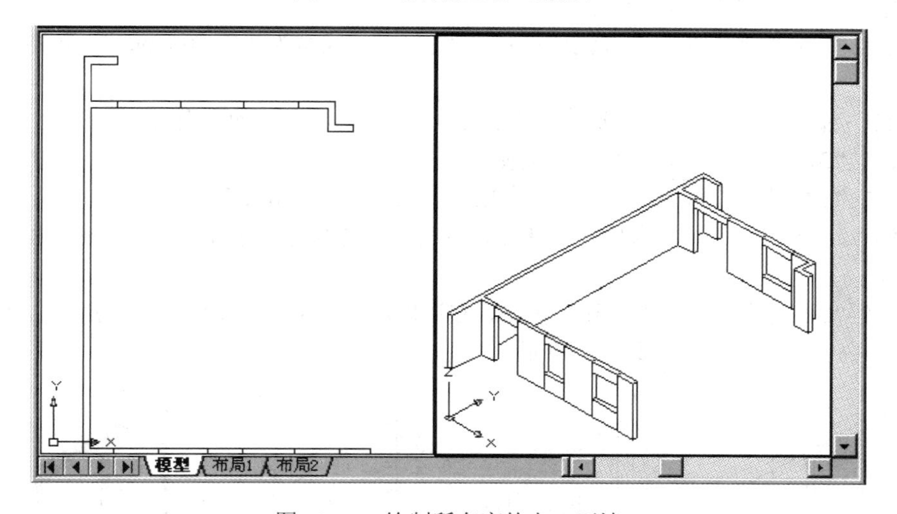

图 12-10 绘制所有窗的上、下墙

12.3 绘制门窗

（1）图层设置

① 设置“3D 门窗”为当前图层。

② 单击左视口，设置为当前视口。

③ 单击按钮，将左视口设置为“前视图”。

（2）绘制二维门窗

具体操作步骤如下。

① 绘制一个“1000×1000”的正方形，如图 12-11（a）所示。

② 向内偏移“50”，生成一个内正方形，如图 12-11（b）所示。

③ 绘制一个“420×900”的矩形，如图 12-11（c）所示。

④ 删除一个内矩形，如图 12-11（d）所示。

⑤ 镜像矩形，如图 12-11（e）所示。

（3）布尔运算生成三维窗

左视口为当前视口，具体操作步骤如下。

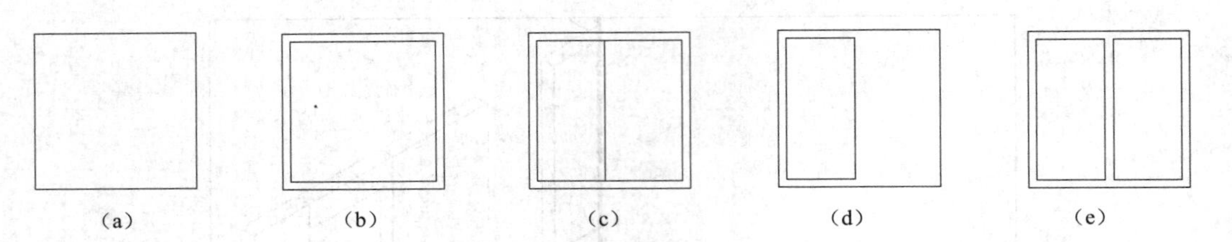

图 12-11　平面窗绘制流程

① 单击【建模】工具栏上的“拉伸”按钮，执行“拉伸”命令。选择三个矩形，设置“拉伸高度”为“80”，右视口消隐效果如图 12-12（a）所示。

② 单击【建模】工具栏的“差集”按钮，执行“布尔差运算”命令。首先选择外部的正方形作为“被减实体”，按 Enter 键后，再选择内部的两个小矩形作为“减去实体”。命令结束后，右视口消隐效果如图 12-12（b）所示。

③ 新建“3D 玻璃”图层，颜色可设置为“青色”，线型为“Continuous”，并将其设置为当前图层。

④ 执行“矩形”命令，在左视口中绘制与原内部矩形一样的两个矩形。

⑤ 设置“3D 门窗”图层为“关”状态。

⑥ 单击“拉伸”按钮，选择这两个矩形，设置“拉伸高度”为“20”。

⑦ 执行“移动”命令，在窗口中任意位置单击以确定基点，然后在命令行输入相对坐标“@0，0，40”。

⑧ 设置“3D 门窗”图层为“开”状态。右视口消隐效果如图 12-12（c）所示。执行“着色 SHADE”命令后效果如图 12-12（d）所示。

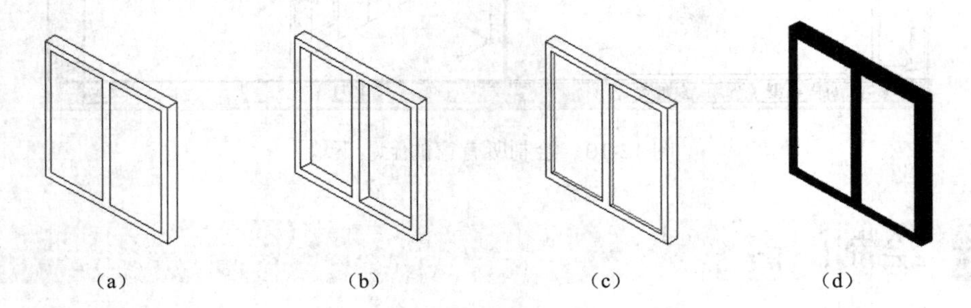

图 12-12　右视口三维窗显示效果

⑨ 在命令行输入“B”，执行“定义块”命令，将三维窗制作成名称为“3D 窗”的图块，选择三维窗的“前面板的左下角点”作为插入基点。

（4）插入“3D 窗”图块

以插入 C-2 窗为例，具体操作步骤如下。

① 单击右视口，设置为当前视口。

② 在命令行输入“I”，执行“插入块”命令。在弹出的对话框中选择“3D 窗”图块，设置“缩放比例”区域的比例因子为“X”为“1.5”，“Y”为“1.0”，“Z”为“1.5”。在图形窗口中选择窗洞口的左下角点[见图 12-13（a）]。插入结果如图 12-13（b）所示。

③ 执行“移动”命令，点选“3D 窗”图块为移动对象。在右视口中任意位置单击以确定基点，在正交状态下向右移动鼠标，指定移动方向[见图 12-13（c）]，在命令行输入移动距离“80”，移动结果如图 12-13（d）所示。

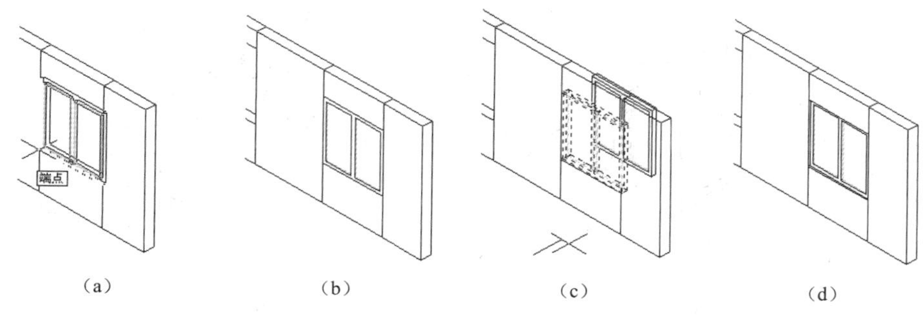

图 12-13　三维窗的插入和移动

在右视口中插入“C-3”窗时，在对话框中设置“缩放比例”区域内的“比例因子”为“X”为“1.2”，“Y”为“1.0”，“Z”为“1.5”。

本部分操作请参考学习素材中的教学演示文件“教学演示/第 12 章/12.3 绘制门窗”。

12.4 绘制阳台

阳台绘制包含三个内容，即扶手、栏板、阳台楼板。

（1）绘制阳台栏板的扶手

具体操作步骤如下。

① 设置“阳台”图层为“开”状态。设置“3D 阳台”图层为当前图层。调整视窗如图 12-14 所示，并设置左视口为当前视口。

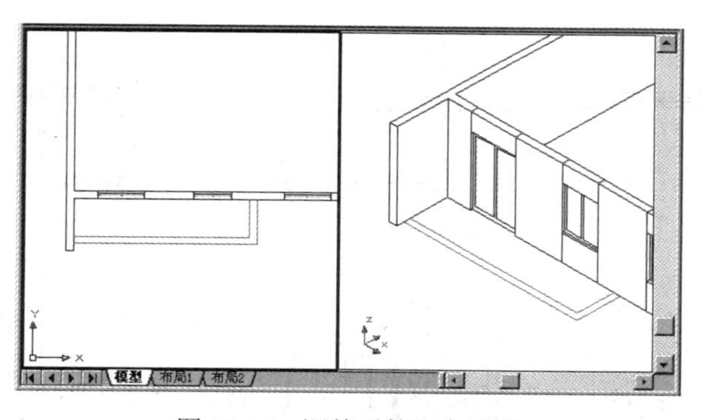

图 12-14　调整后的阳台视图

② 在命令行输入“BO”，执行“边界”命令，在阳台线内部任意一处单击，生成扶手拉伸对象。

③ 单击【建模】工具栏上的“拉伸”按钮，执行“拉伸”命令。选择刚生成的扶手对象，设置“拉伸高度”为“100”，右视口拉伸结果如图 12-15（a）所示。

④ 单击【修改】工具栏上的按钮，执行“移动”命令。点选拉伸后的扶手，在左视口中任意一处单击，确定基点，在命令行输入相对坐标“@0,0,1000”，向上移动 1000。移动结果如图 12-15（b）所示。

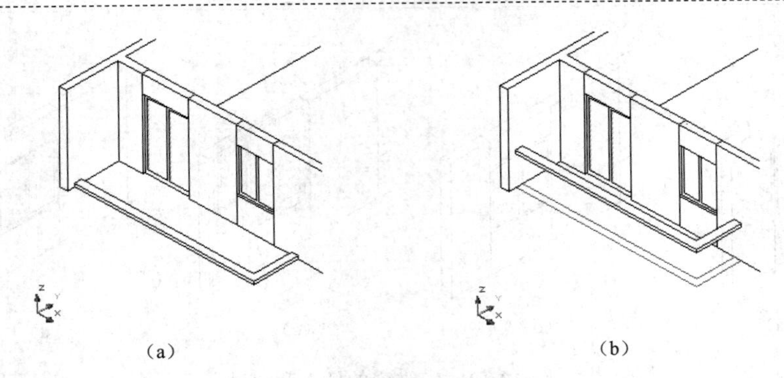

(a) (b)

图 12-15 阳台扶手绘制流程

(2)绘制阳台栏板

具体操作步骤如下。

① 设置“0”图层为当前图层,再设置“3D 阳台”“阳台”图层为“关”状态,“轴线” 图层为“开”状态。左视口显示如图 12-16(a)所示。

② 在命令行输入“ML”,执行“多线”命令,设置“线宽比例”为“120”“对正”为“无”,捕捉轴线交点,绘制阳台栏板。左视口显示如图 12-16(b)所示。

③ 设置“轴线”图层为“关”状态,“3D 阳台”图层为“开”状态,并设置“3D 阳台”图层为当前图层。左视口显示如图 12-16(c)所示。

④ 在命令行输入“BO”,执行“边界”命令,在栏板线内部单击鼠标,生成栏板拉伸对象。右视口显示结果如图 12-16(d)所示。

⑤ 单击【建模】工具栏上的按钮,执行“拉伸”命令。点选刚生成的栏板对象,设置“拉伸高度”为“1300”,右视口拉伸结果如图 12-16(e)所示。

⑥ 单击【修改】工具栏上的按钮,执行“移动”命令。点选拉伸后的栏板,在左视口中任意一处单击,确定基点,在命令行输入相对坐标“@0,0,-400”,向下移动 400。移动结果如图 12-16(f)所示。

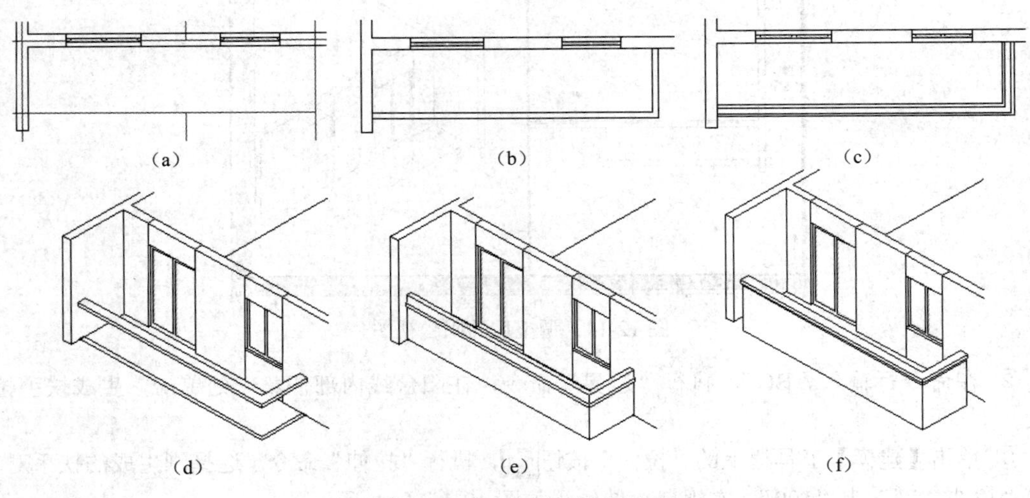

(a) (b) (c)

(d) (e) (f)

图 12-16 阳台栏板绘制流程

(3)绘制阳台楼板

具体操作步骤如下。

① 设置“阳台”图层为“开”状态。设置“3D 楼板”图层为当前图层。调整视窗如图 12-14 所示，并设置左视口为当前视口。

② 在命令行输入“BO”，执行“边界”命令，在阳台线与墙线围成的区域内部任意一处单击，生成“阳台楼板”拉伸对象。然后设置“阳台”图层为“关”状态，右视口显示如图 12-17（a）所示。

③ 单击【建模】工具栏上的按钮，执行“拉伸”命令。选择刚生成的“阳台楼板”对象，设置“拉伸高度”为“–100”，右视口拉伸结果如图 12-17（b）所示。

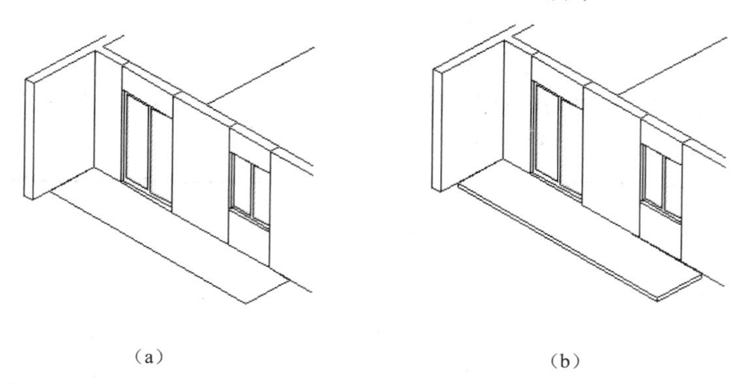

（a）　　（b）

图 12-17　阳台楼板绘制流程

本部分操作请参考学习素材中的教学演示文件“教学演示/第 12 章/12.4 绘制阳台”。

12.5 组装全楼

（1）图层设置

① 设置所有 3D 图层为“开”状态。

② 设置“轴线”图层为“开”状态。显示结果如图 12-18 所示。

（2）镜像生成单元三维模型

① 设置左视口为当前视口。

② 单击【修改】工具栏上的按钮，执行“镜像” 命令。选择所有三维对象，镜像结果如图 12-19 所示。

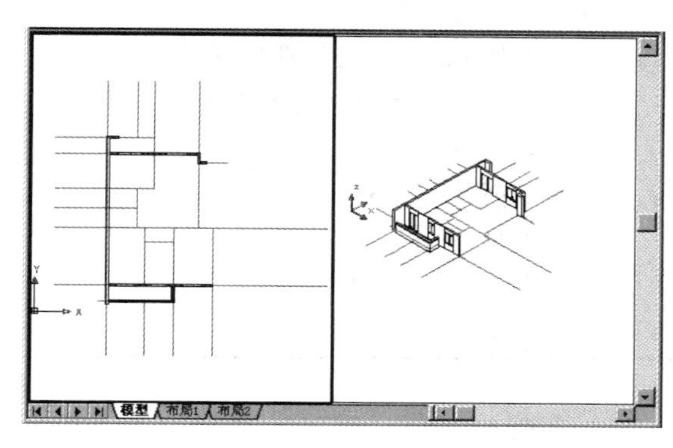

图 12-18　图层设置

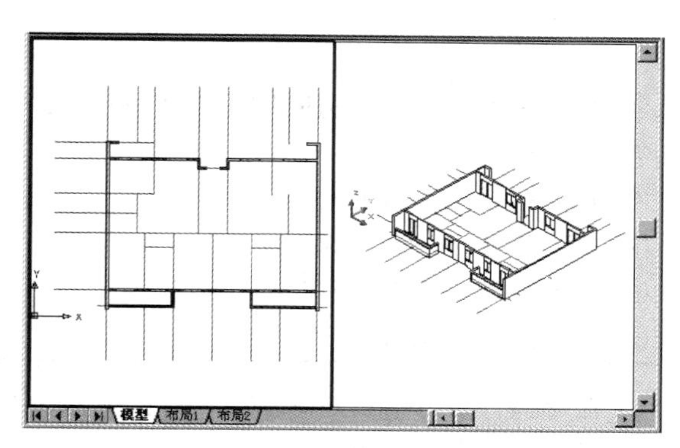

图 12-19　镜像生成单元三维模型

（3）生成室内楼板

操作均在左视口内完成。

① 设置“3D墙线”图层为当前图层，在楼梯间的窗洞口处补充绘制墙体。

② 设置“轴线”图层为“关”状态。设置“3D楼板”图层为当前图层。

③ 在命令行输入“BO”，执行“边界”命令。在墙线围成的区域内部任意一处单击，生成“室内楼板”拉伸对象（见图12-20）。

④ 单击【建模】工具栏上的“拉伸”按钮，执行“拉伸”命令。单击山墙内侧，可选择刚生成的“室内楼板”为拉伸对象，设置“拉伸高度”为“–100”。

⑤ 单击【修改】工具栏上的按钮，执行“移动”命令。单击山墙内侧，选择“室内楼板”模型，在视口中任意位置单击鼠标以确定基点，然后在命令行输入相对坐标“@0,0,3000”，向上移动3000，将楼板移动到屋顶，移动结果如图12-21所示。

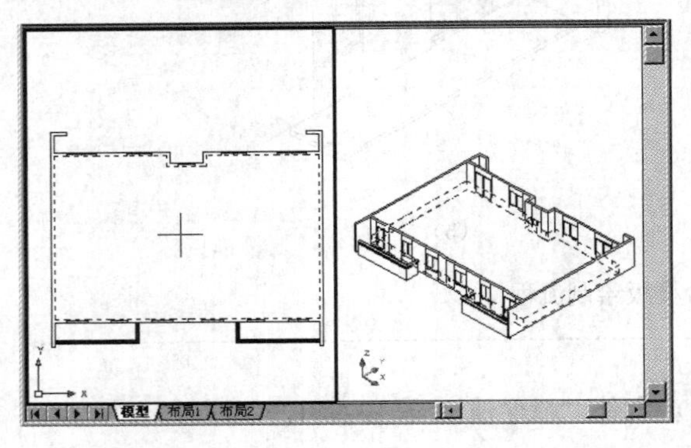

图12-20 生成“室内楼板”拉伸对象

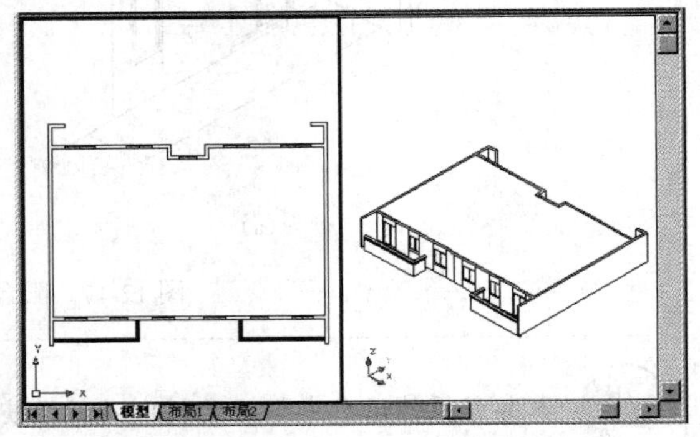

图12-21 移动“室内楼板”结果

⑥ 同理，可选择“阳台楼板”，将其向上移动“3000”。

只设置“3D楼板”为“开”状态时，选择移动楼板会更加容易和方便。

（4）三维阵列生成

选择下拉菜单【修改】/【三维操作】/【三维阵列】命令，操作步骤如下。

命令操作过程	操作说明
① 命令: 3DARRAY↙	启动命令
② 选择对象:	窗选三维对象
③ 选择对象: ↙	按Enter键结束选择状态
④ 输入阵列类型 [矩形(R)/环形(P)] <矩形>:↙	选择“矩形阵列方式”
⑤ 输入行数 (---) <1>:↙	行数=1
⑥ 输入列数 (|||) <1>: 3↙	列数=3
⑦ 输入层数 (...) <1>: 6↙	层数=6
⑧ 指定列间距 (|||): 18800↙	列间距=18800
⑨ 指定层间距 (...): 3000↙	层间距=3000

命令执行后，结果如图12-22所示。

（5）绘制女儿墙和室内外高差墙体

具体操作步骤如下。

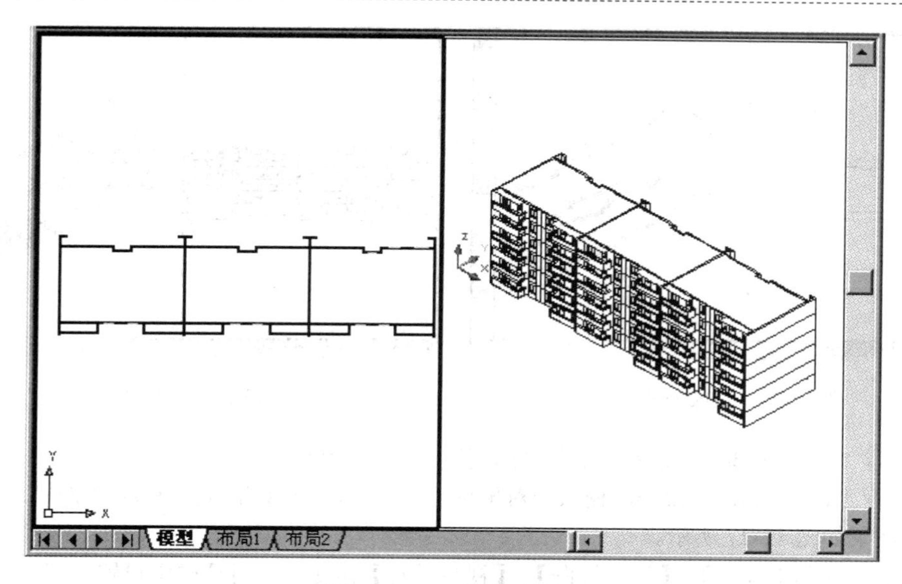

图 12-22　三维阵列结果

① 新建“女儿墙”图层，并设置为当前图层。

② 将除“女儿墙”“轴线”图层外的所有图层设置为“关”状态。

③ 在命令行输入“thickness”，设置三维实体的厚度为“1000”。

④ 单击【绘图】工具栏上的按钮，执行“多段线”命令。设置“线宽”为“240”，捕捉轴线交点，绘制一个单元的外墙。绘制完成后，生成一段高度为“1000”的外墙，结果如图 12-23 所示。

⑤ 镜像、复制生成全楼层的外墙，如图 12-24 所示。

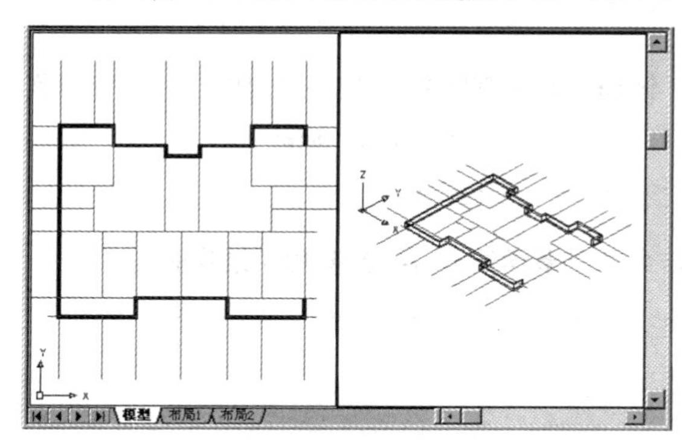

图 12-23　绘制单元外墙

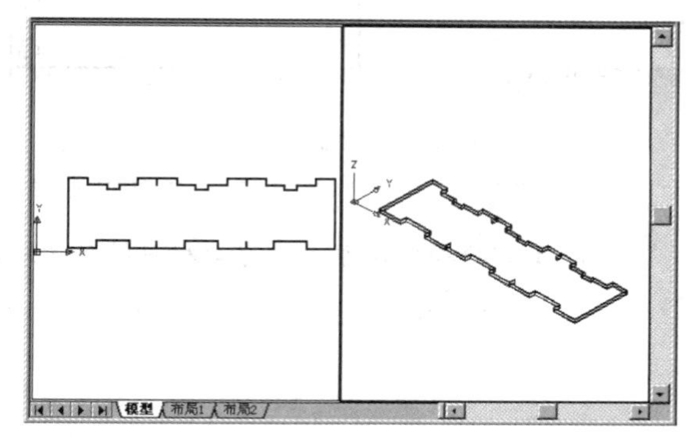

图 12-24　生成全部外墙

⑥ 所绘墙体处于 0 平面处，所以将所绘墙体向上复制“18000”，成为女儿墙。

⑦ 将所有外墙向下移动“1000”，成为室内外高差段的外墙，如图 12-25 所示。

⑧ 将所有 3D 图层设置为“开”状态，并将左视口设置为“主视图”，显示结果如图 12-26 所示。

（6）绘制室外地面

具体操作步骤如下。

① 新建“地面”图层，并设置为当前图层。

② 调整视口使比例尽可能大。设置左视口为当前视口。

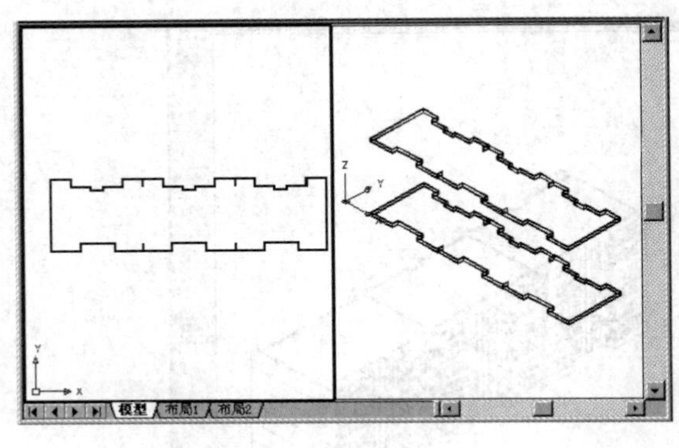

图 12-25 生成外墙

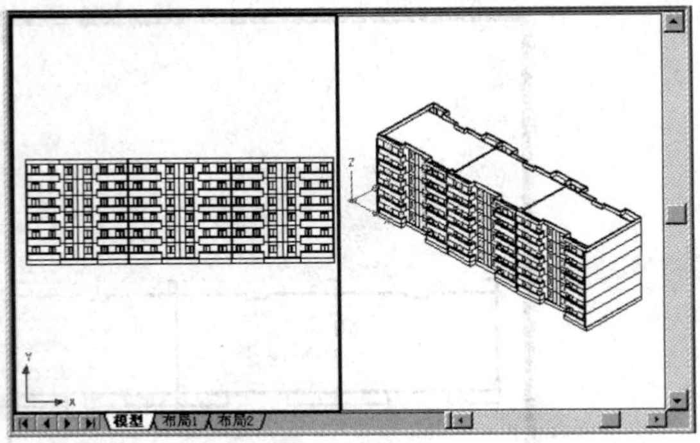

图 12-26 三维模型全图

③ 执行“长方体 Box”命令，设置“高度”为“–15000”。

④ 执行“移动 move”命令，输入相对坐标“@0，0，–600”，向下移动“600”。

绘制结果如图 12-27 所示。

选择下拉菜单【视图】/【三维视图】/【视点预置】命令，在对话框中设置“视点参数”，可观察到模型各方向的效果，图 12-28 就是其中一例。

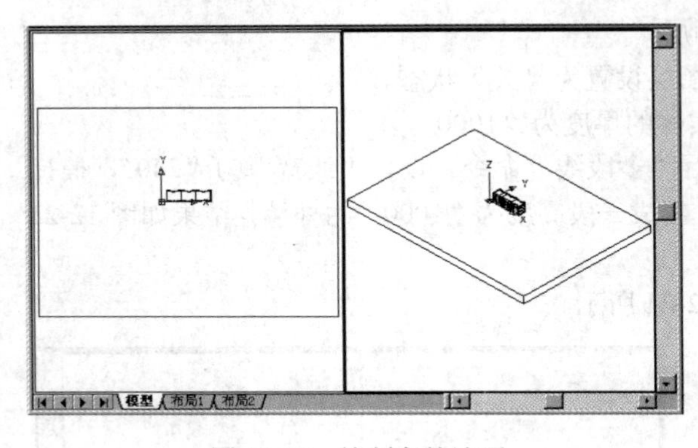

图 12-27 绘制室外地面

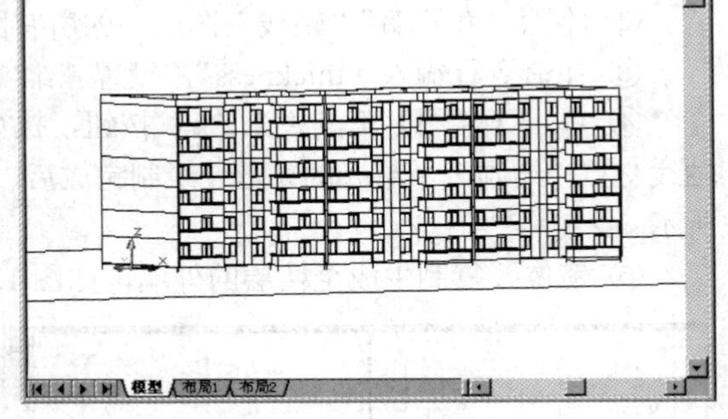

图 12-28 调整视点

本部分操作请参考学习素材中的教学演示文件“教学演示/第 12 章/12.5 组装全楼”。

第 13 章　天正建筑软件简介

北京天正工程软件公司以 AutoCAD 为平台，研发了以天正建筑（TArch）为龙头的包括日照（TSun）、节能（TBEC）、结构（TAsd）、暖通（THavc）、给排水（TWT）、电气（Telec）、市政道路（TDL）、市政管线（TGX）等的建筑 CAD 系列软件。

天正建筑（TArch）针对我国建筑制图标准和绘图特点，提供了大量实用和高效的扩展功能，使操作更加便捷和高效，绘图速度较 AutoCAD 显著提高。本章以天正建筑 2014（TArch2014）为蓝本，通过实例讲解完成一个建筑工程的主要流程：建筑平面图、立面图的生成和绘制、剖面图的生成和绘制、图库管理和文件布图。

13.1 软件简介

13.1.1　安装环境要求

天正建筑是以 AutoCAD 为平台运行的专业软件，所以在安装天正建筑软件前，必须首先安装 AutoCAD2000—2014 版本软件。各版本的对应关系如下。

- 天正 7.0 平台支持 32 位 AutoCAD2000－2006。
- 天正 7.5 平台支持 32 位 AutoCAD2002－2008。
- 天正 8 平台支持 32 位 AutoCAD2004－2012，以及 64 位 AutoCAD2010—2012 平台。
- 天正 2014 平台支持 32 位 AutoCAD2004－2014，以及 64 位 AutoCAD2010—2014 平台。

13.1.2　天正建筑的启动方式

天正建筑的启动方式有以下两种。

（1）桌面快捷方式启动。双击天正建筑安装后在 Windows 桌面上生成的快捷图标。

（2）程序菜单启动。选择 开始 菜单的【程序】/【天正软件－建筑系统 T-Arch2014】/【天正建筑 2014】命令。

13.1.3　天正建筑 2014 的基本界面

首次启动天正建筑 2014 时，显示【日积月累】对话框。说明本版的新功能和一些使用技巧，单击“下一条”按钮进行浏览，如果不勾选【在开始时显示】左边的复选框，以后启动软件时不再显示【日积月累】对话框。

关闭【日积月累】对话框后，进入天正建筑系统界面，如图 13-1 所示，其中天正扩展菜单有三部分。

（1）天正屏幕菜单

天正屏幕菜单的默认位置在绘图区的左边，可以按“Ctrl”＋“＋”组合键来显示或隐藏。

执行天正屏幕菜单命令是天正软件的基本操作方法。天正建筑的主要功能都列在“折叠式”三级结构的屏幕菜单上，上一级菜单项目前有“►”符号，单击展开下一级菜单，右击菜单项将弹出下一级子菜单。同级菜单互相关联，展开另外一个同级菜单时，原来展开的菜单自动合拢。折叠式菜单效率最高，但由于屏幕的高度有限，在展开较长的菜单后，有些菜单项无法完全在屏幕上可见，为此可用鼠标滚轮上下滚动菜单快速选取当前不可见的项目。

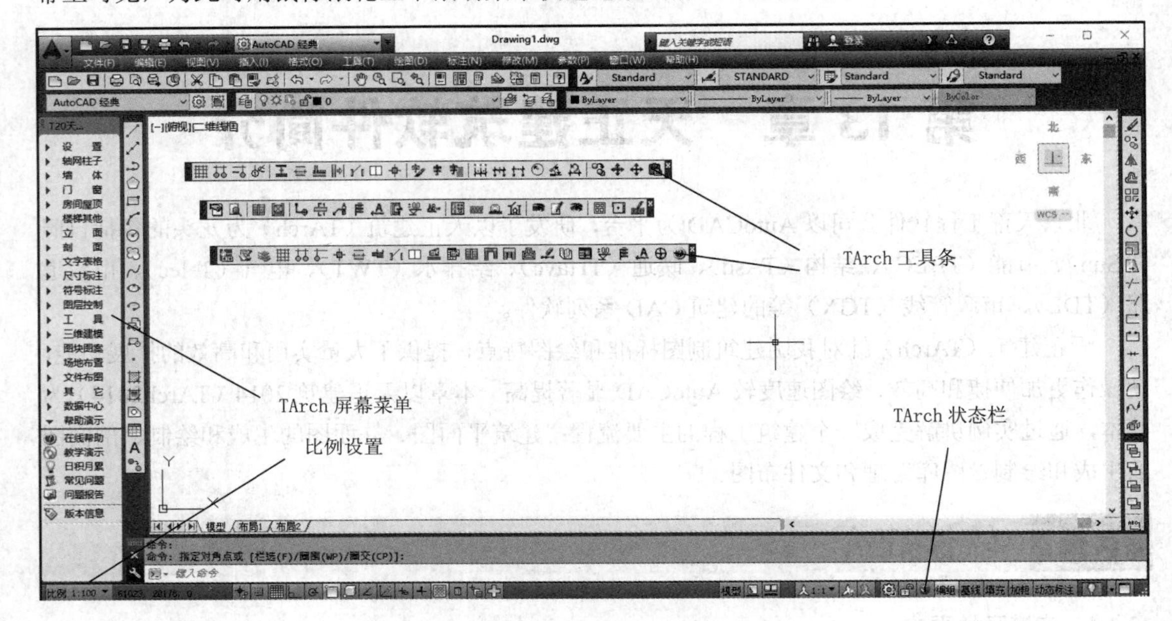

图 13-1　天正建筑 2014 系统界面

无“▶”符号说明当前为命令项，它对应一个天正命令。当光标停留在菜单项上时，AutoCAD 的状态行就会出现该菜单项的功能提示及命令字母缩写。右击命令项在弹出的快捷菜单中选择“实时助手”命令，显示该命令的帮助内容。

为使叙述简便，本章以下内容中，天正屏幕菜单命令均简称为天正命令，按下述格式表达。

天正命令：【一级菜单名】/【二级菜单名】/【命令名】(别名)。

天正命令也有命令别名，其命名方式为中文命令名的每个汉字的第一个拼音字母组合。如天正命令【绘制轴网】的别名是 HZZW。

(2) 天正工具条

初次打开天正软件时，绘图区中出现如图 13-1 所示的 TArch 工具条。采用屏幕菜单调用天正命令，有时需要多次单击，影响作图效率。天正将一些常用的命令放在【常用快捷功能】工具条上，单击其中的命令按钮，调用相应的命令。在此工具条上右击，会出现浮动菜单，这是天正工具条的快捷打开方式，在需要打开的工具条上单击鼠标左键即可。

(3) 天正状态栏

在 AutoCAD 状态栏的基础上，天正软件增加两个扩展功能：一是“比例设置”下拉列表控件，控制当前图形比例设置；二是“基线”“填充”“加粗”“动态标注”四个功能切换开关，解决了墙基线、墙柱填充、墙柱加粗、动态标注的快速切换，避免与 AutoCAD2014 版本的热键产生冲突。

13.1.4　天正图形对象

天正图形由天正对象和 AutoCAD 基本对象组成。天正软件根据我国工程设计的规范和设计人员的作图习惯，定义了一些天正对象，如墙体、门窗、柱子、屋顶、台阶等。与 AutoCAD 的基本对象，如直线、圆、椭圆、圆弧等只有一种显示形态相比，天正对象一般具有两种显示形态，一种适合施工图的表达，另一种适合三维模型的表达。天正对象具有更多的特性，一般需要使用天正专用编辑命令进行编辑。

13.1.5　图形文件的兼容性

AutoCAD 的图形文件是设计行业的通用格式，天正图形是 AutoCAD 图形的扩展，扩展后的图形中包含有大量天正对象，因此产生了图形文件之间的兼容问题，造成在 AutoCAD 程序中无法正确显示的问题。解决方法是将图形文件导出为天正 3 格式（_t3.dwg）。在天正建筑环境下，运行天正菜单【文件布图】/【图形导出】命令，在出现的对话框的“保存类型”中选择“天正 3 文件”，单击“保存”按钮即可。

13.1.6　天正建筑学习帮助

天正建筑自带帮助文件，执行天正菜单【帮助】/【在线帮助】命令，弹出如图 13-2 所示的天正建筑帮助对话框。用户可选择性地学习相应天正功能命令。

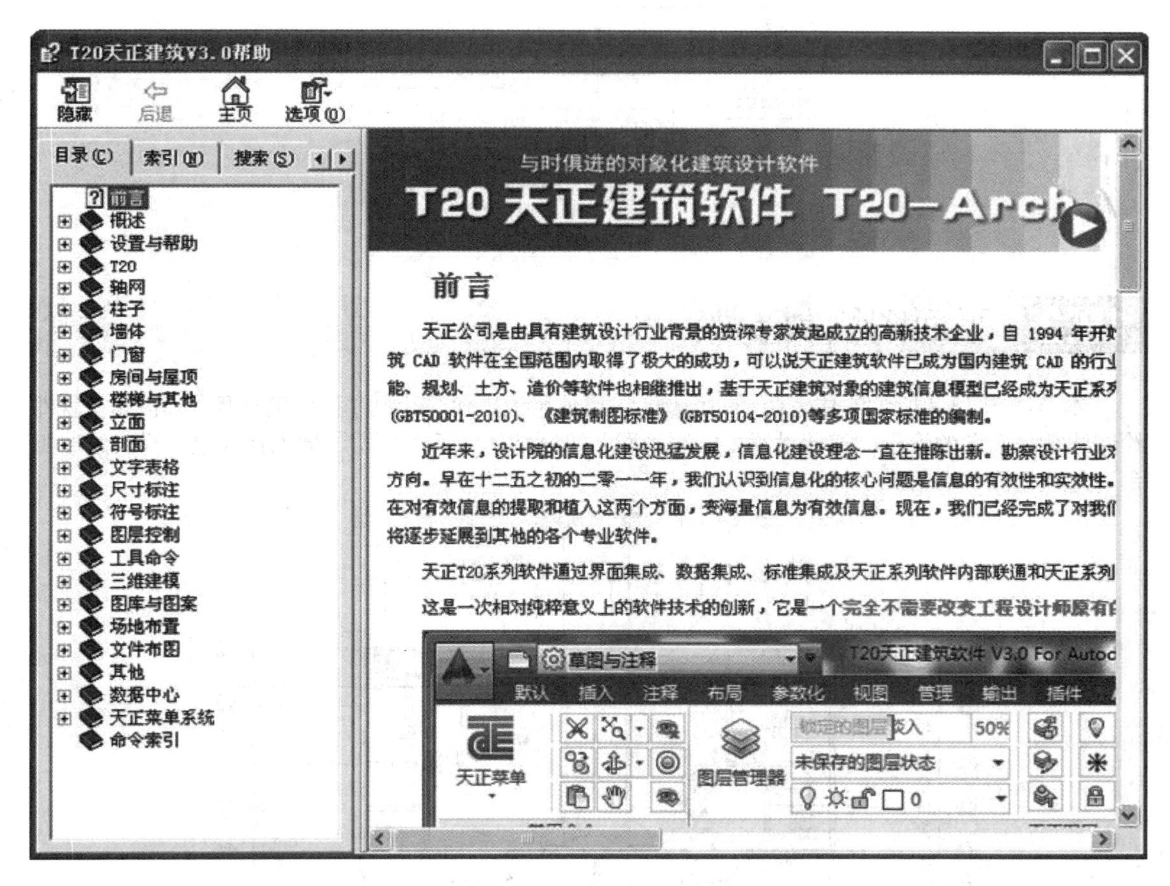

图 13-2　天正建筑帮助对话框

13.1.7　天正建筑操作流程

天正建筑 TArch 的主要功能可支持建筑设计各个阶段的需求，无论是初期的方案设计还是最后阶段的施工图设计，设计图纸的绘制详细程度（设计深度）取决于设计需求，由用户自己把握。一般建筑工程设计只需要考虑本楼层的绘图，程序可自动进行多个楼层的组合，设计流程相对简单，装修立面图实际上使用剖面命令生成。其操作流程如图 13-3 所示。

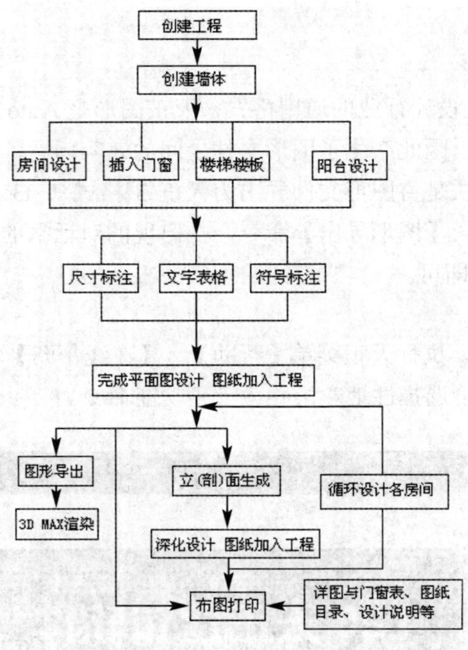

图 13-3　天正建筑绘图操作流程

13.2 平面图绘制步骤

本节以图 13-4 所示的住宅楼平面为例，讲述使用天正建筑绘制平面图的过程。天正建筑软件绘制建筑平面图的流程：初始设置、绘制轴网、绘制墙体、插入门窗、插入楼（电）梯、绘制阳台、尺寸标注和书写文字等。

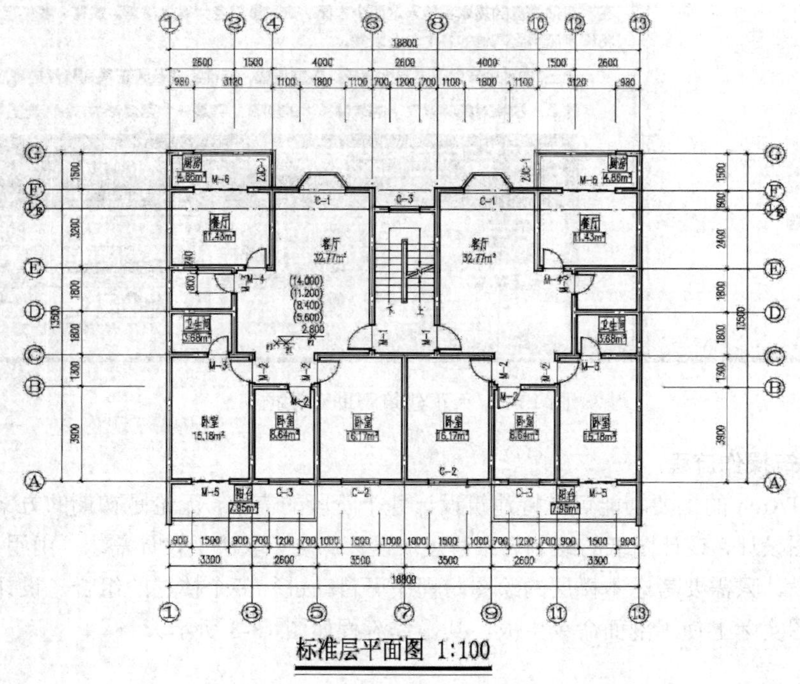

图 13-4　某住宅楼标准层平面图

13.2.1　初始设置

（1）执行方式

◆ 天正命令：【设置】/【天正选项】/【基本设定】选项卡。

（2）操作说明

执行命令后弹出如图 13-5 所示的【基本设定】选项卡，从中对相关参数进行修改。通常只修改“当前层高”，其余参数按默认设置。

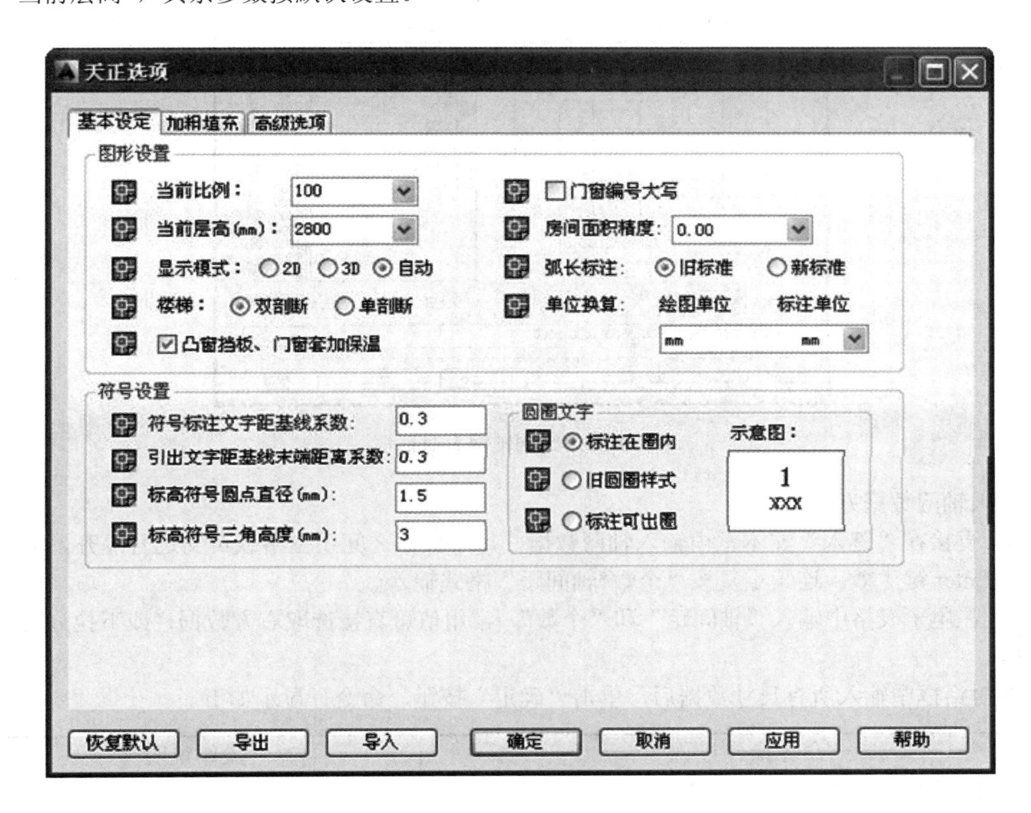

图 13-5 【基本设定】选项卡

本例住宅楼层高设置为 2800。单击“当前层高”右侧的按钮，选择“2800”，单击 确定 按钮退出对话框。如果列表中没有需设置的层高值，直接用键盘输入设置数值。

“显示天正屏幕菜单”的快捷操作为：按住 Ctrl 键不放开，再按“+”键，可以实现天正屏幕菜单的显示与隐藏切换。

13.2.2　绘制与修改轴网

（1）绘制直线轴网

天正命令：【轴网柱子】/【绘制轴网】（别名 HZZW）。

直线轴网功能用于生成正交轴网、斜交轴网或单向轴网。

执行命令后，弹出如图 13-6 所示的【绘制轴网】对话框，选择“直线轴网”选项卡，利用键盘和鼠标录入表 13-1 所列的数据。

表 13-1 直线轴网数据

上开	2600	1500	4000	2600	4000	1500	2600
下开	3300	2600	3500	3500	2600	3300	
左进	3900	1300	1800	1800	3200	1500	
右进	3900	1300	1800	1800	3200	1500	

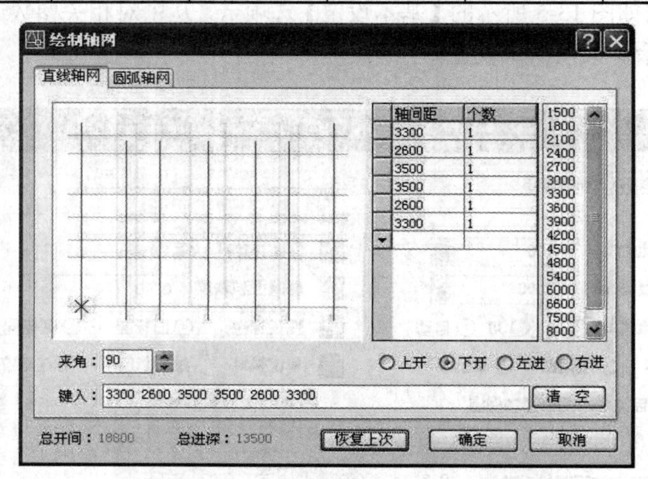

图 13-6 【绘制轴网】对话框

输入轴网数据方法如下。

① 直接在“键入”文本框内输入轴网数据，每个数据之间用空格或英文逗号隔开，输入完毕后按 Enter 键生效。连续重复按“个数*轴间距”格式输入。

② 在电子表格中输入“轴间距”和“个数”，常用值可直接选取右方数据栏或下拉列表的预设数据。

在对话框中输入所有尺寸数据后，单击“确定”按钮，命令行显示如下。

命令操作过程	操作说明
① 命令：TAxisGrid ② 选取位置或 [转 90 度(A)/左右翻(S)/上下翻(D)/对齐(F)/改转角(R)/改基点(T)]<退出>:	在屏幕左下角用鼠标单击指定一点

移动鼠标指针至插入点，单击插入轴网，形成轴网如图 13-7 所示（不含轴网标注内容）。

（2）轴网标注

天正命令：【轴网柱子】/【两点轴标】（别名 LDZB），具体操作步骤如下。

命令操作过程	操作说明
① 命令：TaxisDim2p	
② 请选择起始轴线<退出>：点 P1	选择一个轴网某开间一侧的起始轴线
③ 请选择终止轴线<退出>：点 P2	选择一个轴网某开间同一侧的终止轴线
④ 请选择起始轴线<退出>：点 P3	选择一个轴网某进深一侧的起始轴线
⑤ 请选择终止轴线<退出>：点 P4	选择一个轴网某进深同一侧的终止轴线
⑥ 请选择终止轴线<退出>：↙	按 Enter 或空格键

轴网及轴网标注如图 13-7 所示。

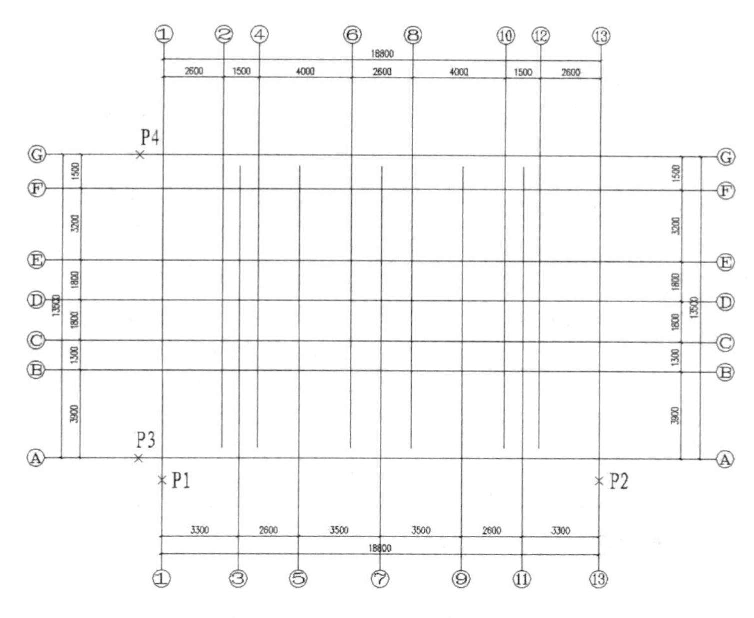

图 13-7　轴网及轴网标注

本命令对始末轴线间的一组平行轴线(直线轴网与圆弧轴网的进深)或者径向轴线(圆弧轴线的圆心角)进行轴号和尺寸标注。

提示在命令行选取要标注的始末轴线标注直线轴网。在单侧标注的情况下，选择轴线的哪一侧就标在哪一侧。

按照《房屋建筑制图统一标准》，本命令支持类似 1-1、A-1 的轴号分区标注与 AA、A1 这样的双字母标注；在对话框中默认起始轴号为 1 和 A，按方向自动标注，用户可在标注中删除对话框中的默认轴号，标注空白轴号的轴网，用于方案等场合。

（3）轴网修剪

轴网形成后运用天正的【轴网柱子】/【轴线裁剪】命令进行修改，也可采用 AutoCAD 的夹点或修剪（TRim）命令对轴网进行修改，修改后的轴网如图 13-8 所示。

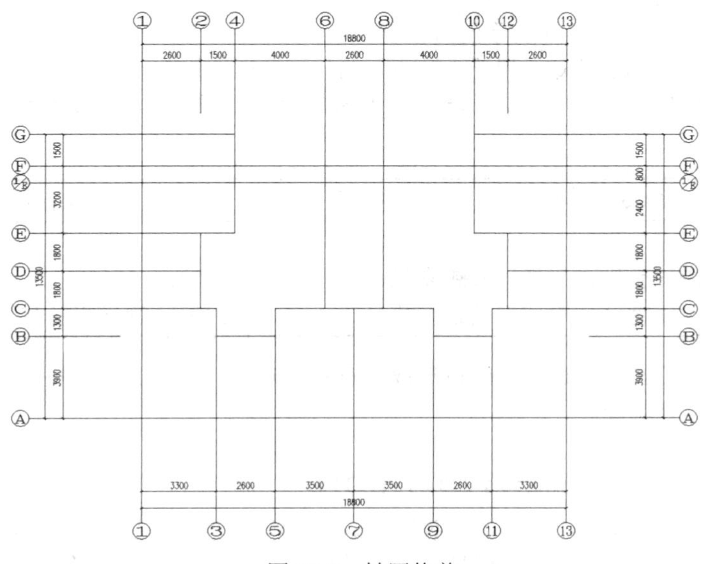

图 13-8　轴网修剪

（4）添加轴线

天正命令：【轴网柱子】/【添加轴线】（别名 TJZX）。

本命令的功能是参考某一根已经存在的轴线，在其任意一侧添加一根新轴线，并自动重新排列轴线编号。命令交互如下。

命令操作过程	操作说明
① 命令：TInsAxis	
② 选择参考轴线 <退出>:	选取轴线 F 作为参考轴线
③ 新增轴线是否为附加轴线?(Y/N) [N]:Y↙	回应 Y，添加的轴线作为参考轴线的附加轴线，如 1/1、2/1 等。回应 N，添加的轴线作为一根主轴线插入到指定的位置，标出主轴号，其后轴号自动重排。
④ 偏移方向<退出>:	向下选取方向
⑤ 距参考轴线的距离<退出>: 800↙	输入距参考轴线的距离

完成附加轴线 1/E 的添加，如图 13-8 所示。

（5）轴改线形

天正建筑轴网命令绘制的轴网默认线型是实线，在工程图设计中使用的是点画线，需要进行线型修改，具体操作如下。

天正命令：【轴网柱子】/【轴改线型】（别名 ZGXX）

执行命令后原来的实线变为点画线；如果再执行此命令会发现点画线还原为实线。该命令是一个切换开关形式。由于点画线不便于对象捕捉，常在绘图过程使用实线，在输出时切换为点画线。

天正软件根据图形对象自定义图层的名称及属性，不需用户建立。如轴线图层名称为 DOTE、轴线标注图层名称为 AXIS。

13.2.3 绘制墙体

（1）单线变墙

天正命令：【墙体】/【单线变墙】。

执行命令后，显示如图 13-9 所示的对话框。

当前需要基于轴网创建墙体，勾选“轴线生墙”复选框，此时只选取轴线图层 DOTE 的对象（轴线图层不能为锁定状态）。根据图纸要求将“外墙外侧宽”的“240”改为“120”。命令行提示如下。

命令操作过程	操作说明
① 命令：TsWall	
② 选择要变成墙体的直线、圆弧、圆或多段线:	框选所有轴线
③ 选择要变成墙体的直线、圆弧、圆或多段线:	按 Entet 键退出选取，创建墙体

如果取消“轴线生墙”勾选，此时可选取任意图层对象，命令提示相同，根据直线的类型和闭合情况决定是否按外墙处理。

（2）绘制墙体

天正命令：【墙体】/【绘制墙体】（别名 HZQT）。

执行命令后，显示如图 13-10 所示的对话框。对话框下侧图标是绘制墙体的三种方式，从左到右依次为绘制直墙、绘制弧墙、矩形绘墙。

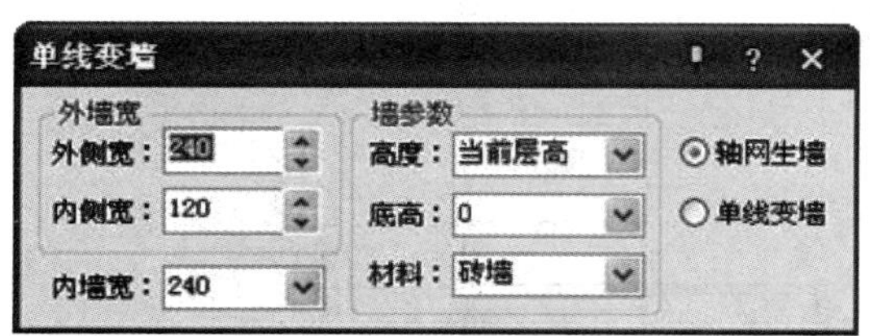

图 13-9 【单线变墙】对话框

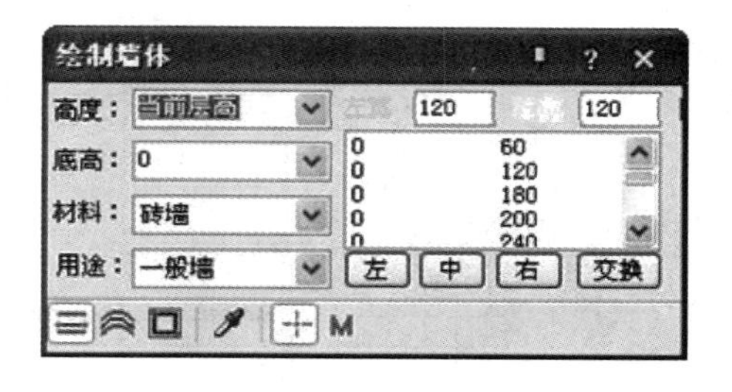

图 13-10 【绘制墙体】对话框

单击按钮使其凹下，绘制直墙。按下 F3 键打开对象捕捉。命令行提示如下。

命令操作过程	操作说明
① 命令：TWALL	
② 起点或[参考点(R)] <退出>:	选取 A 轴线和 1 轴线的交点
③ 直墙下一点或 [弧墙(A)/矩形画墙(R)/闭合(C)/回退(U)]<另一段>: 1860↙	垂直向下移动鼠标输入 1860
④ 直墙下一点或 [弧墙(A)/矩形画墙(R)/闭合(C)/回退(U)]<另一段>: ↙	
⑤ 起点或[参考点(R)] <退出>:	选取 A 轴线和 13 轴线的交点
⑥ 直墙下一点或 [弧墙(A)/矩形画墙(R)/闭合(C)/回退(U)]<另一段>: 1860↙	垂直向下移动鼠标输入 1860
⑦ 直墙下一点或 [弧墙(A)/矩形画墙(R)/闭合(C)/回退(U)]<另一段>: ↙	按 Enter 键或空格键
⑧ 起点或[参考点(R)] <退出>: ↙	按 Enter 键完成直线墙体绘制

两段墙体绘制后如图 13-11 所示。

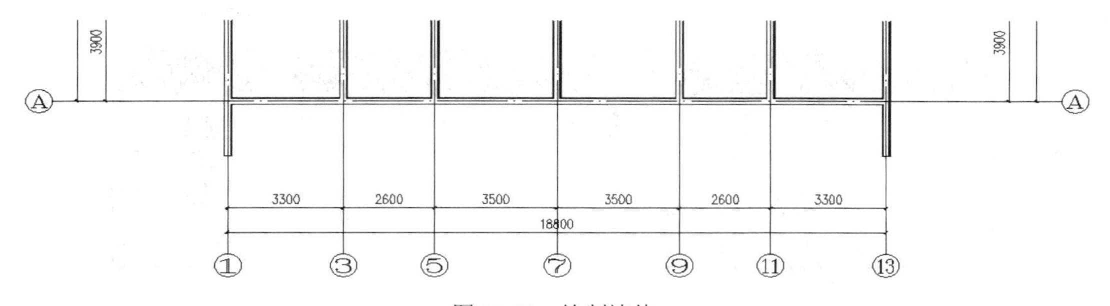

图 13-11 绘制墙体

"单线变墙"命令一次能大量生成墙体，是批量生墙的完美工具。"绘制墙体"命令则是定长墙体的利器。

（3）删除墙体

选取要删除的墙体后，单击 AutoCAD 中的按钮或按键盘上的 Delete 键。因轴线夹在墙线的中间，为避免错选和误删除，可锁定轴线图层（DOTE）。

墙体生成并编辑后的平面图如图 13-12 所示。

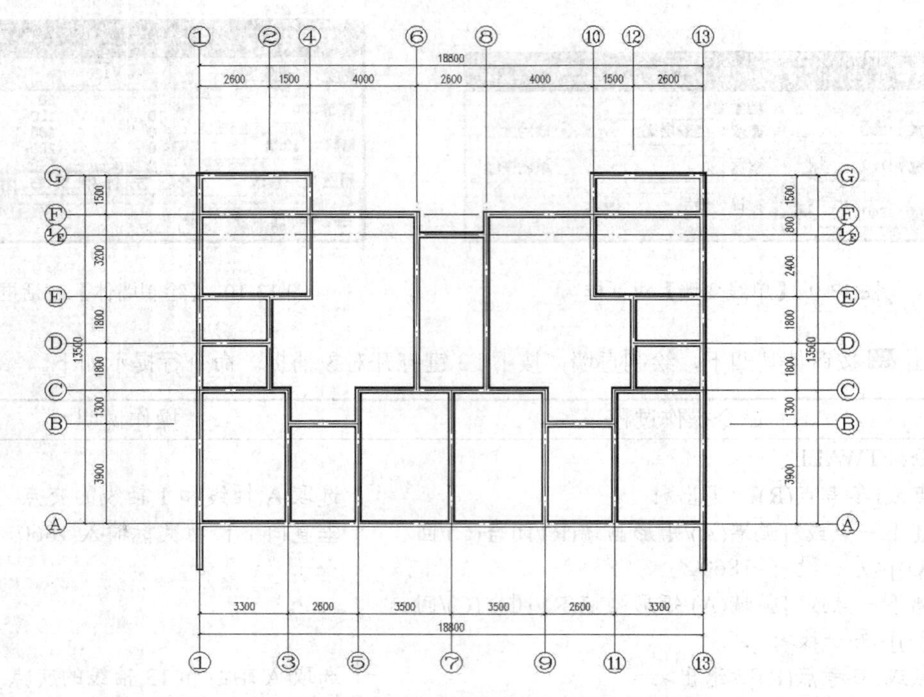

图 13-12 墙体生成并编辑后的平面图

13.2.4 插入门窗

（1）插入门、窗命令

天正命令：【门窗】/【门窗】（别名 MC）。

执行命令后，会弹出如图 13-13 所示的【门窗参数】对话框。该对话框由门窗类型、插入方式、门窗参数、平面图块、立面图块五部分组成。

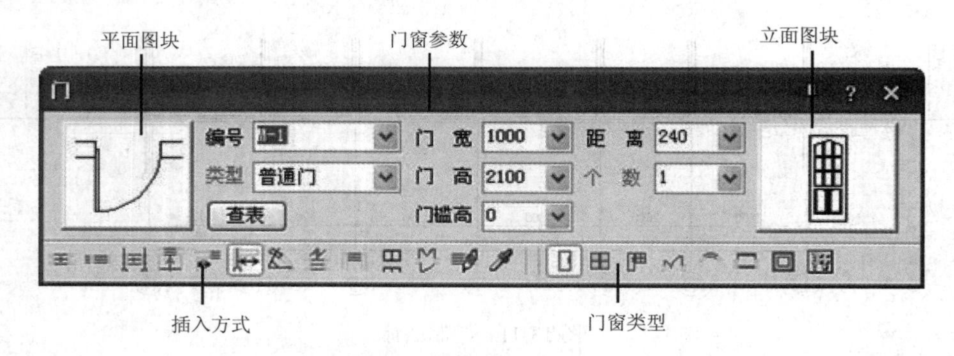

图 13-13 【门窗参数】对话框

门窗类型区［图标］有七个选项，从左到右分别为插门、插窗、插门联窗、插子母门、插弧窗、插凸窗、插矩形洞。

插入方式区［图标］有 13 个选项，从左到右分别为自由插入、顺序插入、轴线等分插入、墙段等分插入、垛宽定距插入、轴线定距插入、按角度定位插入、根据鼠标位置居中或定距插入、满墙插入、插入上层门窗、在已有洞口插入多个门窗、替换插入、拾取门窗参数。

（2）平面图门窗参数

标准层平面图门窗参数如表 13-2 所示。

表 13-2　平面图门窗参数

编　　号	门 窗 宽 度	门 窗 高 度	门槛高或窗台高	备　　注
M-1	1000	2100	0	防盗门
M-2	900	2100	0	平开门
M-3	800	2100	0	平开门
M-4	800	2100	0	平开门
M-5	1500	2400	0	推拉门
M-6	2100	2400	0	推拉门
C-1	1800	1500	900	推拉窗
C-2	1500	1500	900	推拉窗
C-3	1200	1500	900	推拉窗

（3）插入门

① 插入类型。按下（插门）按钮，切换至插门状态。

② 门参数设置。如图 13-13 所示，设置门 M-1 参数。单击对话框左右的“平面图块”和“立面图块”图形按钮，可在弹出的【天正图库管理系统】对话框中选择门的平面和立面图块样式。

③ 定距插入。插入方式选择（垛宽定距插入）按钮，命令行提示如下。

命令操作过程	操作说明
① 命令：TOpening	
② 选取门窗大致的位置和开向（Shift-左右开）<退出>：用鼠标选取 6 轴线靠近 C 轴线的墙体	按 Shift 键改变门的左右开启，门的内外开启通过单击相应侧的墙体实现
③ 选取门窗大致的位置和开向（Shift-左右开）<退出>：↙	按 Enter 键

完成门 M-1 的插入。

门窗的左右开启和内外开启可以执行【门窗】/【内外翻转、左右翻转】命令或 AutoCAD 的“夹点”命令完成。

按照上述步骤，用户自行完成 M-2、M-3、M-4 等门的插入。

插门时，移动指针与墙相遇时，将实时显示门图块。用户通过按 Shift 键，控制插入门图块的开启方向。

④ 等距插入。如图 13-14 所示，设置门“M-5”的参数。单击对话框左右的“平面图块”和“立面图块”图形按钮，在弹出的【天正图库管理系统】对话框中选择门的平面和立面图块样式。

插入方式选择（在点取的墙段上等分插入）按钮，命令行提示如下。

图 13-14　门“M-5”的参数设置

命令操作过程	操作说明
① 命令：TOpening ② 选取门窗大致的位置和开向（Shift-左右开）<退出>: ③ 门窗个数(1~2)<1>:↙ ④ 选取门窗大致的位置和开向（Shift-左右开）<退出>: ↙	用鼠标左键选取轴线 A 上轴线 1 和轴线 3 之间的墙体 按 Enter 键默认 1 个 按 Enter 键完成 M-5 的插入

按照上述步骤，用户自行完成门 M-6 的插入。

（4）插入窗

① 等距插凸窗。按下(插凸窗)按钮，如图 13-15 所示，设置“C-1”参数。

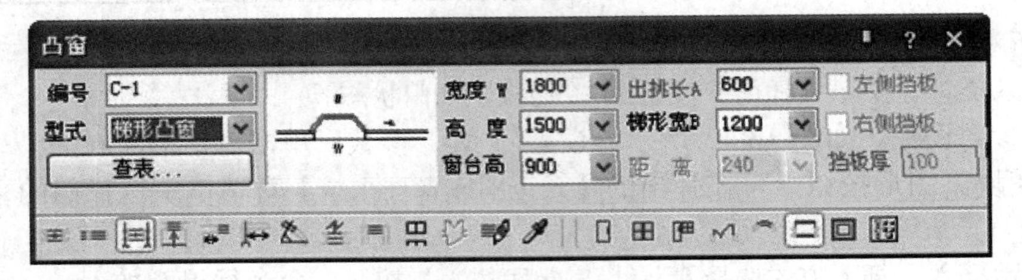

图 13-15 窗“C-1”的参数设置

插入方式选择（在点取的墙段上等分插入）按钮，命令行提示如下。

命令操作过程	操作说明
① 命令：TOpening ② 选取门窗大致的位置和开向（Shift-左右开）<退出>: ③ 门窗个数(1~2)<1>: ↙ ④ 选取门窗大致的位置和开向（Shift-左右开）<退出>: ⑤ 门窗个数(1~2)<1>: ↙ ⑥ 选取门窗大致的位置和开向（Shift-左右开）<退出>: ↙	用鼠标左键选取轴线 F 上轴线 4 和轴线 6 之间的墙体 按 Enter 键默认 1 个 用鼠标左键选取轴线 F 上轴线 8 和轴线 10 之间的墙体 按 Enter 键默认 1 个 按 Enter 键完成 C-1 的插入

② 等距插普通窗。按下（插窗）按钮，如图 13-16 所示，设置“C-2”参数。单击该对话框左右的“平面图块”和“立面图块”图形按钮，在弹出的【天正图库管理系统】对话框中选择门的平面和立面图块样式。

图 13-16 窗“C-2”的参数设置

插入方式选择（在点取的墙段上等分插入）按钮，命令行提示如下。

命令操作过程	操作说明
① 命令：TOpening	
② 选取门窗大致的位置和开向（Shift-左右开）<退出>:	用鼠标左键选取轴线 A 上轴线 5 和轴线 7 之间的墙体
③ 门窗个数(1-2)<1>:↙	按 Enter 键默认 1 个
④ 选取门窗大致的位置和开向（Shift-左右开）<退出>:	用鼠标左键选取轴线 A 上轴线 7 和轴线 9 之间的墙体
⑤ 门窗个数(1-2)<1>:↙	按 Enter 键默认 1 个
⑥ 选取门窗大致的位置和开向(Shift-左右开)<退出>: ↙	按 Enter 键完成窗 C-2 的插入

按照上述步骤，请用户自行完成窗 C-3 的插入。

③ 插转角窗。执行天正命令【门窗】/【转角窗】，显示【绘制角窗】对话框。按如图 13-17 所示设置参数。

图 13-17　转角窗“ZJC-1”的参数设置

命令行提示如下。

命令操作过程	操作说明
① 命令：TCornerWin	
② 请选取墙内角<退出>:	用鼠标左键选取轴线 G 和轴线 4 相交的墙内角
③ 转角距离 1<1000.0000>:1260↙	
④ 转角距离 2<2000.0000>:3000↙	
⑤ 请选取墙内角<退出>:	用鼠标左键选取轴线 G 和轴线 10 相交的墙内角
⑥ 转角距离 1<1260.0000>:↙	按 Enter 键默认括弧内数值
⑦ 转角距离 2<3000.0000>:↙	按 Enter 键默认括弧内数值
⑧ 请选取墙内角<退出>: ↙	完成转角窗 ZJC-1 的插入

门窗全部插入完成后，图形如图 13-18 所示。

（5）门窗的修改方法

常见修改方法有以下两种。

① 双击要修改的门窗对象，弹出【门窗参数】对话框，用户可根据需要修改相关参数。

② 在修改的门窗上右击，在弹出的快捷菜单中选择“对象编辑”命令，弹出【门窗参数】对话框，用户根据需要修改相关参数。

如果同类对象有多个，单击 确定 按钮后，命令窗口显示以下信息提示。

是否其它 2 个相同编号的门窗也同时参与修改？[是（Y）/否（N）]<Y>:

选择“Y”，程序自动将修改结果赋予同编号的其它门窗。选择“N”，则只修改本对象。

建议用户选择“Y”参数，否则同编号门窗参数不相同，将导致门窗表统计错误，甚至不能再插入本编号门窗。

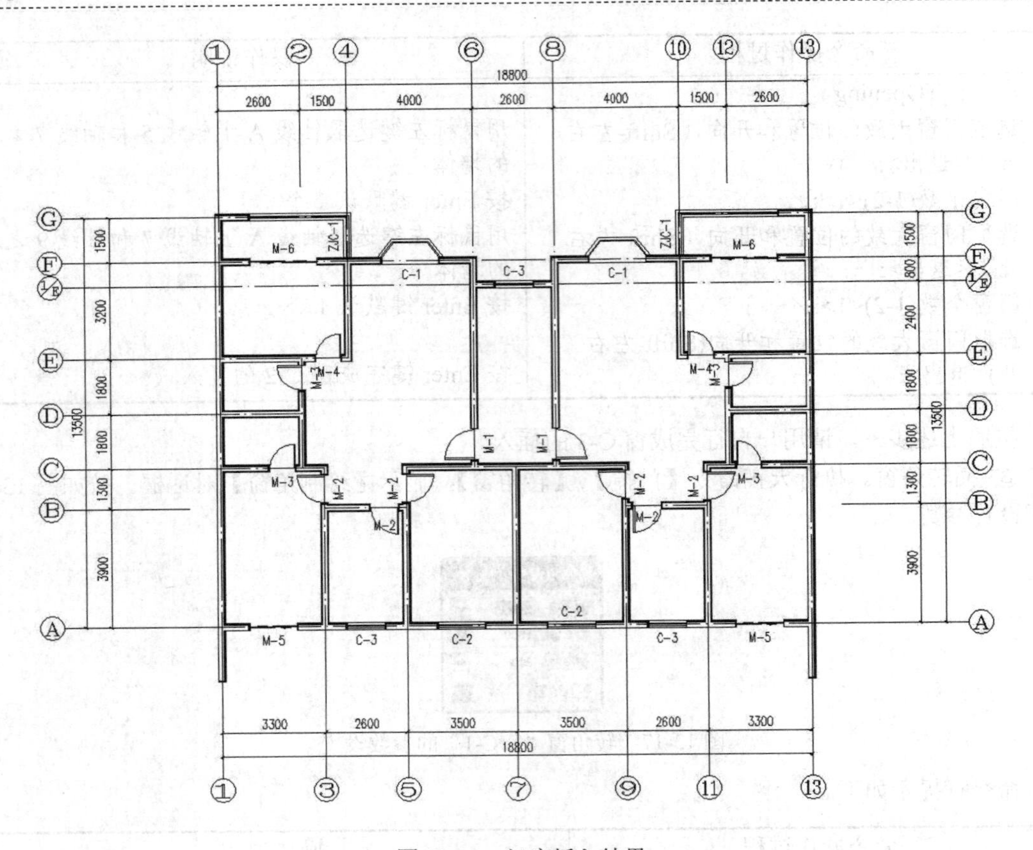

图 13-18　门窗插入结果

13.2.5　插入楼梯

天正命令：【楼梯其他】/【双跑楼梯】(别名 SPLT)。

执行命令后，显示【双跑梯段】对话框。“层类型”选项选择“中间层”，其余参数设置如图 13-19 所示。单击 确定 按钮后返回绘图窗口，楼梯平面图块吸附于指针，用户指定楼梯插入点，命令行提示如下。

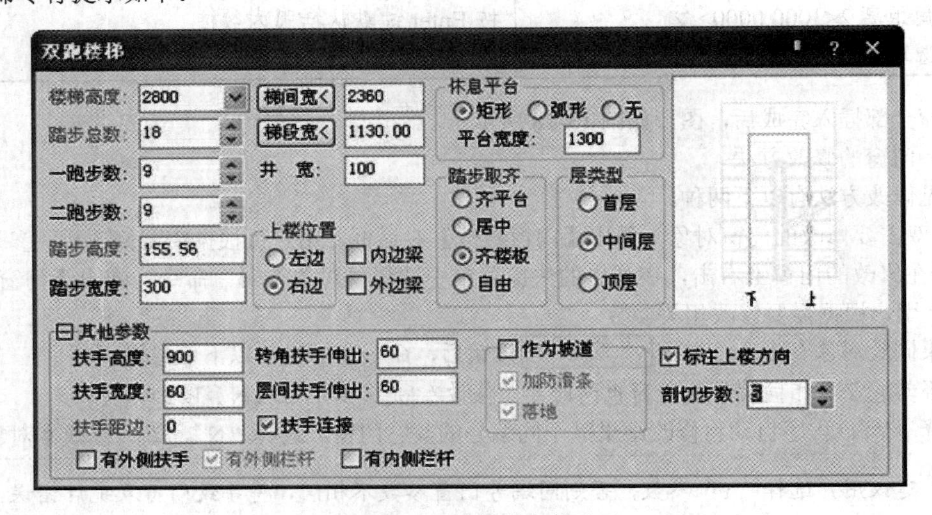

图 13-19　双跑楼梯参数设置

命令操作过程	操作说明
命令：TRStair 选取位置或 [转 90 度(A)/左右翻转(S)/上下翻转(D)/改转角(R)/改基点(T)]<退出>:	单击轴线 1/E 和轴线 6 交点的右下角墙交点

如果需要修改楼梯，用鼠标双击楼梯，出现【双跑梯段】对话框，修改相应参数，单击 确定 按钮即可。楼梯绘制结果如图 13-21 所示。

13.2.6　绘制阳台

（1）阳台命令

天正命令：【楼梯其他】/【阳台】(别名 YT)。

执行命令后弹出如图 13-20 所示的【绘制阳台】对话框。该对话框底部是阳台绘制的六种方式，从左到右依次为凹阳台、矩形阳台、阴角阳台、偏移生成、任意绘制和选择已有路径绘制。具体绘制时要根据设计情况灵活运用。

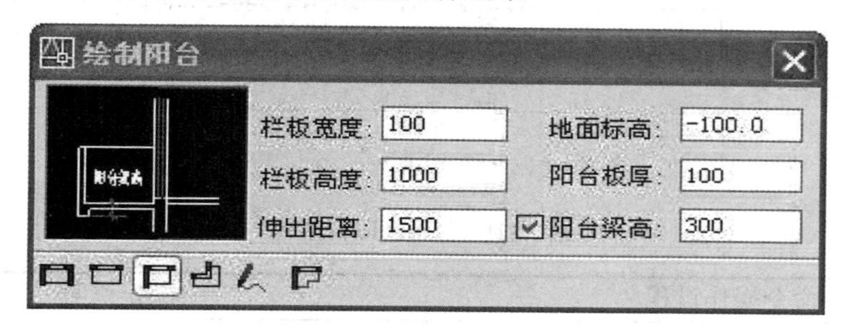

图 13-20 【绘制阳台】对话框

（2）绘制阴角阳台

根据平面图要求，本例选“阴角阳台”进行绘制。如图 13-20 所示设置阳台参数。勾选“阳台梁高”复选框，输入“300”。命令行提示如下。

命令操作过程	操作说明
① 命令：TBalcony	
② 阳台起点<退出>:	左键选取轴线 A 与轴线 1 交点的右下墙点
③ 阳台终点或 [翻转到另一侧(F)]<取消>:	左键选取轴线 A 与轴线 5 交点的下墙点
④ 阳台起点<退出>:	左键选取轴线 A 与轴线 13 交点的左下墙点
⑤ 阳台终点或[翻转到另一侧(F)]<取消>:F	输入 F 进行翻转
⑥ 阳台终点或[翻转到另一侧(F)]<取消>:	左键选取轴线 A 与轴线 9 交点的下墙点
⑦ 阳台起点<退出>:↙	按 Enter 键完成阳台绘制

阳台绘制完成后，结果如图 13-21 所示。

13.2.7　门窗尺寸标注

（1）外墙门窗标注

天正命令：【尺寸标注】/【门窗标注】。

命令行提示如下。

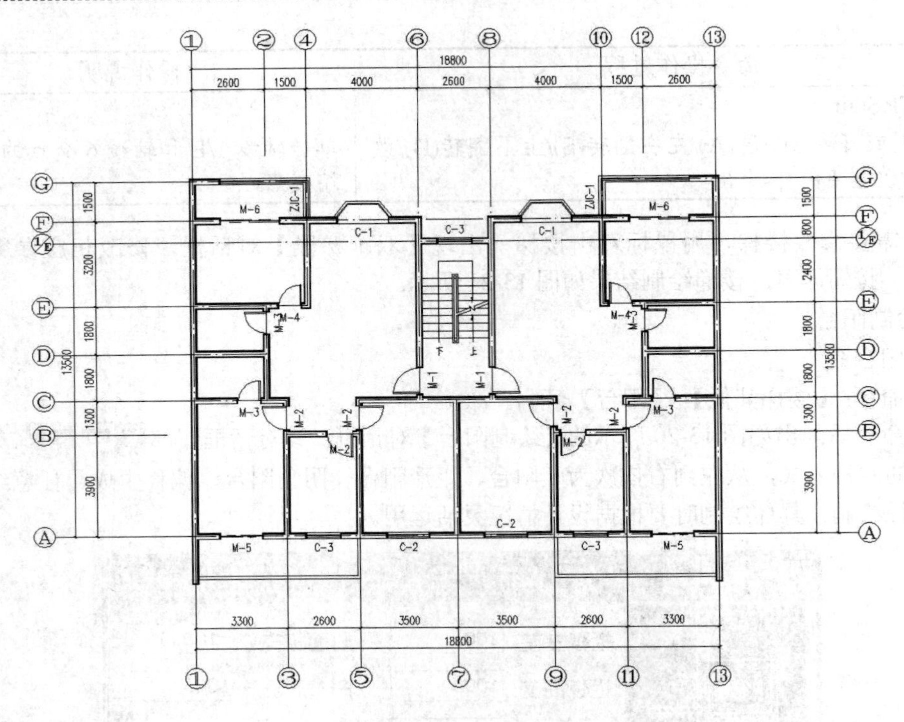

图 13-21　楼梯及阳台绘制

命令操作过程	操作说明
① 命令：TDim3 请用线选第一、二道尺寸线及墙体!	
② 起点<退出>：点 P1	用鼠标左键选取点 P1（见图 13-22）
③ 终点<退出>：点 P2	用鼠标左键选取点 P2（见图 13-22）
④ 选择其他墙体：	框选其余的外墙
⑤ 选择其他墙体：↙	按 Enter 键完成门窗标注

标注结果如图 13-22 所示。请用户自行对 A 轴线上墙体门窗进行尺寸标注。

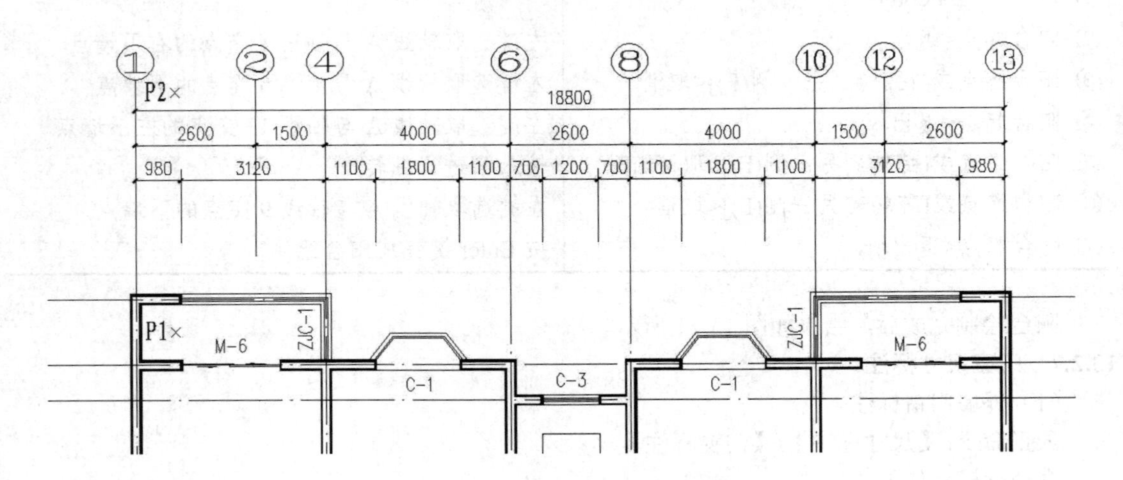

图 13-22　外墙门窗尺寸标注

本操作 P1 与 P2 点连线，要贯穿并跨越门窗所在墙体。P2 点是标注后的尺寸线位置。本例中 P2 点落在第一道尺寸线外，门窗尺寸线与轴标尺寸重叠，程序会自动调整，将其按第三道尺寸处理。

（2）内墙门窗标注

天正命令：【尺寸标注】/【内门标注】。

命令行提示如下。

命令操作过程	操作说明
① 命令：TDimInDoor 标注方式：垛宽定位．请用线选门窗，并且第二点作为尺寸线位置！	
② 起点或［轴线定位(A)]<退出>: A 标注方式：轴线定位．请用线选门窗，并且第二点作为尺寸线位置！	输入 A 改为以轴线定门位置
③ 起点或［垛宽定位(A)]<退出>: P1	用鼠标左键选取点 P1（见图 13-23）
④ 终点<退出>: P2	用鼠标左键选取点 P2（见图 13-23）
⑤ 命令：	完成标注

标注结果如图 13-23 所示。请用户自行完成其他内部门窗的尺寸标注。

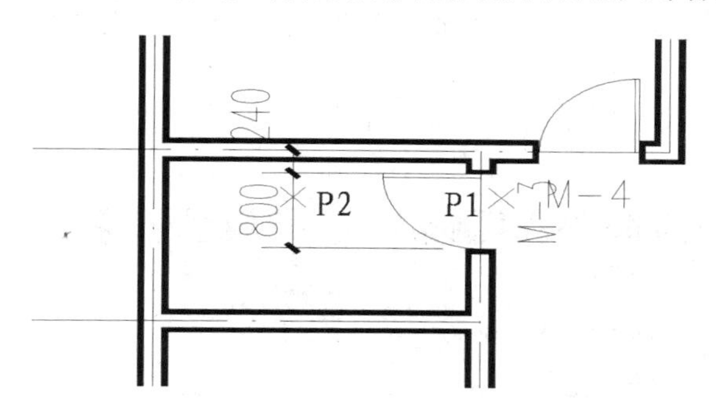

图 13-23　内部门窗标注

本操作 P1 与 P2 点连线，要贯穿并跨越门窗所在墙体。尺寸标注将从距连线最近的轴线开始标注。

13.2.8　三维观察

天正建筑在平面图中创建的墙、门窗、楼梯等对象不是普通的 AutoCAD 对象，而是包含三维信息的天正对象。用户在二维绘图的同时，由程序完成三维建模。

三维观察方法有两种。

① 调用 AutoCAD 的“视图”工具条。本方法详见本书 7.1.3 小节。

② 调用天正快捷菜单。

在绘图区空白区域内右击，在弹出的快捷菜单中选择【视图设置】/【西南轴测】命令，当前所创建的平面图将显示为三维模型的线框图。

执行快捷菜单的【着色模式】/【平面着色】命令，显示结果如图 13-24 所示。

执行快捷菜单【视图设置】/【平面图】命令，恢复为平面视图。

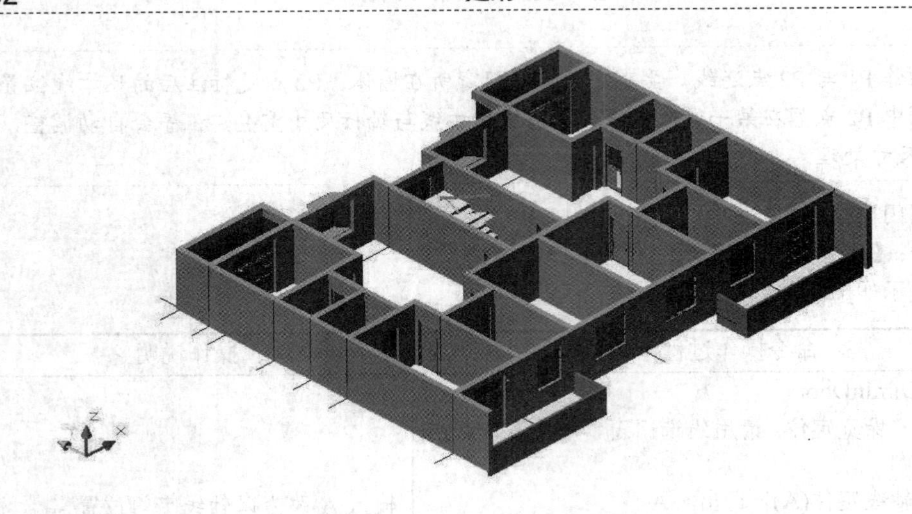

图 13-24 三维观察

13.2.9 平面图符号标注

（1）面积标注

多个房间面积的生成，执行天正命令：【房间屋顶】/【搜索房间】。

单个房间面积的生成，执行天正命令：【房间屋顶】/【查询面积】。

执行命令后，程序动态查询由天正墙体组成的房间面积、阳台面积以及闭合多段线围合的区域面积，并将创建面积对象标注在图上，本命令查询获得的平面建筑面积也是不包括墙垛和柱子凸出部分。

执行【房间屋顶】/【查询面积】命令，显示【查询面积】对话框，勾选“生成房间对象”和“面积单位”复选框，如图 13-25 所示，命令行提示如下。

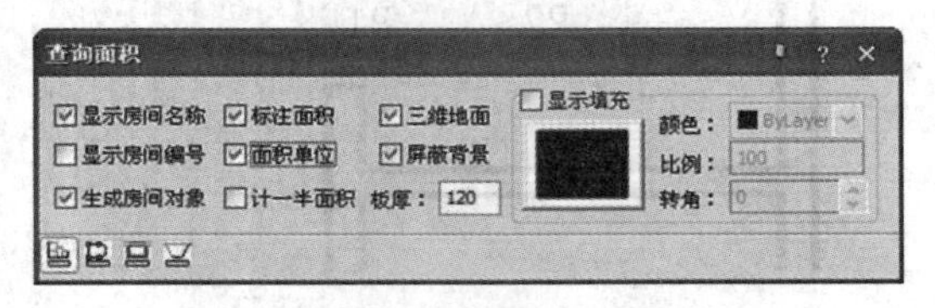

图 13-25 【查询面积】对话框

命令操作过程	操作说明
① 命令：TSpArea	
② 请在屏幕上选取一点或 [查询闭合 PLINE 面积(P)/查询阳台面积(B)]<退出>:在轴线 5 和 7 之间的卧室内单击鼠标左键 面积=16.1696 平方米	用鼠标在需要标注面积的房间内单击即可 标注出房间名称和房间面积
③ 请在屏幕上选取一点或 [查询闭合 PLINE 面积(P)/查询阳台面积(B)]<退出>:B	输入 B，查询阳台面积
④ 选择阳台<返回>:选择轴线 1 和 5 之间的阳台 面积=7.952 平方米	用鼠标左键选取
⑤ 选择阳台<返回>:↙	按 Enter 键结束阳台面积标注
⑥ 请在屏幕上选取一点或 [查询闭合 PLINE 面积(P)/查询阳台面积(B)]<退出>:↙	按 Enter 键结束面积标注

完成面积标注后，用鼠标左键双击刚刚标注的“房间”二字，输入“卧室”，可以进行房间名称的修改。

执行命令时，指针移动会动态显示当前对象的查询结果。指针在房间内显示房间面积，在外墙以外显示建筑面积（不包括墙垛和柱子凸出部分）。

完成房间及阳台面积标注后，局部显示如图 13-26 所示。

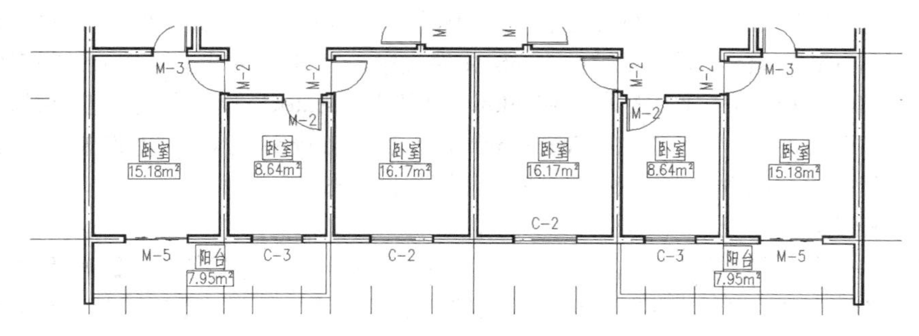

图 13-26　房间及阳台面积标注

（2）标高标注

天正命令：【符号标注】/【标高标注】

标高标注在建筑方案或施工图中应用比较频繁，主要用于平面图、立面图、剖面图甚至详图的标注。按照规范规定，总平面图使用实心三角形标注，单体建筑使用空心三角形标注。

执行命令后显示【标高标注】对话框，单击“带基线”按钮。勾选“手工输入”复选框，输入 2.8、5.6、8.4、11.2、14.0，如图 13-27 所示。命令行提示如下。

命令操作过程	操作说明
① 命令：TMElev	
② 请选取标高点或 [参考标高(R)]<退出>:点 P1（见图 13-27）	在客厅空白区单击鼠标左键
③ 请选取标高方向<退出>:点 P2	确定标高的上下、左右方向
④ 选取基线位置<退出>:点 P3	确定基线的长短，完成标注

标注完成效果如图 13-28 所示。

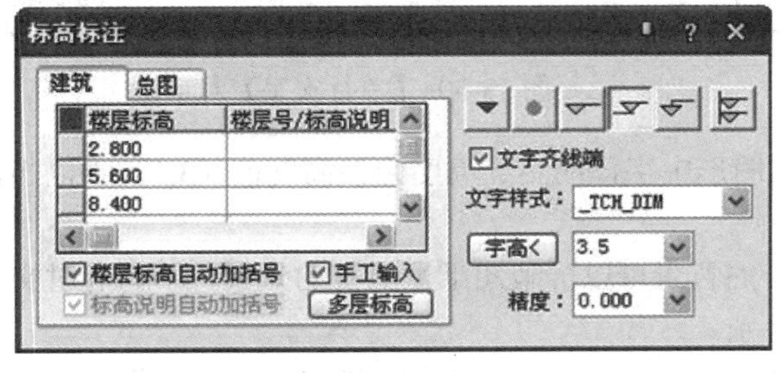

图 13-27　【标高标注】对话框

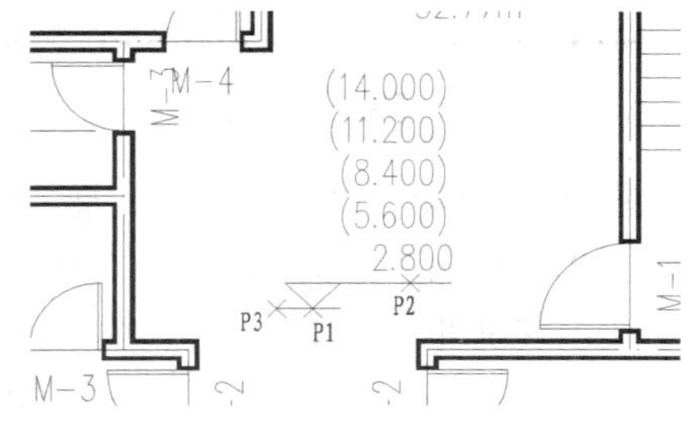

图 13-28　标高标注效果

在剖面图和立面图中对齐标高标注，执行天正命令：【符号标注】/【标高对齐】；首先选择需要对齐的标高，最后指定标高标注的位置。标注完成后如果需要编辑标高，用鼠标左键双击数字，修改弹出的对话框即可。

（3）文字及图名标注

① 文字样式　执行天正菜单的【文字表格】/【文字样式】命令，弹出【文字样式】对话框，如图 13-29 所示。

输入文字之前，需要先设定文字样式，可以采用天正默认的文字样式，也可以自己建立文字样式。在国标中对文字的字体和字高都有相应的规定，在 AutoCAD 简体中文版中，提供了一套中西文等高的国际字体：GBCBIG.SHX（仿宋体）、GBENOR.SHX（等线体）、GBEITC.SHX（斜等线体即斜角为 15°的等线体），建立样式时应当优先使用这些字体。如果使用其它字体，要将字体库文件复制到 AutoCAD 安装目录下的 Fonts 文件夹中，打开文件时才能显示这些字体。

文字类型有“AutoCAD 字体”和“Windows 字体”。AutoCAD 字体是矢量字体，可以分别设置中文参数和西文参数，灵活方便；Windows 字体是 Truetype 字体，只能设置中文参数，这类字体能正确处理中西文比例，打印效果美观，但会降低系统运行速度。

新建文字样式步骤如下。

在如图 13-29 所示的对话框中单击“新建”按钮，弹出【新建文字样式】对话框，在“样式名”中输入文字样式名“宋体文字”，单击“确定”按钮返回【文字样式】对话框，选中“Windows 字体”，在“中文字体”栏选择“宋体”，设定“高宽比”为“0.8”，完成文字样式设定操作。

② 单行文字　执行天正菜单【文字表格】/【单行文字】命令，弹出如图 13-30 所示的【单行文字】对话框。该对话框上部有常用特殊符号，用户根据需要使用，这里不再赘述。

图 13-29 【文字样式】对话框

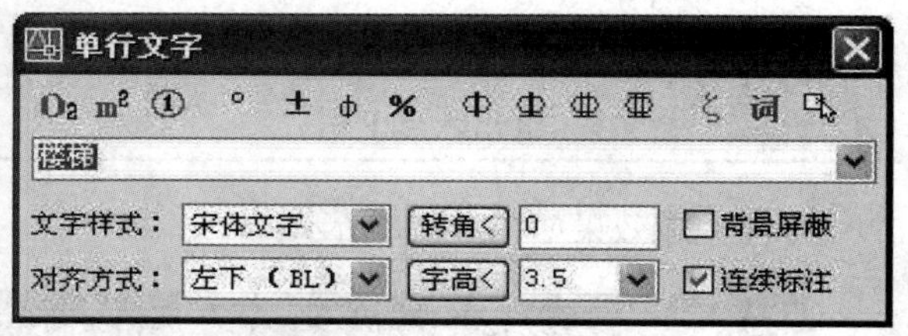

图 13-30 【单行文字】对话框

对话框中“字高”项为“3.5”，插入到图形中字体的实际高度为该高度值（3.5）乘以当前比例（如 100），得出字体实际高度为 350。

对于“背景屏蔽”复选框，勾选时文字的背景可以屏蔽图纸上原有的元素，不勾选时文字和背景相互交错。用户可以尝试一下观察其区别。

在文本框区域内输入“楼梯”，设定完成后，移动鼠标到绘图区指定插入文字位置。在“连续标注”复选框勾选的情况下可以连续写出多个单行文字。如果要对已经写出的文字进行修改，用左键双击写出的文字进行修改即可。

③ 图名标注　执行天正菜单的【符号标注】/【图名标注】命令，弹出如图 13-31 所示的【图名标注】对话框。左侧的“文字样式”和“字高”控制图名文字；右侧的“文字样式”

和“字高”控制比例值。一般情况下，比例值稍小于图名文字。勾选“不显示”复选框，则标出的图名不显示比例。

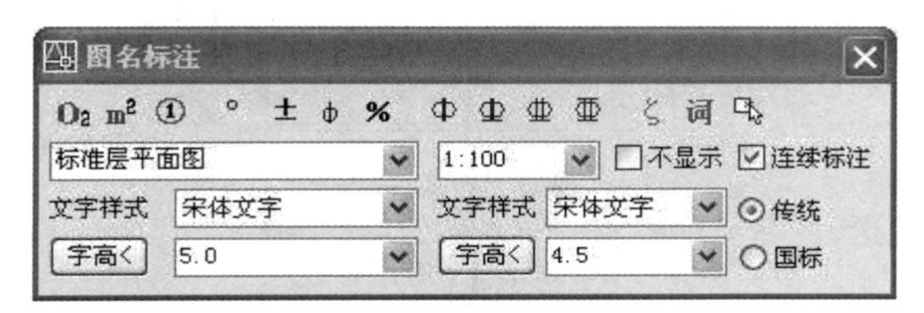

图 13-31　【图名标注】对话框

图名标注样式有“传统”和“国标”两种，它们的区别如图 13-32 所示。请用户用“传统”样式在标准层平面图的下方进行图名注写。

标准层平面图 1:100　　　　标准层平面图 1:100

（a）传统样式图　　　　（b）国标样式

图 13-32　图名标注的两种样式

至此完成了“标准层平面图”的绘制，结果如图 13-4 所示。现在把文件名保存为“标准层平面.dwg”文件。

13.2.10　绘制一层平面图

以标准层为样板进行局部修改，可快速生成一层平面图和屋顶平面图，避免重新绘图和减少修改工作量，大大提高了绘图速度。下面进行一层平面图的编辑修改，包括文件操作、修改墙高、修改楼梯、绘制台阶、绘制散水等操作过程。

（1）文件操作

打开“标准层平面.dwg”文件，然后选择 AutoCAD 菜单的【文件】/【另存为】命令，在弹出的对话框中将“文件名”改为“一层平面.dwg”，单击 保存(S) 按钮完成图纸的另存。

（2）修改图名

双击“标准层平面图”图名，在弹出的对话框中输入“一层平面图”，确认后完成图名的修改。

（3）修改墙高

天正命令：【墙体】/【墙体工具】/【改高度】命令。

命令行提示如下。

命令操作过程	操作说明
① 命令：TChHeight	
② 请选择墙体、柱子或墙体造型:	框选所有的墙体
③ 请选择墙体、柱子或墙体造型:↙	按 Enter 键结束选墙体的操作
④ 新的高度<2800.0000>:3400↙	层高 2800+室内外高差 600
⑤ 新的标高<0.0000>:–600↙	新的墙底标高
⑥ 是否维持窗墙底部间距不变?[是(Y)/否(N)]<N>:N	N 表示门窗的高低不变

用户在命令执行前后分别调整视图为“正立面”，墙体高度修改前后的效果如图 13-33 所示。

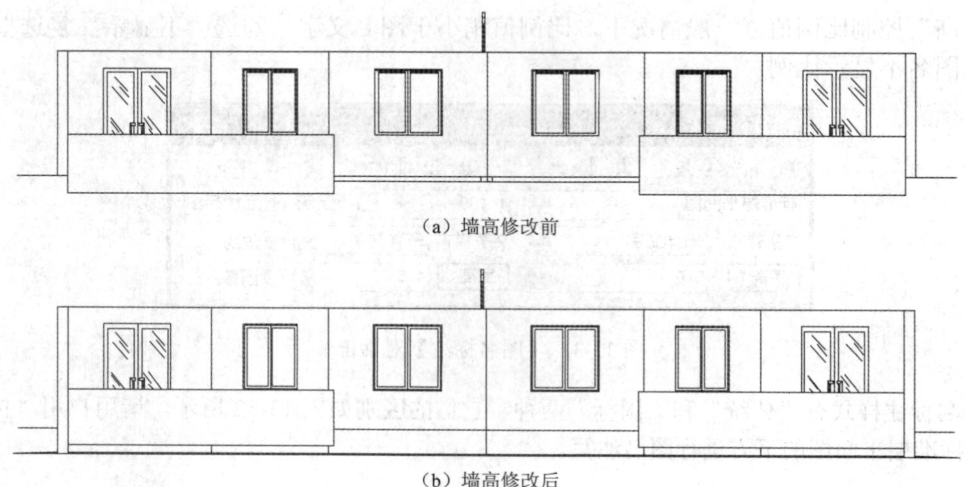

（a）墙高修改前

（b）墙高修改后

图 13-33　修改墙高

（4）修改楼梯

双击楼梯踏步，弹出【双跑梯段】对话框。重新设置“楼梯高度”为“2800”“一跑步数”为“11”“层类型”为“首层”。设置结果如图 13-34 所示。

设置生效后，删除“下”方向的箭头，操作完成。

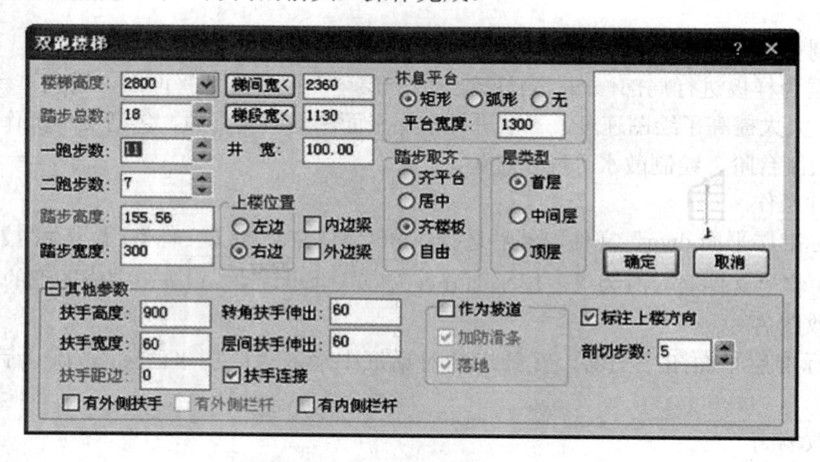

图 13-34　修改一层楼梯参数

（5）绘制台阶

天正命令：【楼梯其他】/【台阶】（别名 TJ）

执行命令后，弹出如图 13-35 所示的【台阶】对话框。

图 13-35　【台阶】对话框

底部区域的工具栏从左到右分别为绘制方式、楼梯类型、基面定义三个区域，可组合成满足工程需要的各种台阶类型。

① 绘制方式包括矩形单面台阶、矩形三面台阶、矩形阴角台阶、弧形台阶、沿墙偏移绘制、选择已有路径绘制和任意绘制共七种绘制方式。

② 楼梯类型分为普通台阶与下沉式台阶两种，前者用于门口高于地坪的情况，后者用于门口低于地坪的情况。

③ 基面定义分别是平台面和外轮廓面两种，后者多用于下沉式台阶。

本实例中，室内外高差为 600，室外有一个踏步的台阶，高度为 150；楼梯间内有三个台阶，高度为 450。按图 13-35 所示设置室外台阶的参数，命令行提示如下。

命令操作过程	操作说明
① 命令：TStep	
② 第一点<退出>: P1	选取 6 轴线与 1/E 轴线的墙角点 P1
③ 第二点或 [翻转到另一侧(F)]<取消>:F	输入 F 向上翻转
④ 第二点或 [翻转到另一侧(F)]<取消>:P2	选取 8 轴线与 1/E 轴线的墙角点 P2
⑤ 第一点<退出>:↙	按 Enter 键结束

按图 13-36 所示设置室内台阶的参数，命令行提示如下。

命令操作过程	操作说明
① 命令：TStep	
② 第一点<退出>: P3	捕捉 6 轴线与 C 轴线的墙角点 P3
③ 第二点或 [翻转到另一侧(F)]<取消>:F	输入 F 向上翻转
④ 第二点或 [翻转到另一侧(F)]<取消>:P4	捕捉楼梯间中点 P4
⑤ 第一点<退出>:↙	按 Enter 键结束

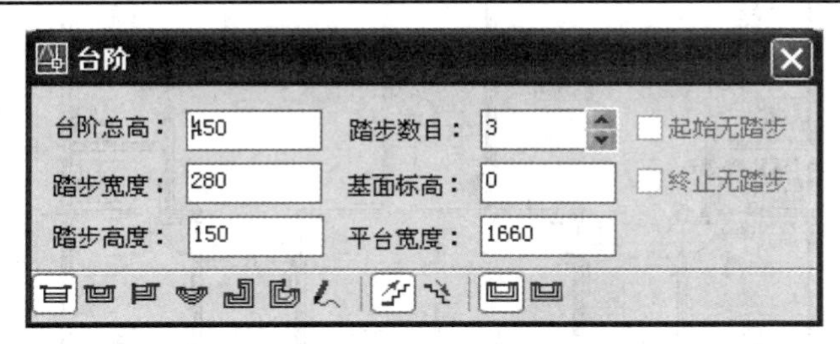

图 13-36　室内台阶参数

（6）绘制散水

天正命令：【楼梯其他】/【散水】（别名 SS）。

程序生成的散水可以自动被凸窗、柱子等对象剪裁，也可以通过“对象编辑”添加和删除顶点，可以绕过壁柱和落地阳台等；阳台、台阶、坡道等对象可以自动遮挡散水，这些对象位置移动后散水会自动更新。

执行命令后，弹出如图 13-37 所示的【散水】对话框。命令行提示如下。

命令操作过程	操作说明
① 命令：TOutlna	
② 请选择构成一完整建筑物的所有墙体(或门窗):	框选所有的墙体
③ 请选择构成一完整建筑物的所有墙体(或门窗): ↙	按 Enter 键结束

散水生成结束，如图 13-39 所示。程序生成散水时能够自动裁剪散水，避开可能相交的已有台阶和阳台。

（7）修改门窗

首先将楼梯间的窗删除。然后执行天正菜单【门窗】/【门窗】命令。按图 13-38 所示设置梯门 M-7 的参数。

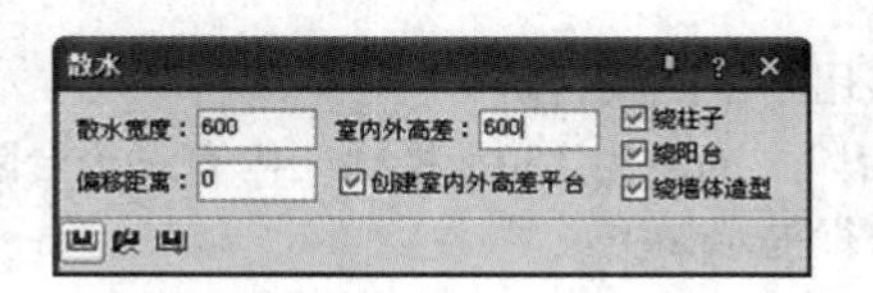

图 13-37 【散水】对话框

图 13-38 M-7 参数对话框

（8）添加指北针

选择天正菜单【符号标注】/【画指北针】命令，命令行提示如下。

命令操作过程	操作说明
① 命令：TNorthThumb	
② 指北针位置<退出>:	在图中选取合适位置
③ 指北针方向<90.0>:	按 Enter 键确定北向

完成添加指北针的操作。

一层平面图编辑完成，结果如图 13-39 所示。

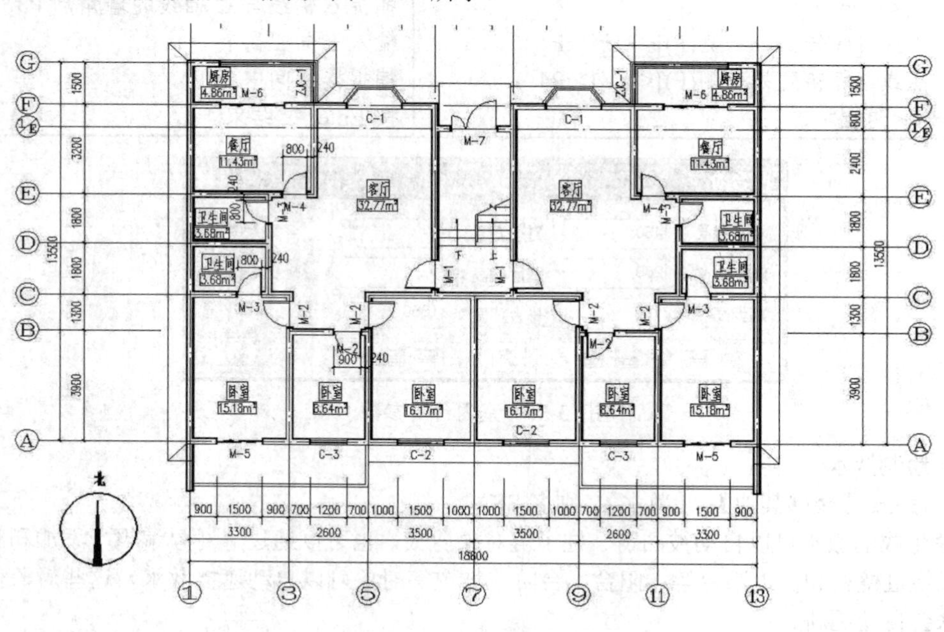

图 13-39 一层平面图效果

13.2.11 绘制顶层平面图

以标准层为样板修改生成顶层平面图只需文件操作、修改楼梯、修改图名三步。

（1）文件操作

打开“标准层平面.dwg”文件，选择 AutoCAD 菜单的【文件】/【另存为】命令，在弹出的对话框中将“文件名”改为“顶层平面.dwg”，单击 保存(S) 按钮完成图纸的保存。

（2）修改图名

双击图名“标准层平面图”，在弹出的对话框中输入“顶层平面图”，完成图名的修改。

（3）修改顶层楼梯

双击楼梯踏步，弹出【矩形双跑梯段】对话框。将“层类型”改为“顶层”，其他参数不变。修改等效后，删除“上”方向的箭头，顶层楼梯的修改完成。

选择 AutoCAD 菜单中的【文件】/【保存】命令，进行图形文件保存。

13.2.12 绘制屋顶平面图

（1）文件操作

打开“标准层平面.dwg”文件，选择 AutoCAD 菜单的【文件】/【另存为】命令，在弹出的对话框中将“文件名”改为“屋顶平面.dwg”，单击 保存(S) 按钮完成图纸的保存。

（2）修改图名

双击图名“标准层平面图”，在弹出的对话框中输入“屋顶平面图”，完成图名的修改。

（3）修改女儿墙

首先，删除图中所有的门窗和所有的内墙，仅仅保留周围的外墙。

然后，执行天正菜单的【墙体】/【墙体工具】/【改高度】命令，修改女儿墙高度为“900”，命令行提示如下。

命令操作过程	操作说明
① 命令：TChHeight	
② 请选择墙体、柱子或墙体造型:	框选所有的外墙
③ 请选择墙体、柱子或墙体造型:↙	按 Enter 键结束选墙体的操作
④ 新的高度<2800.0000>:900↙	女儿墙高度
⑤ 新的标高<0.0000>:↙	
⑥ 是否维持窗墙底部间距不变?[是(Y)/否(N)]<N>:↙	按 Enter 键结束

（4）修改阳台高度

双击阳台，弹出【阳台】对话框，设置“栏板高度”为“500”，作为顶层阳台的雨棚。

（5）重定义本层墙高

执行天正菜单的【设置】/【选项】命令。选择“天正基本设定”选项卡，将“当前层高”修改为“900”。

（6）绘制屋面排水

首先执行“直线”命令绘制分水线。然后执行天正菜单的【符号标注】/【箭头引注】命令，标注排水坡度。具体操作详见本书教学演示。

选择 AutoCAD 菜单中的【文件】/【保存】命令，进行图纸文件保存。

13.3 立面图生成和绘制

建筑平面图绘制完成后，用天正软件强大的自处理功能，可自动生成基本的立面图和剖面图。生成后的图形需要再使用天正提供的立面、剖面菜单命令集进行加工补充，达到施工图深度。天正生成建筑立面图和剖面图的关键是建立工程项目，创建楼层表。

生成立面图前，用户先执行 AutoCAD 菜单的【文件】/【打开】命令，打开“一层平面.dwg”文件。

13.3.1 设置“工程管理”对话框

天正命令：【文件布图】/【工程管理】。

执行命令后，弹出如图 13-40（a）所示的【工程管理】列表框。如果第一次打开对话框，需新建工程项目。单击“工程管理”下拉列表框，弹出如图 13-40（b）所示下拉列表，选择“新建工程”选项，新建一个名为“小区住宅楼”的工程。

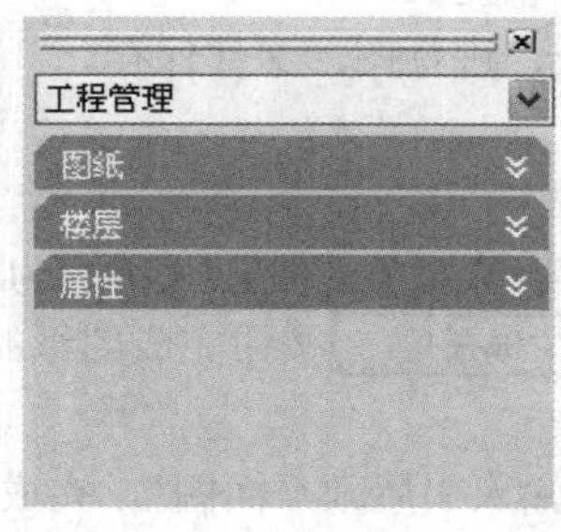

（a）工程管理列表框

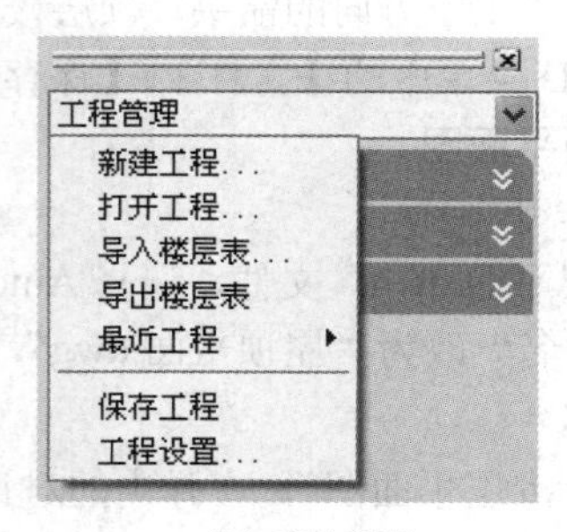

（b）下拉列表

图 13-40 “工程管理”下拉列表框

打开“小区住宅楼”的“工程管理”对话框中的“图纸”选项面板，包含有平面图、立面图、剖面图和三维图等多种子项，选择“平面图”子项后右击，弹出快捷菜单，选择“添加图纸”命令，加入前面保存的文件：“一层平面.dwg”“标准层平面.dwg”“顶层平面.dwg”“屋顶平面.dwg”。

13.3.2 创建楼层表

天正绘制的平面图实际上是一组三维模型。程序对各层平面模型组装的前提条件是楼层表。因此生成建筑立面图，首先创建一个楼层表。楼层表是生成立面图、剖面图、门窗总表的基础。

使用天正菜单的【文件布图】/【工程管理】命令，打开【工程管理】对话框，单击“工程管理”的下拉列表框，选择其中的“打开工程”选项，打开上一步创建的“小区住宅楼.tpr”文件，显示如图 13-41 所示的对话框。

在【楼层】面板中，第一列“层号”是建筑的自然层层号，第二列“层高”是楼层的层高，第三列“文件”是各层对应的平面图文件。楼层的层号和层高会在加载文件时系统识别并自动填写，用户也可以自己设置。

楼层表创建步骤如下。

① 单击【楼层】面板中“文件”下的第一行空白区，在右侧出现按钮，单击该按钮出现【选择标准层图形文件】对话框，找到上述文件存储的路径，选择“一层平面.dwg”，单击“打开”按钮，这时左侧“层号”自动显示“1”，“层高”自动显示“2800”。

② 再次向下单击“文件”下第二行，加入“标准层平面.dwg”文件，左侧“层号”自动显示“2”，“层高”自动显示“2800”，把“2”改成“2-5”。

③ 依次加入“顶层平面.dwg”和“屋顶平面.dwg”文件。

设置完成后，楼层表创建完成，如图 13-42 所示。

13.3.3 生成立面图

天正命令：【立面】/【建筑立面】

执行命令，使用命令或用鼠标单击【工程管理】对话框中【楼层】面板中的“建筑立面”按钮，命令行提示如下。

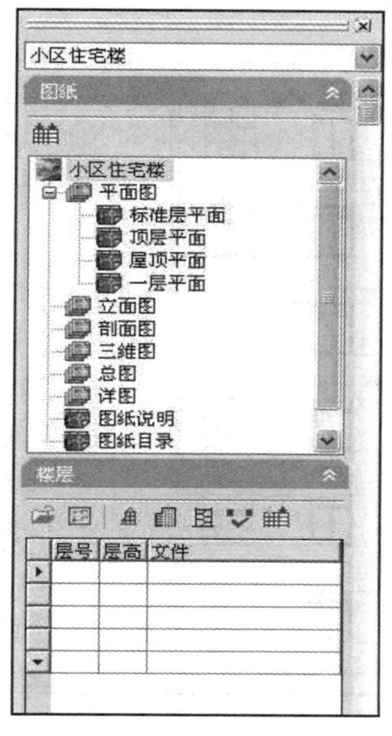

图 13-41 【工程管理】对话框

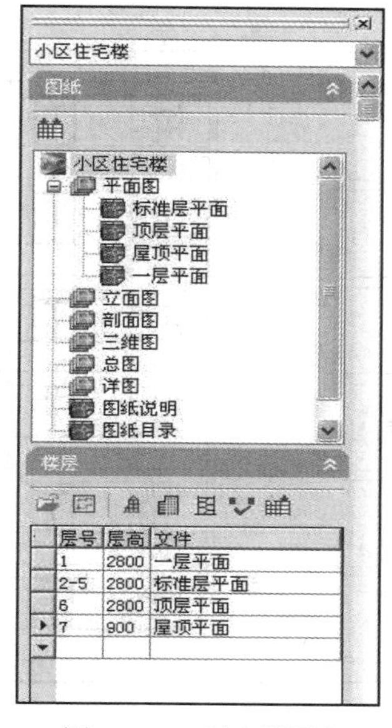

图 13-42 创建楼层表

命令操作过程	操作说明
① 命令: TBUDELEV	
② 请输入立面方向或 [正立面(F)/背立面(B)/左立面(L)/右立面(R)]<退出>: F	输入 F，生成正立面
③ 请选择要出现在立面图上的轴线:找到 1 个	选取 1 号轴线
④ 请选择要出现在立面图上的轴线:找到 1 个，总计 2 个	选取 13 号轴线
⑤ 请选择要出现在立面图上的轴线:↙	按 Enter 键结束选取

这时出现如图 13-43 所示的【立面生成设置】对话框，按图示设置相应参数。单击 生成立面 按钮，弹出【输出要生成的文件】对话框，设置“文件名”为“正立面.dwg”，软件经过自动运行后，生成如图 13-44 所示的正立面图。

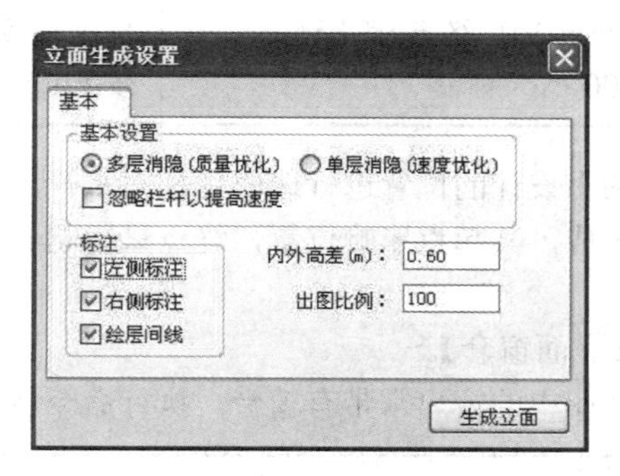

图 13-43 【立面生成设置】对话框

生成立面图操作，用户应养成两个良好的操作习惯。第一，各层平面图生成后，一定要保证各平面图的Ⓐ轴与①轴线交点坐标一致，不要随意使用移动命令移动平面图的轴网；否则，生成的立面图会出现水平错位的现象。第二，组装前一定要设置好各平面图的层高，生成楼层表时由程序自动读取；否则，生成的立面图会出现层间叠加现象。

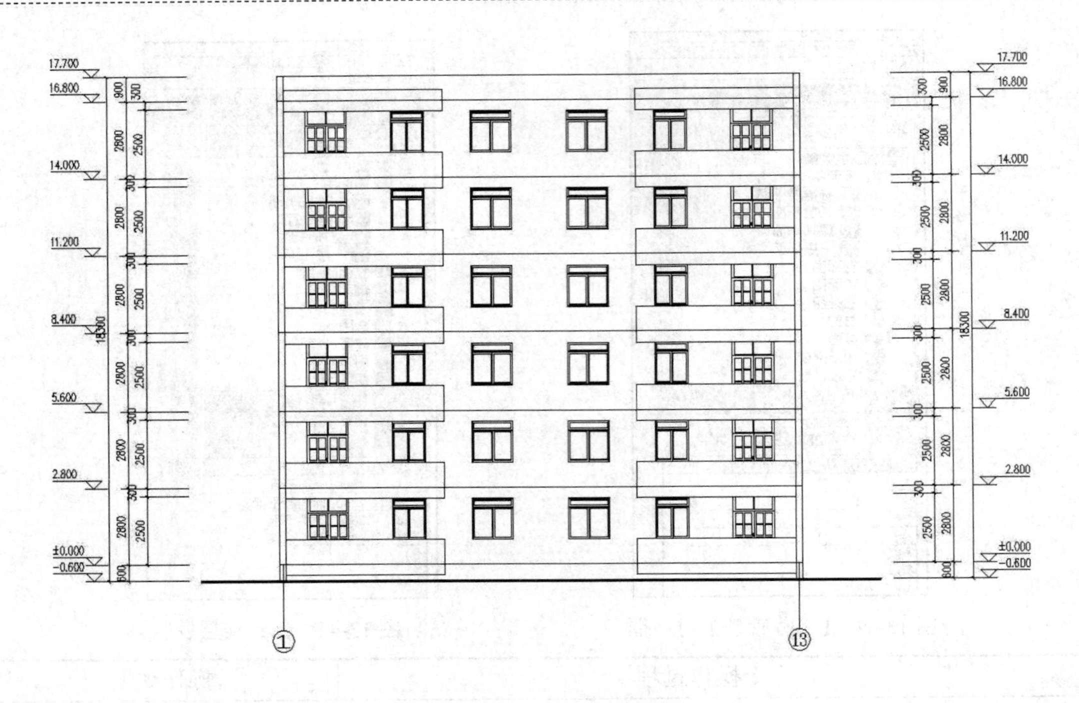

图 13-44　自动生成的正立面图

13.3.4　深化立面图

（1）添加雨水管

天正命令：【立面】/【雨水管线】。

命令行提示如下。

命令操作过程	操作说明
① 命令: drain	
② 请指定雨水管的起点[参考点(P)]<起点>:	指定起点
③ 请指定雨水管的终点[参考点(P)]<终点>:	指定终点
④ 请指定雨水管的管径 <100>:↙	按 Enter 键完成

按照上述步骤，在立面图上设计的位置进行选取生成雨水管，结果如图 13-48 所示。

雨水管始终沿铅垂方向生成，其起点影响位置，终点只影响长度不影响位置。

（2）添加立面窗套

天正命令栏：【立面】/【立面窗套】。

根据常规设计，住宅立面图中的窗户常带有窗台。执行命令后命令行提示如下。

命令操作过程	操作说明
① 命令: elwct	
② 请指定窗套的左下角点 <退出>:	用鼠标左键选取窗户的左下角点
③ 请指定窗套的右上角点 <推出>:	用鼠标左键选取窗户的左下角点

然后弹出【窗套参数】对话框，如图 13-45 所示设置参数，单击 确定 按钮完成立面窗套的添加。如果把刚才添加的窗套设在一层，二层以上的窗套可以运用 AutoCAD 的二维“阵列”

命令快速完成窗套的添加（添加完成后如图 13-48 所示）。

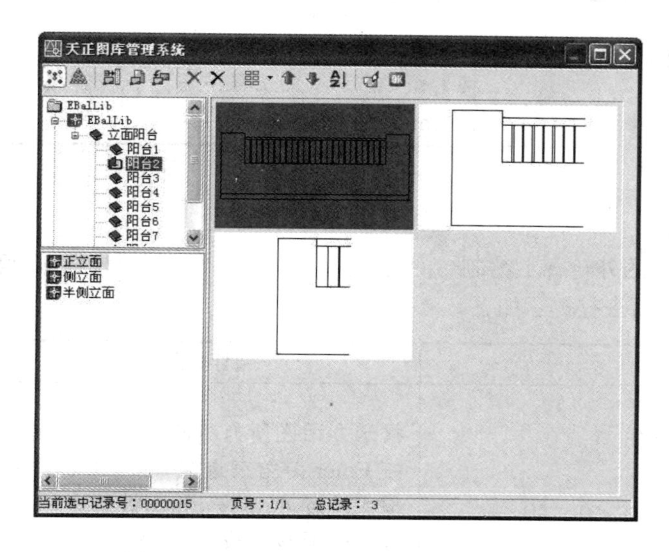

图 13-46 【天正图库管理系统】对话框

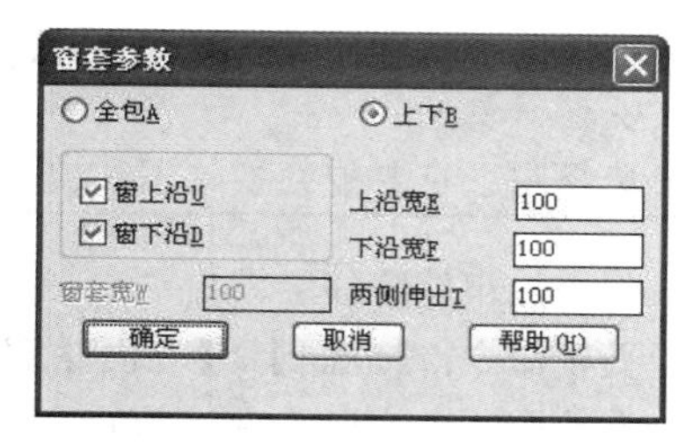

图 13-45 【窗套参数】对话框

图 13-47 【替换选项】对话框

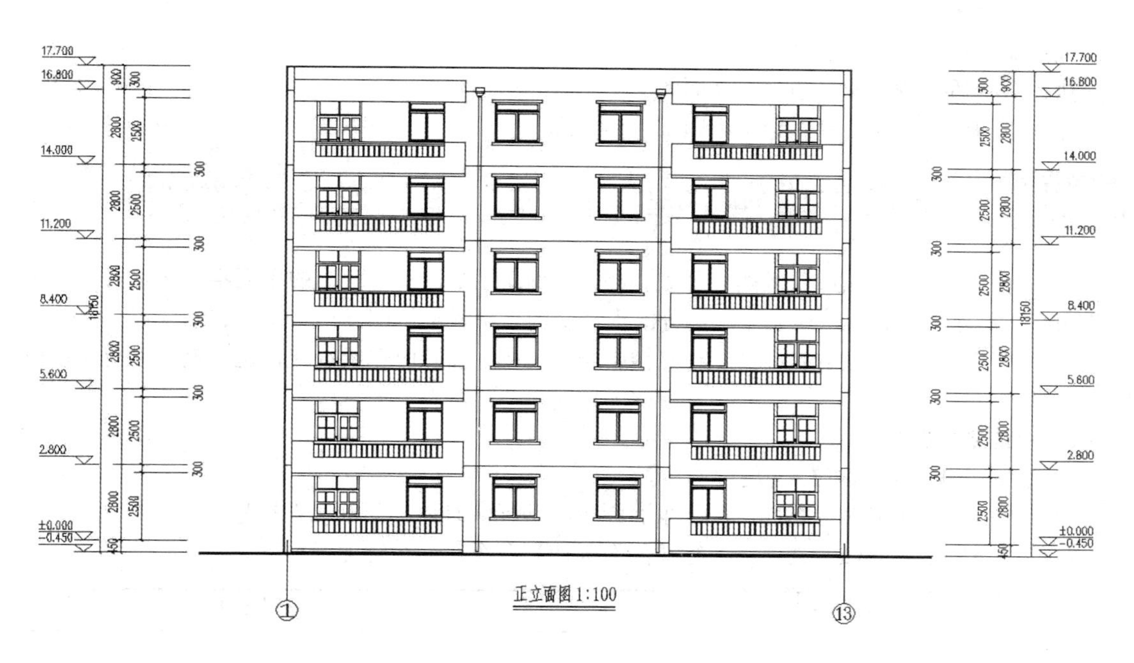

图 13-48 深化后的正立面图

（3）替换立面阳台

天正命令：【立面】/【立面阳台】。

执行命令后弹出如图 13-46 所示的【天正图库管理系统】对话框。首先选择“立面阳台/阳台2”，再选择“正立面”。然后单击工具条中的“替换”按钮，弹出如图 13-47 所示的【替换选项】对话框，返回绘图窗口。窗交方式选择图中 1~6 层的阳台后按 Enter 键，程序自动替换。最后按 Enter 键结束命令，替换结果如图 13-48 所示。命令提示如下。

命令操作过程	操作说明
① 命令：TEBalLib	
② 选择图中将要被替换的图块！选择对象：	窗交选择 1~6 层阳台(避开窗图层)
③ 选择对象:↙	按 Enter 键，结束选择。程序执行替换
④ 选择图中将要被替换的图块!选择对象:↙	按 Enter 键，结束命令

（4）加粗轮廓线

天正命令：【立面】/【立面轮廓】。

在绘图时，有时会在建筑物立面图的外轮廓上绘制一圈封闭的粗实线（不包括地坪线），可以运用天正的“立面轮廓”命令完成。命令行提示如下。

命令操作过程	操作说明
① 命令：TElevOutline	
② 选择二维对象:指定对角点：找到 146 个	框选立面图所有构建
③ 选择二维对象:	按 Enter 键结束选取
④ 请输入轮廓线宽度(按模型空间的尺寸)<0>: 40↙	输入宽度 40，按 Enter 键
⑤ 成功地生成了轮廓线!	加粗轮廓线完成

（5）标注图名

天正命令：【符号标注】/【图名标注】。

执行命令后，输入图名为“正立面图”。

完成立面图的补充绘制，结果如图 13-48 所示。

13.4 剖面图生成和绘制

剖面图的生成与立面图生成的步骤大体相同。剖面图是用一个假定的平面将建筑物沿着某一位置切开，移除一部分后，绘制剩余部分的正投影图，形成剖面图。

对于设置【工程管理】对话框、建立楼层表，生成立面图时已经创建，这时就可以直接调出即可。

13.4.1 标注剖切符号

天正命令：【符号标注】/【剖面剖切】。

执行剖面图的生成命令之前，一层平面图中必须标注有“剖面剖切”符号。

打开“一层平面.dwg”文件。执行【剖面剖切】命令，命令行提示如下。

命令操作过程	操作说明
① 命令：TSection	
② 请输入剖切编号<1>:↙	用户根据需要确定
③ 选取第一个剖切点<退出>:<正交 开>P1	单击 P1 点
④ 选取第二个剖切点<退出>:P2	单击 P2 点
⑤ 选取下一个剖切点<结束>:P3	单击 P3 点
⑥ 选取下一个剖切点<结束>:P4	单击 P4 点
⑦ 选取下一个剖切点<结束>:↙	按 Enter 键结束剖切点的选取
⑧ 选取剖视方向<当前>: P5	向左侧拉动单击 P5 点

生成的剖切符号如图 13-49 所示，在剖切符号的剖视方向一侧有数字“1”，表示剖面图的

编号。

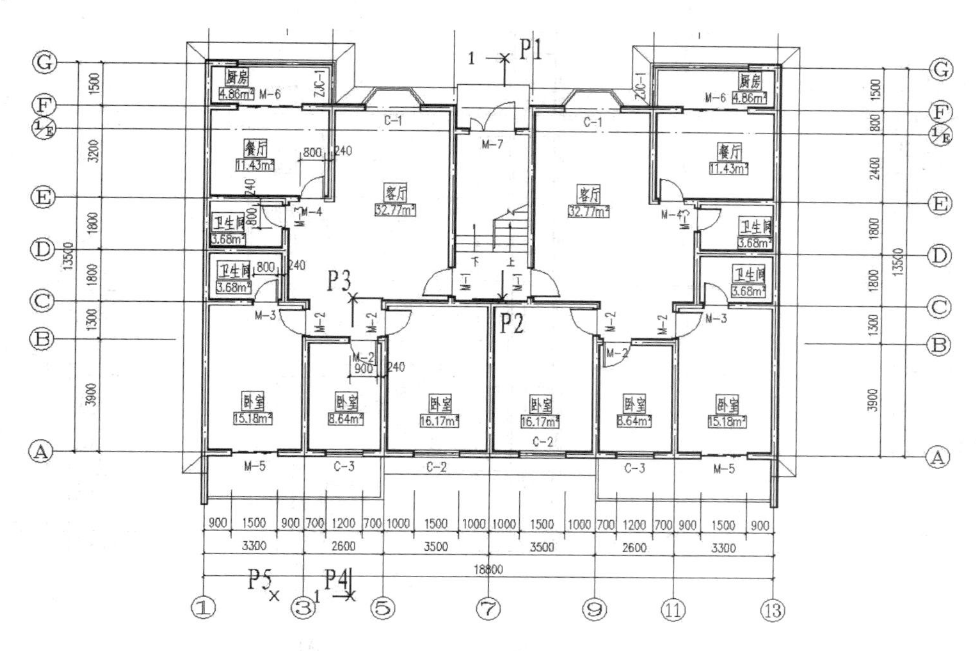

图 13-49 标注剖切位置

13.4.2 生成剖面图

天正命令：【剖面】/【建筑剖面】。

执行命令后，命令行提示如下。

命令操作过程	操作说明
① 命令：TBudSect	
② 请选择一剖切线:	选择刚才创建的剖切符号 1
③ 请选择要出现在剖面图上的轴线:	依次选取轴线 A、B、C、1/E、F、G
④ 请选择要出现在剖面图上的轴线:↙	按 Enter 键结束选取

这时出现【剖面生成设置】对话框，并进行相应参数设置，如图 13-50 所示，单击“生成剖面”按钮，输入生成文件“1-1 剖面图.dwg”，软件经过自动计算后，生成如图 13-51 所示的剖面图。

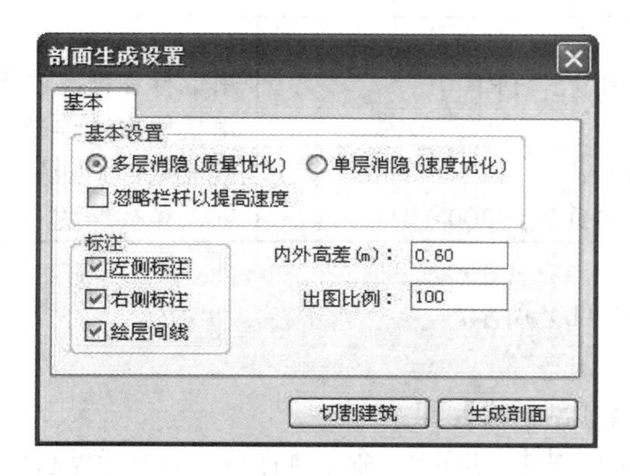

图 13-50 【剖面生成设置】对话框

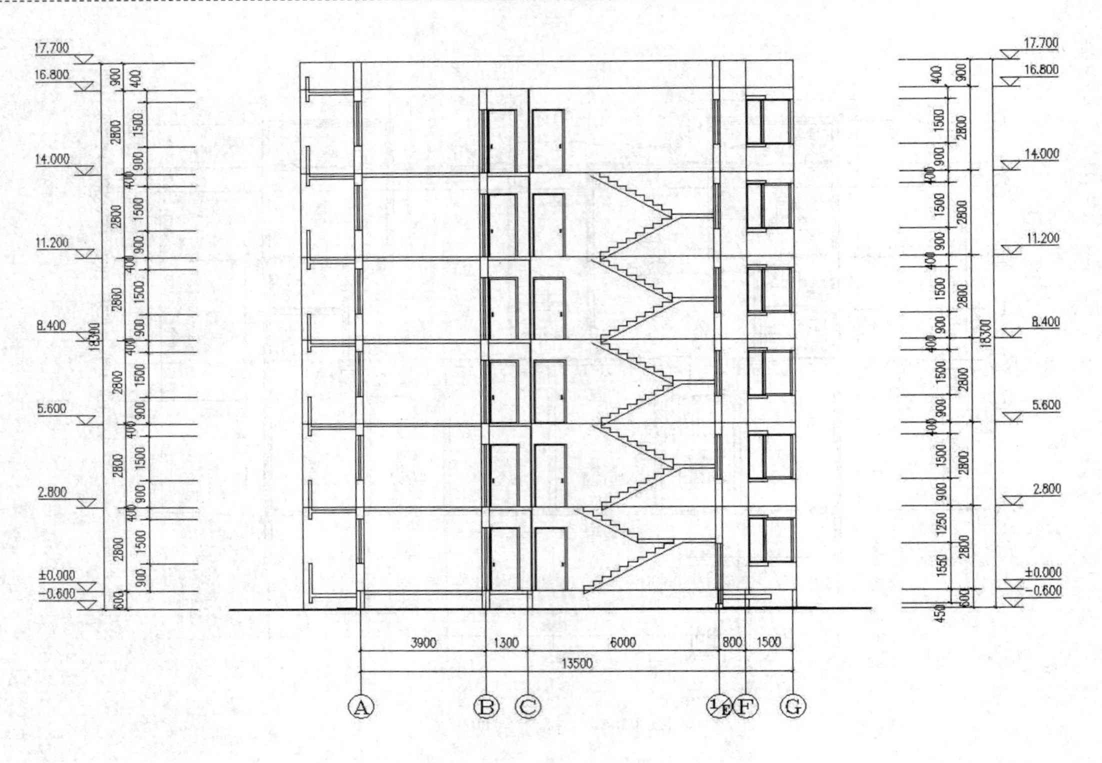

图 13-51　自动生成后的剖面图

13.4.3　深化剖面图

天正自动生成的建筑剖面图相当于一个基本框架，有很多方面不完整，有些构件需要补充绘制，如剖面楼板、剖断梁、楼梯栏杆、剖面加粗等。下面分别讲述其操作步骤。

（1）绘制剖面楼板

天正命令：【剖面】/【双线楼板】。

在平面图绘制过程中，如果没有绘制楼板，则生成的剖面图没有楼板。在生成剖面图时要勾选“绘层间线”复选框，便于在绘制剖面楼板时有层间线作为参考线。

在图 13-52（a）所示的图中加剖面楼板。命令执行后，命令行提示如下。

命令操作过程	操作说明
① 命令: sdfloor	
② 请输入楼板的起始点 <退出>: P1	用鼠标左键单击点 P1
③ 结束点 <退出>: P2	用鼠标左键单击点 P2
④ 楼板顶面标高 <14000>:↙	按 Enter 键默认括弧数值
⑤ 楼板的厚度(向上加厚输负值) <200>: 150	输入楼板厚度

绘制完成后如图 13-52（b）所示。

（2）绘制剖断梁

天正命令：【剖面】/【加剖断梁】。

在图 13-53（a）所示的图中加剖断梁。命令执行后，命令行提示如下。

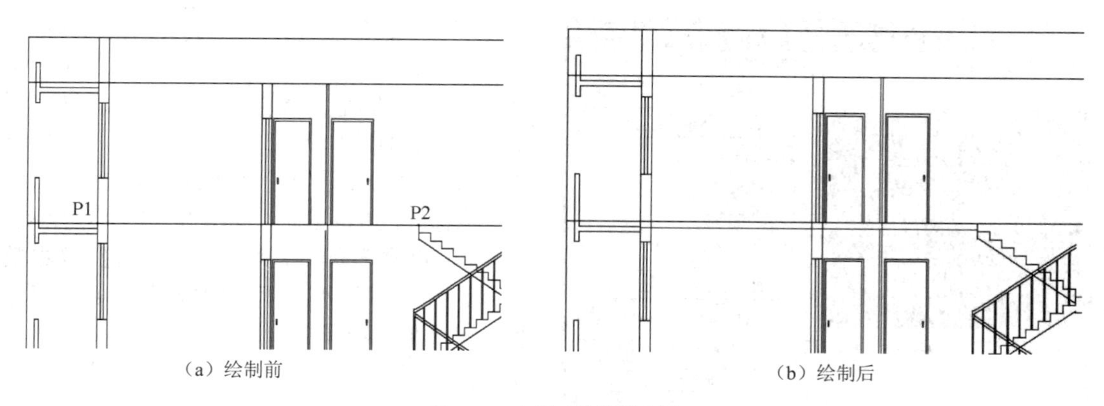

（a）绘制前　（b）绘制后

图 13-52　绘制剖面楼板

命令操作过程	操作说明
① 命令: sbeam ② 请输入剖面梁的参照点 <退出>: P1 ③ 梁左侧到参照点的距离 <100>: 200 ④ 梁右侧到参照点的距离 <100>: 0 ⑤ 梁底边到参照点的距离 <300>:	 用鼠标左键单击点 P1 梁宽度 200 梁高 300

绘制完成后如图 13-53（b）所示。

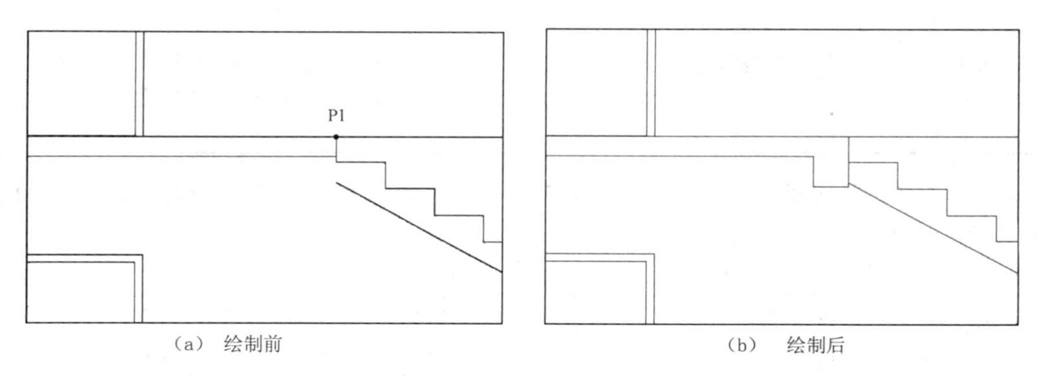

（a）　绘制前　（b）　绘制后

图 13-53　绘制剖断梁

实例中加剖断梁的参照点是梁右，通常参照点可以是梁中间、梁左和梁右，用户可以根据需要灵活运用。如果存在轴线，通常以轴线与层间线的交点为参照点定梁中最好。

在实际绘图时通常绘制完一层的剖面楼板和剖断梁后，对相同的楼层运用 AutoCAD 的“阵列”命令完成，可以大大提高作图效率。

用户完成其余剖面楼板和剖断梁的绘制后，再将各层的层间线（归于 E_FLOOR 图层）删除。

（3）绘制参数栏杆

天正命令：【剖面】/【参数栏杆】。

生成的剖面图中，楼梯踏步的剖面图已经自动生成，需要绘制参数栏杆，操作步骤如下。

① 单击出现【剖面楼梯栏杆参数】对话框，如图 13-54 所示。根据上述住宅楼楼梯标准层设计，“踏步数”为“9”“踏步宽”为“280”“踏步高”为“156”，“梯段走向选择”框为“左高右

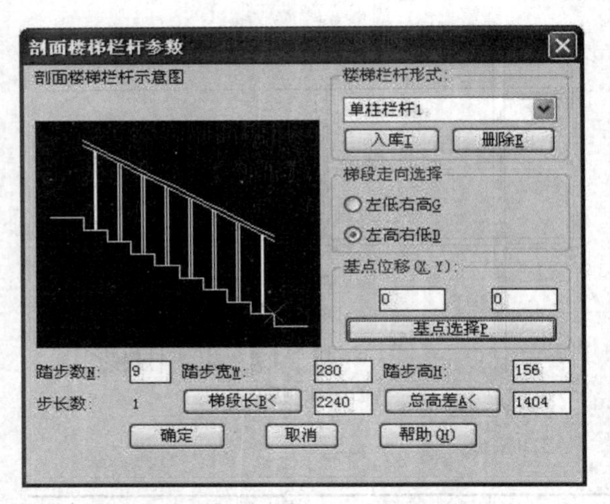

图 13-54 【剖面楼梯栏杆参数】对话框

低”。单击【基点选择P】按钮调整插入点位置，使（红）叉号停留在右侧第一个踏步上沿。单击【确定】按钮后，返回绘图窗口插入栏杆。如图 13-55（a）所示，单击 P1 点，插入栏杆。重复上述步骤，单击 P2、P3 点完成梯段栏杆的绘制，如图 13-55（b）所示。

② 再次选择天正菜单的【剖面】/【参数楼梯】命令，出现【剖面楼梯栏杆参数】对话框，只是把“梯段走向选择”为“左低右高”，单击【确定】按钮，单击 P4、P5 点，生成楼梯栏杆如图 13-55（c）所示。

③ 选择天正菜单的【剖面】/【扶手接头】命令，命令行提示如下。

命令操作过程	操作说明
① 命令：TConnectHandRail ② 请输入扶手伸出距离<0>:100 ③ 请选择是否增加栏杆[增加栏杆(Y)/不增加栏杆(N)]<增加栏杆(Y)>: Y	输入扶手伸出距离 100
④ 请指定两点来确定需要连接的一对扶手！选择第一个角点<取消>: ⑤ 另一个角点<取消>:	框选要连接的梯段栏杆扶手的端部
⑥ 请指定两点来确定需要连接的一对扶手！选择第一个角点<取消>: ⑦ 另一个角点<取消>:	继续框选要连接的梯段栏杆扶手的端部（顶层扶手也框选）

框选所有绘制的楼梯栏杆扶手，完成扶手连接，绘制完成并修剪被梯段遮挡的栏杆，如图 13-55（d）所示。

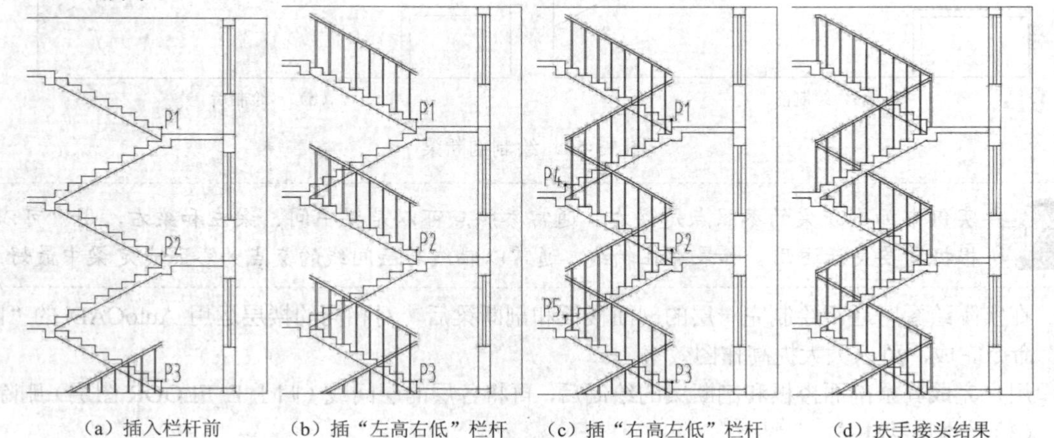

（a）插入栏杆前　（b）插“左高右低”栏杆　（c）插“右高左低”栏杆　（d）扶手接头结果

图 13-55　绘制参数栏杆步骤

（4）绘制剖面檐口

天正命令：【剖面】/【剖面檐口】。

本实例是平屋顶，檐口为女儿墙，高度为 900。执行命令，弹出【剖面檐口参数】对话框。

“檐口类型”有四种，选择“女儿墙”，按图 13-56 所示设置女儿墙参数。单击 基点选择P 按钮，可以调整插入时基点的位置。设置完成后单击 确定 按钮，命令行提示如下。

命令操作过程	操作说明
① 命令: sroof	
② 请给出剖面檐口的插入点 <退出>:P1	选取顶层层间线与外墙的外交点 P1

完成剖面檐口的绘制，继续另一侧檐口的绘制，然后运用“夹点”命令修改自动生成的剖面女儿墙，结果如图 13-57 所示。

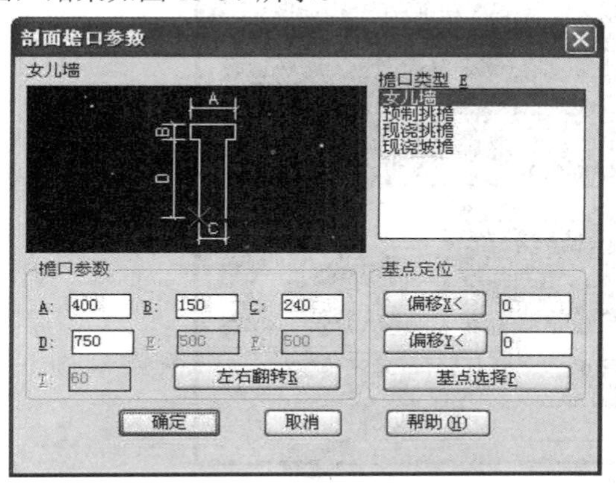

图 13-56 【剖面檐口参数】对话框

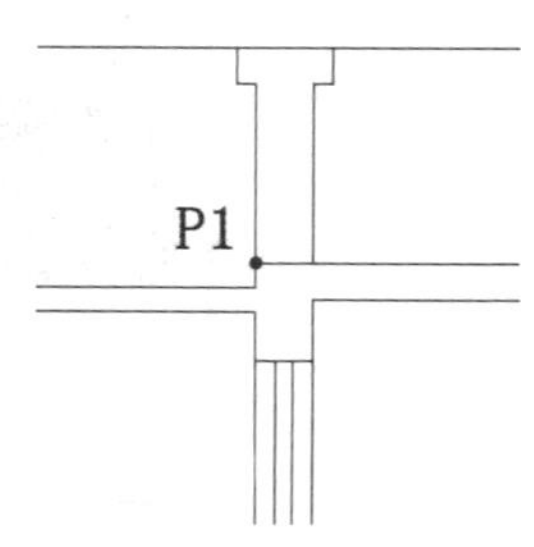

图 13-57 绘制剖面檐口

（5）线段加粗

天正命令：【剖面】/【居中加粗】。

按照剖面图绘制原则，对于剖切到的墙体、楼板、梁、栏板、雨棚等构件要进行加粗。执行命令，命令行提示如下。

命令操作过程	操作说明
① 命令: Sltoplc2	
② 请选取要变粗的剖面墙线梁板楼梯线(向两侧加粗)<全选>:	
③ 选择对象:↙	按 Enter 键默认全部选择
④ 请确认墙线宽(图上尺寸) <0.40>:	按 Enter 键默认
⑤ 请确认墙线宽(图上尺寸) <0.40>:	按 Enter 键默认
⑥ 请确认墙线宽(图上尺寸) <0.40>:	按 Enter 键默认

天正自动分析加粗对象，完成所有剖切到的墙体、楼板、梁、栏板、雨棚等构件的加粗。

天正是按照图层分析剖切对象，生成的剖面图中剖切对象被定义在 S_WALL 和 S_STAIR 两个图层。所以要使用天正分析“加粗”和“填充”对象时，用户一定要保证补绘图形的图层。

（6）图案填充

天正命令：【剖面】/【剖面填充】。

图案填充是补绘剖面图的最后环节，填充对象有剖切到的楼板、梁、墙体、栏板等。执行命令，命令行提示如下。

命令操作过程	操作说明
① 命令: FillSect	
② 请选取要填充的剖面墙线梁板楼梯<全选>:	按 Enter 键默认全部选择
③ 选择对象: ↙	按 Enter 键

按 Enter 键后弹出【请点取所需的填充图案】对话框，如图 13-58 所示。用户根据要求选择图案，本例选择“涂黑”。单击 确定 按钮，完成剖面填充。

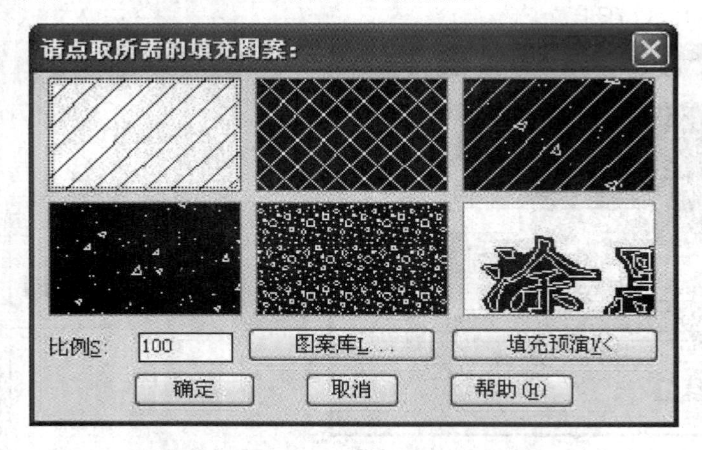

图 13-58 【请点取所需的填充图案】对话框

经过深化补充修改后的剖面图如图 13-59 所示。

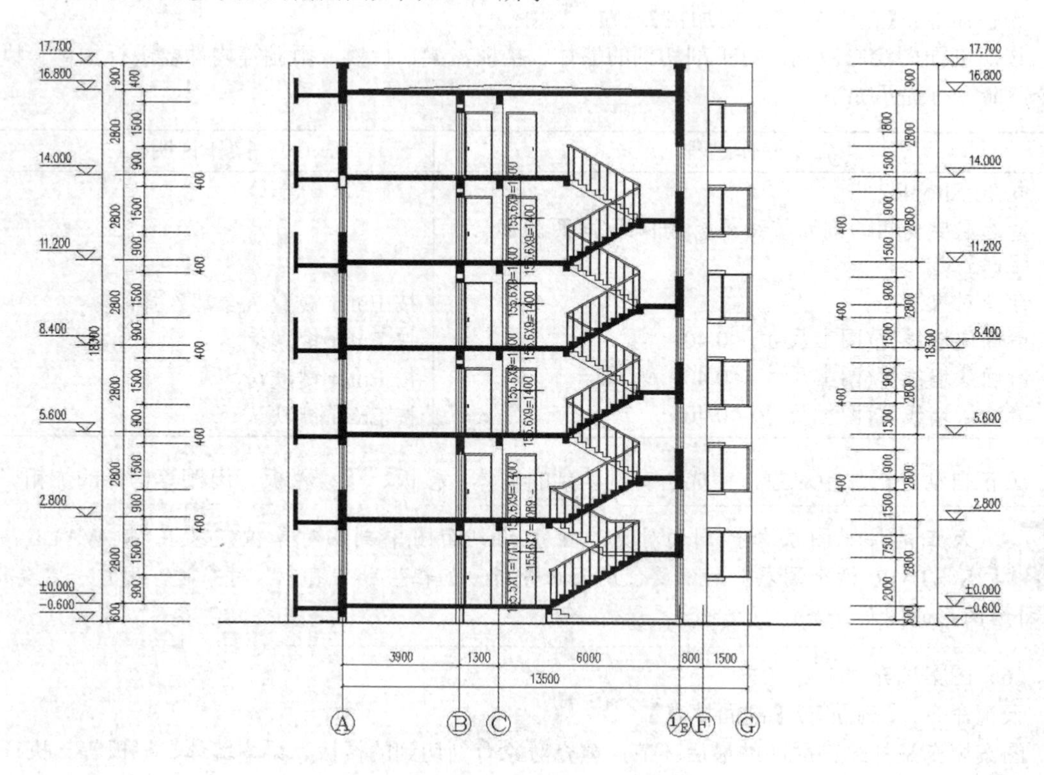

图 13-59 深化后的剖面图

13.5 门窗表的生成

天正命令：【门窗】/【门窗总表】。

用户也可在天正【工程管理】对话框的【楼层】面板中，单击“门窗总表”按钮。执行命令后，弹出如图 13-60 所示的【表格内容】对话框。程序自动统计所列楼层表中各层平面图中所有的门窗数量和类型。单击 确定 按钮，返回绘图窗口，用户指定插入位置，结果如图 13-61 所示。

双击表格可切换至编辑状态。双击表格中的内容，出现文本框，用户可进行内容编辑。双击表格线，弹出如图 13-62 所示的【表格设定】对话框，进行表格样式编辑。

类型	设计编号	洞口尺寸 (	洞口尺寸 (	各层樘数	各层樘数	各层樘数	各层樘数	总樘数	采用标准
类型	设计编号	宽	高	1层	2-5层	6层	7层	总樘数	图集代号
门	M-1	1000	2100	2	2X4=8	2		12	
门	M-2	900	2100	6	6X4=24	6		36	
门	M-3	800	2100	4	4X4=16	4		24	
门	M-4	800	2100	2	2X4=8	2		12	
门	M-5	1500	2500	2	2X4=8	2		12	
门	M-6	2100	2500	2	2X4=8	2		12	
门	M-7	1500	2000	1				1	
窗	C-2	1500	1500	2	2X4=8	2		12	
窗	C-3	1200	1500	2	3X4=12	3		17	
凸窗	C-1	1800	1500	2	2X4=8	2		12	
转角窗	ZJC-1	(1260+3000	1500	2	2X4=8	2		12	

图 13-60 【表格内容】对话框

门窗表

类型	设计编号	洞口尺寸（mm）		各层樘数				总樘数	采用标准图集及编号		备注
		宽	高	1 层	2-5 层	6 层	7 层		图集代号	编号	
门	M–1	1000	2100	2	2×4=8	2		12			
	M–2	900	2100	6	6×4=24	6		36			
	M–3	800	2100	4	4×4=16	4		24			
	M–4	800	2100	2	2×4=8	2		12			
	M–5	1500	2400	2	2×4=8	2		12			
	M–6	2100	2400	2	2×4=8	2		12			
子母门	M–7	1500	2000	1				1			
窗	C–2	1500	1500	2	2×4=8	2		12			
	C–3	1200	1500	2	3×4=12	3		17			
凸窗	C–1	1800	1500	2	2×4=8	2		12			
转角窗	ZJC–1	(1260+3000)	1500	1	1×4=4	1		6			
	ZJC–1	(3000+1260)	1500	1	1×4=4	1		6			

图 13-61　标准样式门窗总表插入结果

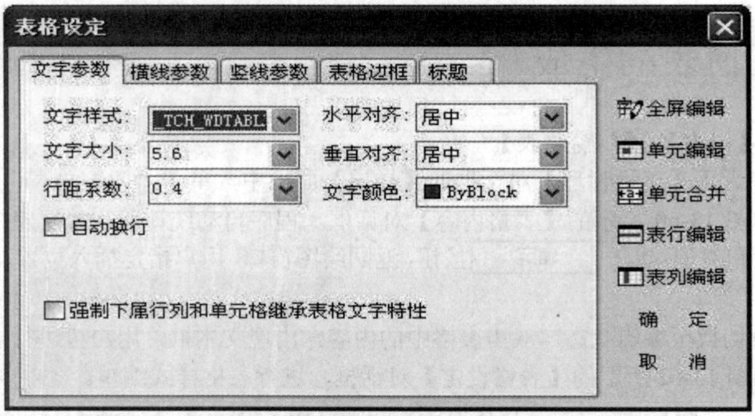

图 13-62 【表格设定】对话框

13.6 图库管理

天正软件带有大量的门窗、家具、节点详图、三维形体等图库，可以方便用户使用，这也是专业绘图软件的优点，下面介绍打开图库、建立新图库、图块入库、调用图库等方面的技巧与方法。

13.6.1 图库的基本操作

（1）运行图库

天正命令:【图案图库】/【通用图库】

执行命令后出现【天正图库管理系统】对话框，如图 13-63 所示。该对话框分五个区，各区功能如下。

命令区——进行相关命令的操作。

类别区——显示当前图库树形分类目录。

块名区——显示所选图块类型中所有图块的名称。

状态行——显示当前图块的参考信息。

图块预览区——显示所选图块类型中包含的图块略图。

（2）选择图库

单击对话框的右面的按钮，打开一菜单，选中其中的“二维门库”命令，即可打开二维平面门的图库。

13.6.2 新建图库组文件

为了便于查找图库中的众多图块，天正按照下列方法管理图库：将同类图块（DWG 文件）打包、压缩为 DWB 文件；每一个 DWB 文件建立一个索引表（TK）；多个索引表（TK）文件组成一个图库组（TKW）文件。

这样，查找一个图块的顺序是：图库组（TKW）→索引表（TK）→DWB 文件→图块。因此建立新的图库组的过程如下。

① 单击天正菜单的【图案图库】/【通用图库】命令，出现【天正图库管理系统】对话框，如图 13-63 所示；单击对话框上的按钮，显示【新建】对话框，如图 13-64 所示。

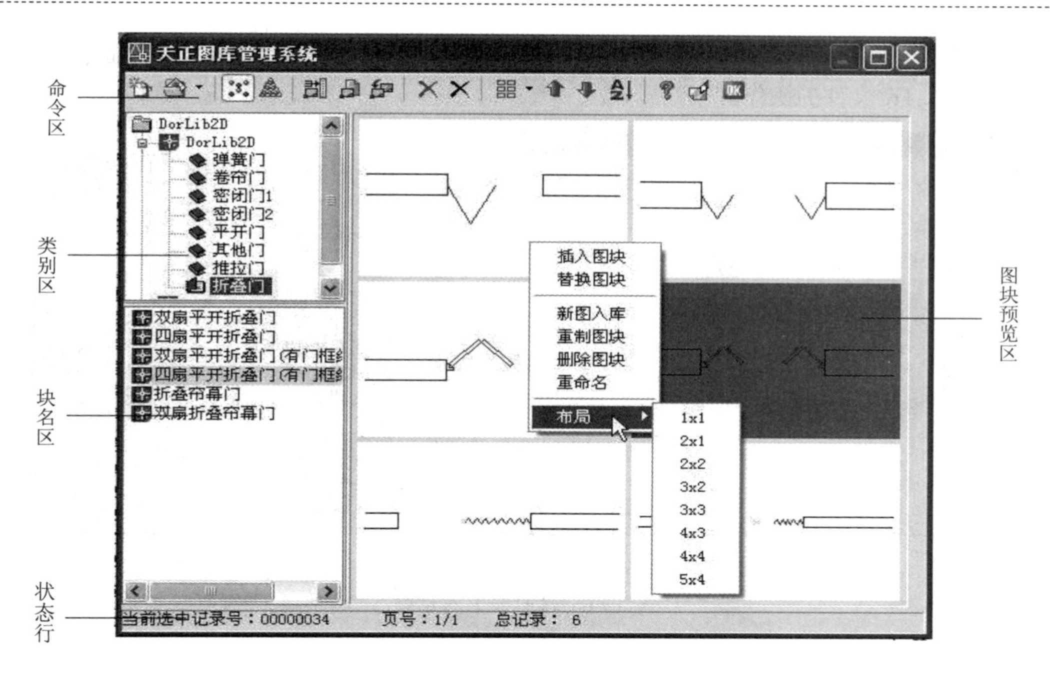

图 13-63 【天正图库管理系统】对话框

图 13-64 【新建】对话框

② 在“文件名”栏中输入图库组文件名，选择“多视图图库”或“普通图库”单选按钮，单击“新建”按钮完成操作。

13.6.3 打开图库组文件

打开图库组文件的方法有以下两种。

① 在【天正图库管理系统】对话框中，单击按钮，显示【打开】对话框，如图 13-65（a）所示，双击要打开的文件名。

② 在【天正图库管理系统】对话框中，单击右面的按钮，弹出下拉菜单，如图 13-65（b）所示，单击要打开的图库。

13.6.4 新建、加入 TK 文件

在【天正图库管理系统】对话框中，单击最左上方的图库组文件，如图 13-63 所示的

“DorLib2D”，单击右键，弹出一快捷菜单，其中显示有“新建 TK”和“加入 TK”命令，即可进行新建、加入 TK 文件的操作。

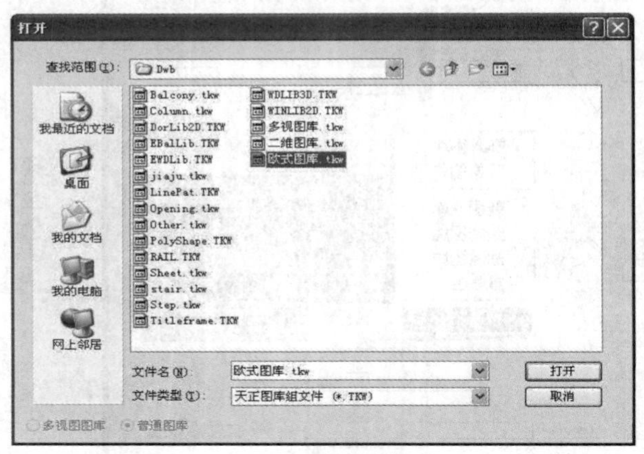

（a）【打开】对话框

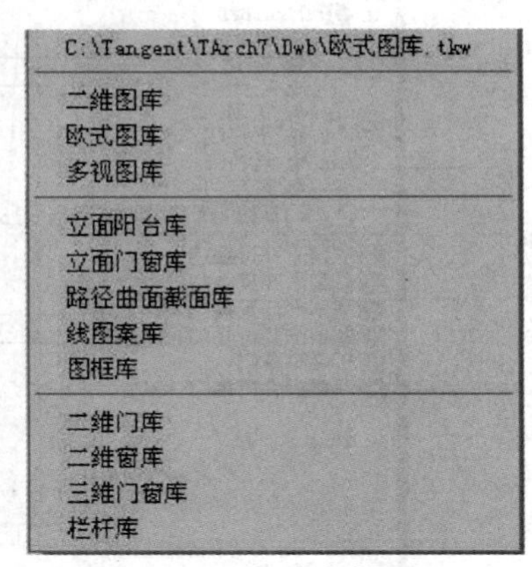

（b）下拉菜单

图 13-65 【打开】对话框

13.6.5 合并检索图块

在【天正图库管理系统】对话框中，单击右面的按钮，打开一菜单，选中其中的“立面门窗库”命令，调出立面门窗图库组，如图 13-66（a）所示。天正的图库分为系统图库和用户图库。

① 系统图库。随软件提供的图库，如图中的 EWDLib，由天正公司升级软件时扩充和修改。

② 用户图库。由用户扩充的图库，一般以“U-”开头命名，如图中的“U_EWDLib”。

系统图库和用户图库可以分开或合并显示，单击按钮，使其凹下，图库分开显示，如图 13-66（a）所示；如单击按钮，使其凹下，图库合并显示，如图 13-66（b）所示。

13.6.6 新建、删除类别和图块

（1）新建类别

在如图 13-66（a）所示的对话框中，右击“U_EWDLib”，弹出一快捷菜单，选择其中的“新建类别”命令，自动在“U_EWDLib”下建立一个新类别，在名称框中输入“立面窗”，在名称框外任意位置单击，完成名称输入，如图 13-67 所示。

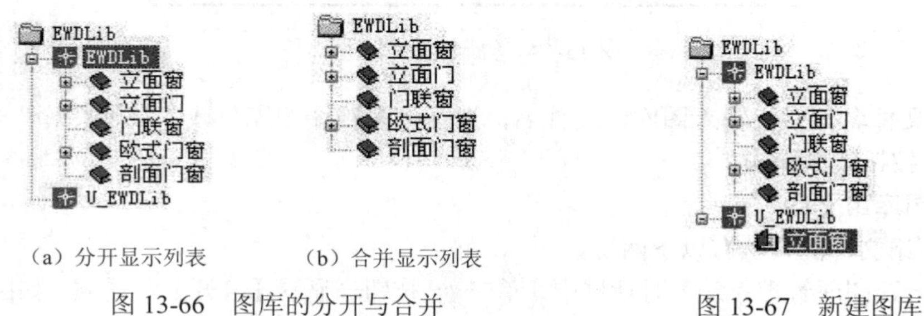

（a）分开显示列表　（b）合并显示列表

图 13-66 图库的分开与合并

图 13-67 新建图库

（2）删除类别和图块

在如图 13-67 所示的对话框中，右击“U_EWDLib”下的“立面窗”，弹出一快捷菜单，选中其中的“删除类别”命令即可。

在上述对话框中，单击要删除的图块，单击对话框上面的按钮，或右击，弹出一快捷菜单，选中其中的“删除图块”命令即可。

13.6.7　新图入库

“新图入库”命令用来将常用图形添加到图库中。具体操作步骤如下。

① 首先用 AutoCAD 命令绘制如图 13-68 所示的立面窗。

② 按照上述方法打开图库“U_EWDLib”，并将其展开，如图 13-69 所示。

③ 选择“U_EWDLib”中的“立面窗”，单击对话框上面的“新图入库”按钮 。系统自动将新建图块命名为“新图块”，显示在对话框左下方的“块名区”。命令行提示如下。

命令操作过程	操作说明
① 命令：tkw	
② 选择构成图块的图元:指定对角点：找到 17 个	
③ 选择构成图块的图元:↙	框选绘制的立面窗图形
④ 图块基点<(27198.1,17428.9,-1e-008)>:↙	按 Enter 键结束选择
⑤ 制作幻灯片(请用 zoom 调整合适)或 [消隐(H)/不制作返回(X)]<制作>:↙	按 Enter 键默认 按 Enter 键默认“制作”
⑥ 命令:	制作完成

④ 单击名称“新图块”，输入新名称“半圆窗”，在门窗框之外位置单击，完成新图入库操作，如图 13-69 所示。

图 13-68　立面窗图块

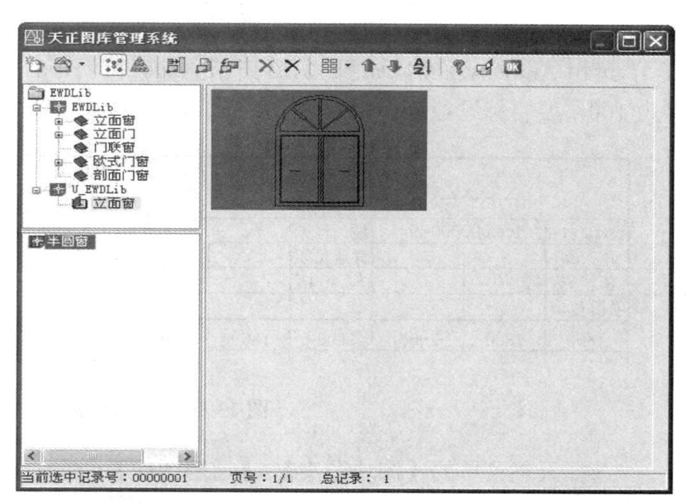

图 13-69　“半圆窗”图块入库

13.6.8　插入图块

天正的图库分为专用图库和通用图库。专用图库最好用专门命令插入其中的图块，如插入阳台、门窗等命令；通用图库用“通用图库”命令插入其中的图块，如家具、配景等。这里以“通用图库”插入家具为例来说明其操作步骤。

① 单击天正菜单的【图案图库】/【通用图库】命令，出现【天正图库管理系统】对话框。

② 在【天正图库管理系统】对话框中，单击 右面的 按钮，打开一菜单，选择“二维图库”命令。单击“plan”、单击“平面家具”、单击“　”，双击选择“双人　2000*1500（2）”，弹出【图块编辑】对话框。

③ 单击“输入尺寸”或“输入比例”按钮，进行参数修改，单击“应用”按钮，命令行提示如下。

命令操作过程	操作说明
① 命令：tkw ② 选取插入点[转 90(A)/左右(S)/上下(D)/对齐(F)/外框(E)/转角(R)/基点(T)/更换(C)]<退出>:	在图纸中选取位置插入床

按 Enter 键结束，完成插入图块操作。

有关图库的其它操作命令，请用户参照天正软件的“实时助手（天正命令下单击右键可显示）”来练习，由于 幅所限，这里不再赘述。

13.7 文件布图

完成工程图的绘制后，需要打印图纸，对于绘图比例相同的单张图纸打印比较容易，如果将不同比例的图纸放在一张图纸中时，就要进行处理。天正软件的打印主要用 AutoCAD 中的打印命令，软件本身没有打印功能。下面介绍布图的方法。

13.7.1 单张打印

（1）创建标题栏

每个设计公司都有自己的标题栏。为了绘图的便利，最好将公司的标题栏放置在天正的图库中。下面开始创建标题栏。

① 运用 AutoCAD 绘制如图 13-70 所示的标题栏，并书写上相应的内容。因插入图框时默认比例为 100，要将标题栏缩小 100 倍。

XXXXXXXX 建筑设计研究院						单位名称		
						项目名称	办公楼	
设计证书号	000000000-bb		设 计 号			一层平面图	设计阶段	
审 定			专业负责				图 号	
审 核			校 核				比 例	
项目负责			设 计				日 期	
1800	1800	2000	1800	1800	2000	7200	1800	1800

（行高：1600，650，650，650，650）

图 13-70 入库标题栏

② 选择天正菜单的【图块图案】/【通用图库】命令，出现【天正图库管理系统】对话框，单击 右面的 按钮，在下拉菜单中选择“图框库”命令。单击打开“titleblk”，再单击打开“普通标题栏”。

③ 在图块预览区右击，在弹出的快捷菜单中选择“新图入库”命令，按照上述“新图入库”步骤，将图 13-70 所示的标题栏（不选择尺寸标注部分）入库。

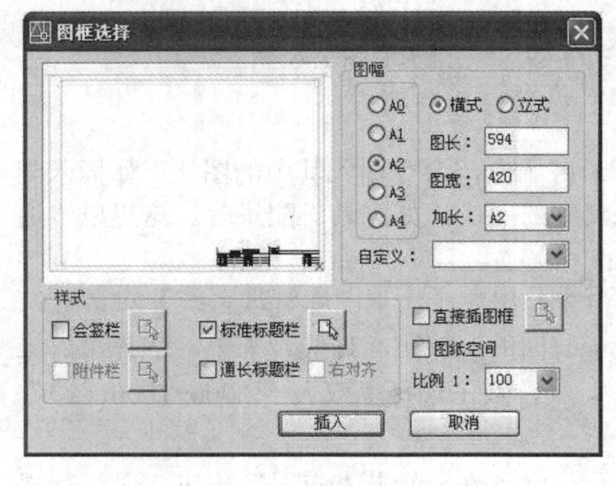

图 13-71 【图框选择】对话框

（2）插入图框

选中天正菜单的【文件布图】/【插入图框】命令，出现【图框选择】对话框，如图 13-71 所示，选择所需的图幅大小，“标准标题栏”选择刚才制作的标题栏，其余参数修改完成后单击“插入”按钮，在图纸中选取合适位置完成图框的插入。

（3）建立打印样式

关于添加打印机和建立打印样式详见前面相应章节，这里不再赘述。

13.7.2 多视口布图打印

天正软件中，利用“改变比例”命令随时调整同一图形文件在模型空间中的比例。再使用多视口布图，各视口比例可不同，但可使用同一布局打印在一张图纸上。下面进行多视口布图操作。

① 在模型空间中，结合上述实例的标准层平面图，运用天正菜单的【工具】/【其它工具】/【图形切割】命令，将楼梯切割出并放置在绘图区右侧。运用天正菜单的【文件布图】/【改变比例】命令，对切割的楼梯详图改变比例为1:50，然后增加一些尺寸标注，如图13-72所示。

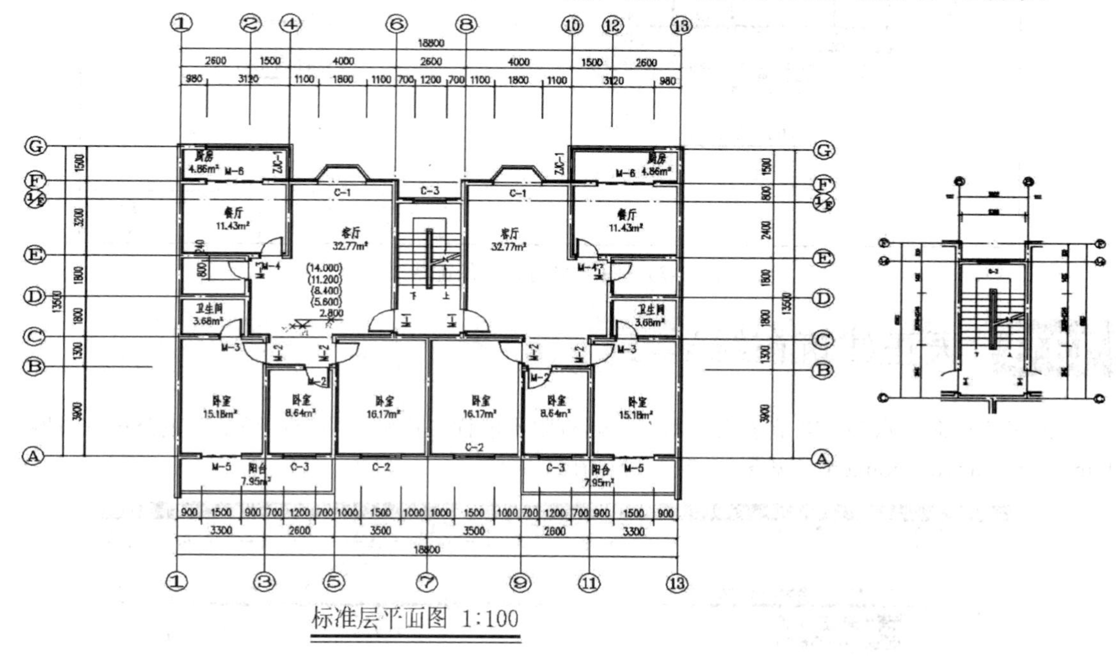

图13-72 模型空间的图纸内容

② 单击绘图区左下角的“布局1”，进入图纸空间，坐标符号变成三角形图标。布局中的实线框矩形框视口作为默认图纸空间可以用AutoCAD删除命令删除，然后重新布图。

③ 单击天正菜单的【文件布图】/【定义视口】命令，系统自动 转到模型空间（模型绘图区），框选如图13-68所示左侧 “标准层平面图”图纸部分，在命令提示区出现：“图形的输出比例1:<100>:”，输入100后，在“布局1”中生成一个视口，可以通过“夹点”命令调整视口大小；然后再定义视口，将“楼梯详图”部分比例定义为50。

④ 在“布局1”中，点击鼠标右键，弹出一浮动菜单，选择“图名标注”命令，对相应的视口加入图名标注“楼梯详图”。

⑤ 在“布局1”中，再点击鼠标右键，弹出一浮动菜单，选择“插入图框”命令，插入一个能够包含两个视口的图框。

⑥ 选择打印机打印图形，打印预览的结果如图13-73所示。

多视口布图后，每个视口都能够自由移动。如果模型空间的图形发生修改，相对应，图纸空间（布局1）中的图形也会随之发生改变，极大地方便了绘图。

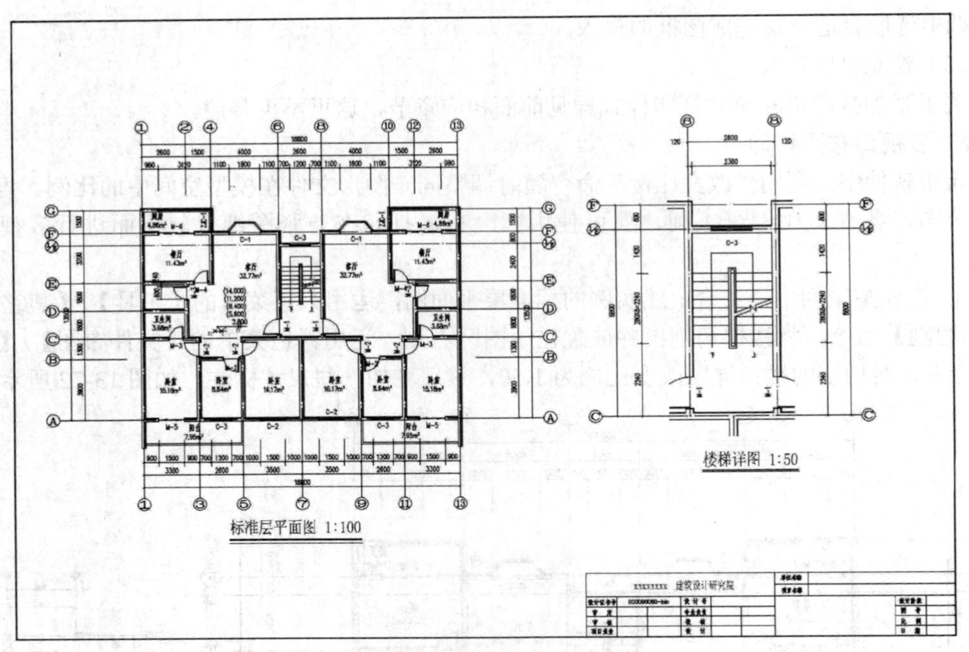

图 13-73 图纸空间布图预览结果

13.8 天正建筑在线学习

天正建筑命令众多、功能强大，本章 幅有限不能详细讲解。用户可登录天正公司官方网 http://www.tangent.com.cn/（见图 13-74）进行在线学习。

图 13-74 天正公司官方网 首页

单击 **在线教学** 按钮，切换到教学演示区，移动滚动条调整到天正建筑教学区目录列表（见图 13-75），选择教学项目，可进行在线学习。进入演示教学页面后，用户可将演示文件下载到 盘，离线反复学习。

图 13-75　天正建筑在线教学

练　习　题

1．判断题

（1）用天正 2014 作图前，首先要建立图层。（　）

（2）在安装天正建筑软件前，必须首先安装 AutoCAD2000—2014 版本软件。（　）

（3）“单线生墙”命令要求图线必须是轴线。（　）

（4）开间是横向相邻轴线之间的距离，进深是纵向相邻轴线之间的距离。（　）

（5）标注轴网的轴线编号可以自动生成。（　）

（6）调用“建筑立面”命令之前，要先制作楼层表。（　）

（7）天正建筑在生成剖面图时必须绘制剖面剖切符号。（　）

（8）用平面图的墙体命令和剖面墙体命令画墙体，效果完全相同。（　）

（9）天正建筑软件的系统图库用户也可以添加图块。（　）

（10）天正 2014 的“文字样式”命令可以分别设置中文和西文的样式。（　）

（11）单击表格的任意位置可以选中表格。（　）

（12）用户不能在系统图库中添加图块。（　）

（13）“图形裁剪”和“图形切割”的功能一样。（　）

（14）单击天正建筑生成表格的任意位置都可以选中表格。（　）

2．简答题

（1）以双线墙为主的一般平面图的作图要点是　么？

（2）门插入后，如何控制左开、右开？

（3）立面草图自动生成后，立面门窗如何替换？

（4）插入后的门窗如何删除？

（5）如何改变已经插入门窗的宽度参数？

（6）用生成法绘制立面图的作图要点是　么？

（7）用生成法绘制剖面图的作图要点是 么？

（8）门窗总表的生成步骤是 么？

（9）多视口布图的主要步骤是 么？

3．绘图题

按题图 13-1 所示的住宅平面图，进行上机操作练习。

已知：层高 3000，层数 6 层，室内外高差 600，女儿墙高 1200，窗户高 1500，窗台高 1000，门高 2100，其余未给尺寸按照建筑相关规范自己确定。

根据所给的标准层平面图绘制一层平面图、标准层平面图、顶层平面图、正立面图、背立面图、剖面图、门窗表、有关详图。

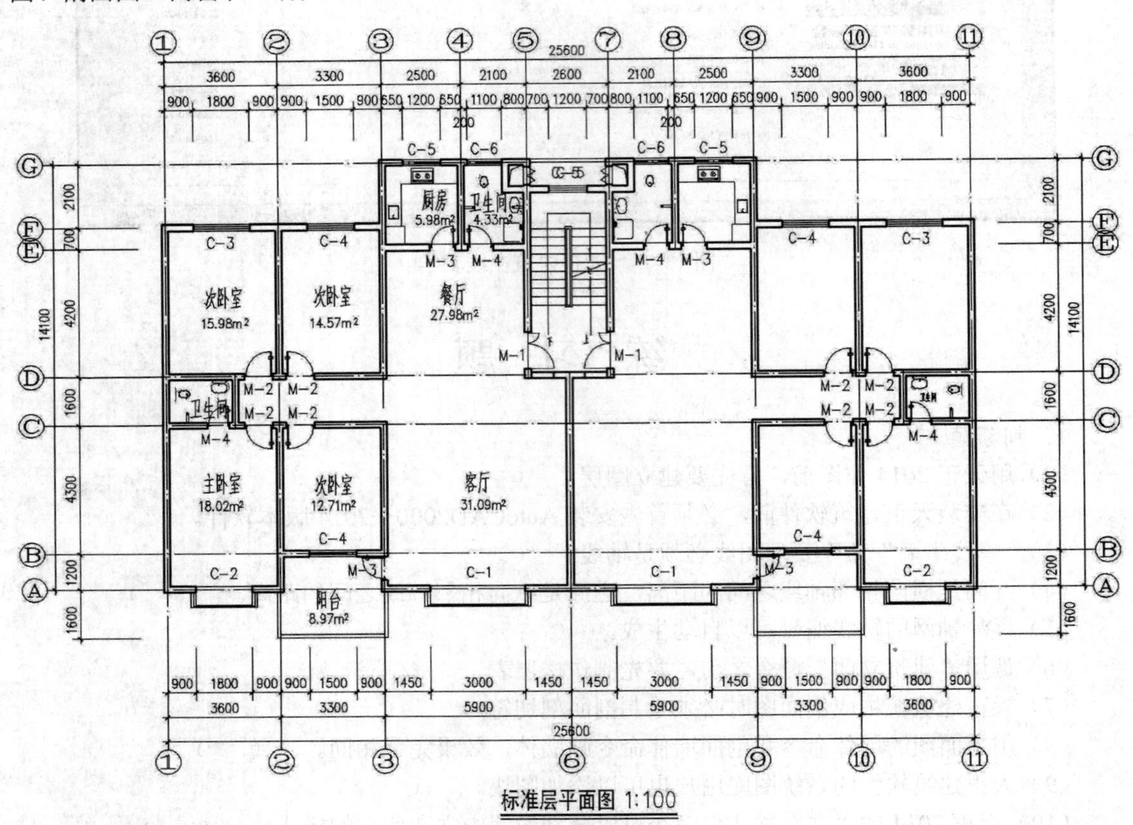

题图 13-1 住宅平面图

第 14 章 PKPM 结构系列软件简介

PKPM 结构软件是由中国建筑科学研究院开发研制的一套 BIM（建筑信息模型 Building Information Modeling，简称 BIM）优秀软件产品，是本科土木工程专业同学应掌握的一个结构设计专业软件。本章以 2010 新规范的 V2.1 版为蓝本，简要介绍 PKPM 软件系统的组成和功能，使学习者对 PKPM 的主要功能和操作流程有一个基本的认识。了解 PKPM 的前期核心模块 PMCAD 的结构建模方法，对 PKPM 的结构设计流程有一个初步认识。

14.1 PKPM 系列建筑工程 CAD 系统概述

PKPM 结构软件初期只有一个 PK 模块，PK 是钢筋混凝土框排架计算与施工图绘制软件的简称，其中 P 代表平面，K 代表框架。PMCAD 模块是为简便建立结构模型，为 PK 配套开发出的结构平面计算机辅助设计软件。PMCAD 改善并简化了结构模型输入操作，使 PK 程序结构建模更加简易。以 PK 和 PMCAD 两个模块为核心的结构设计软件系统 PKPM 由此诞生。

随着开发团队不断研发，目前 PKPM 是一个系列，除了建筑、结构、设备（给水排水、采暖、通风空调、电气）设计于一体的集成化 CAD 系统以外，还有建筑概预算系列（钢筋计算、工程量计算、工程计价）、施工系列软件（投标系列、安全计算系列、施工技术系列）、施工企业信息化（目前全国很多特级资质的企业都在用 PKPM 的信息化系统）。各系统之间数据共享，各系统软件的联系如图 14-1 所示。

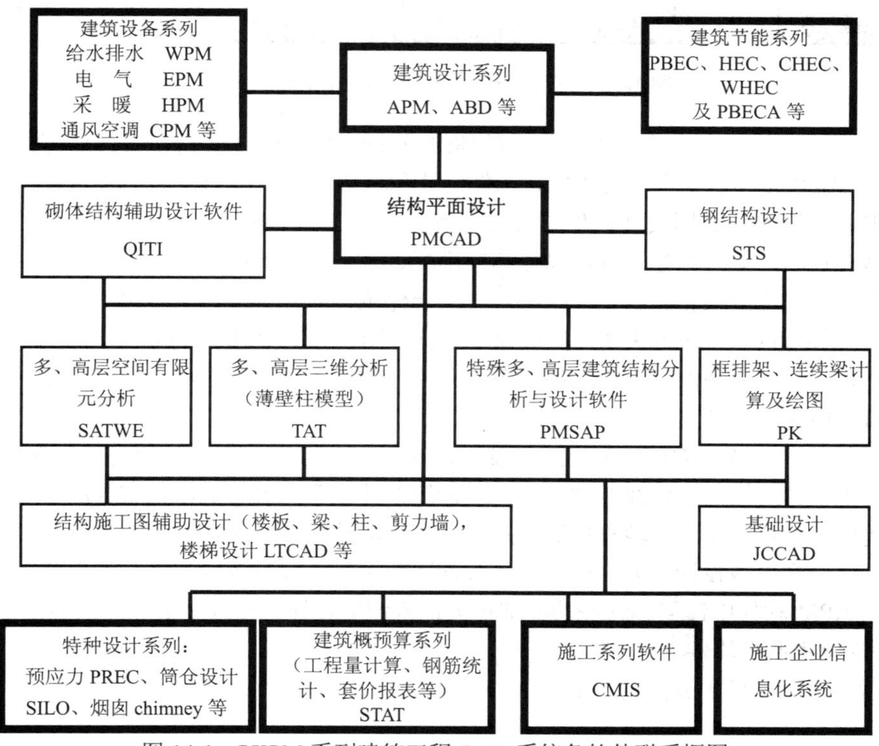

图 14-1 PKPM 系列建筑工程 CAD 系统各软件联系框图

14.1.1 三维建筑设计软件 APM

三维建筑设计软件 APM 主界面窗口如图 14-2 所示。

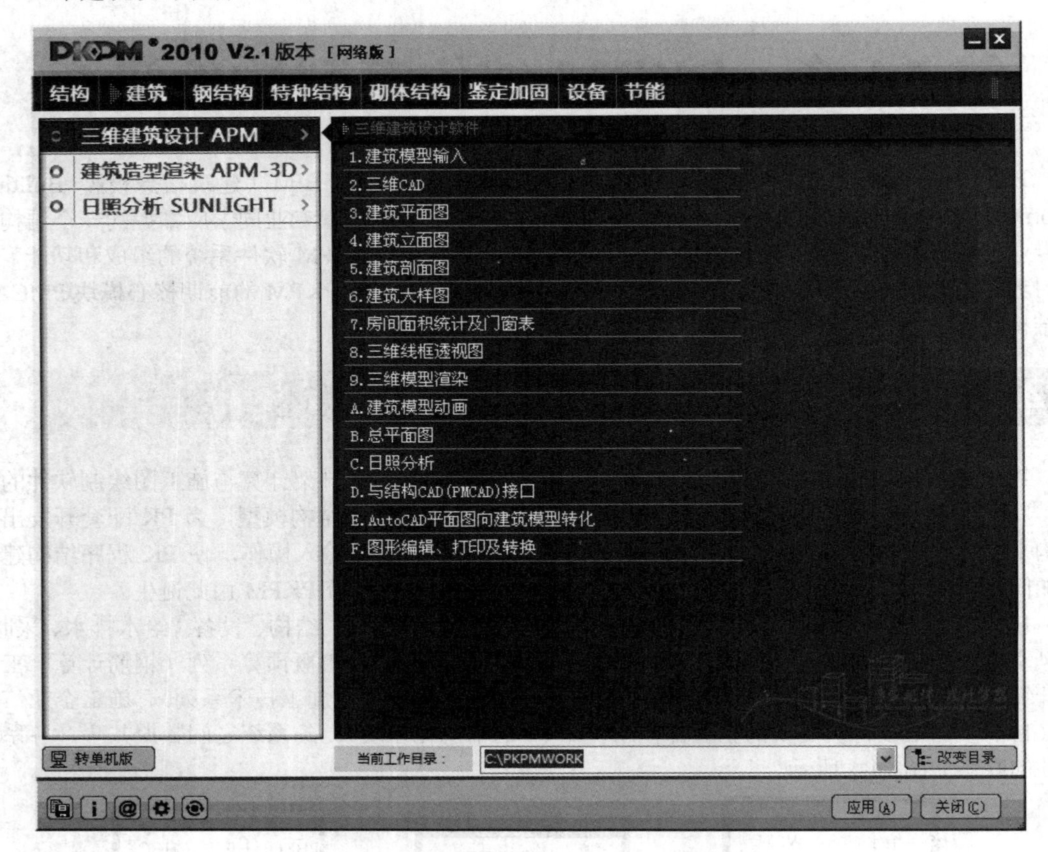

图 14-2 三维建筑设计软件 APM 主界面窗口

采用全新 BIM（建筑信息模型）技术的建筑设计软件 APM，实现三维设计可视化，参数化构件设计，三维模型与施工图双向关联，构件统计和材料算量，与 PKPM 结构软件和设备软件共享核心数据，为设计院协同设计提供了有力支持。软件提供国家“863”课题成果三维建筑方案设计模块 APM-3D，集三维建筑方案设计和二维平、立、剖、详图、总平面施工图设计于一体，自带二维渲染、三维渲染和动画制作模块，可用于建筑日照分析和房间面积统计。

APM 不用 AutoCAD 即可快捷地完成建模和施工图，不用 3DMAX 亦可完成渲染与动画。APM 智能完成建筑平、立、剖面和大样的施工图，并可绘制建筑总平面图和鸟瞰图。提供丰富的图形库和菜单自动标注与绘图。

建筑设计的全部数据均可传输到结构设计、设备设计及概预算部分，这样可极大地简化数据的输入。首先，建筑轴网、轴线及柱、墙、门窗等构件布置，可形成结构布置的各层构架，而建筑设计所提供的材料、做法、填充墙等信息，又可生成结构分析所需的荷载信息。同时，建筑设计数据还可传送到设备设计部分，用于生成条件图和进行各种设备的计算。概预算工程量统计的数据也可从 APM 软件中读取。这些功能都极大地方便了设计单位各个专业部门的密切配合。

14.1.2 建筑设备系列软件

建筑设备系列软件主界面窗口如图 14-3 所示。

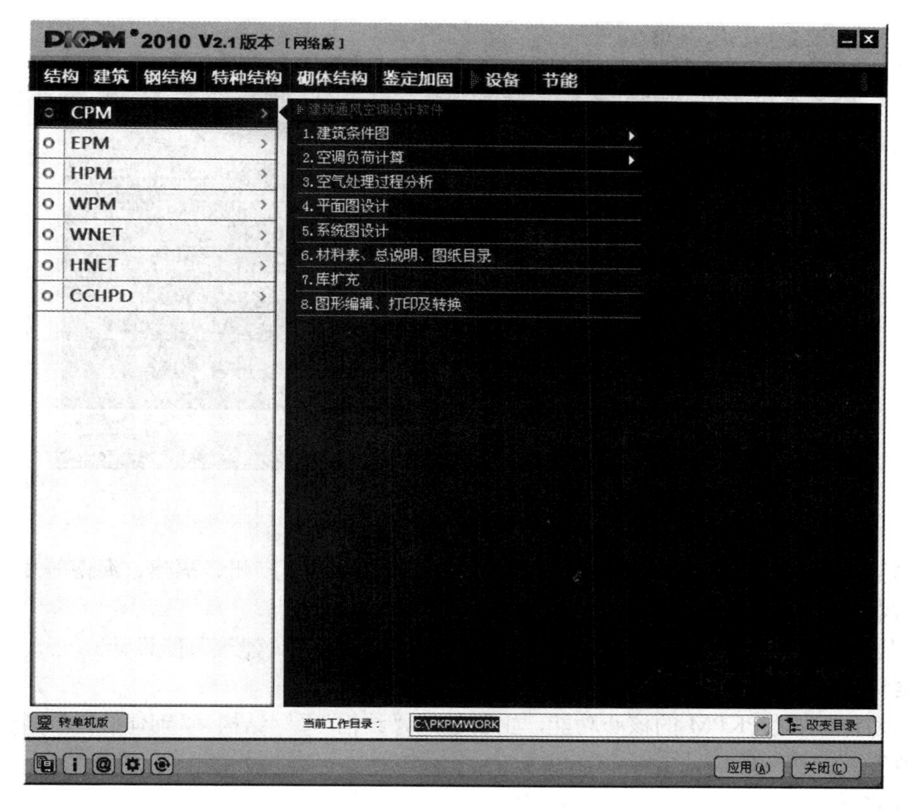

图 14-3　建筑设备系列软件主界面窗口

建筑设备设计系列软件由 7 个功能模块组成，分别是：建筑通风空调设计软件（CPM），建筑电气设计软件（EPM），建筑采暖设计软件（HPM），建筑给水排水设计软件（WPM），室外给水排水设计软件（WNET），室外热网设计软件（HNET），管道综合碰撞检查设计软件（CCHPD）。各设计软件可完成如下功能。

- 各模块可从建筑 APM 生成条件图及计算数据，也可从 AutoCAD 直接生成条件图。
- 交互完成多种管线及插件布置。
- 自动进行空调采暖负荷计算、管道水力计算、散热器选择计算，自动进行电气负荷计算、照度计算、线径选择计算。
- 自动生成空调通风、采暖、给排水系统轴测图及电气系统图。
- 自动统计设备及主要材料，自动绘制和填写设备材料表。
- 自动生成设计施工总说明，并对说明进行修改。自动统计施工图目录，自动生成国家标准图目录，自动生成图例。

14.1.3　建筑节能系列软件

建筑节能系列软件主界面窗口如图 14-4 所示。

建筑节能软件系列由 4 个模块组成，各模块功能如下。

- 严寒和寒冷地区居住建筑节能设计软件（HEC），适用于东北、西北、北京、天津、山东、山西等严寒和寒冷地区的节能设计计算。
- 夏热冬冷地区居住建筑节能设计软件（CHEC），适用于江苏、浙江、上海等夏热冬冷地区居住建筑的节能设计计算。

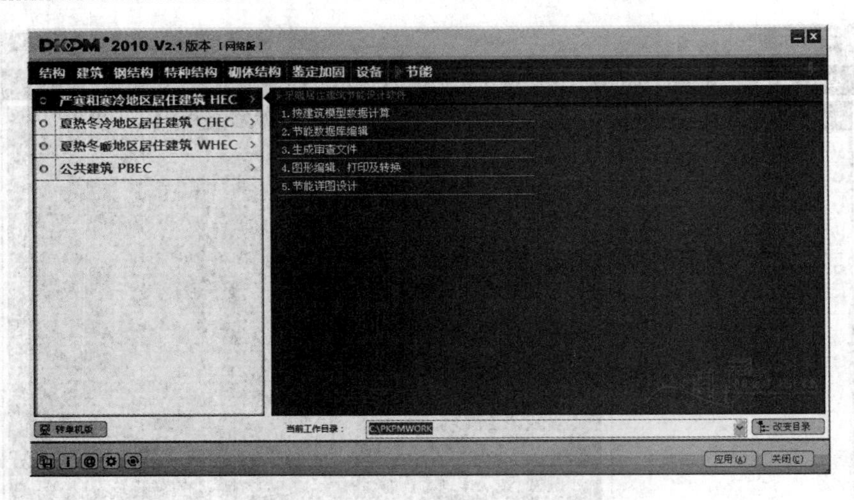

图 14-4 建筑节能系列软件主界面窗口

- 夏热冬暖地区居住建筑节能设计软件（WHEC），适用于广州、福建、海南等夏热冬暖地区居住建筑的节能设计计算。
- 公共建筑节能设计软件（PBEC），适用于全国范围内公共建筑节能设计。

14.1.4 结构设计系列软件 PKPM

结构设计模块是 PKPM 的核心功能，主要包括“结构”“钢结构”“砌体结构”“特种结构”“鉴定加固”五大功能模块。

（1）结构模块

结构模块软件主界面窗口如图 14-5 所示，本模块就是通常所说的 PKPM，它主要由 PMCAD、SATWE、TAT、PMSAP、JCCAD、PK、LTCAD、墙梁柱施工图 8 个功能模块组成。TAT－8、SAT－8 和 PMSAP－8 分别是 TAT、SATWE、PMSAP 三个模块的限制板，适用于 8 层（含 8 层）以下的结构设计。

图 14-5 结构 PKPM 模块主界面窗口

（2）钢结构 STS 模块

钢结构系列设计软件模块主界面窗口如图 14-6 所示。STS 模块包括门式刚架、框架、桁架、支架、框排架、工具箱、空间结构 7 个功能模块。重型厂房（STPJ）、温室结构设计（GSCAD）、详图设计（STXT）、钢结构算量（STSL）、网架设计（STWJ）模块需另外单独购置。

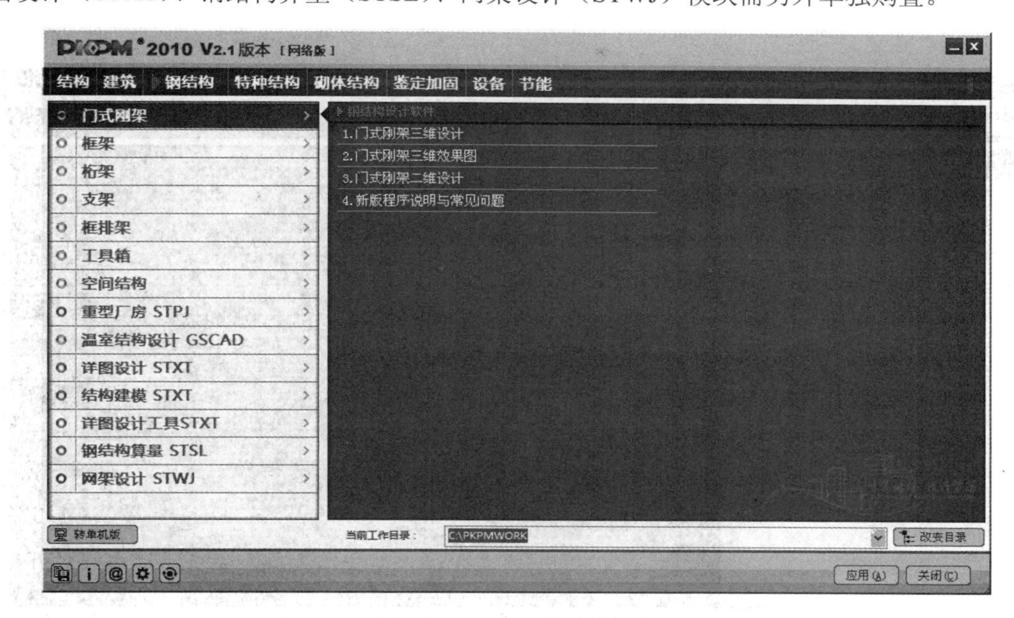

图 14-6　钢结构系列设计软件模块主界面窗口

（3）砌体结构 QITI 模块

砌体结构系列设计软件模块主界面窗口如图 14-7 所示。本系列软件包括砌体结构辅助设计、底框—抗震墙结构三维分析、底框及连梁结构二维分析、砌体和混凝土构件三维计算、配筋砌体结构三维分析、砌体结构混凝土构件设计 6 个功能模块。

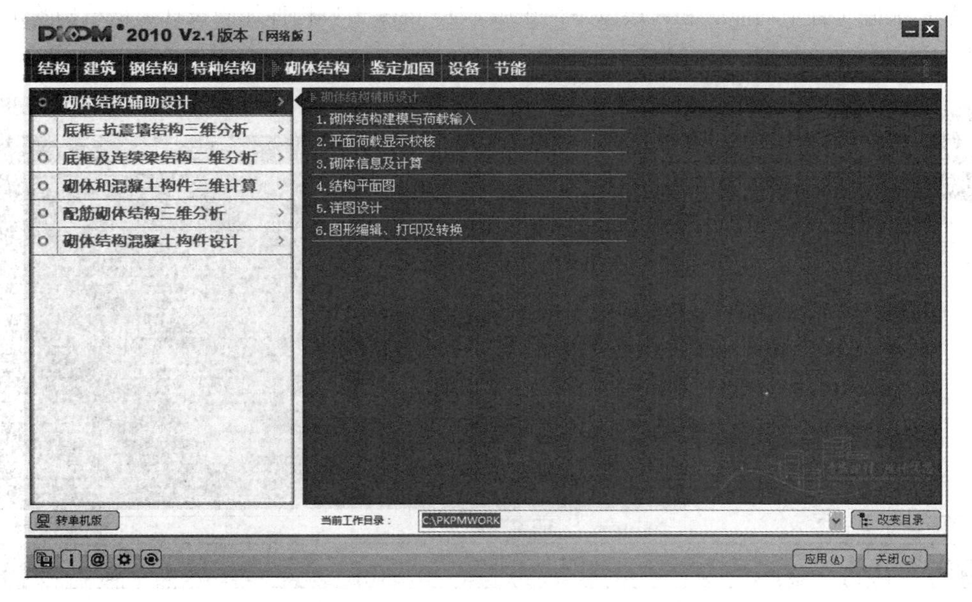

图 14-7　砌体结构设计软件模块主界面窗口

（4）特种结构模块

特种结构系列设计软件模块主界面窗口如图14-8所示。本系列包括钢筋砼（混凝土）构件计算（GJ）、预应力结构计算机辅助设计（PREC1、PREC2）、箱形基础设计（BOX）、基础及岩土工具箱（JCYT）、筒仓结构设计软件（SILO）、烟囱结构设计软件（CHIMNEY）7个功能模块组成。

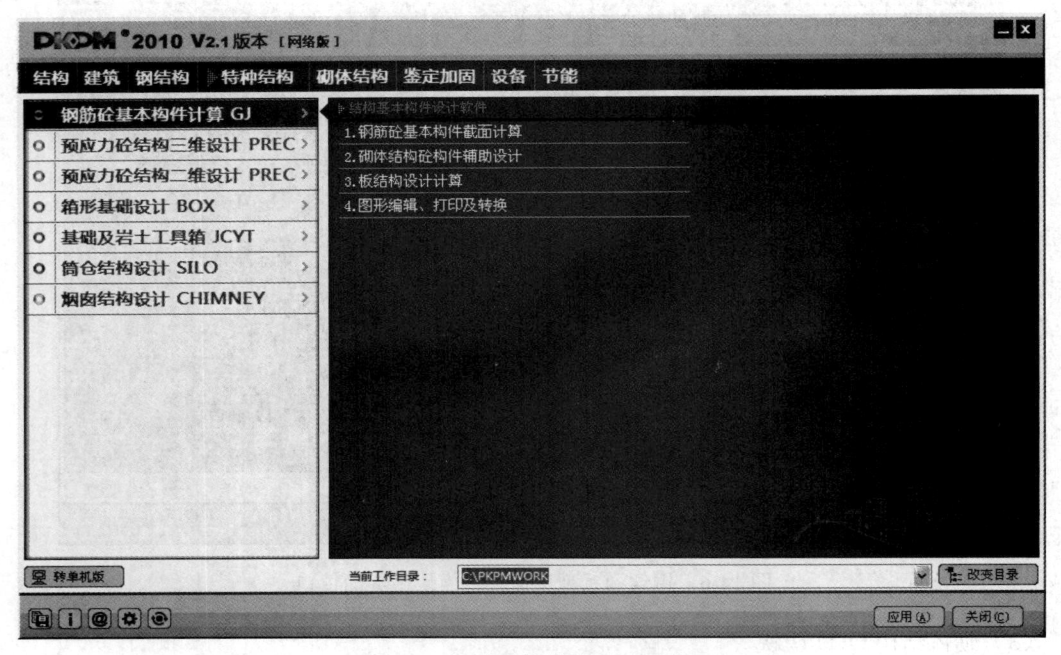

图14-8 特种结构模块主界面窗口

（5）鉴定加固模块

鉴定加固系列设计软件模块主界面窗口如图14-9所示。本系列包括砌体结构鉴定加固、混凝土结构鉴定加固（有全功能版和8层以下两个版本）、混凝土单构件加固设计、钢结构鉴定加固4个模块。

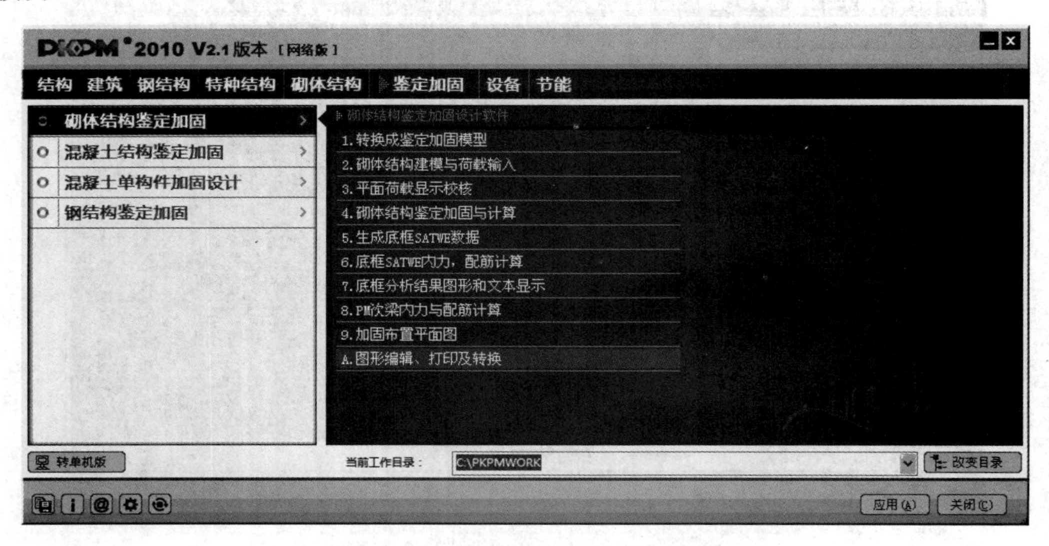

图14-9 鉴定加固模块主界面窗口

14.2 PKPM 结构模块功能简介

双击桌面上的图标启动 PKPM 系统，在弹出的 PKPM 系列软件主界面，单击“结构”选项卡，弹出图 14-5 所示菜单界面。本菜单就是狭义上的结构设计软件 PKPM，它由 PMCAD、SATWE、PMSAP、TAT、JCCAD、LTCAD、PK8 个主要功能模块组成。其中 PMCAD 为前期接口和结构建模模块；TAT、SATWE、PMSAP 三个模块分别以杆单元、墙单元、壳单元为模型单元，承接 PMCAD 模型数据，进行多、高层结构的空间有限元分析与计算；JCCAD、墙梁柱施工图两模块承接 TAT、SATWE、PMSAP 的分析数据，进行地下基础和地上墙、柱、梁的施工图设计；PK 为平面框架设计模块。

14.2.1 结构平面计算机辅助设计模块 PMCAD

PMCAD 模块主界面如图 14-10 所示。

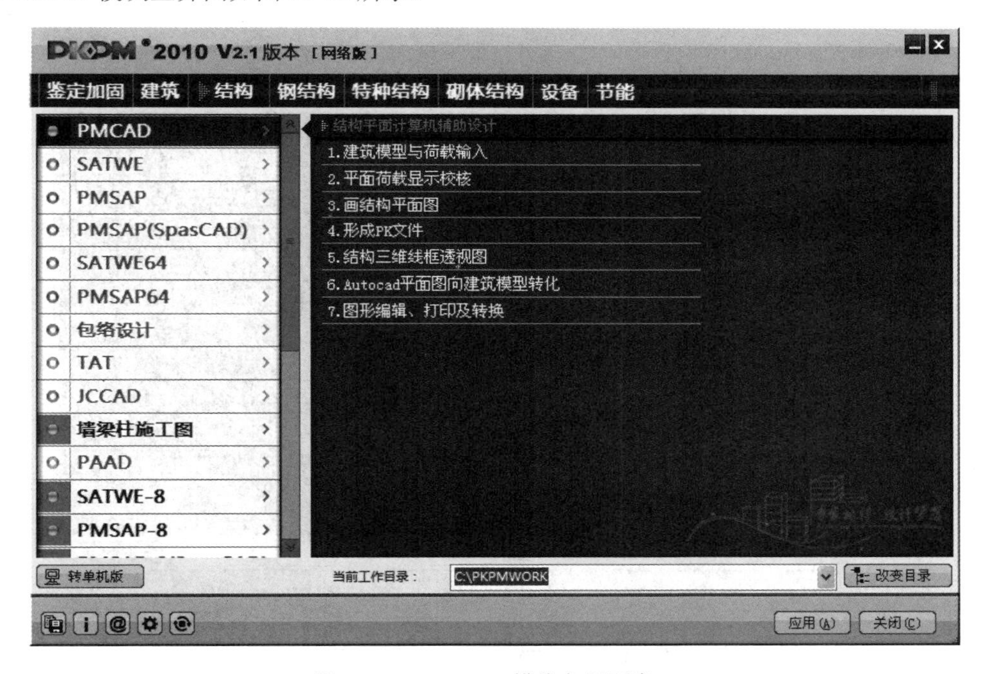

图 14-10 PMCAD 模块主界面窗口

PMCAD 是整个结构设计构件的核心，是建筑 APM 与结构的必要接口。PMCAD 是 PKPM 的二维、三维结构计算软件前处理部分，也是梁、柱、剪力墙、楼板等施工图设计软件和基础 CAD 的必备接口软件。主要功能包含三个方面。

① 建立全楼结构模型。PMCAD 用简便易学的人机交互方式输入各层平面布置及各层楼面的主梁、次梁、现浇板（预制板）、洞口、错层、挑檐等信息和外加荷载信息。在人机交互过程中提供随时中断、修改、拷贝复制、查询、继续操作等功能。

② 自动进行荷载传导，为各种计算模型提供所需数据文件。自动进行从楼板到次梁、次梁到主梁的荷载传导。并自动计算结构自重，自动计算人机交互方式输入的荷载，形成整栋建筑的荷载数据库，可由用户随时查询修改任何一个部位数据。此数据可自动给 PKPM 系列各结构计算软件（SATWE、PMSAP、TAT、PK、JCCAD）提供数据文件，也可为连续梁和楼板计算提供数据。

③ 绘制各种类型结构的结构平面图和楼板配筋图。采用丰富和成熟的结构施工图辅助设计功能，人机交互生动结构平面施工图。计算现浇楼板内力与配筋，并人机交互画出板配筋图。

14.2.2 结构空间有限元分析设计软件 SATWE

SATWE 为 Space Analysis of Tall-Buildings with Wall-Element 的词头缩写，是以空间杆单元模拟梁、柱及支撑等杆件，采用在壳元基础上凝聚而成的墙元模拟剪力墙，专门为多、高层建筑结构分析与设计而研制的三维组合结构空间结构有限元分析软件。SATWE 适用于各种复杂体型的高层钢筋混凝土框架、框剪、剪力墙、筒体结构等，以及钢-混凝土混合结构和高层钢结构。可用于复杂体型的高层建筑、多塔、错层、转换层、短肢剪力墙、板柱结构及楼板局部开洞等特殊结构型式。可进行上部结构和地下室联合工作分析，并进行地下室设计。SATWE 模块主界面如图 14-11 所示。

SATWE（高层版）的计算能力：层数≤200，每层柱数≤5000，每层梁数≤8000，每层墙数≤3000，每层支撑数≤2000，每层塔数≤9，每层刚性楼板数≤99，结构自由度数不限。

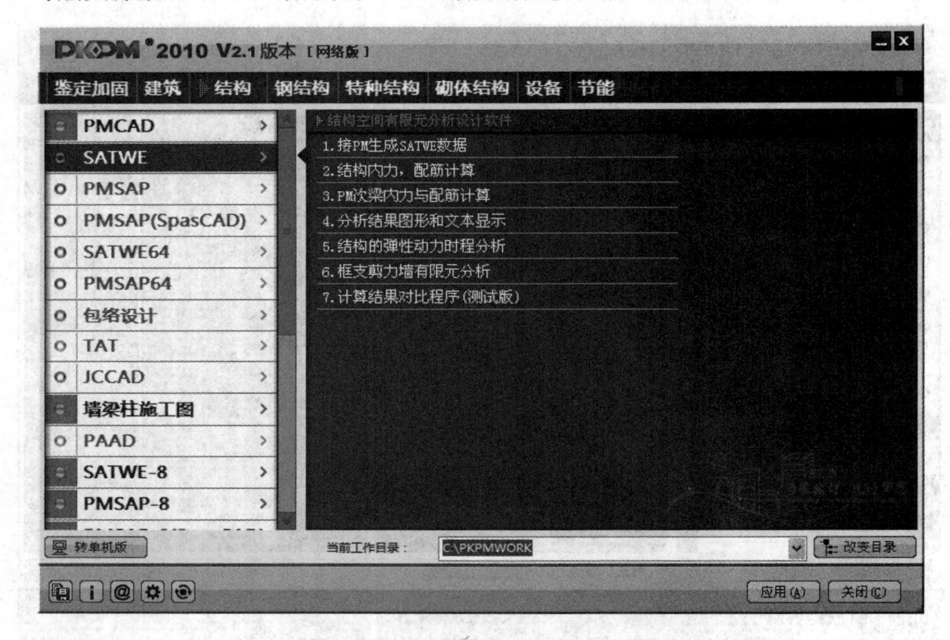

图 14-11 SATWE 模块主界面窗口

SATWE 所需的几何信息和荷载信息都从 PMCAD 建立的建筑模型中自动提取生成，并有多塔、错层信息自动生成功能，大大简化了用户操作。SATWE 完成计算后，可经全楼归并，接力“墙梁柱施工图”模块绘制结构施工图，可为基础设计软件提供设计荷载。

14.2.3 复杂空间结构分析与设计软件 PMSAP

PMSAP 模块是为了保证特殊结构设计的合理性和安全性，专门开发的特殊多高层建筑结构分析与设计软件，是独立于 SATWE 程序的一个新的多高层软件。PMSAP 在程序总体结构的组织上采用了通用程序技术，核心是通用有限元程序，单元库中有 13 大类有限单元，包括二十几种有限元模型，可以处理任意结构形式，直接针对多、高层建筑中所出现的各种复杂情形，对多塔、错层、转换层、楼板局部开洞以及体育场馆、大跨结构等复杂结构形式作了着重考虑。PMSAP 模块主界面如图 14-12 所示。

PMSAP 的计算能力：层数≤1000，每层柱数≤20000，每层梁数≤20000，每层墙数≤5000，每层桁杆数≤5000，每层多边壳房间数≤5000，结构结点数、自由度数不限。

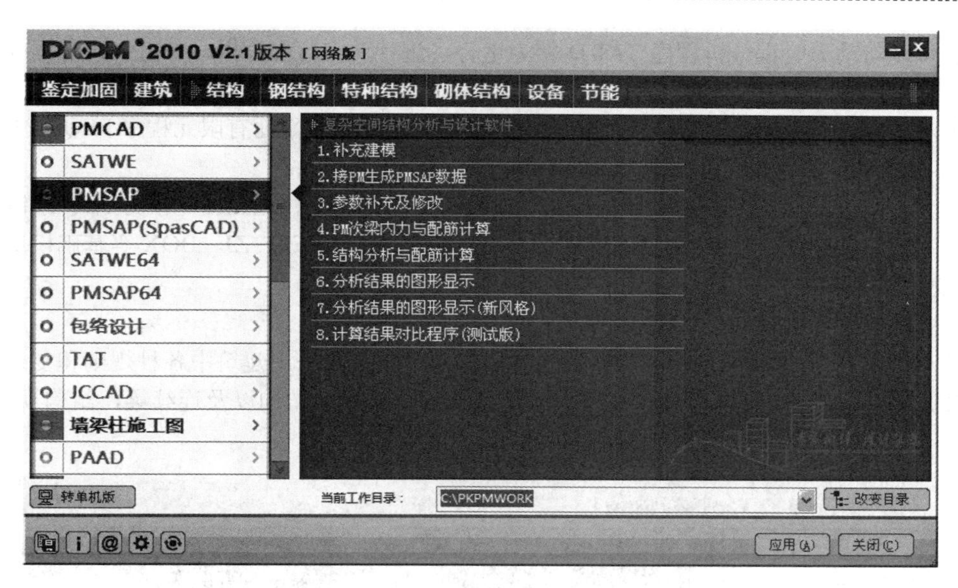

图 14-12　PMSAP 模块主界面窗口

14.2.4　结构三维分析与设计软件 TAT

TAT 模块主界面如图 14-13 所示。TAT 模块是采用薄壁杆件原理的空间分析程序，它适用于分析设计各种复杂体型的多、高层建筑，不但可以计算钢筋混凝土结构，还可以计算钢-混凝土混合结构、纯钢结构，井字梁、平框及带有支撑或斜柱结构。

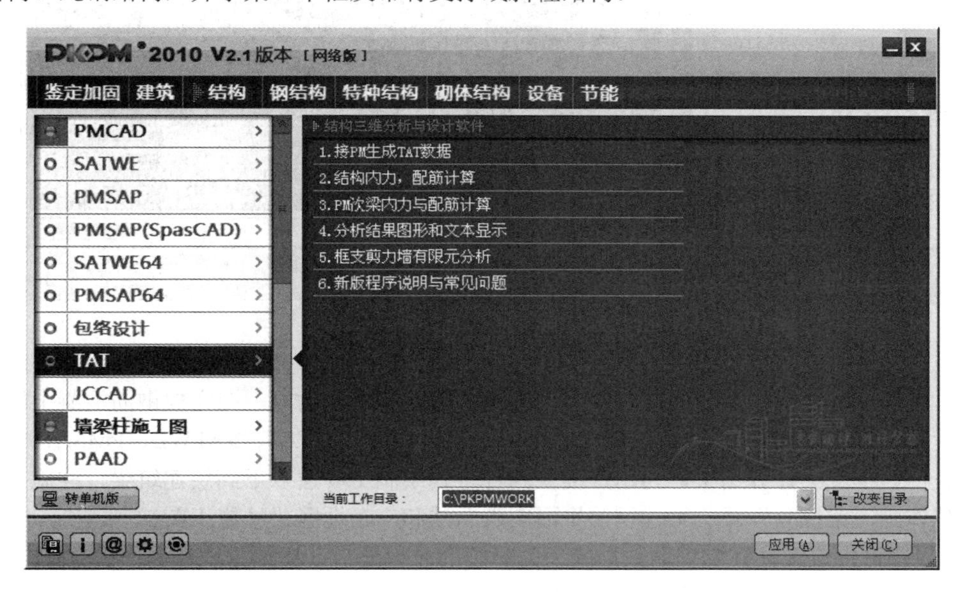

图 14-13　TAT 模块主界面窗口

TAT 与本系统其他软件密切配合，形成了一整套多、高层建筑结构设计计算和施工图辅助设计系统，为设计人员提供了一个良好的全面的设计工具。本程序计算结构最大层数达 100 层。主要功能如下。

① 与 PMCAD 联接生成 TAT 的几何数据文件及荷载文件，直接进行结构计算。可计算框架结构，框剪和剪力墙结构、筒体结构；对纯钢结构可作 P-△效应分析。

② 可以与动力时程分析程序 TAT-D 接力运行，进行动力时程分析，并可以按时程分析的结果计算结构的内力和配筋。

③ 对于框支剪力墙结构或转换层结构，可以自动与高精度平面有限元程序 FEQ 接力运行，其数据可以自动生成，也可以人工填表，并可指定截面配筋。

④ 具有强大的施工图辅助设计功能。可以接力 PK 绘制梁柱施工图，接力 JLQ 绘制剪力墙施工图，接力 PMCAD 绘制结构平面施工图。可以与 JCCAD、EF、ZJ、BOX 等基础模块联接进行基础设计。

14.2.5 框排架计算机辅助设计模块 PK

PK 模块是一个平面杆系的结构计算软件，适用于工业与民用建筑中各种规则和复杂类型的框架结构、框排架结构、排架结构，剪力墙简化成的壁式框架结构以及连续梁，结构规模在 20 层、20 跨以内。PK 模块主界面如图 14-14 所示。

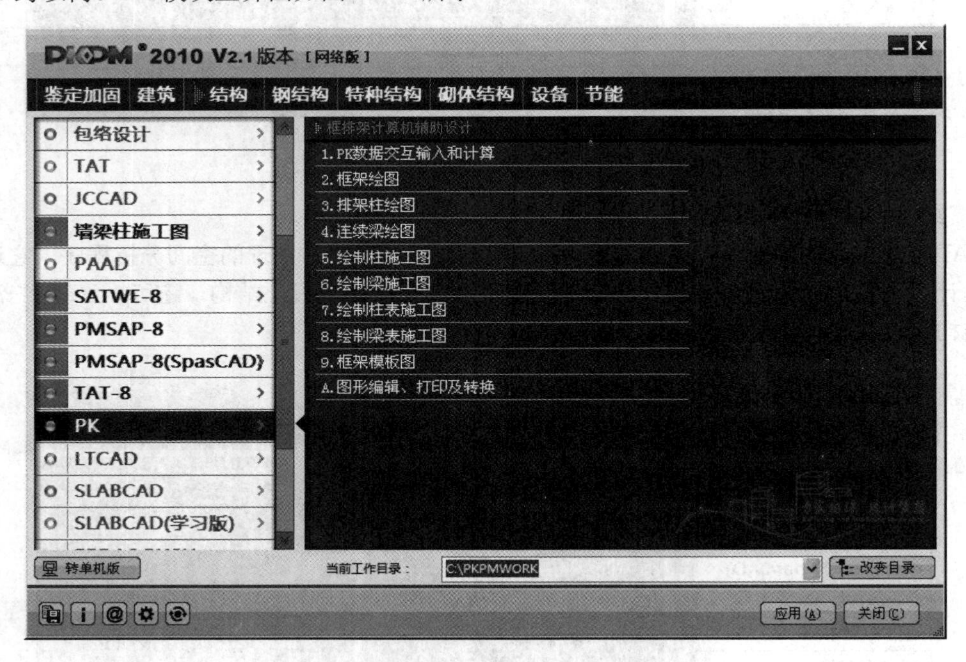

图 14-14 PK 模块主界面窗口

PK 具有二维结构计算和钢筋混凝土梁柱施工图绘制两大功能。在完成钢筋混凝土框架、排架、连续梁的施工图辅助设计外，可接力多高层三维分析软件 TAT、SATWE、PMSAP 计算结果及砖混底框、框支梁计算结果，为用户提供四种方式绘制 100 层以下高层建筑梁、柱施工图，包括梁柱整体画、梁柱分开画、梁柱钢筋平面图表示法和广东地区梁柱施工图。

PK 最终可生成梁柱实配钢筋数据库，为后续的时程分析、概预算软件等提供数据。

14.2.6 基础工程计算机辅助设计 JCCAD

JCCAD 模块主界面如图 14-15 所示。JCCAD 是基础设计软件具有结构计算、沉降计算和施工图绘制的强大功能。它读取 PMCAD、PK、TAT、SATWE 和 PMSAP 软件计算生成的各种基础荷载，完成建筑基础的计算、配筋、绘图一系列任务。JCCAD 可设计的基础形式有柱下独立基础、墙下条形基础、弹性地基梁、带肋筏板、柱下平板（板厚可不同）、墙下筏板、柱下独立桩基承台基础、桩筏基础、桩格梁基础及单桩基础的设计；同时还可完成由上述多类基础组合起来的大型混合基础设计。

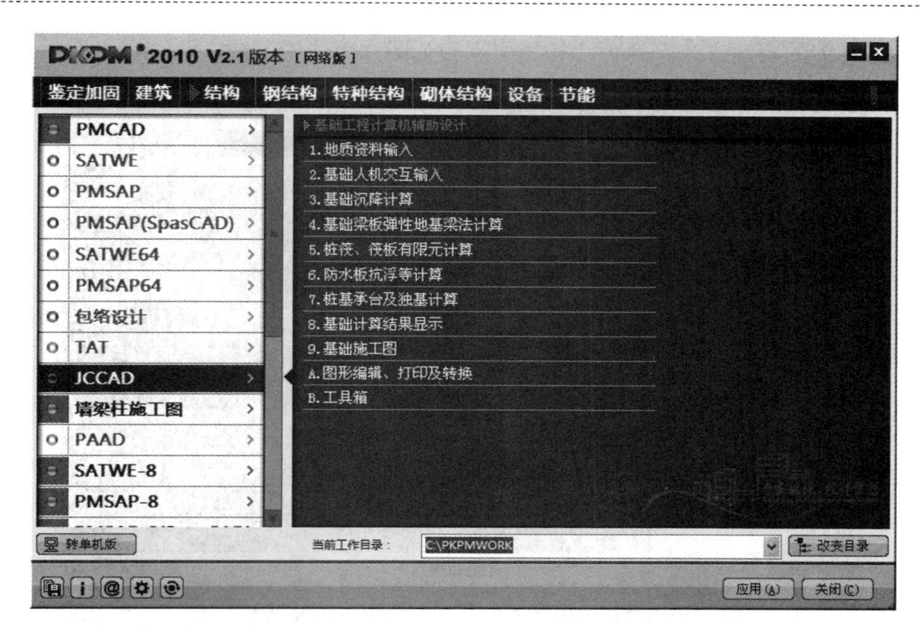

图 14-15　JCCAD 模块主界面窗口

14.2.7　楼梯计算机辅助设计 LTCAD

LTCAD 模块主界面如图 14-16 所示。LTCAD 可与 PMCAD 或 APM 连接使用，只需指定楼梯间所在位置并提供楼梯布置数据，即可完成楼梯的内力与配筋计算及施工图设计，画出楼梯平面图、竖向剖面图，楼梯板、楼梯梁及平台板配筋详图。LTCAD 适用于单跑、二跑、三跑的梁式及板式楼梯和螺旋及悬挑等各种异形楼梯。

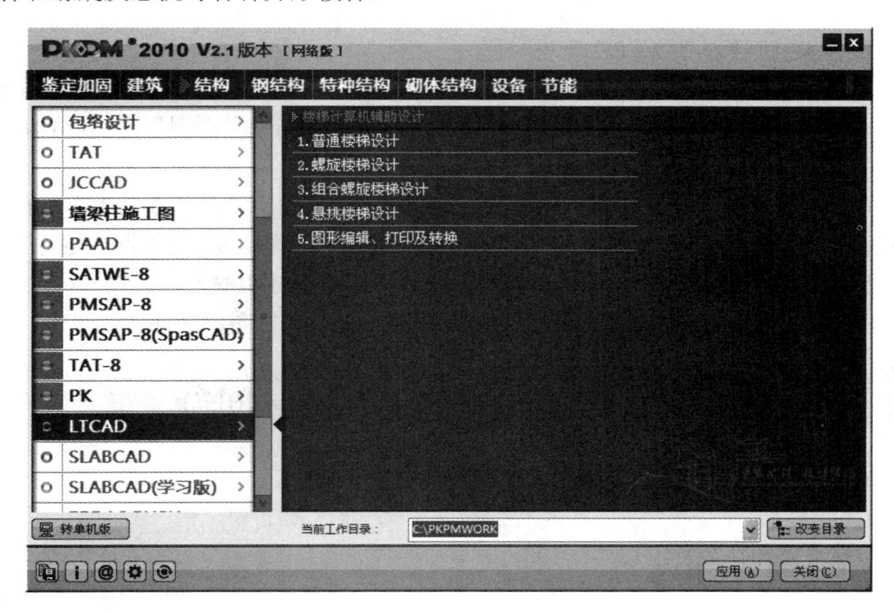

图 14-16　LTCAD 模块主界面窗口

14.2.8　梁墙柱施工图设计

梁墙柱施工图设计主界面如图 14-17 所示。本模块是一个施工图辅助绘制模块，它上接 SATWE、PWSAP、TAT、PK 模块的计算结果，自动生成混凝土框架梁、柱、剪力墙配筋结构施工图。结构施工图的表达方式有两种：传统配筋施工图和平法施工图。

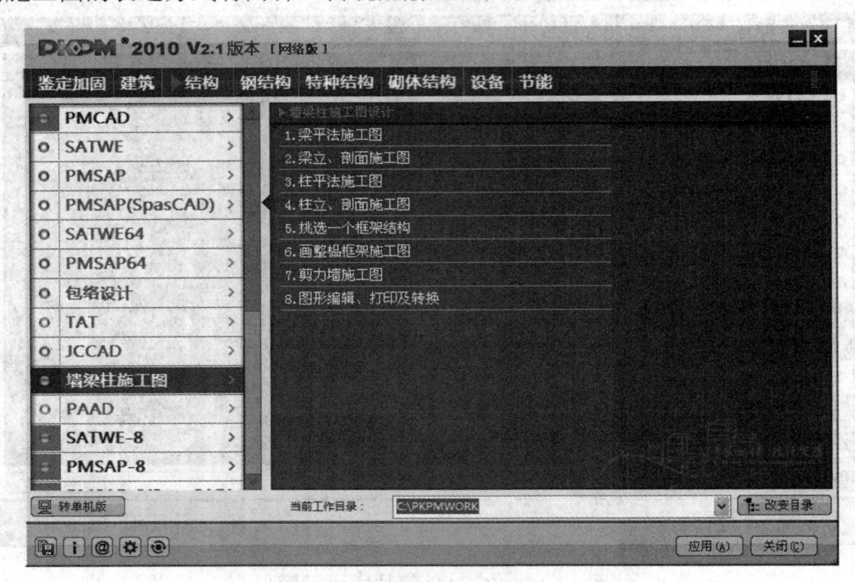

图 14-17　墙梁柱施工图设计主界面窗口

14.2.9　PKPM 结构设计流程

使用 PKPM 进行建筑工程的结构设计，要遵循一定的操作流程。

① 运行 PMCAD 模块，建立建筑工程的结构空间模型。

② 结构分析与计算。进行结构整体空间分析时，运行 SATWE 或 TAT 模块。主结构为框架运行 TAT，主结构为剪力墙结构时运行 SATWE。如果是超高层或复杂空间结构，运行 PMSAP。只进行平面框排架计算时，运行 PK 模块。

③ 生成上部结构施工图。以第 2 步结构分析计算数据为依据，执行“墙梁柱施工图”模块，生成梁、柱、剪力墙施工图。执行 PMCAD 模块的菜单 3“画结构平面图”，生成结构布置图和板配筋图。

④ 施工图后期编辑。执行 PMCAD 模块的菜单 7“图形编辑、打印及转换”，可进行图形的编辑和直接打印。由于 PKPM 采用自主开发的核心，生成的图形是以“.T”为扩展名的图形文件，AutoCAD 无法读取。如果用户想使用 AutoCAD 进行编辑和打印输入，需在本模块下执行【工具】/【T 图转 DWG】命令，将“.T”图形文件转换为“.DWG”图形文件。

14.3　结构平面辅助设计软件 PMCAD 简介

14.3.1　PMCAD 软件应用范围

① 层数≤190 层。

② 结构标准层和荷载标准层各≤190。

③ 正交网格时，横向网格、纵向网格各≤100 条；斜交网格时，网格线条数≤5000。

④ 网格节点总数≤8000。

⑤ 标准柱截面数≤300；标准梁截面数≤300；标准墙截面数≤80。

⑥ 每层柱根数≤3000，每层梁根数（不包括次梁）≤8000，每层次梁总根数≤1200，每层墙数≤2500。每层房间总数≤3600，每层房间次梁布置种类数≤40，每层房间预制板布置种类数

≤40，每层房间楼板开洞种类数≤40。每个房间楼板开洞数≤7；每个房间次梁布置数≤16，每个房间周围最多可容纳梁墙数≤150；每个节点周围不重叠梁墙数≤6。

14.3.2　PMCAD 操作流程

PMCAD 建模是逐层录入模型，再将所有楼层组装成工程整体的过程。其输入的大致步骤如下。

① 首先用【轴网输入】菜单输入轴线进行平面布置。程序要求平面上布置的构件一定要放在轴线或网格线上，因此凡是有构件布置的地方一定先用【轴线网格】菜单布置它的轴线。轴线可用直线、圆弧等在屏幕上画出，对正交网格可用“正交轴网”命令的对话框方式生成。程序会自动在轴线相交处计算生成节点（白色），两节点之间的一段轴线称为网格线。轴线网格和节点的编辑使用【网格生成】菜单的命令，网格确定后即可以给轴线命名。

② 用【楼层定义】菜单定义构件的截面尺寸、输入各层平面的各种建筑构件，构件可以设置对于网格和节点的偏心。

依据网格线布置梁、柱、墙构件。柱必须布置在节点上。两节点之间的一段网格线上布置的梁、墙构件。比如一根轴线被其上的 4 个节点划分为三段，三段上都布满了墙，则程序就生成了三个墙构件。

③ 用【荷载定义】菜单输入荷载。荷载类型分为两大类：一类是面荷载，即作用于楼面的均布恒载和活载；一类是线荷载和集中荷载，即作用于梁间、墙间、柱间和节点的恒载和活载。

④ 完成一个标准层的布置，一定要用【换标准层】菜单，把已有的楼层全部或局部复制下来，再在其上接着布置新的标准层，这样可保证在各层组装在一起时，上下楼层的坐标系自动对位，从而实现上下楼层的自动对接。

⑤ 依次录入各标准层的平面布置，然后在【设计参数】菜单中设置结构的相关参数，最后在【楼层组装】菜单中组装成全楼模型。

14.3.3　PMCAD 菜单功能简介

双击 PMCAD 主菜单 1“建筑模型与荷载输入”，或者选择主菜单 1 后单击主界面窗口下侧的 应用(A) 按钮，启动 PMCAD。程序启动，弹出如图 14-18 所示 PMCAD 启动界面。

图 14-18　PMCAD 启动界面

在【请输入】对话框的“请输入 pm 工程名”栏中输入工程名后，按 确　定 按钮，就可进入到 PMCAD 人机交互操作窗口，如图 14-19 所示。

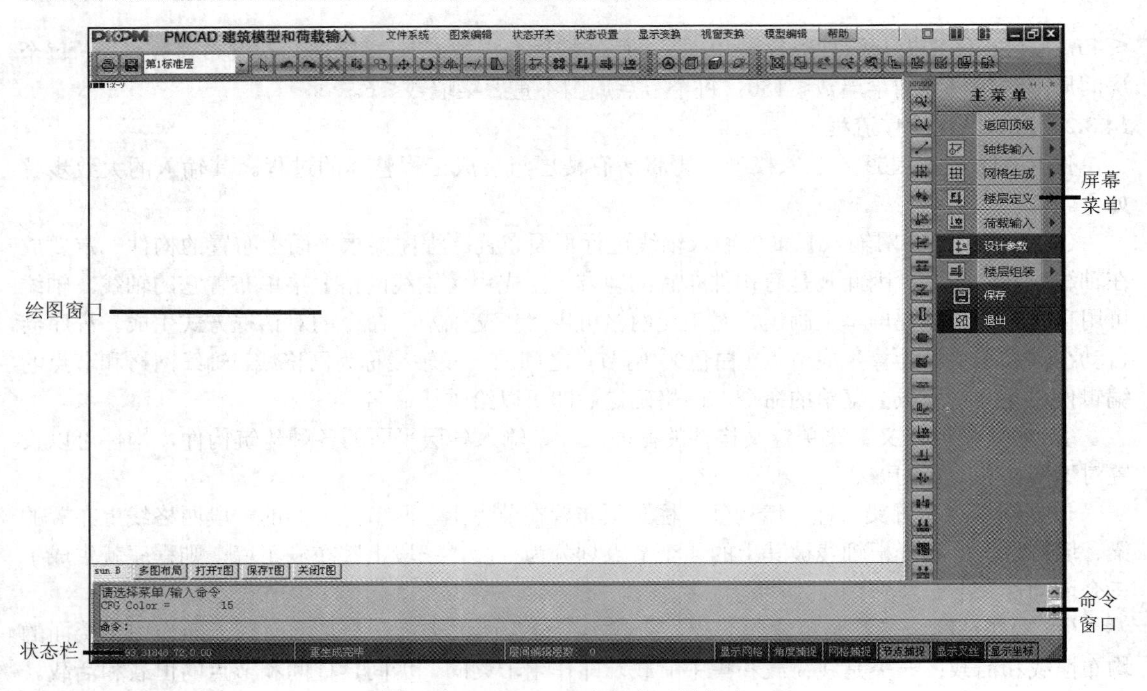

图 14-19 PMCAD 人机交互操作窗口

PMCAD 的操作方法和操作流程与天正建筑相似，以屏幕菜单为所有命令的载体，采用屏幕交互式进行数据输入，程序所输的尺寸单位全部为毫米（mm）。程序对于建筑物的描述是通过建立其定位轴线，相互交织形成网格和节点，再在网格和节点上布置构件形成标准层的平面布局，各标准层配以不同的层高、荷载形成建筑物的竖向结构布局，完成建筑结构的整体描述。

图 14-19 右侧的屏幕菜单就是 PMCAD 的主菜单，它主要由“轴网输入、网格生成、楼层定义、荷载输入、设计参数、楼层组装”六大功能菜单组成。各功能菜单基本功能如下：

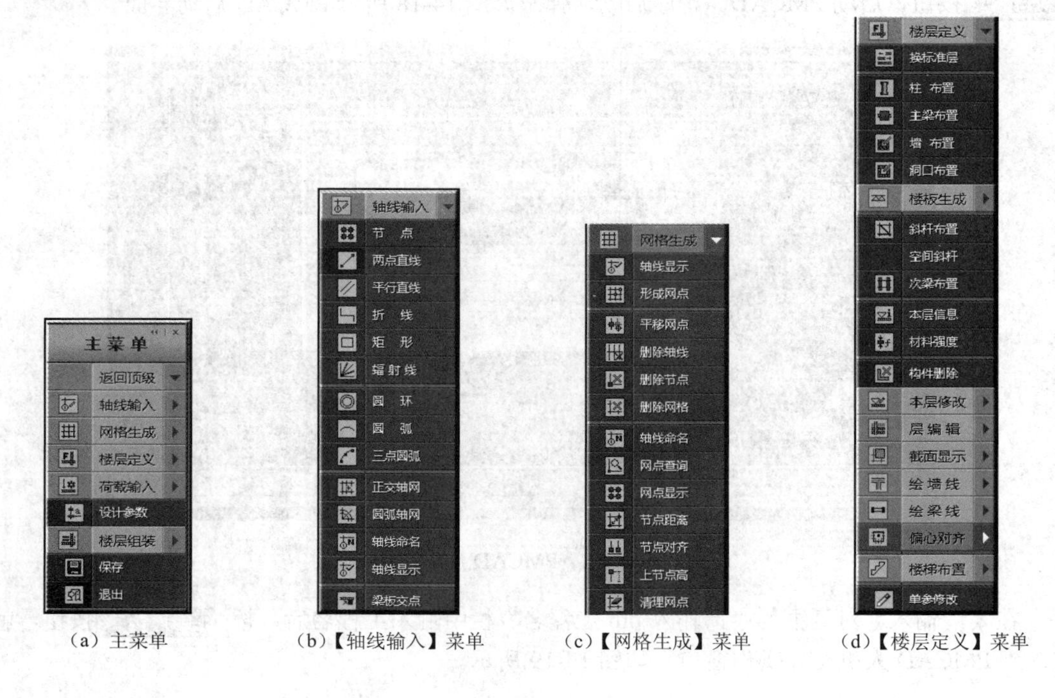

（a）主菜单　（b）【轴线输入】菜单　（c）【网格生成】菜单　（d）【楼层定义】菜单

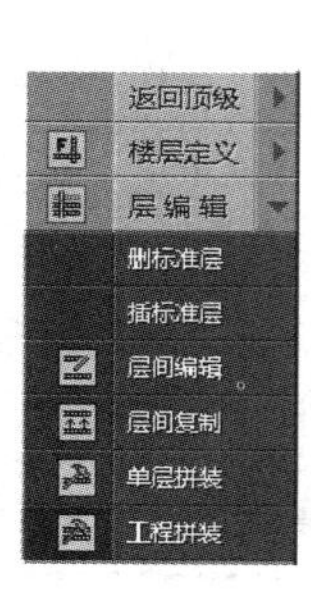

（e）【层编辑】菜单

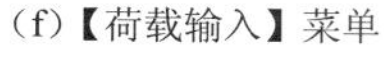

（f）【荷载输入】菜单

（g）【楼层组装】菜单

图 14-20　PMCAD 屏幕主菜单

◆ 轴线输入。菜单如图 14-20（b）所示，利用作图工具绘制建筑物整体的平面定位轴线。“正交轴网”“平行直线”“轴线命名”命令是使用频率较高的命令。轴线交织后被交点分割成的小段红色线段就是“网格”，在所有轴线相交处及轴线本身的端点、圆弧的圆心都产生一个白色的“节点”，将轴线划分为“网格”与“节点”的过程是在程序内部适时自动进行的。后续的“楼层定义”菜单将根据“节点布置柱，网格布置梁、墙”的原则布置构件。

◆ 网格生成。菜单如图 14-20（c）所示，这是对已绘制的网格和节点进行编辑专门设置的命令菜单。

◆ 楼层定义。菜单如图 14-20（d）所示，本菜单是 PMCAD 的一个命令众多的核心菜单，分为四大功能。

第一，定义全楼所有柱、梁、（承重）墙、墙上洞口及斜杆支撑的截面尺寸。

第二，根据“节点布置柱，网格布置梁、墙”的原则将构件布置于网格和节点；结合“偏心对齐”菜单，精确定位梁、柱相对位置。

第三，楼板和楼梯的布置。

第四，如图 14-20（e）所示，使用“层编辑”菜单，采用全部复制或部分复制的方法创建结构标准层。

◆ 荷载输入。菜单如图 14-20（f）所示，在已创建的结构标准层上输入楼面荷载、梁间荷载等荷载。

◆ 设计参数。如图 14-21 所示，由总信息、材料、地震、风荷载、钢筋信息五个选项卡组成，完成结构形式、材料强度、抗震信息、风荷载参数等结构计算参数的定义。

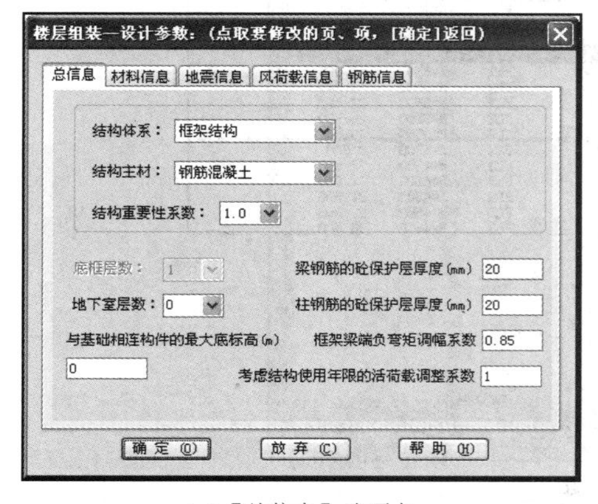

（a）【总信息】选项卡

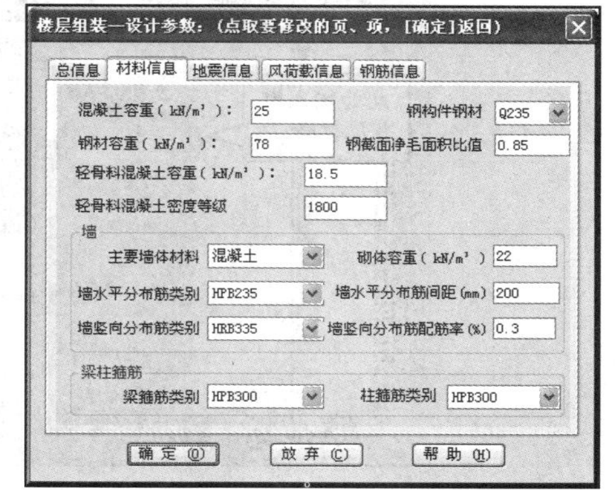

（b）【材料信息】选项卡

图 14-21

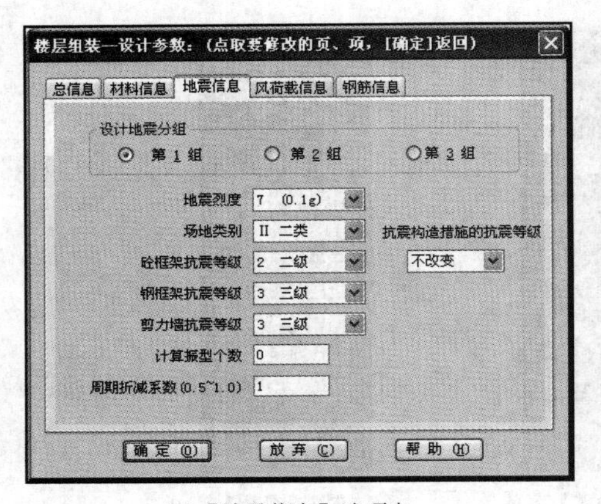

（c）【地震信息】选项卡

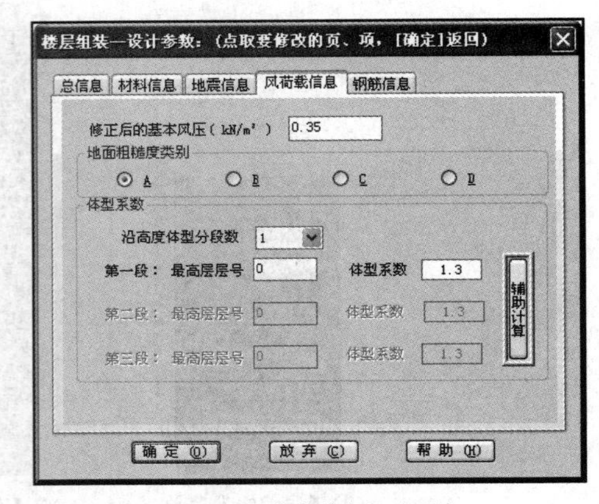

（d）【风荷载信息】选项卡

图 14-21 【设计参数】对话框

◆ 楼层组装。菜单如图 14-20（g）所示。楼层组装是将已输入完毕的各标准层指定次序搭建为建筑整体模型的过程。在楼层组装时引入“广义层”的概念，广义层方式的实现，是通过在楼层组装时为每一个楼层增加一个“层底标高”参数来完成的，这个标高是一个绝对值，对于一个工程来说所有楼层的底标高只能有一个唯一的参照（比如±0.000）。图 14-22 为一个双塔楼的楼层组装示意。

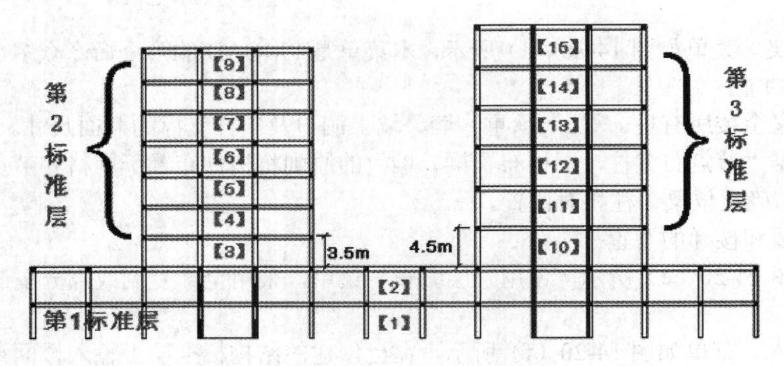

该模型的楼层表如图：

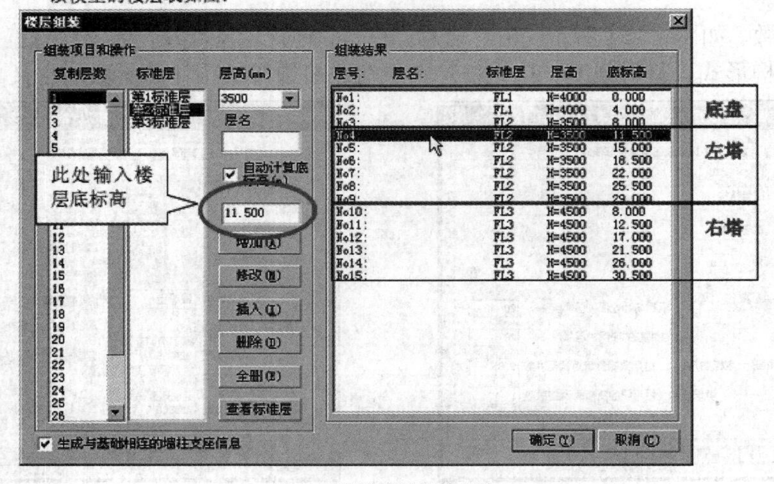

（a）双塔楼楼层组装参数

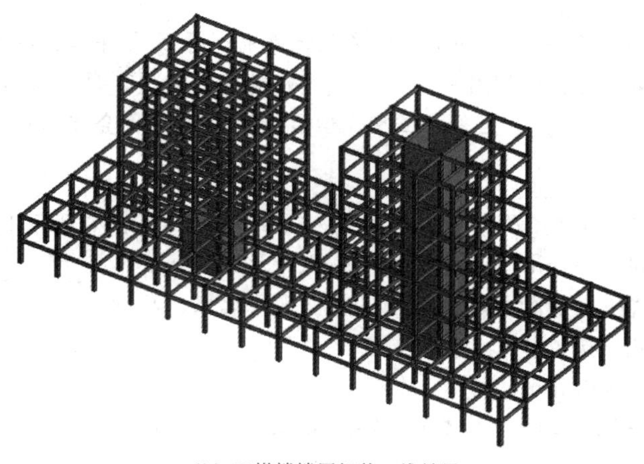

（b）双塔楼楼层组装三维效果

图 14-22 双塔楼的楼层组装

14.3.4 PMCAD 常用功能键

PKPM 系统采用自行开发的图形支持系统，与 AutoCAD 系统相似，具有下拉菜单、工具条、命令栏、状态栏、绘图窗口、屏幕菜单等目前最流行的界面风格。常用键与 AutoCAD 有所区别，功能如下。

- 鼠标左键＝键盘［Enter］，用于确认、输入等。
- 鼠标中键＝键盘［Tab］，用于功能转换，在绘图时为输入参考点。
- 鼠标右键＝键盘［Esc］，用于否定、放弃、返回菜单等。
- 键盘［F3］＝点网捕捉开关，交替控制点网捕捉方式是否打开。
- 键盘［F4］＝角度捕捉开关，交替控制角度捕捉方式是否打开（相当 AutoCAD 的 F8 键）。

14.3.5 PMCAD 案例简介

PMCAD 是 PKPM 各种二维、三维结构计算软件的前处理部分，主菜单 1“建筑模型与荷载输入”是 PMCAD 核心功能。下面按实例简要介绍 PMCAD 的结构建模的流程。

（1）建立工作目录

首先使用 Windows 的文件操作，建立一个工程项目文件夹。然后单击主菜单的 改变目录 按钮，弹出如图 14-23【改变工作目录】对话框，选择刚建立的工程项目文件夹。单击 确 定 按钮完成本步操作。

图 14-23 【改变工作目录】对话框

> 由于 PKPM 在运行时，自动生成许多固定名称的系统文件和数据文件，为各程序模块提供数据共享。所以初学用户一定养成良好的操作习惯，每个工程单独建立一个目录。否则在同一目录下，程序可以建立多个工程，但最后一个工程将会覆盖前个工程的数据，后果相当严重的。

双击 PMCAD 主菜单 1“建筑模型与荷载输入”，弹出如图 14-18 所示 PMCAD 启动界面。在【请输入】对话框的“请输入 pm 工程名”栏中输入工程名“sun”，按 确　定 按钮，就可进入到 PMCAD 交互操作窗口，如图 14-19 所示。定义工程名后，程序自动生成以用户名为文件名的交互文件。建议用户使用英文名定义工程名。

（2）创建轴网形成网格和节点

执行 PMCAD 命令【轴线输入】/【正交轴网】，弹出如图 14-24 所示【直线轴网输入对话框】，按图示用户在“下开间、左进深”栏中输入参数。参数设置完成后单击 确　定 按钮，返回绘图窗口插入轴网，结果如图 14-25 所示。

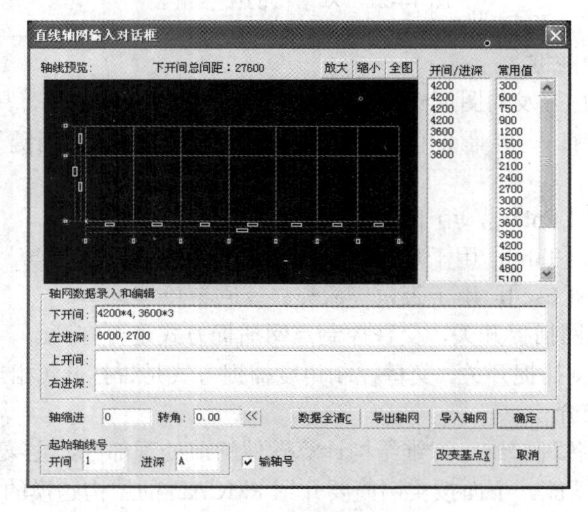

图 14-24　轴网参数

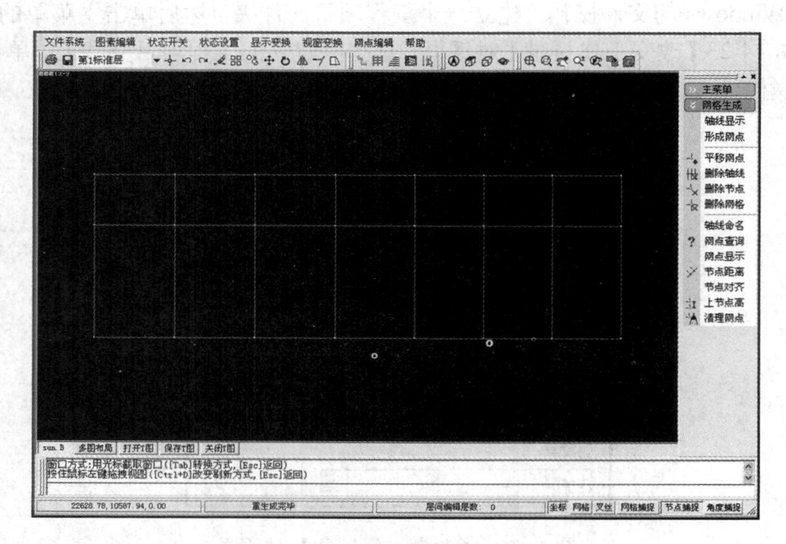

图 14-25　创建的楼层轴线网格和节点

图 14-25 中红色线段是轴网，PMCAD 称为网格。轴网相交处白色点是 PMCAD 结构模型的一个关键元素“节点”。柱只能布置于节点上，两节点间布置梁、墙、斜杆等结构对象。

（3）楼层定义创建层结构模型

菜单“楼层定义”是 PMCAD 的主要菜单，其主功能是创建和布置结构构件，形成标准层三维模型。本案例为框架结构，用户只需创建柱和梁。

执行 PMCAD 命令【楼层定义】/【柱布置】，弹出【柱截面列表】。单击 新建 弹出如图 14-26 所示【柱参数】对话框。用户按图 14-27（a）创建柱参数。

首先选择柱截面，然后单击 布置 按钮返回绘图窗口，在节点上布置柱。

同理，执行 PMCAD 命令【楼层定义】/【主梁布置】，按图 14-27（b）设置主梁截面参数，在网格上布置主梁。

再执行“楼板生成”和“楼梯布置”菜单，布置完成后结果如图 14-28 所示。

单击工具条的“透视视图”按钮，切换至三维视图，再单击“实时漫游”按钮着色，结果如图 14-29 所示。

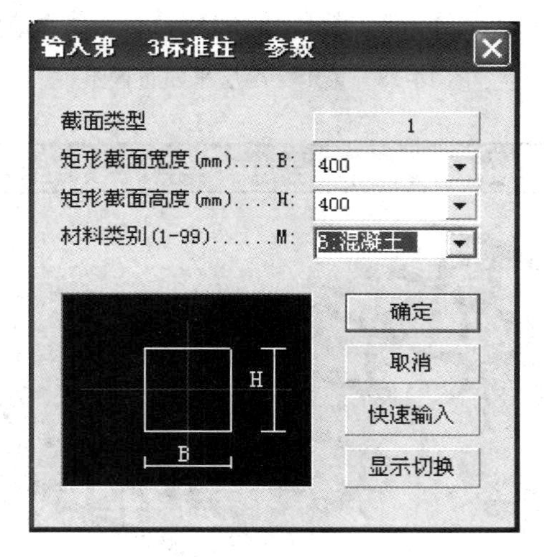

图 14-26 【柱参数】对话框

柱截面列表

新建　修改　删除　显示　清理　布置　退出

序号	形状	参数	材料
1	矩形	400*400	混凝土
2	矩形	300*300	混凝土

拾取　选择截面后双击或点取[布置]按钮即可布置构件

（a）【柱截面列表】参数

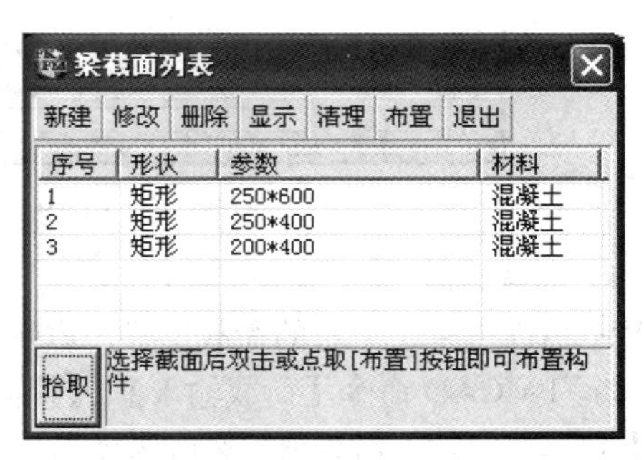

梁截面列表

新建　修改　删除　显示　清理　布置　退出

序号	形状	参数	材料
1	矩形	250*600	混凝土
2	矩形	250*400	混凝土
3	矩形	200*400	混凝土

拾取　选择截面后双击或点取[布置]按钮即可布置构件

（b）【梁截面列表】参数

图 14-27　截面列表参数

执行 PMCAD 命令【楼层定义】/【层编辑】/【插标准层】，全部复制当前层，创建一个第 2 标准层。使用“楼层定义”菜单的其他编辑命令，修改第 2 标准层。

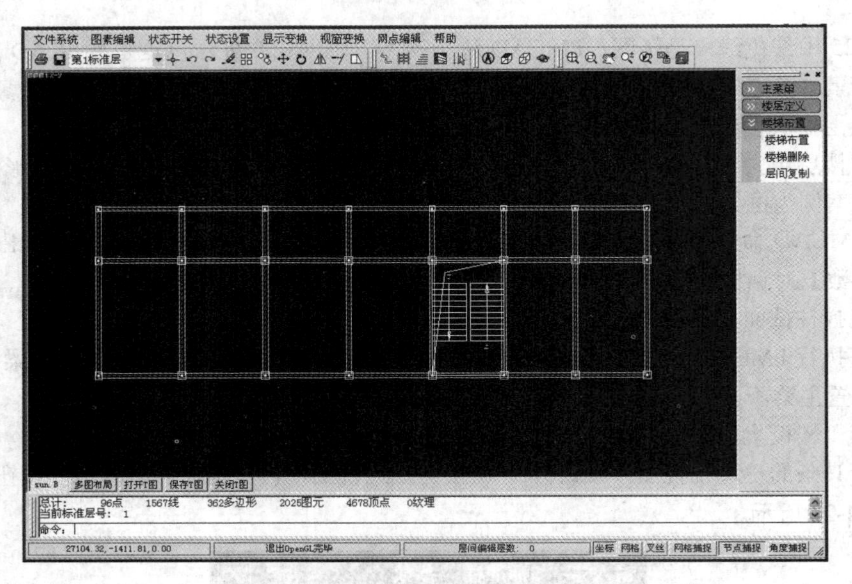

图 14-28 第 1 标准层平面布置图

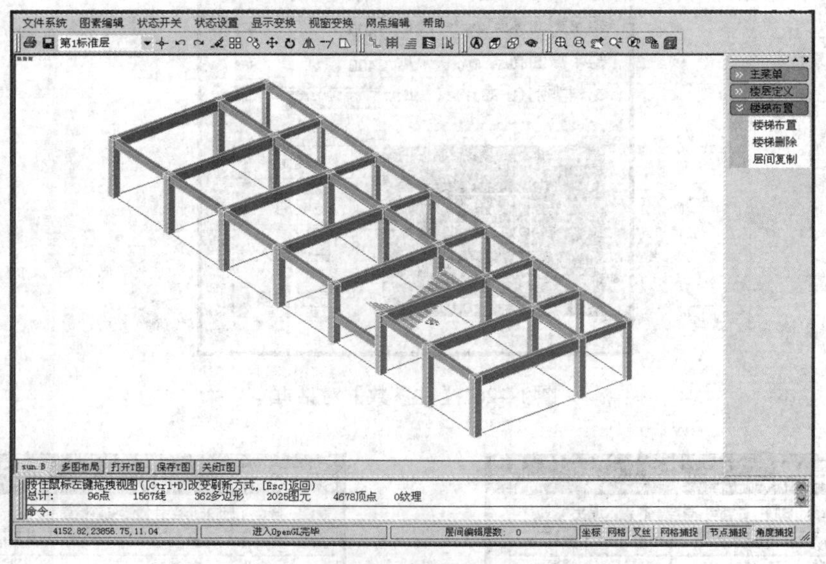

图 14-29 第 1 标准层三维模型

（4）荷载输入

PMCAD 提供了丰富的荷载形式，本例为框架结构只需布置楼面荷载和梁间荷载。

执行 PMCAD 命令【荷载输入】/【楼面荷载】/【楼面活载】，如图 14-30 所示。先在【修改活载】对话框中输入活载值，然后选择布置方式“光标选择”，点击对应的房间即可可设置各房间的活载值。

同理执行【荷载输入】/【楼面荷载】/【楼面恒载】，布置恒载。

执行 PMCAD 命令【荷载】/【梁间荷载】/【荷载定义】，弹出【选择要布置的梁荷载】对话框，如图 14-31（a）所示。单击 添加(A) 按钮，弹出如图 14-32（a）所示【选择荷载类型】对话框，在第一个荷载类型图标上单击，进入到均布荷载类型参数对话框，如图 14-32（b）所示，输入荷载值及相关参数。

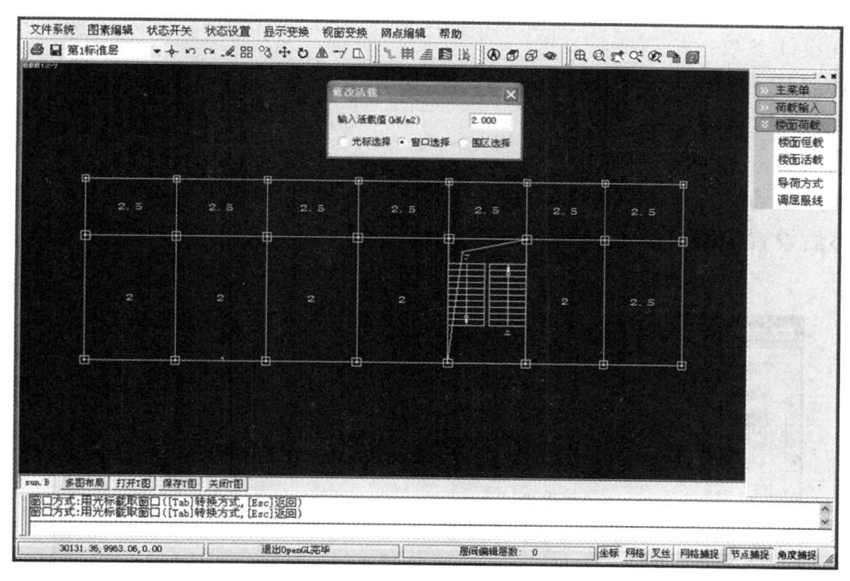

图 14-30 布置楼面荷载

分别执行 PMCAD 命令【荷载输入】/【梁间荷载】/【恒载输入】或【活载输入】，弹出图 14-31（a）所示【选择要布置的梁荷载】对话框。先选择荷载，然后单击 布置(Y) 按钮，返回绘图窗口选择梁布置荷载。

第 1 标准层布置后，用户需切换至其他标准层，继续布置梁间荷载。

（a）【选择要布置的梁荷载】对话框

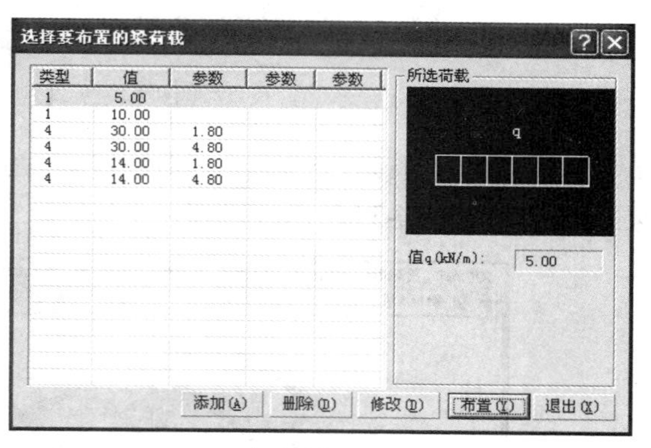

（b）布置梁荷载对话框

图 14-31 梁间荷载参数

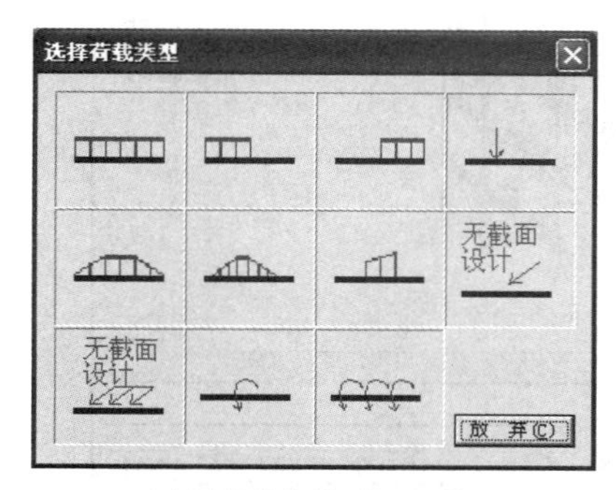

（a）【选择荷载类型】对话框

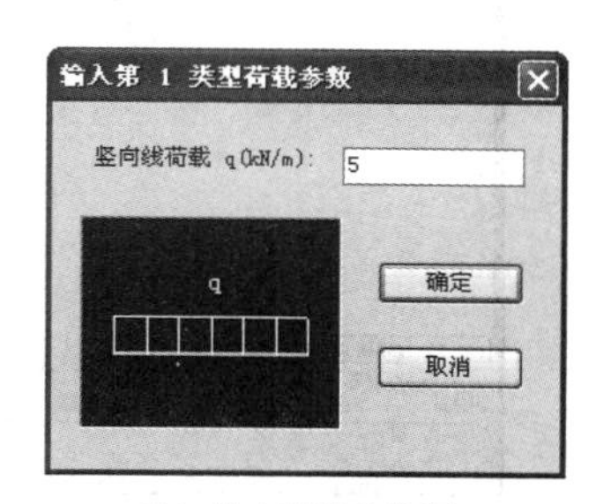

（b）均布荷载参数框

图 14-32 选择荷载类型

（5）设置设计参数

执行 PMCAD 命令【设计参数】，弹出如图 14-21 所示对话框。设置结构体系为框架结构、抗震参数和基本风压值为 0.4。

（6）楼层组装

执行 PMCAD 命令【楼层组装】/【楼层组装】，弹出 14-33 所示【楼层组装】对话框。先选择标准层，然后设置层高，最后单击 增加(A) 按钮，在组装结果栏中增加一楼层。同理，创建其他楼层。

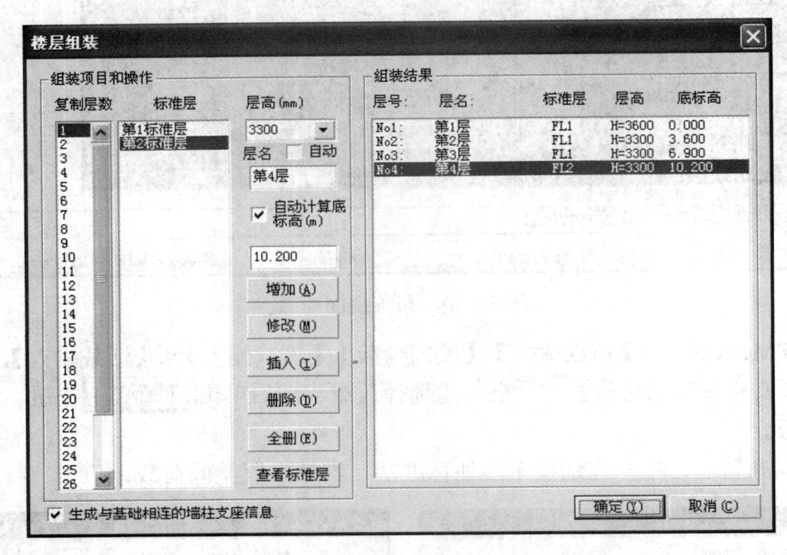

图 14-33 【楼层组装】对话框

楼层组装参数设置完成后，执行执行 PMCAD 命令【楼层组装】/【整楼模型】，全楼组装结果三维视图如图 14-34 所示。

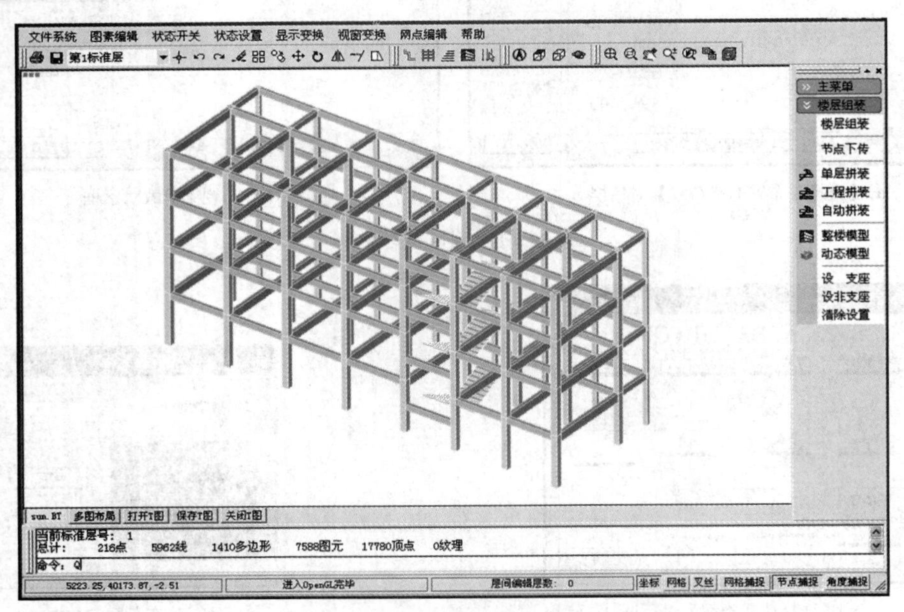

图 14-34 全楼组装结果

（7）保存退出

最后执行保存和退出命令，保存结构模型数据，程序自动计算形成必要数据文件，返回 PKPM 主界面。

（8）执行 PMCAD 菜单 2

菜单 2“平面荷载显示校核”是一个成果查询工具。用户可通过它查询导算结果。图 14-35 是第 1 层导算荷载图。本例有 4 层，此类图形应还有 3 个。用户利用程序提供的显示控制开关命令，可有选择的显示荷载信息。图 14-36 是第 1 层仅显示楼面恒（活）载平面信息图。

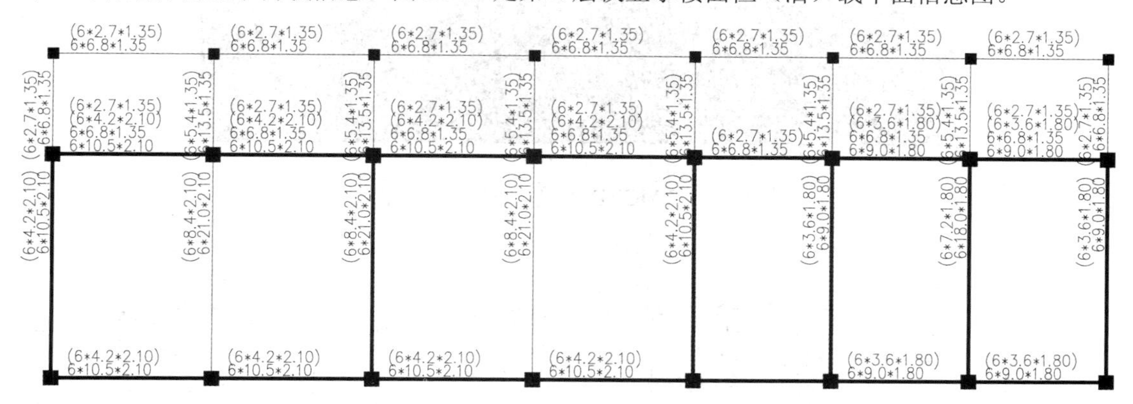

图 14-35　第 1 层导算荷载信息图

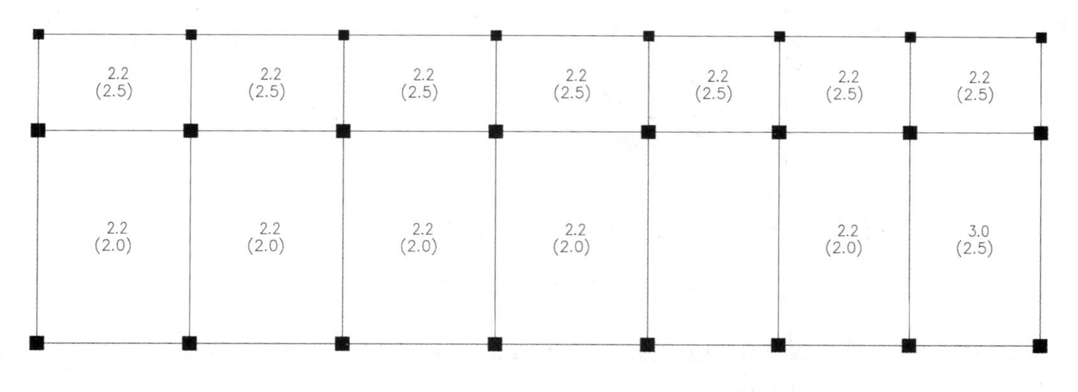

图 14-36　第 1 层楼面恒（活）载信息图

（9）执行 PMCAD 菜单 3

菜单 3“形成 PK 文件”是 PMCAD 和 PK 两模块的数据接口程序。程序运行后弹出如图 14-37 所示启动界面。单击 1. 框 架 生 成 ，进行转换程序界面。用户指定某轴线号，程序可自动生成该轴号的计算简图。图 14-38 是本例轴线 5 的框架计算简图“框架立面、恒载图、活载图”。

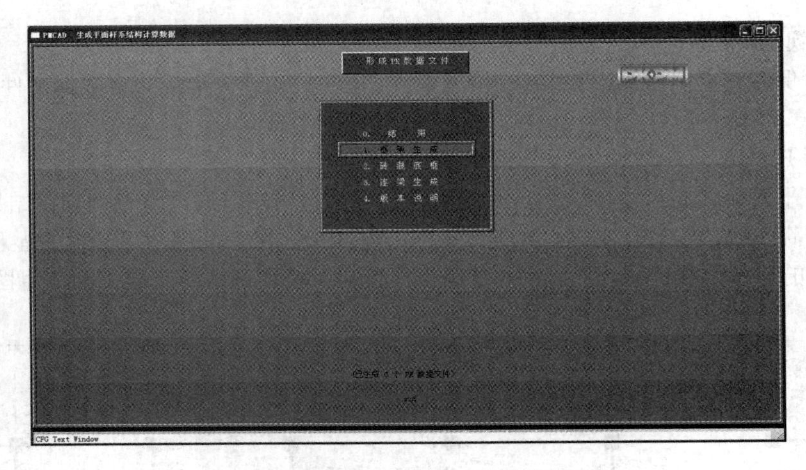

图 14-37 PMCAD 菜单 3 程序启动界面

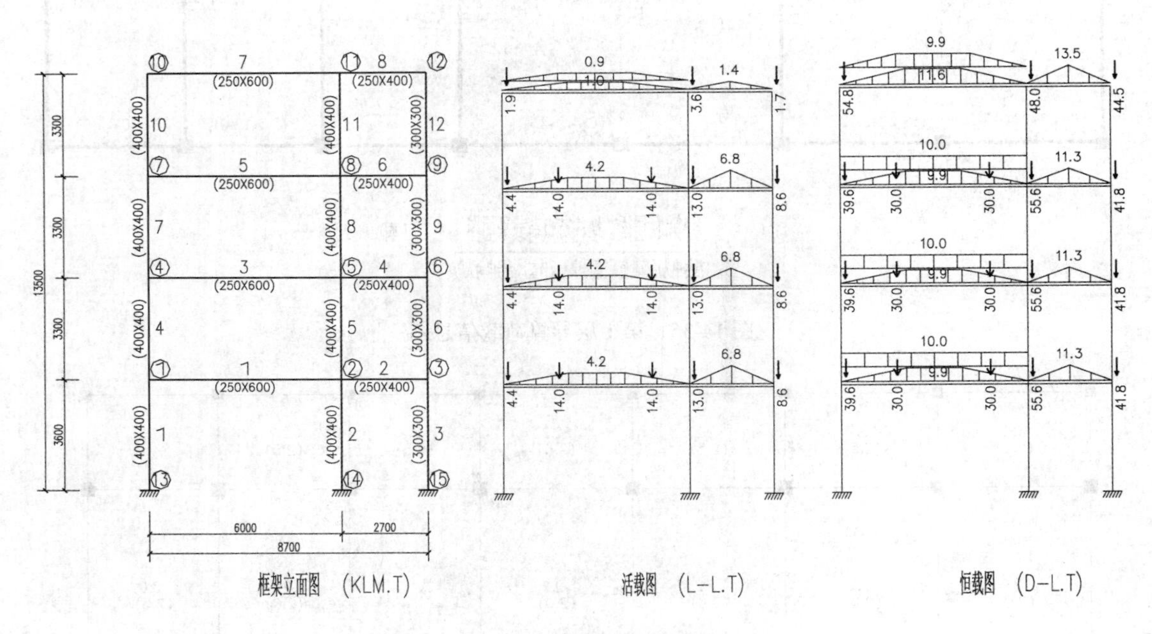

图 14-38 生成的框架计算简图

PMCAD 创建一个框架的结构模型操作完成。PMCAD 程序窗口中的其他菜单命令需配合相应计算结果才能实现，本书不再讲解。

14.4 框排架设计软件 PK 简介

框排架设计软件 PK 模块有两大主要功能：一是平面结构计算；二是施工图生成。继续上节的实例，讲解 PK 的操作流程。

学习完本节，用户会发现，使用 AutoCAD 花几天工夫才能完成的框架结构配筋施工图，对 PK 来说仅仅是几分钟的事情。

单击主程序界面的 PK 选项，切换到 PK 程序界面，如图 14-39 所示。完成框架配筋施工图，只需进行菜单 1 和 2 的操作。

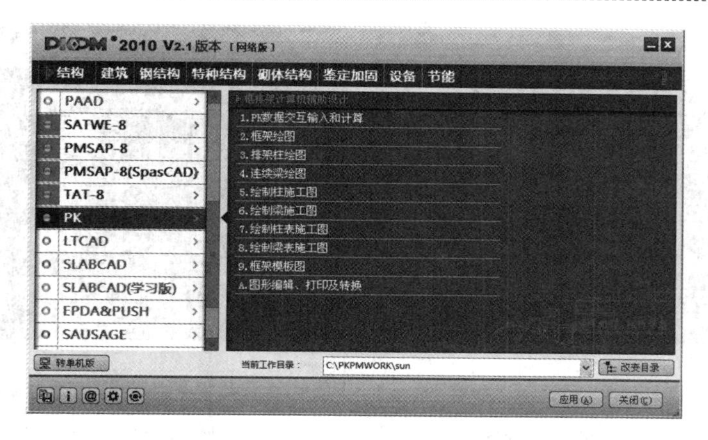

图 14-39 PK 程序界面

14.4.1 菜单 1——PK 数据交互输入和计算

① 运行菜单 1，出现如图 14-40 所示 PK 启动界面。

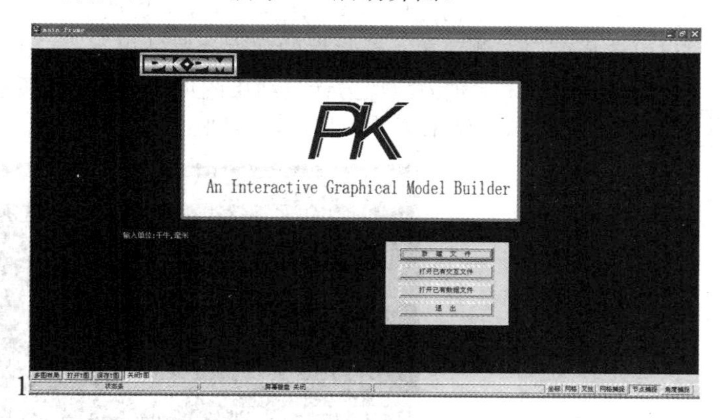

图 14-40 PK 菜单 1 启动界面

② 单击 打开已有数据文件 ，弹出图 14-41（a）所示【打开已有数据文件】对话框。设置文件类型为“空间建模形成的平面框架文件(PK-*)”，如图 14-41(b)所示，框中列出了 PMCAD 生成的平面数据文件。选择“PK-5”文件，单击 打开(O) 按钮，进入【PK 数据交互输入】程序界面，如图 14-42 所示。

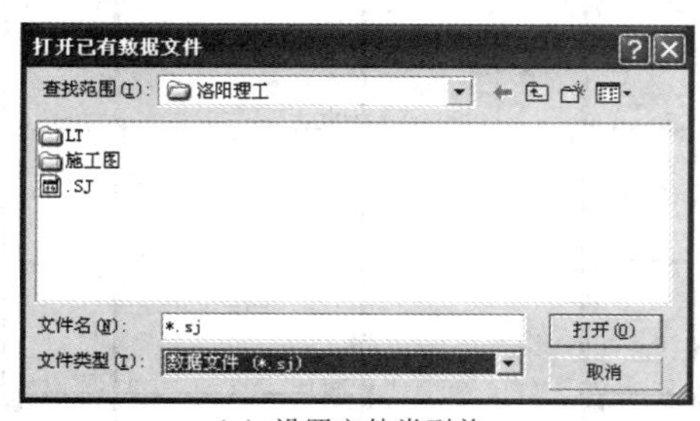

（a）设置文件类型前

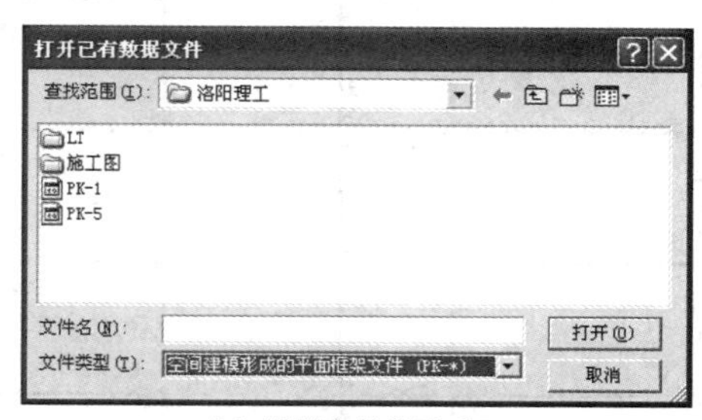

（b）设置文件类型后

图 14-41 【打开已有数据文件】对话框

③ 执行 >> 计算简图 屏幕菜单项，如图 14-43 所示，显示 PK-5 的计算简图。用户在此检查框架简图数据。

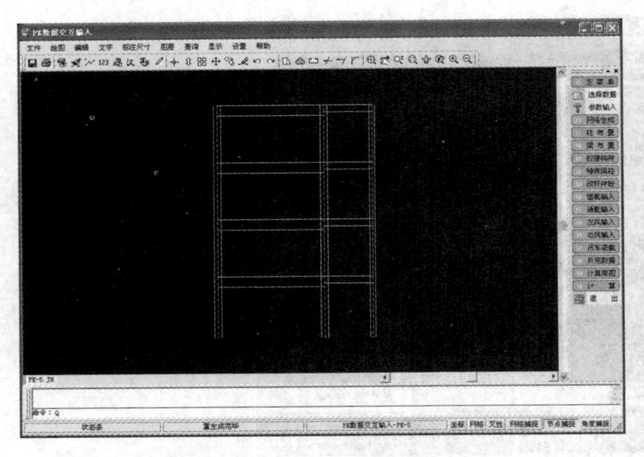

图 14-42 【PK 数据交互输入】程序界面

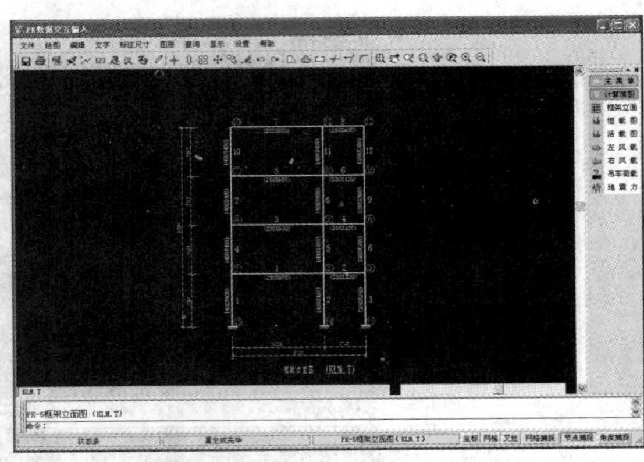

图 14-43 计算简图界面

④ 执行 >> 计 算 屏幕菜单项，弹出如图 14-44 所示对话框。“PK11.OUT”是程序默认文件名，建议用户重新定义。本例定义为“PK-5.OUT”。

单击 OK 按钮，软件运行结构分析程序。计算分析后，切换至计算结果图形显示界面，如图 14-45 所示。用户可选择窗口右侧菜单，选择性的观察计算结果。窗口的命令栏中显示当前计算图形的文件名（*.T）。框架弯矩、轴力、剪力计算结果图形如图 14-46 所示。

⑤ 执行 退 出 屏幕菜单项，结束菜单 1 程序，返回主程序界面。

图 14-44 定义计算结果文件名

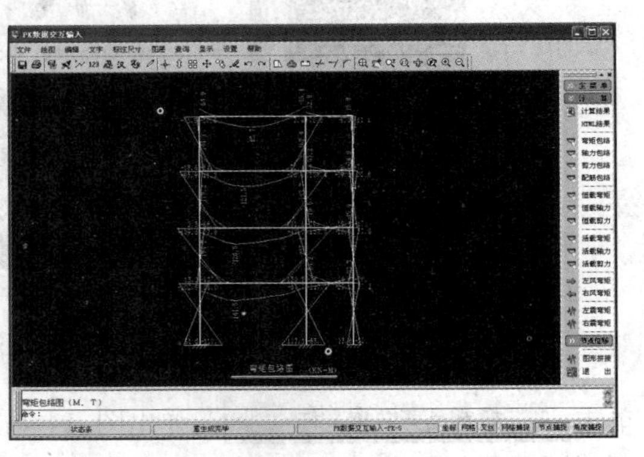

图 14-45 计算结果图形显示界面

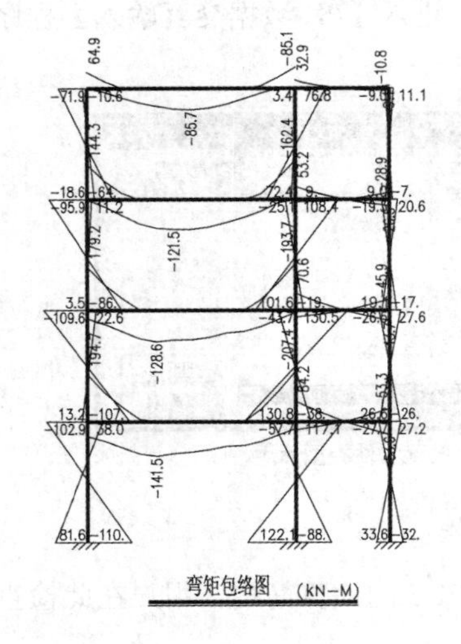

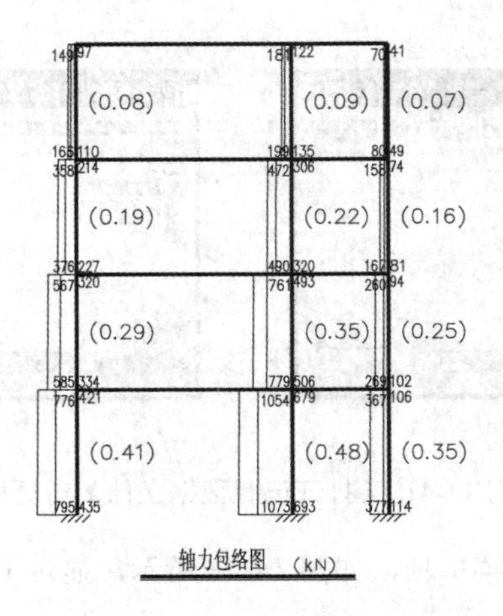

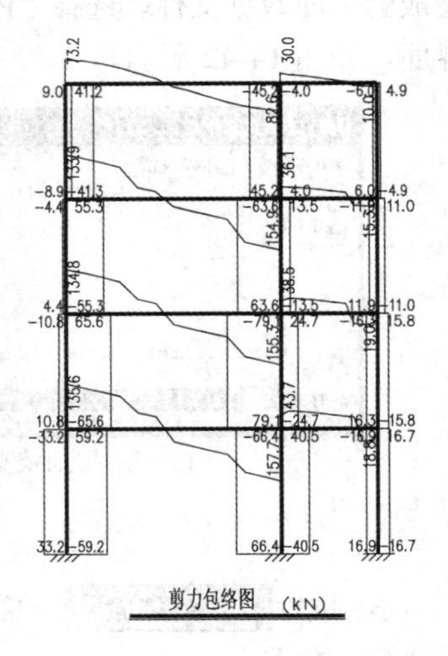

图 14-46 框架部分计算结果图形

14.4.2 菜单 2——框架绘图

① 运行菜单 2，进行如图 14-47 所示【PK 钢筋混凝土梁柱配筋施工图】程序界面。

② 运行屏幕菜单命令【参数修改】/【参数输入】，弹出如图 14-48 所示【PK21 选筋、绘图参数】对话框。用户在此设置钢筋归并、图纸大小、表达方法等参数。

③ 执行【» 柱 纵 筋】等屏幕菜单项，用户可检查框架配筋结果，如图 14-49 所示。运行相关命令可实时修改配筋结果。

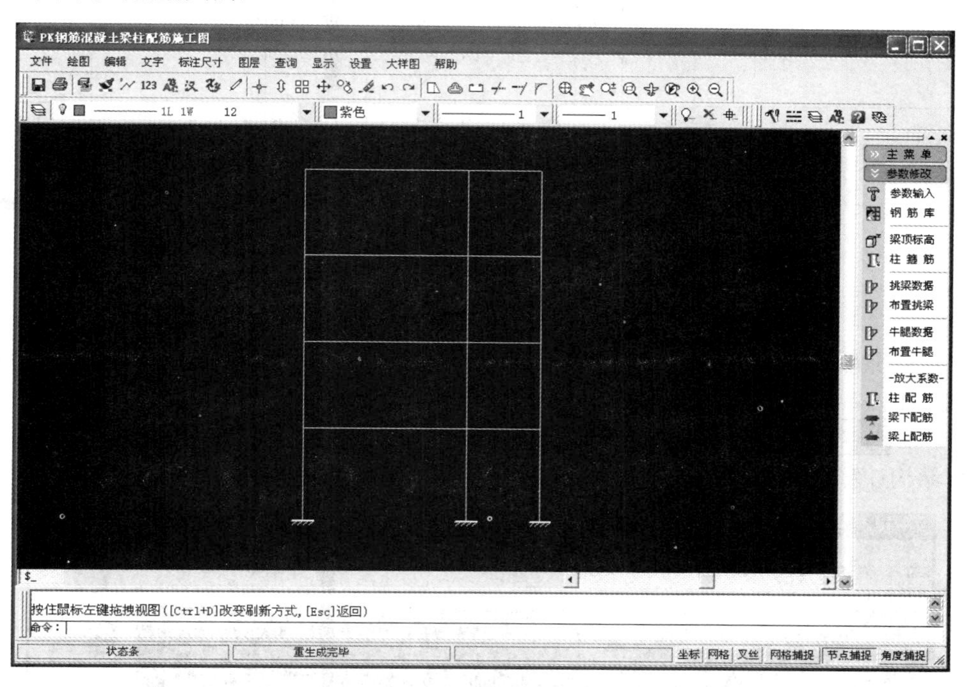

图 14-47 【PK 钢筋混凝土梁柱配筋施工图】程序界面

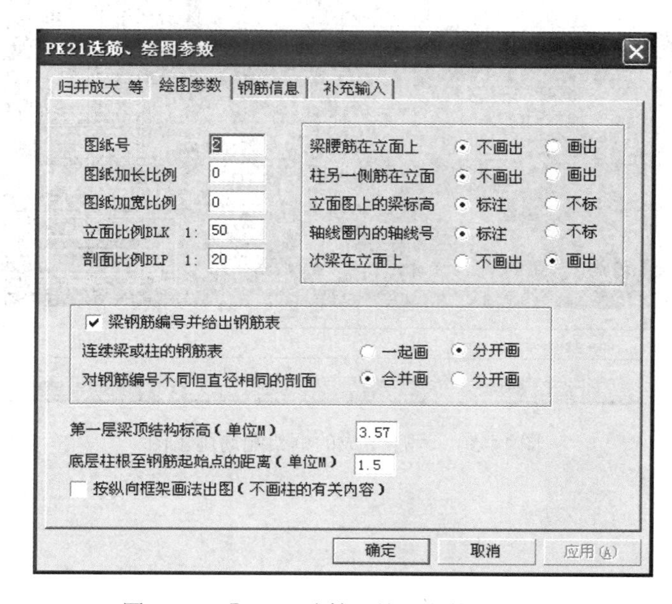

图 14-48 【PK21 选筋、绘图参数】对话框

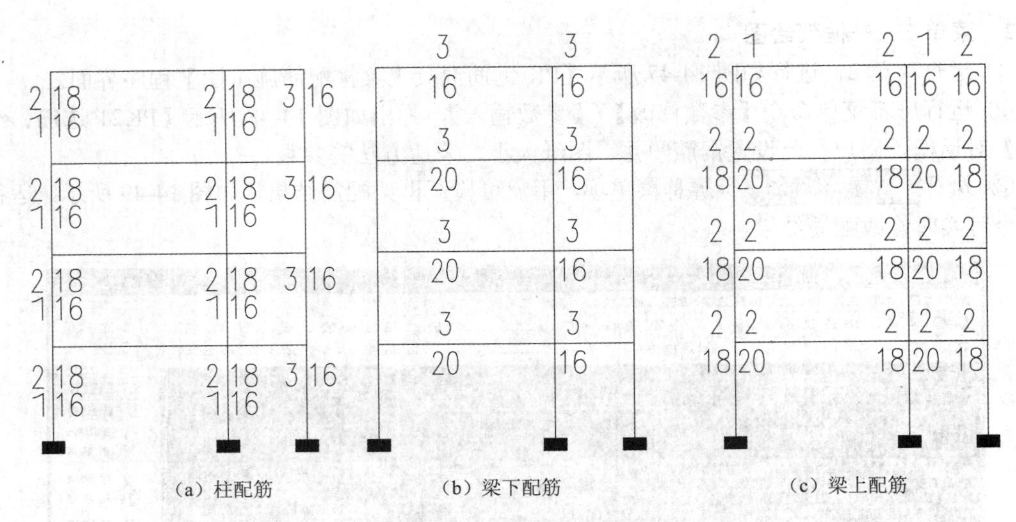

（a）柱配筋　　（b）梁下配筋　　（c）梁上配筋

图 14-49　柱、梁配筋结果图示

④ 运行屏幕菜单命令【施工图】/【画施工图】，绘图程序运行，自动生成如图 14-50 所示框架配筋施工图。

⑤ 执行 退　出 屏幕菜单项，结束菜单 2 程序，返回主程序界面。

PK 结构计算和生成施工图操作完成。

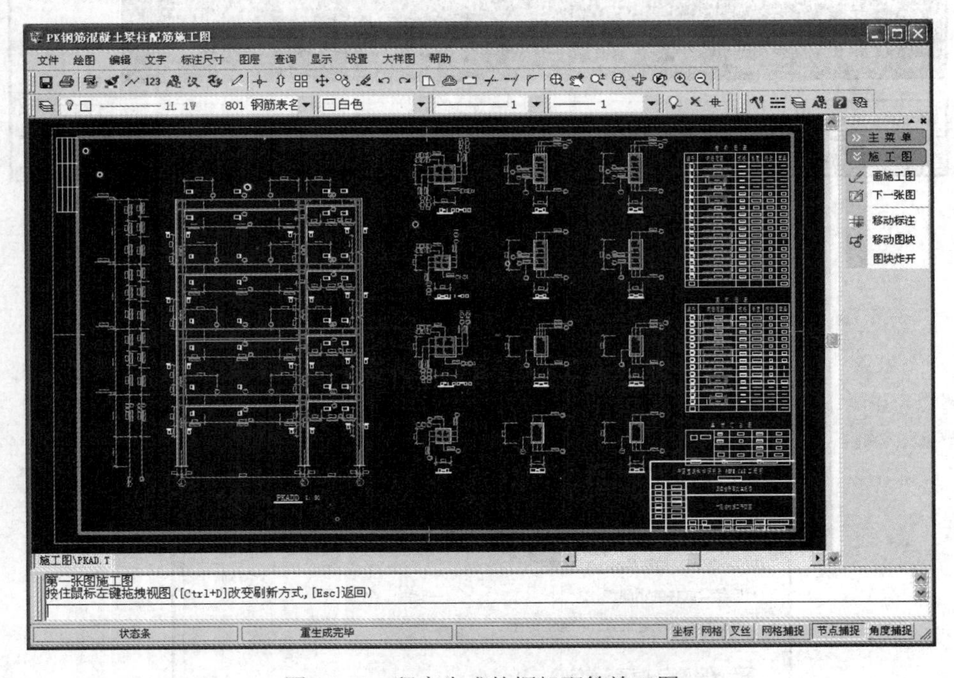

图 14-50　程序生成的框架配筋施工图